热带亚热带森林生态系统监测与研究

许　涵　主编

中国林业出版社
CFPH China Forestry Publishing House

《热带亚热带森林生态系统监测与研究》编委会

主　　编　许　涵

副 主 编（按姓氏笔画排名）

王　旭　孙　冰　李　玫　李兆佳　李艳朋
辛　琨　陈　洁　陈玉军　陈德祥　周　璋
梁俊峰　裴男才　廖宝文　熊燕梅

编　　者（按姓氏笔画排名）

王　旭　王一荃　王庆飞　王胜坤　邓方立
叶天一　生　农　许　涵　孙　冰　李　玫
李兆佳　李艳朋　李意德　杨　繁　肖以华
吴仲民　邱治军　何　清　何继红　辛　琨
宋湘豫　张晓君　张　涛　陈　洁　陈玉军
陈德祥　武瑞琛　林明献　罗水兴　周　璋
周光益　郑松发　赵　霞　赵厚本　郝泽周
禹　飞　施招婉　姜仲茂　骆土寿　唐艺家
梁俊峰　韩天宇　裴男才　管　伟　廖宝文
熊燕梅

序言

热带亚热带森林，因其结构和组成的独特性和强大的生态系统服务功能，长期以来受到国内外的极大关注。了解并掌握热带亚热带森林生态系统及其环境变化规律，不仅可以促进人类与自然的和谐共存，还可以更好地服务于国家和区域的生态文明建设。开展生态系统综合监测与评价，是了解自然界变化规律的一种重要方法。21世纪全球城市化、工业化水平不断加剧，人为活动导致的温室气体排放、污染物产生、极端气候事件、外来物种入侵等一系列变化正在使森林生态系统结构和功能发生前所未有的改变，也为开展生态系统监测与评价提出了新的挑战。在此背景下，要实现森林生态系统的有效监测与生态服务功能的精准评价，不仅需要对水、土、气、生等几大主要生态因子进行综合监测，还需要追踪研究各生态因子变化规律和相互作用的关系。通过掌握自然生态系统在经济和社会发展中的时空动态变化格局，才能做到了解自然、尊重自然、顺应自然，进而有效地利用和管理自然。

海南和珠三角地区是我国重要的经济发展区，同时也是我国热带和亚热带森林的主要分布区。胡焕镛线的界定，表明该区人口密集、经济快速发展与森林生态系统变化难以预测性的现实长期存在。森林生态学科一直是中国林业科学研究院热带林业研究所（以下简称“热林所”）的传统优势学科，从成立之初主要面向热带森林生态系统研究，后来逐渐扩展到南亚热带区域和沿海红树林区域，建立了一系列生态系统定位站和科学试验平台，开展连续长期的监测和研究工作，并取得了一系列科技成果。其中不乏一些有国际影响力的研究平台，如60hm^{2}的热带森林原始林大样地和64hm^{2}热带森林次生林大样地，吸引了国内外相关领域科研人员前来合作交流。一些研究成果已在国家生态文明建设和国家战略实施中发挥了支撑作用，例如，海南热带雨林国家公园生态系统生产总值核算等。

时值中国林业科学研究院热带林业研究所成立60周年之际，由热林所中青年学者为主编著了《热带亚热带森林生态系统监测与研究》一书，以此汇编的科研成果作为该所成立60周年的礼物，深感欣喜。其一，看到了一大批优秀的中青年学者加入到我国热带亚热带森林生态系统研究中，研究队伍不断壮大，后续人才辈出；其二，看到了研究领域不断扩展与综合，著作中研究内容从海南岛到南岭山地，从热带森林到亚热带森林，从高山到滩涂，从山林到城市，内容十分丰富；其三，看到了热林所中青年科学家的精神风貌，他们扎根科研一线，兢兢业业，以科技创新为己任，受得住艰苦，耐得了寂寞，不失热林人的精神。本书的内容是他们一部分工作成果的缩影，其中不乏十分具有参考价值的研究成果和应用案例。故此，我欣然受邀为此书作序，相信此书的出版，可以为我国热带亚热带森林生态系统监测与研究提供更丰富的参考资料。

谨值本书即将付梓之际，致数语以表祝贺，是为序！

2022 年 7 月 22 日于北京

前 言

1962年，来自北京、南京等13名科研人员，在经过前期广泛的考察，选择并扎根于尖峰岭，开展热带森林资源调查工作并建立了热带林业研究所。经过60年的发展，从海南的热带森林的植被样地监测，发展成热带南亚热带生态系统长期综合监测网络，包括从海南到粤北梯度分布的海南尖峰岭生态站、海南吊罗山生态站、海南东寨港生态站、广东珠三角生态站、广东云勇林场研究基地、广东青云山生态站、广东北江源生态站等，近年还依托热林所成立了中国林学会热带雨林分会。

基于上述生态系统监测与研究平台，开展了水、土、气、生等多因子的综合长期生态监测工作。包括：围绕陆地森林生态系统，面向国际/国内生物多样性保护和生态修复需求，开展热带亚热带生物多样性、城市森林绿地等生态系统多因子综合监测；围绕地上植物以及地下微生物群落构建和人工林恢复中的关键点和难点，开展生态修复应用基础研究，着力解决制约当前森林生态系统质量和效益提升的关键科技问题；围绕南岭山地气候过渡带，开展冰雪灾害对南岭森林生态系统的影响研究；围绕海岸带典型生态系统，着重开展困难滩涂红树林保护修复、海岸带优良抗逆树种选育、蓝碳碳汇过程和机制、红树林生态系统监测评价等方面研究；围绕城市森林生态系统，开展城市森林结构与功能、人居环境质量与评价等研究；围绕森林微生物资源，开展大型真菌资源调查、遗传机制及其利用研究。

在科研人员的不懈努力下，产出了许多具有特色的研究成果，包括基于海南尖峰岭的60hm^{2}和64hm^{2}大样地以及网格样地监测平台，发现了一批植物新种和新分布种，提出了稀有物种调控机制和功能微生物调控机制；核算了海南热带雨林国家公园生态系统生产总值（GEP）和广州市森林碳汇能力；研究了冰灾干扰后南岭森林植被变化规律；开展了红树林保护修复关键技术研发，撰写了一系列红树林生态修复相关技术标准和指南，完成了多项红树林保护修复重大项目规划设计，为我国红树林保护修复提供典型参考案例；探明了区域性真菌资源情况；针对珠三角绿道、碧道等城市景观进行监测与优化设计，提升了人居环境质量。这些研究成果为区域现代林业发展和生态文明建设提供了强有力的支撑。

值此热带林业研究所成立60周年之际，为了更充分地向读者展示科研人员近年来在以上几个方面的主要研究成果，在对各研究平台进行简要介绍的基础上，形成16个章节的内容进行分述，以期在未来开展更为深入和系统的长期监测与研究。

由于时间仓促，各位参编人员的研究方向较多，在本书编撰过程中难免有错漏之处，敬请读者批评指正！

编著者

2022年7月22日于广州

目 录

第一部分 监测研究平台与基地

第一章 热带南亚热带生态系统长期综合监测网络的建立与研究①

第一节 海南尖峰岭生态站

一、生态站基本情况

海南尖峰岭森林生态系统国家野外科学观测研究站（简称“尖峰岭生态站”）位于海南岛西南部的乐东县和东方市交界处的海南热带雨林国家公园尖峰岭片区，距三亚市100km，距海口市280km。生态站站址的地理位置为18°44′N，108°52′E；研究区域范围为18°36′~18°52′N，108°48′~109°05′E；区域总面积约678km²。

生态站地域特色：尖峰岭林区是我国目前热带天然林连片面积大、类型齐全、保存完整且原生性较强的热带林区之一，主要森林类型有热带低地雨林（含热带半落叶季雨林、热带常绿季雨林，即龙脑香–青梅林）、热带山地雨林、山顶苔藓矮林等类型，是我国热带天然森林的典型代表，也是热带亚洲雨林区的北缘类型，具有复杂而又较为典型的热带雨林结构，生物种类和生态系统类型丰富，是我国生物多样性优先保护的热点地区之一。

尖峰岭热带雨林最早的生态监测数据始于1957年，1986年由林业部批准正式成立生态站，1999年晋升为科技部国家级野外台站。

尖峰岭生态站是中国目前仅有的两个热带雨林国家级森林生态站之一，它具有我国东部湿润区热带雨林的区域代表性，同时由于地处热带北缘，又具有重要的生态交错带的科学意义。

尖峰岭生态站的发展定位：建成设备先进、观测内容规范、观测设施标准、数据分析处理能力强大，并能与其他生态站进行数据交流共享和有效提高社会服务，具有中国

① 作者：李意德、许涵、李艳朋、周璋、辛琨、肖以华、陈洁、李兆佳。

热带森林特色的一流生态站。发展目标：以中国森林生态系统定位研究网络技术要求为指南，以提交野外详实、系统、可比性强的高质量监测数据为基本任务；以提升科研监测人员水平为轴线；以获得高水平监测和研究成果为动力；以促进热带森林生态学科发展和技术应用为标靶，建成国内先进、国际上有影响力的野外台站。

在科技部、国家林业和草原局、海南省林业局和中国林业科学研究院等上级部门的大力支持下，尖峰岭生态站能力建设取得了成效，在传统意义上的"水、土、气、生"研究框架下，根据国际发展态势，构建了全球变化生态学、地下生态学过程和生物多样性等三大野外监测研究平台。组建了具有植物学、群落学、生物多样性保护、气象学、土壤学、微生物学、林学、全球变化生态学等专业方向的研究团队，具有培养博士和硕士研究生队伍的能力。

在科学研究方面，近年来取得了一批国际同行认可的科研成果，例如，发现了稀有物种在热带雨林采伐后恢复中的关键种作用，是森林生态修复不可忽略的类群；在全球变暖条件下，热带雨林碳汇能力长期呈逐年下降趋势，并非某些生态系统类型具有碳施肥作用；森林土壤反硝化过程是热带雨林生态系统氮流失的主要形式，而非传统上认为的则是淋溶作用，颠覆了传统的科学观点；在氮沉降日趋严重的当今，热带雨林通过功能微生物过程作用，导致通过氧化亚氮的排放途径和排放量发生变化，从而影响生态系统服务功能发生变化。

尖峰岭生态站还围绕生态建设，服务社会需求的宗旨，为海南吊罗山、广东青云山、广州陈禾洞等保护区建立了生物多样性和主要生态因子监测系统；为广州市构建了完善的森林碳汇监测计量系统；为海南热带雨林评估了生态服务功能价值；核算了海南热带雨林国家公园生态系统生产总值（GEP）；为海南省林业局、广东省林业局、广州市林业和园林管理部门等政府和科研监测有关单位提供生物多样性资源保护、监测和可持续利用等方面的技术咨询和数据共享服务；为国家林业和草原局新晋森林生态站（如文昌站、五指山站、武夷山站、北江源站、庐山站等）开展了建站技术和科研监测培训的服务。

二、生态站植被监测样地情况

在尖峰岭已经建立的植物固定样地主要由三部分组成，总面积超过 145hm^2。

（一）公里网格样地 180 个

以海南尖峰岭林区 472.27hm^2 的森林为研究对象，以 1km × 1km 的公里网格为基础，将尖峰岭林区按公里网格分区，按机械方式在每个 1km × 1km 公里网格的节点处布设样地，对于因地形较复杂区域不能到达的样地，我们在其附近进行取样。又考虑到该机械布点的方法不能完全覆盖一些森林类型，故同时也在森林类型典型分布区设置少量样地。调查的区域覆盖整个尖峰岭林区的腹地，涵盖了尖峰岭林区最主要的原始森林分布区——五分区及其周边采伐过的区域（图 1–1）。

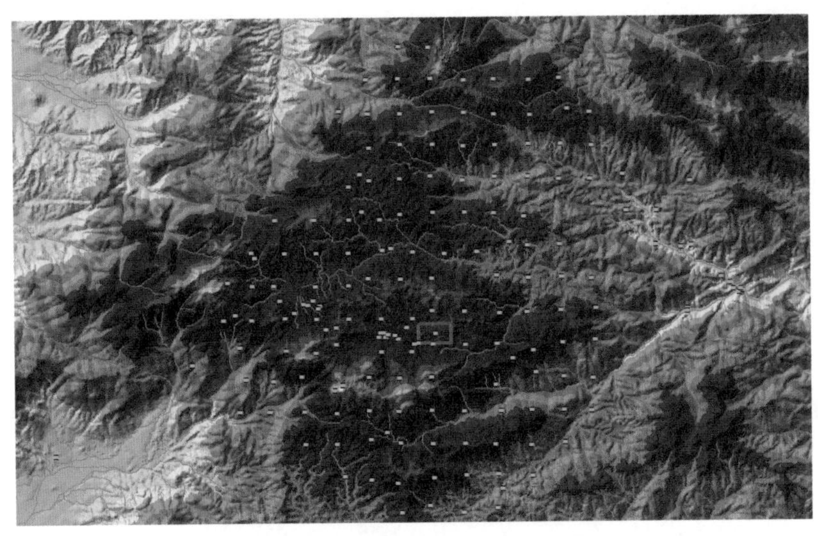

图 1-1　60hm² 森林生物多样性标准动态监测大样地（红色方框）和 180 个公里网格样地（绿色点）示意图

森林类型包括：原始林、径级择伐后和皆伐后恢复的次生林。

根据尖峰岭物种出现数量、地形和工作量经验，将单个样地面积设置为 25m × 25m，然后把每个样地划分成 5m × 5m 的样方；调查样地内所有植株的胸径、树高和相对坐标位置等。

调查时间从 2007 年 6 月至 2009 年 6 月。

（二）60hm² 热带山地雨林原始林大样地

海南尖峰岭热带山地雨林原始林“五分区”建立面积为 60hm²（长 1000m × 宽 600m，投影距离）的森林生物多样性标准动态监测大样地（图 1-1、图 1-2）。大样地西南角邻近一条宽 15~20m 的河流，为五分区内的主河流。2012 年完成建立，2019 年完成第 1 次复查。

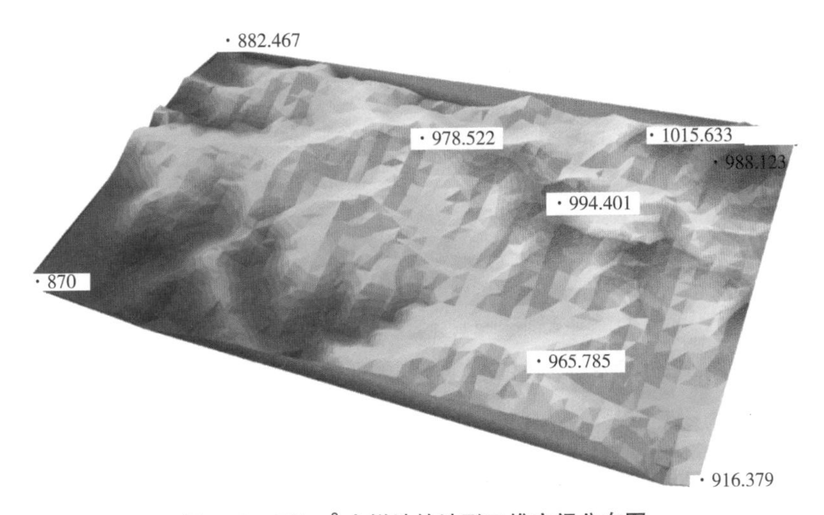

图 1-2　60hm² 大样地的地形三维空间分布图

（三）64hm² 热带山地雨林次生林大样地

在尖峰岭热带山地雨林次生林建立面积 64hm²（800m × 800m）永久样地，样地建设标准符合《森林生态系统长期定位观测方法》（LY/T 1952—2011），样地边界用显著的实物标记，监测范围明确。

2020 年 7 月 31 日进行了样地的边界选点踏查，8 月 1 日开始了样地设置，并利用全站仪确定了样地的东南角位置（108.871478° E，18.753703° N），样地建立完成于 2021 年。

（1）地点。桃园酒店往三分区方向坡面上（830~1020m），样地海拔落差在 190m 以内。样地面积 800m × 800m，含 1600 个 20m × 20m 样方，其中胸径 5.0cm 及以上个体约 17 万株。

（2）森林类型。样地为热带山地雨林的次生林类型，采伐时间在 1960—1970 年之间，天然恢复时间约为 50 多年。

（3）样地设置和地形测量。在尖峰岭热带山地雨林次生林的典型森林中建立 64hm²（800m × 800m）大样地，再分成 1600 个 20m × 20m 的样方。样地中每 10m 和 20m 节点处均设置 1 根 PVC 管。样方地理位置确定采用全站仪，记录各样方四角和中心点海拔高度。

（4）植物调查。每个 20m × 20m 的样方分为 16 个 5m × 5m 的小样方，调查样方内每棵胸径≥ 5.0cm 木本植物的种类，测量其胸径和相对于样方边线的坐标，并给每棵树一个唯一的号码，以待再次复查。此外，还将调查并记录上述植株所在的样方号、树高、萌条和分枝情况以及生长状况等参数。

（四）45 个长期固定样地

在尖峰岭林区范围内，根据研究目的需要设置不同面积的长期固定样地。最早从 1983 年开始连续观测，间隔 4~5 年复查一次，最多的已经完成 8 次复查。

①天然林，山地雨林：1 个原始林 3000m² 样地（8302），建立于 1983 年。

②天然林，山地雨林：1 个择伐次生林 6200m² 样地（0502），建立于 2005 年；2 个原始林 1hm² 样地（9201、0501），分别建立于 1992 年和 2005 年。

③天然林，山地雨林：3 个 60 年代早期皆伐 1200m² 样地（8401、8402、8901），分别建立于 1984 年和 1989 年。

④天然林，低地雨林：3 个原始或次生林 5000m²、7700m² 和 5000m² 样地（0601、0602、0603），建立于 2006 年。

⑤天然林：1 个鸡毛松林 3000m² 样地（0503），建立于 2005 年。

⑥人工林：2 个 900~1200m² 样地（0504、0505），建立于 2005 年。

⑦天然林：3 个半落叶季雨林 5000m² 样地（1601、1602、1603），建立于 2016 年。

⑧天然林：3 个常绿阔叶林 5000m² 样地（1604、1605、1606），建立于 2017 年。

⑨人工林：槟榔林、柚木林、加勒比松林、相思林、杉木林、橡胶林、山华李林、

红花天料木林各 3 个 600~900m^2 样地（1801~1626），建立于 2018 年。

（五）样地的主要监测内容

（1）样方设置与地形测量。样地的地理位置确定采用全站仪，记录各样方四角和中心点海拔高度。利用测得的数据绘制地形图。

（2）土壤采集。通过在样地内密集取样，测定土壤的氮、磷、钾等养分因子和土壤物理性质。每隔 10 年重复取样 1 次。

（3）乔灌木层监测。将样地分为 16 个 5m×5m 的小样方，调查样方内每棵胸径≥ 1cm 的乔灌木（包括木质藤本）种类，测量其胸径和相对于样方边线的坐标，并给每棵树一个唯一的号码，以待再次复查。同时，对枯立木根桩的位置进行定位。

（4）幼苗和草本层监测。在样地内设置种子收集器，在避开靠小道的一面，在种子收集器的三面距离种子收集器 2m 处，分别设置 3 个 1m×1m 的小样方，每个小样方的四个角用 PVC 管标识。在本项研究中，幼苗是指胸径小于 1cm 的植株，每年的 4 月和 10 月各复查一次。

第二节　海南吊罗山生态站

一、生态站基本情况

为有效支撑热带雨林国家公园国际研究院建设，实现对海南岛主要热带雨林生态系统特别是国家公园区域内热带雨林的全面开展监测研究，亟需在海南吊罗山国家级自然保护区设立森林生态站，以便构建相对完善的海南热带雨林生态系统观测网络，为建设热带雨林大数据中心提供科学监测数据，更好地支撑海南热带雨林国家公园建设和有效保护热带雨林生物多样性，2019 年 5 月，中国林业科学研究院批复设立“中国林业科学研究院海南吊罗山热带雨林生态系统定位研究站”（简称“吊罗山生态站”），技术依托单位为中国林业科学研究院热带林业研究所，具体的台站运行和科研监测等工作由尖峰岭国家级森林生态站负责，采用“一站两区”（尖峰岭站区和吊罗山站区）管理模式，统筹海南东部湿润热带雨林区和西部半干旱热带雨林区的生态监测和生物多样性保护等工作。

二、生态站自然地理条件

吊罗山片区是海南热带雨林国家公园东区，位于 18°38′58.9″~18°51′0.1″ N，109°40′41.5″~110°4′42.3″ E 之间，地跨陵水、万宁、保亭、琼中等 4 个市（县），面积 496.3km^2，占公园总面积的 11.27%。其中，核心保护区 322.12km^2，一般控制区 174.16km^2。

吊罗山片区属中山地貌，海拔高度大多在 500m 以上，但在保护区的边缘尚有较大面积的低山分布，海拔 500m 以下面积 3498hm^2，占 19.02%。山体之间还分布有较宽阔的山间盆地。在保护区的吊罗后山、大吊罗及三角山一带，海拔高度大多在1000m以上，最高海拔三角山达到1499m。

吊罗山片区属热带海洋季风气候。年平均气温24.4℃，年均降水量1870~2760mm，随海拔高度递增而增加；干湿两季分明，雨季5~10月，有80%~90%的雨量，旱季11月至翌年4月；区内热量条件十分丰富，总辐射量110kcal/cm^2，年均日照时数1676~2150h，占可照时数的38%~49%。

区内土壤类型主要发育有山地黄壤（800m以上）和山地赤红壤（700m以下）。区内有丰富的地表水和地下水资源，在吊罗山南坡主要有吊罗河、南喜河、大理河、白水岭河等河流，最后汇入陵水河并注入南海。北坡水系主要有南萌发河、太平河和剪峒河，为万泉河源头之一，这些河沿北坡汇入乘坡河，流经牛路岭水库、万泉河，最后注入南海。

三、生态站生物资源条件

（一）植物资源

经调查和鉴定，区内记录维管植物239科959属2127种。其中，蕨类植物43科100属213种，裸子植物5科6属14种，被子植物191科853属1900种。片区有《濒危野生动植物物种国际贸易公约》附录中的珍稀濒危植物共计105种，占吊罗山植物种类的5%。其中，国家一级重点保护野生植物3种，分别是台湾苏铁（*Cycas taiwaniana*）、海南苏铁（*Cycas hainanensis*）和坡垒（*Hopea hainanensis*）。国家二级重点保护野生植物金毛狗（*Cibotium barometz*）、石碌含笑（*Michelia shiluensis*）、油丹（*Alseodaphne hainanensis*）、土沉香（*Aquilaria sinensis*）、青梅（*Vatica mangachapoi*）、蝴蝶树（*Heritiera parvifolia*）、油楠降香（*Sindora glabra*）、半枫荷（*Semiliquidamber cathayensis*）、红椿子（*Toona ciliata*）、海南紫荆木（*Madhuca hainanensis*）、驼峰藤（*Merrillanthus hainanensis*）等29种。区特有植物非常丰富，在种子植物1903种中有中国特有植物551种，有海南特有植物242种。

（二）动物资源

片区共记录有脊椎动物36目98科360种，其中哺乳类10目22科46种，鸟类16目40科166种，爬行类2目14科72种，两栖类2目6科33种，鱼类6目16科43种。有国家一级重点保护野生动物海南长臂猿、云豹、海南山鹧鸪、灰孔雀雉、蟒蛇和圆鼻巨蜥6种，国家二级重点保护野生动物猕猴、黑熊、水獭、大灵猫、水鹿、穿山甲、巨松鼠、原鸡、蛇雕、白鹇、银胸丝冠鸟、三线闭壳龟、海南疣螈、虎纹蛙、花鳗等40种。蝴蝶资源也十分丰富，已记录到的蝴蝶有10科125属220种，被列入国家一级重点保护的蝴蝶有金斑喙凤蝶海南亚种。

片区生物多样性交错特点突出、种类丰富多样。根据《海南吊罗山常见脊椎动物彩色图鉴》以及 2004 年后吊罗山保护区的相关文献记载，比科考报告中增加的记录种有：花鲢鱼、斑鳢、宽额鳢、海南瑶螈、乐东蟾蜍、越南指沟蛙、越南烙铁头蛇、棕黑腹链蛇、黑头剑蛇、玉斑锦蛇、乌梢蛇、福建华珊瑚蛇、台湾地蜥、大便头龟、中华条颈龟、红耳龟、蓝翡翠、红耳鹎、小白鹭、黄苇、臭鼩、海南兔、黑缘齿鼠、缅甸山鼠等 23 种野生脊椎动物，其中越南指沟蛙、玉斑锦蛇、乌梢蛇等为海南新纪录。

结合野外调查，吊罗山中部的度假村、白水岭等地区可能为海南臭蛙的潜在分布区。经研究表明，吊罗山同域分布的平顶闭壳龟与黄额闭壳龟在利用食物资源上存在时间异质性和分配差异性，可稳定共存。

海南师范大学目前所发现的乐东蟾蜍标本仍非常有限，成体标本不足 10 只，仅发现于海南岛和广东省天井山林区，该种与分布于临近我国的柬埔寨和越南等地的头盔蟾蜍形态特征极为相似。

（三）微生物资源

片区位于海南岛的东南部，地处北热带，属热带季风气候。保护区内高热多雨、植被类型多样、植物资源丰富等优越的自然条件孕育了丰富的微生物资源。已知的大型菌物 281 种，它们分别隶属于黏菌门、子囊菌门和担子菌门 16 目 35 科 112 属。其中可食用的 59 种、可药用的 59 种和有毒的 19 种，共计 115 个种和变种。另记录其他真菌类计有星盾炱属 3 种，船盾壳 1 种，附丝壳属 2 种，小光壳炱属 9 种，针壳炱属 4 种，小煤炱属 33 种。

四、生态站监测情况

在尖峰岭生态站的技术支撑下，吊罗山生态站现布设有一系列的生态监测设施。主要有：

（1）长期固定监测样地 40 个。吊罗山长期监测样地的布设紧密结合吊罗山热带雨林分布特点，在整个海拔垂直分布梯度内布设了一系列热带低地雨林、热带山地雨林等典型森林类型的长期监测样地。单一样地面积最大达 $20hm^2$，通过监测样地的调查和复查，系统开展不同热带雨林植被类型生物多样性演变规律和维持机制、热带雨林碳汇动态变化及其驱动机制、热带雨林水源涵养和环境净化功能变化动态等研究。

（2）热带雨林气候要素动态变化监测设施 2 处。主要包括布设在热带低地雨林、热带山地雨林两处地面气象观测系统。通过该系统长期连续地对风速、风向、空气温湿度、大气降水、太阳辐射、大气压、土壤温湿度的观测，系统掌握热带低地和山地雨林气候要素的动态变化规律，为了解不同类型热带雨林对气候要素的动态影响及对气候变化的响应与适应研究提供基础数据。

（3）大气水分要素观测设施。主要包括森林集水区测流堰观测设施 1 处，大气降水、溪流水水质监测点 4 处。通过集水区测流堰水位动态变化的长期监测，系统了解森林的水源涵养和调蓄功能。通过分析大气降水、溪流产流、坡面径流、测流堰水位高度的变化，分析热带雨林对水源涵养调蓄功能的变化动态和影响因素。并通过对不同来源和位置水源水质的取样和分析，了解热带雨林净化水质的功能变化动态。

（4）空气负氧离子监测设施 3 处。通过对不同林分类型、不同地带空气负氧离子的动态监测，充分了解森林改善气候环境的功能变化，为开展森林康养、自然教育提供丰富基础数据。

第三节　海南东寨港生态站

一、生态站基本情况

海南东寨港红树林湿地生态系统国家定位观测研究站（简称“东寨港生态站”）建立在海南东寨港国家级自然保护区内，距离海口市区约 30km。

生态站地域特色：海南东寨港国家级保护区范围为 19° 52′ 48″ ~20° 0′ 59″ N，110° 32′ 7″ ~110° 38′ 4″ E，位于海南岛最大的港湾铺前湾的内湾，海岸线曲折多湾，绵延约 50km，港湾内滩面缓平，避风条件好，有利于红树林的生长，红树植物种类多达 19 科 37 种，是我国红树植物种类最多、分布最集中、红树林生态系统保存最完整的区域，被列入《拉姆萨尔公约》国际重要湿地名录。

东寨港生态站代表我国热带、亚热带河口和海岸带典型的滨海湿地生态系统，是进行红树林生态系统定位研究的理想场所。生态站重点开展红树林生态系统结构与功能变化规律、湿地生物多样性和恢复生态学的研究，为我国沿海红树林生态安全体系的建立提供理论指导和技术支撑。

二、生态站生态系统监测情况

（一）湿地动态变化监测

利用遥感影像，对湿地类型变化进行判读监测，监测频率每 10 年一次。

（二）植物群落监测

自 2004 年建站以来，每 5 年进行一次全面的植被调查，最近一次植被调查开展于 2020 年。近年来购买了大疆经纬 300、大疆精灵 3、大疆精灵 4 等型号无人机，辅助现场地面调查判读红树植物群落分布。

结果显示，我国共有真红树植物和半红树植物 21 科 27 属 39 种（包括 2 个国外引种），除由正红树（*Rhizophora apiculata*）和红海榄（*Rhizophora stylosa*）天然杂交形成的，主要分布于儋州新盈湾的拉氏红树（*Rhizophora × lamarckii*），以及集中分布于文昌的茜草科真红树植物瓶花木（*Scyphiphora hydrophyllacea*）和千蕨菜科的半红树植物水芫花（*Pemphis acidula*）以外，其他 20 科 25 属 36 种红树植物在东寨港均有分布。

包括真红树植物 11 科 14 属 25 种，半红树植物 9 科 11 属 11 种。其中被列入《中国珍稀濒危植物名录》3 种；被列入《国家重点保护野生植物名录》3 种；被列入《中国植物红皮书》6 种；被列入《海南省省级重点保护野生植物名录》22 种。

（三）水质监测

在红树林、潮沟和水域共设置 9 个采样点，其中塔市区域按照潮位高低设置 3 个，演丰东河从入海口溯源至湿地上游设置 3 个，另外在三江设置 3 个取样点。根据采样点位置，按照 GB/T 12763.1、GB 17378.1 标准进行水质采样。测定的主要水质指标包括 DO、COD、氨氮、亚硝酸盐、铜、铅、镉、锌、汞、铬、砷等。

（四）沉积物监测

在东寨港湿地的主要河口、主要红树林类型布置采样带，共 8 条，每条采样带设置 3 个不同潮位的采样点，共计 24 个土壤采样点。分别对上述 24 个取样点进行取样。均选在退潮 1h 后，首先去除表面滞留水体和凋落物，使用环刀采集土壤表层 0~20cm 土样 3 次，将 3 次取样沉积物混合装袋，贴上标签。红树林湿地沉积物具有滨海湿地的基本特征，有机碳、硫化物含量较高，同时会富集大量重金属，因此本次调查的沉积物指标主要包括 pH 值、盐度、SOC、TN、硫化物、重金属（汞、铜、铅、锌、铬、砷、镉）。SOC 测定依据 HJ 658—2013 标准；TN 测定依据 GB 11894—89 标准；硫化物测定依据 HJ 833—2017 标准；重金属测定依据 GB/T 17141—1997 标准。

第四节　广东珠三角生态站

一、生态站基本情况

广东珠江三角洲森林生态系统国家定位观测研究站（简称“珠三角生态站”）位于广东省境内珠江三角洲城市群腹地；以广州市太和镇帽峰山森林公园为主站，地理位置为 23° 16′ N，113° 22′ E；辐射观测区分布在佛山市顺德区、高要区和中山市（21° 30′ ~23° 30′ N，112° 00′ ~115° 00′ E）。

生态站地域特色：珠三角代表我国华南、南亚热带季风湿润区森林植被，包括珠三角城市群南亚热带天然次生常绿阔叶林、针阔混交林及恢复人工林植被类型。生态站的主要监测与研究任务：针对珠三角城市区域“热岛效应”“雨岛效应”及环境负荷愈益严重等环境问题，系统科学地开展城市森林生态系统抵御灾害、缓解环境负荷、调节消减生态风险等生态环境效应机制研究。通过多尺度的长期定位监测、系统对比研究，着重于植被、土壤系统的生物化学机制效应及系统结构层的生态调节、离子吸附、化学降解去除、生态风险防治等机制，阐明森林植被与环境间的互动机制效应、生态系统抵御极端降水和储滤污染危害效应；解析城市森林应对环境影响表征出的尺度环境效应，尤其是固碳，储滤环境硫、氮、铅、镉，消减 $PM_{2.5}$ 等污染要素效应机能，土壤吸附积累

Org–C、PAHs、重金属等机能，揭示城市水平尺度上环境负荷差异及森林生态系统承载环境负荷效益。

目前，珠三角生态站监测已发现国家二级重点保护野生植物 9 种，包括：土沉香、樟（*Cinnamomum camphora*）、桫椤（*Alsophila spinulosa*）、苏铁蕨（*Brainea insignis*）等；地方特有种 10 种，如鸭脚木（*Schefflera heptaphylla*）、细叶榕（*Ficus microcarpa*）、龙眼（*Dimocarpus longan*）、广东润楠（*Machilus kwangtungensis*）等。野生动物有 2 纲（类）12 目 31 科 60 种，其中国家二级重点保护野生动物 10 种；《濒危野生动植物种国际贸易公约》（CITES）附录Ⅱ物种 7 种；《世界自然保护联盟（IUCN）红色名录》易危（VU）物种 1 种；《中国脊椎动物红色名录》易危（VU）物种 2 种，近危（NT）物种 4 种；广东省重点保护野生动物 1 种；“三有”动物 30 种。

二、生态站生态系统效应监测情况

（一）监测设施

（1）森林植被群落定位观测与研究设施。天然次生常绿阔叶林固定样地 6 块、标准样地 6 块，针阔混交固定样地 8 块、标准样地 3 块；人工恢复林固定样地 5 块、标准样地 5 块；合计 33 块（固定样地 19 块、标准样地 14 块）；林下植被样方 45 个。天然次生常绿阔叶林和针阔混交林收集凋落物框各 13 个、人工恢复林 10 个，合计 36 个（0.6m × 0.6m）；凋落物分解实验样地 6 块、每块分解袋 36 袋（设置林下面积 2.0m × 2.0m）。

（2）森林生态水文观测与研究设施。森林各类型集水区测流堰 3 个（地方资助建设 1 个）、坡面径流场 7 个、穿透水试验场 3 个、树干茎流试验场 2 个、渗透实验剖面场 3 个；草地、水泥垫面径流场各 3 个；降雨量观测点 4 个。

（3）森林气象及小气候梯度、环境观测设施。综合观测塔 3 座（地方项目资助 1 座）、林区常规气象站 2 个（地方资助建设 1 个）、环境气象要素与空气负离子观测站 1 个。

（4）森林土壤观测与研究设施。土壤物理化学定位观测实验场 6 个、土壤温湿及水分渗透观测场 4 个、土壤重金属原位监测系统 1 套。

（5）野生动物监测。在生态站固定 15 条鸟类监测路线，每条约 5km，监测频率为主站点帽峰山森林公园逐月监测，其他站点每季度监测。每年 6~10 月进行两栖动物、爬行动物的调查，包括“夜调”。2018 年至今在主站点安装 25 台红外相机，对野生动物开展全天候长期监测。

（二）监测研究成果

珠三角生态站针对工业化、城市化迅猛发展的珠江三角洲城市群区域日趋严峻的环境负荷、暴雨灾害频发等环境问题，系统科学地开展城市森林生态系统调节和抵御暴雨等自然灾害，缓解大气、水体、土壤污染等环境负荷，消减城市化和气候变化的生态风险等生态环境效应机制研究。在城市森林缓解环境载荷，发挥生态系统服务功能取得重大进展和阶段性研究成果。

珠三角生态站获得梁希林业科技进步奖二等奖 2 项，国家林业和草原局认定成果 3 项，制定林业行业标准和地方标准各 1 项；发表学术论文 86 篇。为国家林业和草原局提供中国森林生态服务功能价值估算提供科学依据，为地方政府提供城市森林生态效益和生态服务功能价值估算报告。珠三角生态站的研究成果对推动城市森林学科发展、国家生态文明和城市群生态建设及满足行业发展、地方需求提供翔实科学数据和决策依据，取得了良好的生态、经济和社会效益。

第五节　广东云勇国家森林公园研究基地

一、研究基地基本情况

云勇国家森林公园研究基地在佛山市云勇林场内，位于高明区明城镇，距离佛山市中心 70km。林场始建于 1958 年，是目前佛山市唯一的市属国有林场。林场管辖面积为 3.01 万亩[①]，林地面积约 2.97 万亩，森林覆盖率达 98.36%，是佛山面积最大、森林生态系统最完整的城市绿肺，是守护佛山西南部的重要生态屏障。2002 年以前，云勇林场为生产性林场，一直以生产杉木用材树种为主，2002 年以来，为响应广东省生态公益林建设号召，充分发挥森林生态效能，林场将大部分林地划为生态公益林，并大量采用乡土阔叶树种对原有杉木林进行改造。20 年来共采取约 30 种树种配置模式对不同地块进行改造，目前大部分林地已形成了针阔混交林。

主要造林树种有：米老排（*Mytilaria laosensis*）、木荷（*Schima superba*）、红荷（*Schima wallichii*）、楝叶吴茱萸（*Evodia meliaefolia*）、红锥（*Castanopsis hystrix*）、阴香（*Cinnamomum burmannii*）、香樟（*Cinnamomum camphora*）、小叶青冈（*Cyclobalanopsis myrsinaefolia*）、观光木（*Tsoongiodendron odorum*）、红花荷（*Rhodoleia championii*）、火力楠（*Michelia macclurei*）、山杜英（*Elaeocarpus sylvestris*）、枫香（*Liquidambar formosana*）、格木（*Erythrophleum fordii*）、黧蒴（*Castanopsis fissa*）、假苹婆（*Sterculia lanceolata*）、黄樟（*Cinnamomum porrectum*）和灰木莲（*Manglietia glauca*）等。

林下植被以蕨类植物为主，有少量其他灌木和草本，主要有乌毛蕨（*Blechnum orientale*）、华南毛蕨（*Cyclosorus parasiticus*）、新月蕨（*Pronephrium gymnopteridifrons*）、金毛狗、观音莲座蕨（*Angiopteris fokiensis*）、扇叶铁线蕨（*Adiantum flabellulatum*）、半边旗（*Pteris semipinnata*）、梅叶冬青（*Ilex asprella*）、五指毛桃（*Ficus hirta*）、山苍子（*Litsea cubeba*）、玉叶金花（*Mussaenda pubescens*）、鸭脚木、三丫苦（*Evodia lepta*）、鲫鱼胆

① 1 亩 =667m^2。

（*Maesa perlarius*）、野牡丹（*Melastoma candidum*）、毛果算盘子（*Glochidion eriocarpum*）、猴耳环（*Archidenron clypearia*）、黑面神（*Breynia fruticosa*）、海金沙（*Lygodium japonicum*），蔓生莠竹（*Microstegium vagans*）、弓果黍（*Cyrtococcum patens*）等。

依据不同的人工林经营目的，云勇林场内设置了 6 种 74 个不同林分改造研究样地，总面积 45.1hm^2，分别是：

① 1 个 7.92hm^2 和 2 个 6.48hm^2 低质低效林生态修复样地；

② 24 个 0.06hm^2 不同家系红锥林培育样地；

③ 36 个 0.04hm^2 不同树种配置的生物多样性提升样地；

④ 4 个 0.25hm^2 阔叶混交林大径材培育样地；

⑤ 6 个 0.06hm^2 功能树种混交配置景观提升样地。

二、样地的主要监测内容

（1）土壤理化性质和微生物监测。在样地内的上部、中部和下部，分别挖 1 个土壤剖面，按照 0~20cm、20~40cm、40~60cm 和 60~100cm 深度用容积 100cm^3 的环刀取样测定土壤容重，同时取土壤分析样品，用于测定土壤的氮、磷、钾等养分因子，土壤物理性质以及微生物群落结构。目前已在不同树种配置的生物多样性提升样地内完成了 2 次土壤理化性质和微生物监测，时间分别是 2018 年和 2021 年。

（2）植被监测。将样地分为 5m × 5m 的小样方，调查样方内每棵胸径 ≥ 1cm 的乔灌木和草本种类，采用每木检尺的方法进行调查，分别测量其树高和胸径；并在每个调查样方内四个角及中心位置设置 2m × 2m 的小样方，调查并记录样方内的乔木小苗、灌木、藤本和草本种类、个体数、高度及盖度等。目前已在不同树种配置的生物多样性提升样地内完成了两次植被监测，时间分别是 2018 年和 2021 年。

（3）环境监测。主要设有 1 处气象站（原有）、2 处空气质量监测站（负离子 /$PM_{2.5}$，原有）。

第六节　广东青云山生态站

一、生态站植被

广东青云山生态站共建设有 29 个 0.16hm^2 的标准样地、1 个 1hm^2 固定样地，覆盖了整个自然保护区。对所有 1cm 以上的树木进行了定位调查，在每个 10m × 10m 样方中设置 1 个 1m × 1m 的草本样方调查。

2018—2019 年，分 3 次采集测定了高速路线路边的 132、134、131 份植物样品，前后 2 次测量了叶片粉尘含量，保留有植物样品。

二、生态站土壤

配合植物固定样地的监测同步进行。

（1）1 个 $1hm^2$ 固定样地。周边设立 4 个土壤剖面，采集 4 份森林土壤剖面数据及图像资料；在样地内按均匀取样法，设立土钻固定取样点 25 处，测定土壤各层次（0~10cm、10~30cm、30~60cm、60~100cm）的物理性质（包括土壤密度、含水量、总孔隙度、毛管孔隙度和非毛管孔隙度等指标）。

（2）12 个 $0.16hm^2$ 固定样地。设立土钻固定取样点 4 处，测定土壤各层次（0~10cm、10~30cm、30~60cm、60~100cm）的物理性质（包括土壤密度、含水量、总孔隙度、毛管孔隙度和非毛管孔隙度等指标）。共采集了土壤监测样品 428 份，测定了土壤密度、土壤湿度、质量含水量等 7 个土壤物理性质指标。

（3）17 个 $0.16hm^2$ 固定样地。2020 年新建，待采集测定土壤理化性质。

2018—2019 年还采集测定了高速路线路边的 60 份土壤（分 3 次采集），测量了 40 份土壤的铅、镉、硫及 PAHs 含量。

所有土壤样品均保留样品。

三、生态站水文

测流堰 2 处，监测指标：水位高度和水温。

第 1 处监测时间：2018 年 9 月始；监测频率：10min；监测面积：$16hm^2$。

第 2 处监测时间：2021 年 1 月始；监测频率：10min；监测面积：$55hm^2$。

四、生态站气象

包括 1 套森林小气候梯度、1 套林区地面气象站数据。

小气候梯度：包括地上 4 层和土壤 3 层；小气候监测指标：4 层空气温度、4 层空气相对湿度、4 层水汽压、4 层风速、总辐射、林冠层温度、风向、林外降水、林内降水、3 层土壤温度、3 层土壤水分、3 层土壤电导率和土壤热通量等 31 个指标。监测时间：2018 年 4 月始；监测频率：0.5h。

林区地面气象站：监测指标包括，空气温度、空气相对湿度、水汽压、风速、风向、总辐射、地表温度、降雨、3 层土壤温度、3 层土壤水分、3 层土壤电导率和蒸发等 18 个指标；监测时间：2018 年 4 月始；监测频率：0.5h。

五、生态站空气质量

2 套监测设备。

2018 年安装的森林空气质量监测系统：安装在亚热带常绿阔叶林林内，由 $PM_{2.5}$ 颗粒物监测传感器、空气负氧离子监测传感器各传感器构成，本系统搭载在小气候塔上。监测指标：空气温湿度、风速、$PM_{2.5}$、PM_{10}、空气负离子等指标；监测时间：2018 年 4 月始；监测频率：0.5h。

2020 年 11 月安装的空气质量监测系统：安装在保护处管理边水沟边柳树下。监测指标：包括空气正负离子和 $PM_{2.5}$、PM_{10} 和空气温湿度等因子；监测时间：2020 年 11 月始；监测频率：每 1min 采集 1 次数据。

2018—2019 年还采集测定了高速路线路边的正负离子、$PM_{2.5/10}$、噪声、NO_2、SO_2 和温湿度，分 3 次动态测量。

六、生态站数据管理系统

气象（小气候和地面气象站）、空气质量数据均在华为云上管理传输。

七、生态站野生动物红外相机

2017—2018 年在保护区试运行安装了 25 台红外相机。

2020 年根据青云山保护区的生态系统类型和总面积，将保护区划分为 70 多个公里网格。采购了红外相机 100 台（另有项目“秘境之眼”等采购有将近 100 台，共计 200 台），布设于网格监测样点，对野生动物开展全天候长期监测。

第七节　南岭北江源生态站

一、生态站基本情况

南岭北江源森林生态系统国家定位观测研究站（简称“南岭北江源站”），其前身是 2007 年成立的中国林业科学研究院南岭森林生态系统定位研究站，2017 年加入国家林业局国家陆地生态系统定位观测研究站网络，并改为现名。

南岭北江源站采用“一站多点”布局，共设置野外观测站点 6 个，包括主站点 1 个、副站点 5 个。主站点设置于湖南莽山国家级自然保护区，主要定位观测亚热带常绿阔叶林、针阔混交林的结构与功能及其对气候变化的响应和适应规律。副站点包括：湖南临武西瑶绿谷国家森林公园，主要开展森林恢复和国家储备林观测研究；广东南雄小流坑 - 青嶂山自然保护区，主要开展森林环境与极小种群监测；广东乐昌杨东山十二度水省级自然保护区和广东乐昌大瑶山省级自然保护区，主要开展冰灾受损森林长期动态监测；广东小坑国家森林公园，主要开展模拟控制实验；广东天井山国家森林公园，主要开展森林退化与恢复、森林碳汇研究。

南岭北江源站在各主副站点共建立了 100 多个植物固定样地、20 个集水区水文站、20 个坡面径流场、13 个气象站、6 座综合观测塔、1 个模拟林冠受损实验场，主要沿海拔梯度分布于南岭山脉南北两麓组成气候与植被的垂直观测序列。

北江源站持续不懈地做好常规水、土、气、生监测工作。在此基础上系统开展南岭森林生态结构、功能以及环境的监测研究，以北江源站所在的自然保护区、国有林场森林公园为主要服务对象，结合国家天然林资源保护工程，重点研究冰灾、暴雨等极端气候对森林生态系统的影响，退化修复、森林生态系统服务功能，为南岭国家公园建设、林场和保护区的可持续发展提供了有力的科技支撑。

二、生态站监测研究成果

（一）冰灾对森林生态系统的影响

自 2008 年南方特大冰雪灾害以来，南岭北江源站一直坚持对受损森林的植被结构、土壤、森林水文、气象、蝴蝶多样性进行连续监测，揭示了冰灾对南岭生态系统的影响，并于 2017 年获得梁希林业科学技术二等奖。2018 年、2021 年分别出版专著《南岭蝶类生态图鉴》《冰雪灾害对南岭森林的影响及其恢复重建研究》。

（二）非正常凋落物对土壤有机碳的影响

针对非正常凋落物的分解动态及对土壤有机碳形成贡献问题，应用 ^{13}C 同位素示踪法和高通量测序技术，探究了极端气候事件对森林土壤碳循环的影响及其机理，阐述了非正常凋落物的生态学意义。

（三）退化天然林碳增汇技术

依托北江源站平台，2018 年获得了广东省林业局认定成果“南亚热带退化天然生态公益林碳增汇关键技术”一项。该成果提出树种固碳能力的多目标评价体系并筛选出 8 个高效固碳树种；创新性地提出了退化天然林中正常生长木与非异速长模型存在较大差异，并通过实测建立了全新的生物量模型。

第八节　中国林学会热带雨林分会

中国林学会热带雨林分会于 2019 年 11 月 8 日获中国林学会批复同意成立，挂靠单位为中国林业科学研究院热带林业研究所。2021 年 12 月 15 日，中国林学会在海南海口组织召开了成立大会暨海南热带雨林保护发展研讨会，选举产生了中国林学会热带雨林分会第一届委员会。

中国林学会热带雨林分会的宗旨：联合全国研究热带雨林的科技工作者，围绕国家生态建设和“山水林田湖草人类命运共同体”的战略目标，针对我国热带雨林科学研究与技术应用过程中存在的各种现实问题，瞄准国际上热带雨林研究的前沿和热点方向，依托热带雨林分会平台，加强国内外学术交流与合作研究力度，重点开展热带雨林生态系统组成、结构、功能、生物多样性、热带天然林修复、生物资源保育与可持续利用、国家战略储备热带阔叶硬材培育、热带雨林生态文化与民族文化等方面研究和交流合作，并将热带雨林的研究成果进行系统的融合，为我国以国家公园为主体的自然保护地体系建设、天然林保护修复工程、国家生态文明实验区建设等提供坚实的科学技术支撑。

中国林学会热带雨林分会的工作目标：开展热带雨林的学术交流和学术研讨，活跃学术思想，促进学科基础研究与应用技术研究的交叉融合；每年召开一次全体会员参加的热带雨林学术研讨会；不定期、不定规模地举办热带雨林学术论坛，普及热带雨林的相关知识，传播生态文明思想、“绿水青山就是金山银山”科学思想和理念；将科研成果推广到以国家公园为主体的自然保护地体系建设、天然林保护修复工程、国家生态文明实验区建设等实际利用中；充分发挥科技人才队伍的优势，组织热带雨林科学研究和应用技术的相关培训；为国家和地方林草管理部门及社会相关组织提供科学技术咨询服务等。

第二部分　陆地森林生态效益监测与评价

第二章　海南尖峰岭热带山地雨林 60hm² 动态监测样地群落动态变化①

第一节　森林生物多样性动态监测进展与方法

一、森林生物多样性动态监测研究进展

森林群落的物种组成和结构是森林生态系统功能的基础，是生物与环境相互作用结果的外在表现，对森林群落的物种组成和结构及其动态变化进行研究，对于揭示森林物种的空间结构和分布格局、森林群落中的物种共存、森林生物多样性的形成和维持机制有重要意义（Hooper et al.，2005）。演替、气候变化、自然干扰等都能改变群落的结构。对于自然干扰和演替的研究一直都是森林生态学的重要内容，演替理论在自然条件下森林达到稳定阶段的群落，称为顶极群落，在这个过程中伴随着个体密度的增大、生物量的增加、物种组成的改变和物种多样性的增加等。近 10 年，全球环境变化，特别是气候变化对森林群落的结构变化的影响成为研究的热点问题，有学者认为：气候变化对全球不同的森林类型的森林群落结构产生影响，并且对不同物种和不同径级个体的影响不相同（Anderegg et al.，2016）。由于森林群落的结构以及其影响因素具有复杂性，所以现阶段对森林群落的定点长期监测是我们了解森林群落结构变化的主要手段。

中国森林生物多样性动态监测网络（Chinese Forest Biodiversity Monitoring Network，CForBio）于 2004 年由中国科学院生物多样性委员会推动建设（宋永昌等，2015），并于当年在浙江古田山自然保护区建立了中国第 1 个大样地。我国的大样地建设由南至北覆盖了热带雨林、亚热带常绿阔叶林、暖温带落叶阔叶林、温带针叶林和寒温带针叶林，是全球建成的第 1 个拥有完成维度分布的森林生物多样性监测网络（米湘成等，2017），

① 作者：邓方立、许涵、李艳朋、骆土寿、陈洁、李意德。

分别建成成森林动物、植物、微生物监测专项网。最近几年，中国大样地研究发现群落中的稀有种的存在可以用生态位分化理论解释（Mi et al.，2020），不同纬度带的森林在不同生活史的不同阶段都存在负密度制约效应（Bin et al.，2011），土壤中的氮含量调解热带森林中豆科树木和邻体树木多样性的关系等（Xu et al.，2020）。其中，尖峰岭 60hm^2 大样地是目前世界上已建成的单个面积最大，同时监测植株数量最多的大样地。近年来，关于大型动态监测样地的研究已经从建成初期的群落生态学为主，转变为多学科交叉的生物多样性综合研究平台。森林生物多样性网络的建立极大程度上推动了我国生物多样性的相关研究（马克平，2017）。

二、尖峰岭地区的气候、土壤、植被类型和 60hm^2 样地简介

（一）尖峰岭地区的气候、土壤和植被类型

尖峰岭地区位于海南省西南部乐东黎族自治县和东方市交界处，即 18° 20′~18° 57′ N，108° 41′ ~109° 12′ E，总面积约 640km^2。尖峰岭林区在行政区划上隶属于海南省乐东黎族自治县，面积为 472km^2，是海南五大林区中面积最大的林区。同时也是我国现有面积较大、保存较完整的热带原始森林之一（李意德等，2012）。由于尖峰岭地区的海拔原因，形成了以热带山地雨林为主，其热带和极少数亚热带气候为辅的多种气候结合的气候类型。尖峰岭地区同时具有复杂的地形条件和气候条件，造就了丰富的动植物资源，为生物多样性的研究打下研究基础（许涵等，2012）。

尖峰岭地区属热带岛屿季风气候区，从滨海台地到山地，年降水量在 1300~3700mm 之间，有明显的干、湿两季，雨季为 5~11 月，一年中的大部分降水集中于这个时期，旱季为 11 月至翌年 4 月。年平均气温在 19.8~24.5℃之间，≥ 10℃的年积温为 9000℃，最冷月平均气温为 10.8℃，最热月平均气温为 32.6℃。距离尖峰岭大样地 4km 的自动气象观测站 2015—2018 年地面气象观测数据显示年平均气温为 25.6℃，最热月平均气温 36.1℃，年平均降水 920~2500mm。因为尖峰岭临近海边，容易受到台风的影响，台风会带来暴雨或大暴雨，所以台风是影响尖峰岭气候的重要干扰因素，台风期间的降水占尖峰岭全年降水量的 44.4%~68%（周璋等，2019）。

尖峰岭气候属于岛屿季风气候，从海滨到山地，土壤有明显垂直分布的特点，依次为滨海沙土、燥红土、砖红壤、砖黄壤和山地淋溶表潜黄壤等（李意德等，2012）。在海拔 600~1200m 的山地和丘陵为热带山地雨林的分布区域，这些区域的主要土壤类型为砖黄壤和黄壤（李意德等，2002）。

尖峰岭地区的地形地貌独特，自然植被从海边至山顶随海拔变化形成了 8 个植被类型：滨海有刺灌丛（海拔 15m 以下）、热带稀树草原（或稀树灌丛，海拔 15~60m）、热带半落叶季雨林（海拔 60~350m）、热带常绿雨林（海拔 350~650m）、热带北缘沟谷雨林（海拔 350~900m，三面环山的沟谷）、热带山地雨林（海拔 650~1350m）、热带山地

常绿阔叶林（海拔 650~1350m）和山地苔藓矮林（海拔 1350m 以上），这些植被类型基本上代表了海南岛山地的主要植被类型。尖峰岭地区的地带性植被为以青梅和龙脑香科（Dipterocarpaceae）为主的热带常绿季雨林（李意德，2012），而热带山地雨林是尖峰岭地区分布面积最大的植被类型（蒋有绪和卢俊培，1991；曾庆波等，1997）。尖峰岭 $60hm^2$ 大样地（简称“尖峰岭大样地”），属于热带山地雨林，同时尖峰岭地区也是生物多样性的热点地区（方精云等，2004），野生维管植物和习见的栽培植物共 2839 种，隶属于 244 科 1248 属，其中被子植物 196 科 1147 属 2633 种，裸子植物 9 科 21 属 56 种，蕨类植物 39 科 79 属 150 种（李意德等，2012）。

（二）尖峰岭 $60hm^2$ 样地建设情况

（1）样地建设参照的技术规范。尖峰岭大样地参照美国史密森热带研究所（Smithsonian Tropical Research Institute）热带研究中心（Center for Tropical Forest Science，CTFS）的调查技术规范（Condit，1995）建立的森林生物多样性动态监测样地。朝向为正南正北，东西长度为 1000m，南北宽度为 600m。尖峰岭大样地的选点原则：区域内分布有典型的热带雨林植被；植被连续分布；尽量不跨越大的河流，但允许样地内有小河沟；有一定的地形起伏来反映生境差异。大样地的海拔在 866.3~1016.7m 之间，坡度在 1.74°~49.25° 之间。整个样地地形可分为平地、缓坡、中坡和山脊 4 种。

（2）样地的调查方法。整个样地被分为 1500 个 20m×20m 的样方，每个样方的四个角用水泥砖固定。样方编号由 4 位数字组成，前两位是由西到东 1~50 号，后两位是由南到北 1~30 号，整个大样地的西南角样方编号为 0101，东北角样方编号为 5030。每个样方再分为 16 个 5m×5m 的小样方，调查时的走向如图 2-1 所示。每个需要测量的植株在高 1.3m 处涂上油漆，记录小样方内每株胸径≥ 1cm 的木本植物、木质藤本、枯立木和倒木的种类、分枝或萌芽情况、生长状态、胸径以及树高，测量每棵植株相对小样方边线的距离来确定其坐标。第 1 次植物调查从 2010 年年底开始，2012 年年底完成；2013 年完成了全部植株的辨识工作。第 1 次复查工作于 2018 年开始，2019 年结束。

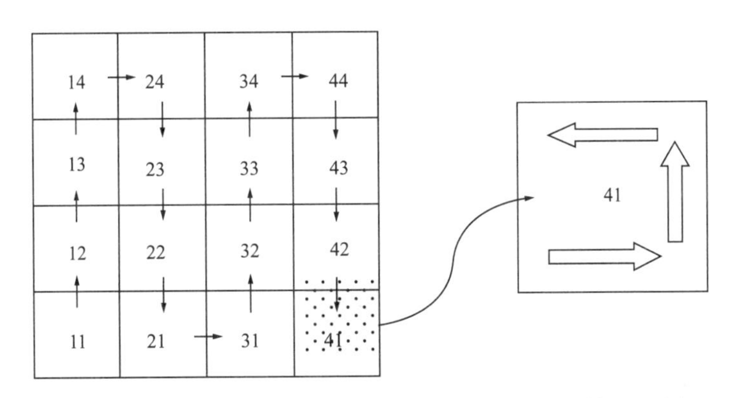

图 2-1 20m×20m 样方内调查即挂标签顺序（许涵等，2015）

第二节 尖峰岭 60hm² 动态监测样地群落物种数量与组成的动态变化

一、尖峰岭 60hm² 动态监测样地物种基本组成及动态变化

根据 2012 年和 2018 年尖峰岭 60hm² 大样地 *DBH* ≥ 1cm 的木本植物调查结果，根据《中国植物志》，2012 年尖峰岭大样地内定名的植物 439615 株（含分枝和萌条），分属于 62 科 155 属 290 种（未定名植株 61 株），植株密度为 7326.92 株 /hm²。2018 年第 2 次调查的结果显示，尖峰岭大样地内定名的植物 412912 株，分属于 69 科（科数目增加的原因是分类学上的变化）154 属 291 种，植株密度为 6881.87 株 /hm²。其中死亡 63513 株，新增 36810 株，净减少 26703 株。

从物种组成的变化来看：两次调查期间尖峰岭 60hm² 大样地内物种组成稳定。新增 4 个树种：毛蕊山柑（*Capparis pubiflora*）、网脉山龙眼（*Helicia reticulata*）、腺叶桂樱（*Laurocerasus phaeosticta*）和黑嘴蒲桃（*Syzygium bullockii*）。消失 3 个树种：海南鹅耳枥（*Carpinus londoniana* var. *lanceolata*）、假黄皮（*Clausena excavata*）和海南草珊瑚（*Sarcandra glabra* subsp. *brachystachys*）。

本研究通过 Shannon-Wiener 指数、Simpson 优势度指数和 Pielou 均匀度指数描述尖峰岭大样地内生物多样性的动态变化。2012—2018 年这 6 年间，尖峰岭大样地内物种数增加了 1 种，个体数减少相对较多，共减少了 26703 株。多样性指数方面，Shannon-Wiener 指数、Simpson 优势度指数和 Pielou 均匀度指数均无明显变化（表 2-1）。

表 2-1 尖峰岭 60hm² 大样地个体数、丰富度、多样性指数、优势度指数和均匀度指数的变化

年份	个体数（株）	物种数（个）	多样性指数	优势度指数	均匀度指数
2012	439615	290	4.6496	0.0158	0.8200
2018	412912	291	4.6473	0.0159	0.8187

从优势科属组成来看，尖峰岭大样地优势科、优势属的变化不大。2012 年物种数前 10 的科：樟科（Lauraceae）（9 属 28 种）、茜草科（Rubiaceae）（17 属 23 种）、壳斗科（Fagaceae）（3 属 23 种）、桃金娘科（Myrtaceae）（3 属 12 种）、山矾科（Symplocaceae）（1 属 11 种）、山茶科（Theaceae）（8 属 11 种）、桑科（Moraceae）（3 属 11 种）、冬青科（Aquifoliaceae）（1 属 10 种）、大戟科（Euphorbiaceae）（8 属 10 种）、芸香科（Rutaceae）（8 属 9 种）。

2018 年物种数前 10 的科：樟科（9 属 28 种）、茜草科（17 属 23 种）、桃金娘科（3 属 13 种）、山矾科（1 属 11 种）、山茶科（8 属 11 种）、桑科（3 属 11 种）、冬青科（1 属 10 种）、大戟科（8 属 10 种）、芸香科（7 属 8 种）。桃金娘科增加一种黑嘴蒲桃，芸香科减少一种假黄皮。

二、尖峰岭 60hm² 动态监测样地植物区系构成及动态变化

2012 年尖峰岭大样地中除了黑桫椤（*Alsophila podopyhlla*）外，有 136 个种子植物区系属于热带性质，占全部属的 88.3%。只有一个鼠李属（*Rhamnus*）属于世界分布，拟单性木兰属（*Parakmeria*）属于中国特有分布。2018 年新增的物种中，毛蕊山柑和腺叶桂樱属于泛热带分布，网脉山龙眼属于热带亚洲至热带大洋洲分布，黑嘴蒲桃属于旧世界热带分布。其中，毛蕊山柑和腺叶桂樱所在的属为新增属。消失的物种中，海南鹅耳枥属北温带分布，假黄皮为旧世界热带分布，海南草珊瑚属于热带亚洲分布，这 3 个物种均为该属在尖峰岭大样地中的唯一物种。尖峰岭大样地木本植物区系构成见表 2–2。

表 2–2　尖峰岭大样地木本植物区系构成

区系类型	属数目（个）		物种数（个）	
	2012	2018	2012	2018
世界分布	1	1	1	1
泛热带分布	32	33	88	90
热带亚洲和热带美洲间断分布	8	8	16	16
旧世界热带分布	21	20	34	34
热带亚洲至热带大洋洲分布	18	18	26	27
热带亚洲至热带非洲分布	8	8	10	10
热带亚洲分布	49	49	86	85
北温带分布	3	2	4	3
东亚和北美洲间断分布	9	9	16	16
地中海区、西亚至中亚分布	1	1	3	3
东亚分布	3	3	4	4
中国特有分布	1	1	1	1
总计	154	153	289	290

三、尖峰岭 60hm² 动态监测样地木本植株的死亡与新增

尖峰岭大样地共新增植株 36810 株（包含 176 株未定名个体），新增植株占总体 8.37%，已定名的新增植株包含 66 科 140 属 258 种。死亡 63513 株，死亡植株占总体 14.48%，植株数量净减少 26703 株，净减少植株 6.07%。

死亡植株的平均胸径为 7.5cm，死亡株数最多的 3 个物种是变色山槟榔、柏拉木和四蕊三角瓣花，分别死亡 5552 株、4171 株和 2465 株。占全部死亡植株数量的 19.78%。新增植株的平均胸径为 1.9cm，新增个体数最多的 3 个物种是变色山槟榔（*Pinanga baviensis*）、四蕊三角瓣花（*Prismatomeris tetrantra*）和厚壳桂（*Cryptocarya chinensis*），分别有 2895 株、1887 株、1816 株，占更新植株总数的 17.92%。

四、总结与分析

我国的热带雨林主要分布于海南、广东、广西、云南、西藏和台湾地区，位于亚洲热带的北缘，其中海南岛热带雨林的物种组成丰富，是全球生物多样性的热点地区之一（蒋有绪和卢俊培，1991）。尖峰岭山地雨林从温度上看属于亚热带/暖温带的性质，但由于尖峰岭地区降水充沛，使得物种多样性较为丰富，从而具备了雨林的性质。所以，尖峰岭山地雨林与典型的热带雨林有着显著的区别，属于热带雨林向亚热带/暖温带雨林过渡的类型（方精云等，2004）。

尖峰岭大样地中生长着鸡毛松（*Dacrycarpus imbricatus*）、陆均松（*Dacrydium pectinatum*）和红柯（*Lithocarpus fenzelianus*）等高大的、具有代表性的热带山地物种，这说明了尖峰岭大样地在热带雨林分布区域的山地属性，龙脑香科的青梅和坡垒，说明了热带属性。但青梅和坡垒在样地内的数量较少，这是尖峰岭地区处于热带北缘的属性的体现。

与同属热带的西双版纳地区，2007 建立于西双版纳州勐腊县补蚌村的望天树（*Shorea wantianshuea*）林中 $20hm^2$ 的热带森林动态监测样地中包含胸径≥1cm 的个体 95834 株，隶属于 70 科 213 属 486 种；2016 年建立于版纳河流域国家自然保护区的 $20hm^2$ 的热带季雨林动态监测样地内胸径≥1cm 的个体 59498 株，隶属于 63 科 197 属 296 种，与版纳河流域大样地内的物种数相近。与世界其他热带地区的大样地相比，巴拿马 Barrocolorado Island（BCI）$50hm^2$ 大样地有 423472 株，325 种；厄瓜多尔 Yasuni $25hm^2$ 大样地有 151300 株，1100 种；哥伦比亚 La Palanan $25hm^2$ 大样地有 219 种；斯里兰卡 Sinharaja $25hm^2$ 大样地有 250131 株，239 种；波多黎各 Luquillo $16hm^2$ 大样地有 140 种。以及在中国亚热带地区，鼎湖山 $20hm^2$ 大样地有 71617 株，210 种；黑石山 $50hm^2$ 大样地有 269093 株，236 种；古田山 $24hm^2$ 大样地有 140700 株，159 种；天童山 $20hm^2$ 大样地有 115815 株，151 种（ForestGEO，https：//forestgeo.si.edu）。

在 2 次调查期间，尖峰岭大样地共有 3 个物种消失，新增 3 个物种，物种更新慢，同时在尖峰岭大样地的幼苗研究中发现，只有少部分幼苗监测样站中有新幼苗出现，幼苗种类相较树种种类明显较少（石佳竹，2020）。这说明在尖峰岭热带山地雨林中扩散限制明显，离大树的空间分布越远，其繁殖体越难传播。有研究表明，中性理论可以很好地描述海南热带山地雨林的物种多度分布，这表明海南热带山地雨林生物多样性维持机制是中性过程为主导。

尖峰岭 $60hm^2$ 森林动态监测样地中死亡植株 63513 株，死亡率为 14.45%，补员 36810 株，补员率 8.37%，净减少 26703 株，减少 6.07%。在鄂西南地区 $2.2hm^2$ 的样地中 5 年间死亡个体占植株总数的 11.8%，新增个体占 6.7%；广西木论喀斯特地区 5 年间样地内减少的植株比例高达 22%；古田山地区在 2 个 5 年间，植株分别增加 26.0% 和 5.8%。

热带地区的巴拿马 BCI 样地，马来西亚 Pasoh 样地（Condit et al.，1995），暖温带地区日本 4hm^2 常绿阔叶林，天目山 1hm^2 常绿落叶阔叶混交林，鼎湖山 20hm^2 南亚热带常绿阔叶林死亡率和补员率均不超过 5%。但是值得注意的是在死亡的 63513 个体中，有 154 株胸径≥ 60cm，有 1737 株胸径≥ 20cm，这在其他样地中是非常少见的。原因可能是因为尖峰岭经常有台风经过，台风会吹倒一些大径级的树木，在森林中形成林窗，导致中小径级的树木大量生长，这也是尖峰岭大样地相对其他样地有更大的植株密度的原因。

与上述这些样地的比较中可以看出，尖峰岭 60hm^2 大样地与其他热带地区样地相比物种数目较少，但是具有较高的植株密度；物种数和植株密度大于亚热带地区大样地。造成这种现象的原因可能是海南岛和大陆之间被琼州海峡隔开，加上海南岛形成时间不长，在一定程度上阻隔了海南岛与大陆间的物种交流。

第三节　尖峰岭 60hm^2 动态监测样地群落结构的动态变化

一、尖峰岭 60hm^2 动态监测样地物种优势度及动态变化

2012 年首次调查的数据显示重要值前 10 的物种：大叶蒲葵（*Livistona saribus*）、白颜树（*Gironniera subaequalis*）、厚壳桂、油丹（*Alseodaphne hainanensis*）、四蕊三角瓣花、海南韶子（*Nephelium topengii*）、红柯、香果新木姜子（*Neolitsea ellipsoidea*）、东方琼楠（*Beilschmiedia tungfangensis*）和九节（*Psychotria asiatica*）。

2018 年的复查数据结果显示重要值前 10 的物种：大叶蒲葵、白颜树、厚壳桂、四蕊三角瓣花、海南韶子、香果新木姜子、红柯、东方琼楠和九节。

从 2 次调查数据的变化可以看出尖峰岭大样地中优势木本植物的构成稳定，重要值前 10 的物种没有发生变化，重要值前 25 的物种中也只有橄榄（*Canarium album*）被多香木（*Polyosma cambodiana*）代替（表 2–3、表 2–4）。

表 2–3　海南尖峰岭 60hm^2 大样地 2012 年优势木本植物种类组成

物种	相对胸高断面积	相对密度	相对频度	重要值（%）
大叶蒲葵	8.95	0.76	0.99	3.57
白颜树	5.50	2.28	1.24	3.01
厚壳桂	2.80	3.82	1.22	2.62
油丹	4.35	1.21	1.14	2.23
四蕊三角瓣花	0.25	4.93	1.24	2.14
海南韶子	2.35	2.70	1.24	2.10
红柯	4.89	0.40	0.69	1.99
香果新木姜子	1.00	3.58	1.19	1.92
东方琼楠	1.98	2.42	1.10	1.84

（续）

物种	相对胸高断面积	相对密度	相对频度	重要值（%）
九节	0.66	3.44	1.22	1.77
黄叶树	2.47	1.51	1.13	1.70
变色山槟榔	0.11	3.36	0.75	1.41
杏叶柯	2.89	0.31	0.67	1.29
东方肖榄	1.21	1.46	1.14	1.27
木荷	2.36	0.58	0.86	1.26
纽子果	0.12	2.46	1.16	1.25
盆架树	2.38	0.44	0.86	1.23
卵叶桂	1.30	1.18	1.03	1.17
海岛冬青	1.44	1.03	0.95	1.14
托盘青冈	2.51	0.27	0.63	1.14
海南蕈树	2.61	0.41	0.29	1.10
罗伞树	0.13	1.90	1.13	1.05
柏拉木	0.08	2.65	0.38	1.04
海南紫荆木	2.20	0.35	0.48	1.01
橄榄	1.49	0.58	0.93	1.00

表 2-4 海南尖峰岭 60hm^2 森林动态监测样地 2018 年优势木本植物种类组成

物种	相对胸高断面积	相对密度	相对频度	重要值（%）
大叶蒲葵	9.25	0.78	1.00	3.68
白颜树	5.73	2.39	1.27	3.13
厚壳桂	2.89	4.06	1.25	2.73
油丹	4.33	1.25	1.16	2.25
四蕊三角瓣花	0.27	5.09	1.27	2.21
海南韶子	2.44	2.71	1.27	2.14
香果新木姜子	1.05	3.72	1.21	1.99
红柯	4.81	0.39	0.67	1.96
东方琼楠	1.91	2.59	1.13	1.88
九节	0.69	3.37	1.24	1.77
黄叶树	2.52	1.56	1.15	1.74
盆架树	2.44	0.50	0.91	1.28
杏叶柯	2.84	0.30	0.67	1.27
纽子果	0.13	2.49	1.17	1.27

（续）

物种	相对胸高断面积	相对密度	相对频度	重要值（%）
木荷	2.25	0.58	0.87	1.23
变色山槟榔	0.10	2.86	0.72	1.23
东方肖榄	1.12	1.40	1.15	1.22
海岛冬青	1.44	1.09	0.98	1.17
卵叶桂	1.25	1.16	1.02	1.15
托盘青冈	2.52	0.27	0.62	1.14
罗伞树	0.14	1.96	1.15	1.09
海南蕈树	2.48	0.40	0.29	1.06
米槠	1.61	0.75	0.68	1.01
海南紫荆木	2.16	0.37	0.48	1.00
多香木	0.88	1.00	1.05	0.97

二、尖峰岭 60hm² 动态监测样地物种－面积曲线和物种－个体曲线及动态变化

2012 年尖峰岭大样地中随着取样面积的增加，物种数的增加速度明显变慢，当取样面积达到 4.08hm² 时，物种数达到整个大样地物种数的 90.0%，即 261 种。当取样面积达到 11.08hm² 时物种数达到 276 种，占整个大样地的 95.2%。

2018 尖峰岭大样地中取样面积达到 4.08hm² 时，物种数达到整个大样地物种总数的 90.0%，即 261 种。当取样面积达到 13hm² 时物种数达到 278 种，占整个大样地物种总数的 95.5%。见图 2–2。

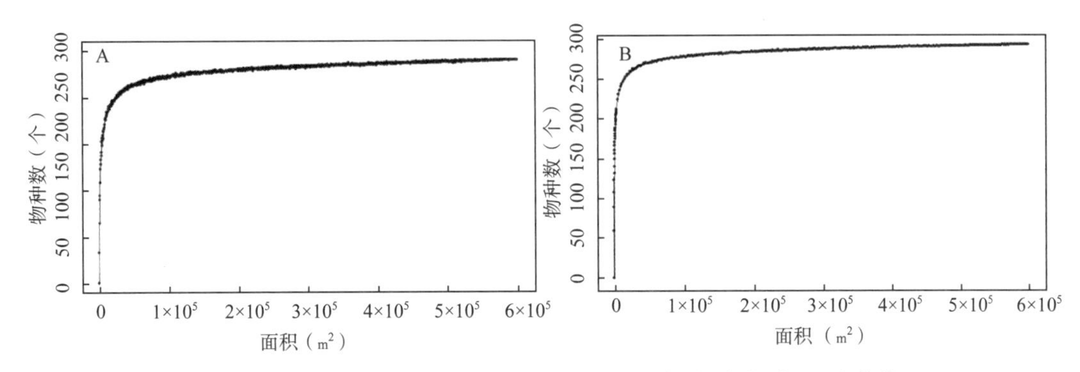

图 2–2 尖峰岭大样地 2012 年（A）和 2018 年（B）物种－面积曲线

2012 年，当取样植物达到 2 万株时，尖峰岭大样地中累计的物种数达到整个大样地物种总数的 90%，261 种，取样植株达到 6.74 万株时，累计记录到的物种数达到 276 种，占整个大样地物种总数的 95.2%。

2018 年，当取样植物达到 1.9 万株时，累计的物种数达到整个大样地物种总数的 90%，262 种，取样植株达到 6.6 万株时，累计记录到的物种数达到 276 种，占整个大样地物种总数的 95.2%。见图 2–3。

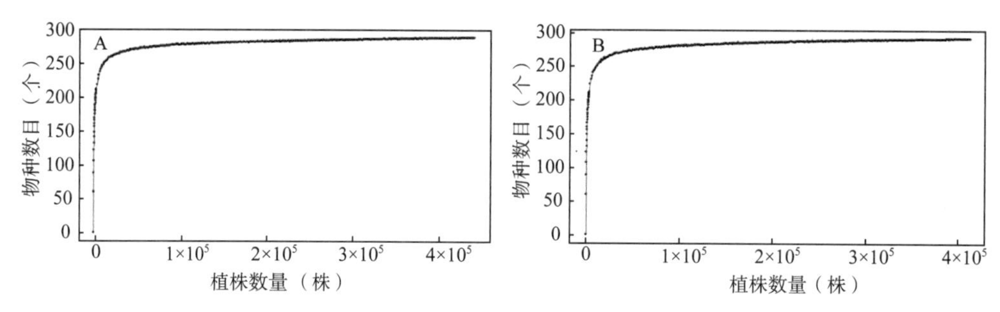

图 2–3　尖峰岭大样地的木本植物 2012 年（A）和 2018（B）年物种–个体累积曲线

三、尖峰岭 60hm^2 动态监测样地多度分布（图 2–4）及动态变化

本研究中将大样地中植株密度小于 1 株 /hm^2 的物种定义为大样地内的稀有种，将植株密度介于 1 株 /hm^2 和 10 株 /hm^2 之间的物种定义为偶见种。按照这个定义，2012 年大样地植株个体小于 60 株的物种，即稀有种有 60 种，占大样地内所有物种数的 20.7%；其中有 12 个物种的数量只有 1 株，有 11 个物种的数量在 3~9 株。偶见种 109 种，比例为 37.6%。2018 年大样地稀有种有 59 种，占大样地内所有物种数的 20.3%；其中 8 个物种的数量只有 1 株，14 个物种的数量只有 3~9 株。偶见种 112 种，比例则为 38.5%。

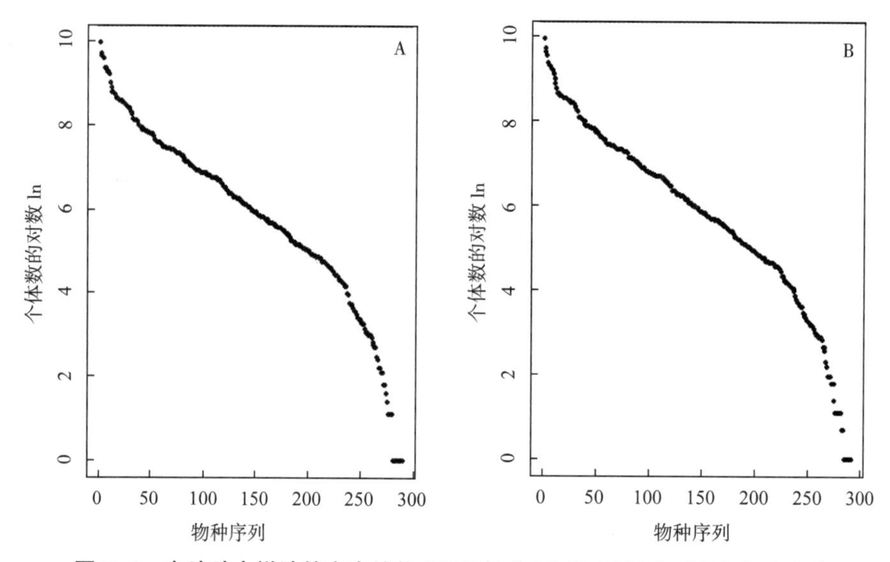

图 2–4　尖峰岭大样地的木本植物 2012 年（A）和 2018 年（B）多度分布

2012 年植株数量最多的是四蕊三角瓣花，共 21644 株（含分枝和萌条），该种是灌木，少数个体能长成小乔木。数量第二的物种是厚壳桂，共 16811 株（含分枝和萌条），

为高大的上层乔木，其果实为动物的重要食物来源，故种子具有较好的传播条件。其他数量较多的物种中，香果新木姜子与厚壳桂的生态位相似，九节则与四蕊三角瓣花有相似的生态位。2018 年个体数最多的物种依然是四蕊三角瓣花，共 21018 株（含分枝和萌条），其次是厚壳桂，共 16761 株（含分枝和萌条）。这里需要注意的是尖峰岭大样地中青梅和龙脑香科植物具有典型热带性质的植物的个体较少，但它们是尖峰岭地区常见物种。

四、尖峰岭 60hm² 动态监测样地径级结构及动态变化

2012 年大样地内所有植株的平均胸径为 9.87cm，所有植株径级胸径分布呈现出明显的倒“J”形。小径级植株占大多数，其中≥ 1cm 的个体有 439615 株，胸径≥ 5cm 的个体有 103435 株，占总体 23.5%；胸径≥ 10cm 的个体有 54672 株，占总体 12.4%，胸径≥ 20cm 个体数有 24106 株，占总体 5.5%，胸径≥ 60cm 的个体只有 1419 株，占总体 0.3%。

2018 年大样地内所有植株的平均胸径为 10.22cm。径级分布同样呈现出明显的倒“J”形。其中≥ 1cm 的个体有 412912 株，胸径≥ 5cm 的个体有 105768 株，占总体 25.6%；胸径≥ 10cm 的个体有 55117 株，占总体 13.3%；胸径≥ 20cm 个体数有 24021 株，占总体 5.8%，胸径≥ 60cm 的个体只有 1400 株，占总体 0.3%。见图 2-5、表 2-5。

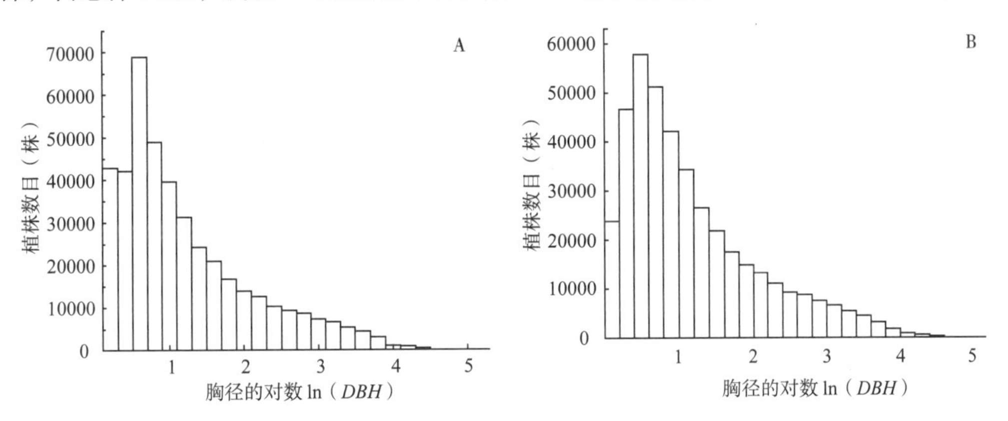

图 2-5 尖峰岭大样地木本植物 2012 年（A）和 2018 年（B）的胸径分布

表 2-5 尖峰岭大样地不同起测胸径的植株和科、属、种数量

起测胸径	植株数量（株）		物种树木（株）		属数目（株）		科数目（株）	
	2012 年	2018 年	2012 年	2018 年	2012 年	2018 年	2012 年	2018 年
≥ 1cm	439615	412912	290	291	155	153	62	69
≥ 5cm	103496	105768	262	261	145	145	60	65
≥ 10cm	54733	55117	236	237	131	133	58	64
≥ 20cm	24104	24021	206	209	116	118	57	62
≥ 60cm	1419	1400	69	72	47	48	27	32

2 次调查中，所有物种中胸高断面积最大的是大叶蒲葵，其胸高断面积在 2012 年和 2018 分别为 383.38m² 和 392.04m²，分别占大样地总胸高断面积的 8.95% 和 9.25%（图 2-6）。

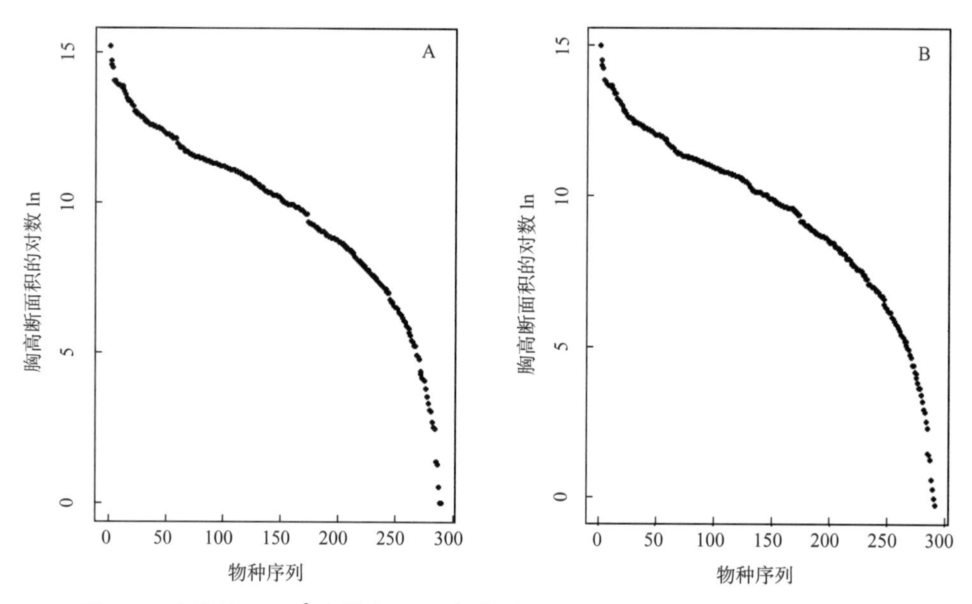

图 2-6　尖峰岭 60hm² 大样地 2012 年（A）和 2018 年（B）物种胸高断面积分布

五、总结与分析

与其他样地一样，尖峰岭大样地内的植株胸径分布满足倒“J”形分布。胸径 0~5cm 个体在 2 次调查中分别占 76.45% 和 74.38%。小径级植株的比例明显高于温带地区长白山阔叶山红松林、亚热带地区神农架针阔混交林、秦岭落叶阔叶林和海南吊罗山低地雨林（韩天宇等，2019），与兴安岭凉水地区的阔叶红松林、武夷山常绿阔叶林相似。总体来说，尖峰岭大样地中小径级个体相对其他森林较多。

尖峰岭大样地内稀有种和偶见种的比例分别从 20.7% 变为 20.3%，37.6% 变为 38.5%，总体上变化不大。稀有种比例明显低于同属热带西双版纳望天树 20hm² 大样地 47.14%、南亚热带鼎湖山 20hm² 大样地 52.38%、亚热带古田山 24hm² 大样地 37.1%。此外，尖峰岭 60hm² 大样地内优势物种的重要值也较小，样地内重要值最大的物种为大叶蒲桃（重要值在 2012 年为 3.47%，2018 年为 3.68%），重要值前 10 物种的重要值之和从 23.19% 变为 23.74%。而西双版纳望天树林和版纳河流域样地内最大重要值分别为 8.59% 和 7.41%，鼎湖山为 12.3%，古田山为 15.3%。这些样地重要值前 10 物种的重要值之和在 30.38%~46.5% 之间。由此可以看出，尖峰岭大样地优势物种的优势度不如其他样地，其他在尖峰岭和海南其他山地热带雨林的研究也指出，在海南山地热带雨林很难找到一片面积大于 1hm² 具有典型代表物种的森林群落（李佳灵，2013）。

第三章

海南尖峰岭 60hm² 样地内国家重点保护野生植物的资源现状研究①

第一节　尖峰岭热带雨林以及雨林内国家重点保护野生植物的资源现状

一、尖峰岭热带雨林是海南热带雨林国家公园的重要组成部分

热带雨林，即位于热带地区的雨林，是地球上生物多样性最为丰富的生态系统之一。从广义上讲，热带雨林大多数位于南北回归线之间，主要分布于南美洲亚马孙河流域、中美洲、非洲刚果河流域、东南亚、澳大利亚北部和众多太平洋岛屿；从狭义上讲，热带雨林仅分布于 10° N 和 10° S 之间的赤道地区，而南北纬 10°~23.5°之间由于受热带季风气候影响比较强烈，分布的则是大面积的热带季雨林（蒋有绪等，2018）。由此可知，热带雨林资源在我国极为稀缺，并主要分布于热带季风气候区北缘，包括海南全部，以及云南、广东、广西的部分地区、西藏东南部和台湾南部。

海南是我国唯一全省均为热带雨林分布区的省份（李意德和李天平，2021）。海南热带雨林属于世界热带雨林三大群系类型中的印度马来热带雨林群系的北缘类型，是我国热带雨林的典型代表。海南岛由于地处热带亚洲北缘的季风气候区，因此其森林植被的生态特征既富于热带性，但又有别于赤道带植被，兼具季风热带植被的特点。在中国植被自然地理中，将其称为"典型热带林带"（热带雨林、季雨林带）。海南热带雨林蕴藏着多种热带特有、中国特有、海南特有的珍稀动植物种类，是我国热带生物多样性保护的关键地区。此外，由于海南热带雨林所属区域已被列入为全球 34 个生物多样性热点区之一，因此也是全球重要的种质资源基因库。

为了有效保护海南热带雨林生态系统的原真性和完整性，2018 年 4 月 13 日，习近平总书记在庆祝海南建省办经济特区 30 周年大会上强调，海南要积极开展国家公园体制试点，建设热带雨林等国家公园。2019 年 1 月 23 日，习近平总书记主持召开中央深改委第六次会议，审议通过《海南热带雨林国家公园体制试点方案》。2019 年 2 月 26 日，中央编办批复同意在海南省林业局加挂海南热带雨林国家公园管理局牌子。管理局实行扁平化的两级垂直管理体制，下设尖峰岭、霸王岭、吊罗山、黎母山、鹦哥岭、五指

① 作者：李艳朋、许涵、李意德、骆土寿、陈洁。

山和毛瑞7个分局。2021年10月12日，习近平主席在联合国《生物多样性公约》第十五次缔约方大会上宣布，中国正式设立三江源、大熊猫、东北虎豹、海南热带雨林和武夷山国家公园。海南热带雨林国家公园作为我国首批国家公园，而且是以“热带雨林”命名的国家公园，更突显了其独特性和代表意义。

作为海南热带雨林国家公园重要组成部分的尖峰岭，位于海南省的西南部，该区的热带雨林是中国仅有的少数几块保留面积较大且保存较好的热带原始雨林之一（方精云等，2004）。根据2021年9月7日发布的《国家重点保护野生植物名录》（2021年第15号），海南热带雨林国家公园管理局尖峰岭分局范围内共有国家重点保护野生植物30科42属73种，其中包括国家一级重点保护野生植物5种，即海南苏铁、龙尾苏铁（*Cycas rumphii*）、坡垒、卷萼兜兰（*Paphiopedilum appletonianum*）和水松（*Glyptostrobus pensilis*）；国家二级重点保护野生植物68种，如金毛狗、蝴蝶树和海南紫荆木等。

2012年，中国林业科学研究院热带林业研究所在海南尖峰岭热带山地雨林典型分布区中建立了一块面积为60hm^{2}的森林动态监测样地，以期了解热带山地雨林的物种组成、结构特征和空间分布格局等基本信息，进而探索生物多样性的长期动态变化特征以及物种共存机制（许涵等，2014）。基于对该样地2012年和2018年的2次调查数据，通过详细分析样地内各种国家重点保护野生植物的分布位置以及数量特征等动态变化，不仅有助于摸清各保护物种的资源分布现状和发展动态，也可以为其保护和管理提供基础数据支撑。

二、尖峰岭地区的气候、土壤、植被类型和60hm^{2}样地简介

（一）尖峰岭地区的气候、土壤和植被类型

尖峰岭地区（18°20′~18°57′N，108°41′~109°12′E）地处我国海南岛的西南部，总面积约640km^2，森林资源十分丰富。该区地形较为复杂，主峰位于尖峰岭顶，海拔1412.5m（李艳朋，2016）。该区的气候类型属于热带季风气候，水热资源较为丰富。由滨海台地至山地，年平均降雨量介于1300~3700mm，年平均气温介于19.8~24.5℃，其中≥10℃年积温为9000℃，最冷月和最热月温度分别为10.8℃和32.6℃（许涵等，2014）。

尖峰岭地区的土壤类型较为复杂，由于海拔梯度和气候条件的变化，导致尖峰岭地区的土壤类型也发生一系列的变化，从而构成了一个较为完整的土壤类型序列。即从沿海地区的滨海砂土、砖红壤等，到处于海拔较高区域的淋溶表层潜黄壤等，其中砖黄壤－黄壤是主要的土壤类型（李艳朋，2016）。

在气候、土壤以及地形等环境因素的综合影响下，随着海拔梯度的增加，植被表现出了一定的垂直分布特征（李艳朋，2016）。此外，尖峰岭地区森林群落的结构复杂，层次不清，通常大乔木具有较为发达的板根，而且绞杀、滴水叶尖以及空中花园现象在林内十分明显（许涵等，2014）。在尖峰岭林区，以龙脑香科植物青梅

（*Vatica mangachapoi*）为主的热带常绿季雨林为该区的地带性植被类型，而分布于海拔为 650~1200m 的热带山地雨林是该区分布面积最大的植被类型。

（二）尖峰岭 60hm^2 样地建设情况

1. 样地建设参照的技术规范

参照美国史密森研究院（Smithsonian Institution）热带森林研究中心（Center for Tropical Forest Science，CTFS）的调查技术规范（Condit，1998），在海南尖峰岭热带山地雨林区内的“五分区”原始林内建立面积 60hm^2（1000m × 600m）的森林生物多样性动态监测永久样地（以下简称“尖峰岭样地”）。整个尖峰岭样地可分成 1500 个 20m × 20m 的样方，每个样方的四个角均用水泥桩固定，并在各个样方的水泥角桩的西面和南面钉挂铝牌，并在铝牌上编好样方编号（许涵等，2014）。

尖峰岭样地植被调查以每个 20m × 20m 的样方为单元，每间隔 5 年复查一次。每个 20m × 20m 的样方分为 16 个 5m × 5m 的小样方，以便进行植株调查。在进行每木调查之前，对每个需要测量的植株涂油漆，油漆涂在距离地面 1.3m 处，并用直径 1.0mm 的包胶皮铜线挂一个唯一的标签号码。样地调查时，需要调查并记录小样方内所有胸径 ≥ 1.0cm 个体的种名、胸径、树高、分枝或萌条状况以及生长状态，并测量其相对于小样方边线的坐标，最后再根据小样方在整个样地内的相对位置转换为样地尺度的坐标（许涵等，2014）。尖峰岭样地的第一次植物本底调查从 2011 年开始，2012 年年底完成（许涵等，2014）。第一次样地复查于 2017 年开始，2018 年年底完成。

2. 地形测量

使用 GPS 测定尖峰岭样地的经纬度和海拔高度，包括样地四个边角和中心点；使用全站仪测定样地内共 2464 个位点的相对西南角原点的海拔高度。尖峰岭样地 2009 年 3 月开始地形测量，2010 年完成。样地西南角原点坐标为 18° 43′ 41.0″ N、108° 53′ 59.6″ E，海拔为 870.0m。根据测量的数据，可计算出每个 20m × 20m 样方的海拔、凹凸度和坡度。尖峰岭样地 20m × 20m 样方水平上的海拔和坡度分别在 866.3~1016.7m 和 1.74° ~ 49.25° 之间变化（许涵等，2014）。

3. 本章内容所使用的分析方法

尖峰岭样地地形图的绘制：基于地形测量获得的数据，采用克里金插值法绘制尖峰岭样地地形图（许涵等，2014）。

重要值的计算：以 20m × 20m 样方为基础，计算 2012 年和 2018 年各物种的重要值及其各组分的变化情况，公式如下（张金屯，2011）：

重要值 =（相对胸高断面积 + 相对密度 + 相对频度）/3

相对胸高断面积 =100 × 某一物种的胸高断面积 / 全部物种的胸高断面积之和

相对密度 =100 × 某一物种的植株数量 / 全部物种的植株数量之和

相对频度 =100 × 某一物种的频度 / 全部物种的频度之和

物种空间分布图：基于2018年尖峰岭样地第1次复查数据，将每个物种各植株的坐标叠加在样地地形图上，进而绘制出各物种的空间分布图。其中不同颜色圈点代表不同胸径大小的植株。具体而言，红色圈点表示1.0cm ≤胸径 <5.0cm的植株、绿色表示5.0cm ≤胸径 <20.0cm的植株、蓝色表示胸径≥ 20.0cm的植株。

各个物种在2次调查期间概率密度及其胸径的动态变化：基于2012年和2018年两次样地调查数据，绘制各个物种胸径的概率密度曲线（用实线表示）和平均胸径（用虚线表示）的变化图。

上述所有数据分析与绘图均基于R3.6.2完成。数据分析主要使用R软件的spaa、vegan、akima和ggplot2包等软件包完成。

三、尖峰岭样地内国家重点保护野生植物资源现状

基于2018年尖峰岭样地第1次复查数据，样地内共记录有国家重点保护野生木本植物总计22227株，隶属于6科8属11种（表3–1）。其中包括国家一级重点保护野生植物1种，即坡垒；国家二级重点保护野生植物10种，分别为青梅、黑桫椤、油丹、卵叶桂（*Cinnamomum rigidissimum*）、土沉香、海南紫荆木、长脐红豆（*Ormosia balansae*）、肥荚红豆（*Ormosia fordiana*）、软荚红豆（*Ormosia semicastrata*）和木荚红豆（*Ormosia xylocarpa*）。不同保护物种在个体数和最大胸径方面都存在较大差异（表3–1）。其中青梅仅有6个个体，其最大胸径为7.9cm；油丹的个体数最多，为5192株；而卵叶桂个体的最大胸径可达136.0cm。

表3–1 尖峰岭样地内11种国家重点保护野生植物基本信息

序号	物种	科名	属名	个体数（株）	最大胸径（cm）	保护等级
1	坡垒	龙脑香科	坡垒属	38	47.2	一级
2	青梅	龙脑香科	青梅属	6	7.9	二级
3	黑桫椤	桫椤科	黑桫椤属	432	44.9	二级
4	油丹	樟科	油丹属	5192	113.0	二级
5	卵叶桂	樟科	樟属	4822	136.0	二级
6	土沉香	瑞香科	沉香属	201	24.8	二级
7	海南紫荆木	山榄科	紫荆木属	1512	106.0	二级
8	长脐红豆	豆科	红豆属	4180	65.1	二级
9	肥荚红豆	豆科	红豆属	879	46.7	二级
10	软荚红豆	豆科	红豆属	4876	58.3	二级
11	木荚红豆	豆科	红豆属	89	28.8	二级

注：基于2018年调查数据进行统计。

2012年尖峰岭样地首次调查结果显示，上述11个物种个体总数为22703株，2018

年个体总数为 22227 株，减少 476 株。除坡垒（38 株）和青梅（6 株）个体数保持不变外，共有 7 个物种的个体数有所减少，分别为黑桫椤、油丹、卵叶桂、土沉香、海南紫荆木、肥荚红豆和软荚红豆。其中卵叶桂个体数下降最多，减少了 369 株，其次为油丹和肥荚红豆，分别减少了 109 株和 30 株。此外，软荚红豆在下降种类中减少的个体数最小，为 13 株。仅有 2 个物种的个体数表现为上升趋势，分别为长脐红豆和木荚红豆，个体数分别增加了 109 株和 3 株。

2018 年尖峰岭样地的复查结果显示，上述 11 个物种的重要值之和为 6.451，较 2012 年增加了 0.045。总体而言，油丹和青梅在 11 个物种中分别具有最大和最小的重要值。此外，2 次调查期间，长脐红豆的重要值增长量最大，增加了 0.039；而卵叶桂的重要值减小量最大，降低了 0.030（表 3–2）。

表 3–2　尖峰岭样地内 11 种国家重点保护野生植物重要值的动态变化

物种	相对密度	相对频度	相对胸高断面积	重要值
坡垒	0.009（0.000）	0.022（0.000）	0.027（0.002）	0.019（0.000）
青梅	0.001（0.000）	0.003（0.000）	0.000（0.000）	0.001（0.000）
黑桫椤	0.104（0.001）	0.198（0.001）	0.186（0.003）	0.163（0.002）
油丹	1.250（0.044）	1.159（0.023）	4.329（–0.018）	2.246（0.010）
卵叶桂	1.161（–0.020）	1.023（–0.005）	1.232（–0.065）	1.139（–0.030）
土沉香	0.048（–0.003）	0.150（–0.015）	0.013（–0.003）	0.070（–0.007）
海南紫荆木	0.364（0.015）	0.483（0.005）	2.170（–0.033）	1.006（–0.004）
长脐红豆	1.006（0.080）	0.661（0.015）	0.336（0.022）	0.668（0.039）
肥荚红豆	0.212（0.005）	0.445（0.005）	0.056（0.002）	0.238（0.004）
软荚红豆	1.174（0.062）	0.797（0.009）	0.635（–0.002）	0.869（0.023）
木荚红豆	0.021（0.001）	0.060（0.002）	0.018（0.002）	0.033（0.002）
总计	5.350（0.186）	5.001（0.040）	9.002（–0.090）	6.451（0.045）

注：括号外为基于 2018 年调查数据计算结果，括号内为 2012 年至 2018 年相应指标的动态变化情况。

第二节　海南尖峰岭 60hm² 样地内坡垒的资源概况

一、坡垒的生物学特性

坡垒，别名海南柯比木、石梓公、海拇，为龙脑香科坡垒属植物，是海南极为稀有的热带珍贵树种，被列为海南五大特类珍贵用材树种之一。坡垒植株高 25~30m，胸径为 60~85cm，树干通直，其叶硬革质，宽卵圆形，羽状脉，种子带 2 翅。其树干内皮黄白色，木材密度高，几乎无病虫害，耐水浸，素有“海南神木”之称，因此也被誉为中国特类木材。

坡垒为深根性树种，树冠呈伞形，板根现象明显，但萌芽能力弱，多散生于密林环境中。坡垒幼苗耐阴，但随着苗龄的增长，其对光照的需求程度也逐渐增加。坡垒的模式标本采集于海南，并于 1938 年发表。该物种曾为海南岛热带沟谷雨林最具代表性的树种之一，但由于人为破坏等原因，目前已锐减成为偶见种，并被列为国家一级重点保护野生植物。此外，在 2012 年我国启动的极小种群拯救工程中，坡垒也在全国 120 个物种之列。

二、尖峰岭地区坡垒的分布特征

尖峰岭样地内，坡垒在 0~10m 空间尺度上主要表现为聚集分布格局，10~50m 空间尺度上主要表现为随机分布格局（许涵等，2014）。在尖峰岭地区，坡垒一般见于海拔 200~900m 的沟谷雨林和山地雨林之中，目前尖峰岭样地内记录的坡垒植株数量为 38 株（表 3–1），不仅大树个体稀少，幼树也面临同样问题。母树数量短缺，其树种本身的生长速度又十分缓慢，加之坡垒种子在短时间内发芽率会迅速下降，导致其自身更新极为困难。实际上，坡垒种子的寿命较短，约为 14d；在不作任何处理的情况下，完全丧失发芽能力只需 18d；即使在 5℃以下进行贮藏，6 个月后也会几乎全部失活。目前，除该样地外，尖峰岭地区 164 个 625m^2 样地中共记录有 12 株坡垒，其中胸径排名前 3 的分别为 47.4cm、24.9cm 和 10.5cm，其余个体的胸径均在 10.0cm 以下。目前的监测发现，2012—2018 年的 2 次调查期间，尖峰岭样地内坡垒的种群数量仍维持在 2012 年本底调查时的 38 株。此外，该物种的重要值也未发生显著变化（表 3–2）。从其胸径的概率密度变化情况可以看出，2018 年坡垒胸径概率密度曲线的小径级部分有所下降，而稍大径级部分有所升高，表明坡垒小径级个体正处于稳步成长阶段（图 3–1）。

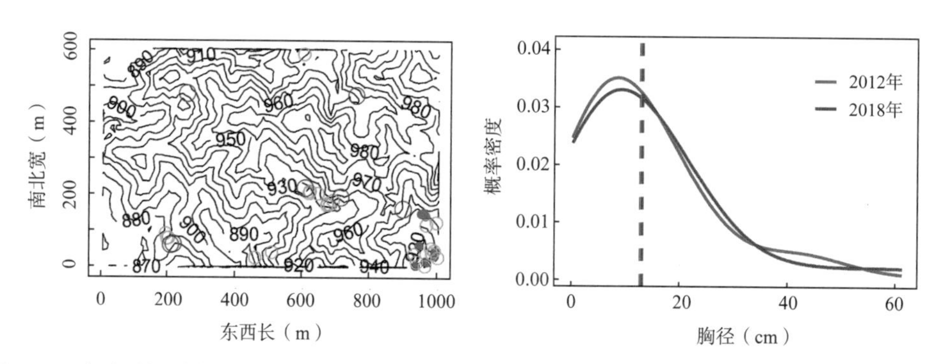

图 3–1 尖峰岭样地内坡垒的空间分布图（2018 年）及 2 次调查期间其胸径的概率密度变化情况

注：左图中的红色圈点表示 1.0cm ≤胸径 <5.0cm 的植株、绿色圈点表示 5.0cm ≤胸径 <20.0cm 的植株、蓝色圈点表示胸径≥ 20.0cm 的植株。右图中的曲线表示概率密度函数曲线，虚线表示胸径的平均值。下同。

目前发现坡垒还分布于海南的吊罗山、黎母山、鹦哥岭、五指山和霸王岭等地的热带雨林区，主要分布在海拔 200~800m 的沟谷、溪旁和山坡上。根据莫锦华等（2007）的估计，包括幼树在内，尖峰岭地区的野生坡垒种群数量最多不超过 2000 株。而在

2017 年全国第 2 次国家重点保护野生植物调查过程中，依据样方调查数据估算坡垒的成树为 31695 株，其中 31685 株分布于保护区内，保护区外成树仅有 10 株，就地保护率为 99.96%。自 20 世纪 60 年代以来，针对坡垒种群的保护与恢复一直是海南地方林业工作者关注的内容，最早采用的保护与恢复方式为迁地保护和建立保护区进行原地保护。但由于过去对坡垒的过度采伐，加之坡垒苗期生长受光照限制与自身生长缓慢等原因，目前该种群在原生境发育状况一直未得到有效改善。因此，拯救工作特别是能否恢复其种群使其成为热带雨林的主要构成种，仍任重道远。

三、坡垒的保护和利用

为了更好地保护和利用坡垒，许多学者分别针对坡垒种子的贮藏、种群结构及伴生群落特征、坡垒的空间分布格局及其影响因素、嫁接和扦插育苗技术以及坡垒的致濒机理和迁地保护等方面进行了研究。坡垒作为中国珍贵用材树种，也是热带雨林的关键树种和表征种，加强坡垒的繁育和栽培技术等的创新性研究，是实现坡垒树木资源可持续利用的关键。将其作为大径材用材进行人工林营造，是解决其保护与合理开发利用问题的重要手段。

第三节　海南尖峰岭 60hm^2 样地内青梅、黑桫椤和油丹的资源概况

一、海南尖峰岭 60hm^2 样地内青梅的资源概况

（一）青梅的生物学特性

青梅，别名青皮、青相、苦叶、海梅、油楠，为龙脑香科青梅属植物。青梅树干通直，树高可达 30m 以上，胸径达 1.2m。其叶革质，全缘，长圆形至长圆状披针形，两面均突起，网脉明显。青梅的花期为 5~6 月，圆锥花序顶生或腋生；果期为 8~9 月，果球形，带翅。青梅的树皮为青灰色，有淡绿色块斑，近光滑，砍伤后分泌出黄白色树胶，树脂淡黄色，半透明，点燃有特殊龙脑香味。青梅是典型的热带雨林树种，由于其材质坚硬，不仅是珍贵的硬材用材树种，也是重要的工业良材。青梅曾遍布整个海南岛，但在人为砍伐和生境破坏下，其种群大小急剧萎缩，并于 1999 年被列入《国家重点保护野生植物名录（第一批）》国家二级重点保护野生植物，这一保护等级一直延续至今。

（二）尖峰岭样地内青梅的分布特征

尖峰岭样地内，青梅在 0~50m 空间尺度上主要表现为随机分布格局（许涵等，2014）。尽管青梅在样地内仅有 6 株个体（图 3–2），但是该物种却是尖峰岭地区海拔 200~650m 低地雨林区域的主要树种（许涵等，2014）。例如，莫锦华等（2007）的

研究表明，在该区 1.38hm² 的低地雨林样地中，青梅与野生荔枝（*Litchichinensis* var. *euspantanea*）和橄榄等的重要值均排在前 5 位，并且其种群结构呈反“J”形曲线，表明尖峰岭地区的青梅种群基本为成熟的增长型种群。目前的监测发现，在 2012—2018 年 2 次调查期间，尖峰岭样地内青梅的种群数量并未发生任何变化，仍维持在 2012 年本底调查时的 6 株。此外，该物种的重要值也未发生显著变化（表 3-2）。从图 3-2 可以看出，2018 年青梅的平均胸径略微增加，但最大胸径也仅为 7.9cm（表 3-1）。

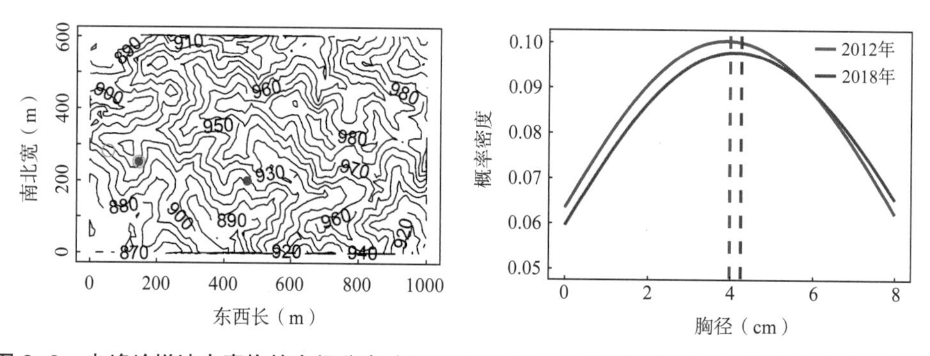

图 3-2　尖峰岭样地内青梅的空间分布（2018 年）及 2 次调查期间其胸径的概率密度变化情况

相对于尖峰岭地区估测的 2000 株坡垒种群而言，同为龙脑香科的青梅约有 28 万株，种群数量达到坡垒的 140 倍（莫锦华等，2007），这可能与青梅对水分和养分等的适应性有关。在水分适应性方面，青梅无论在较为干燥（年降水量仅 1200~1600mm，局部小地域不及 1000mm）还是湿润多雨地区（年降水量 2000~2500mm 以上），均能进行较为良好的生长发育。在养分适应性方面，青梅无论在低山高丘 300m 以下的山地粗骨质砖红壤、低山和中山的山地砖红壤或冲积土沙壤土，还是在高海拔地区的山地砖红壤性黄壤均可生存。总体而言，青梅大部分垂直分布在海拔约 300m 以下的低地常绿季雨林或沟谷雨林中，通常分布的海拔上限为 650m，局部地域可达 800~1000m，但种群数量较少。

（三）青梅的保护和利用

为了更好地保护和利用青梅，许多学者开展的研究主要包括青梅个体形态差异及种类的存废、种子的贮藏与萌发、生长发育和花果期、育苗造林、种群遗传结构、生理生化和生长发育等生物学特征、群落组成特征以及青梅林的生态系统服务功能和保护对策等方面。

总体而言，青梅幼苗在竞争中处于劣势地位，但从幼苗期存活下来的个体竞争能力相对较强。伴随着青梅种群的更新过程，其在种间竞争中逐渐处于优势。目前，青梅各自然居群内遗传变异丰富，但居群间基因交流有限，遗传分化明显，今后，应针对不同的种群情况，采取不同的就地保护措施，尤其应重视采取将片断林区以廊道等形式连成成片林区，以及人为加强幼苗保护等方式强化种群更新成效，以更好地促进海南岛青梅林的保护和恢复。

二、海南尖峰岭 60hm² 样地内黑桫椤的资源概况

（一）黑桫椤的生物学特性

黑桫椤为桫椤科桫椤属木本蕨类植物。作为蕨类中古老的类群，桫椤科植物在侏罗纪至白垩纪与裸子植物构成大片森林，广泛分布于欧洲、美洲和亚洲。然而随着距今 3 亿年左右的气候变迁、地质变化和生境改变，该物种逐渐处于渐危状态，栖息地也主要退却到热带地区。直至最近数十年来人类活动的干扰和破坏，桫椤科的典型分布区——热带和亚热带森林面积缩小，使其种群数量锐减。根据 2021 年 9 月 7 日发布的《国家重点保护野生植物名录》（2021 年第 15 号），我国将小黑桫椤（*Alsophila metteniana*）和粗齿桫椤（*Alsophila denticulata*）以外的桫椤科所有物种列为国家二级重点保护野生植物。

（二）尖峰岭样地内黑桫椤的分布特征

尖峰岭样地内，黑桫椤在 0~22m 空间尺度上主要表现为聚集分布格局，22~50m 空间尺度上主要表现为随机分布格局（许涵等，2014）。基于 2018 年尖峰岭样地的复查数据，样地内共记录到黑桫椤个体 432 株（图 3–3），较 2012 年的 453 株减少了 21 株。由于 2018 年样地内植株总数量降低等的缘故，黑桫椤的相对密度、相对频度和相对胸高断面积都略微增加，最终重要值为 0.163，较 2012 年增加了 0.002（表 3–2）。

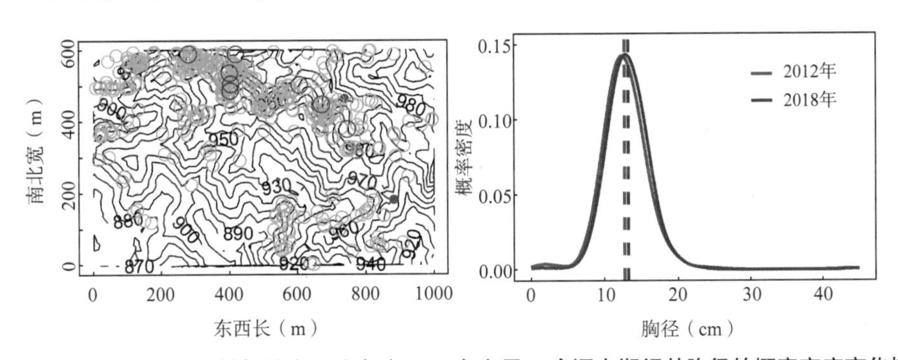

图 3–3 尖峰岭样地内黑桫椤的空间分布（2018 年）及 2 次调查期间其胸径的概率密度变化情况

（三）黑桫椤的保护和利用

由于桫椤科植物的古老性和孑遗性，其在古植被演化和蕨类植物系统发育等研究方面具有重要科研价值，在药用和园林应用中也具有广阔的开发前景。目前对于桫椤科桫椤（*Alsophila spinulosa*）的研究相对较多，而对于黑桫椤的研究则很有限。龙文兴等（2008）曾对五指山黑桫椤种群及其环境进行过调查研究，结果表明黑桫椤主要分布在群落灌木层，并且在一定海拔范围内，种群密度随海拔升高逐渐降低。此外，在其研究样地范围内，低地雨林样地和山地雨林样地内最高的黑桫椤植株都为 2.5m，但前者样地最大胸径为 25.0cm，后者仅为 17.0cm。回归分析结果表明，黑桫椤种群平均密度、高度和胸径与土壤 pH 值、全磷含量和全钾含量关系密切，其对黑桫椤的相对贡献排序

为全钾含量 > 土壤 pH 值 > 全磷含量。

三、海南尖峰岭 60hm² 样地内油丹的资源概况

（一）油丹的生物学特性

油丹别名海南峨眉楠、硬壳果、黄丹公，为樟科油丹属常绿乔木，树高可达 28m，胸径可达 120cm，为海南岛热带山地雨林树种，国家二级重点保护野生植物。油丹树干通直，树皮暗灰色，叶互生，常密集枝顶；圆锥花序，花期在 7~8 月；果球形或卵形，绿色，翌年 3~4 月成熟，熟透后果实颜色由绿色转为黑色，是海南长臂猿的重要食物之一。油丹材质优良，纹理美观，为热带名贵用材，极具应用前景。

（二）尖峰岭样地内油丹的分布特征

尖峰岭样地内，油丹在 3~32m 空间尺度上主要表现为聚集分布格局，在 0~3m 以及 32~50m 空间尺度上主要表现为随机分布格局（许涵等，2014）。基于 2018 年尖峰岭样地的复查数据，样地内共记录到油丹个体 5192 株（图 3–4），较 2012 年的 5301 株减少了 109 株。尽管 2018 年样地内油丹的相对胸高断面积略微下降，但相对密度和相对频度的增加使油丹的重要值达到 2.246，较 2012 年增加了 0.010（表 3–2）。此外，从图 3–4 可以看出，2018 年油丹的平均胸径未发生显著变化，最大胸径可达 113.0cm（表 3–1）。

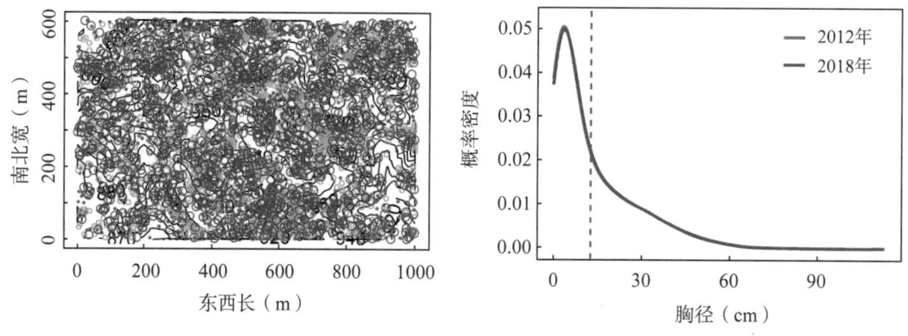

图 3–4 尖峰岭样地内油丹的空间分布（2018 年）及 2 次调查期间其胸径的概率密度变化情况

（三）油丹的保护和利用

在我国，油丹主要分布在海南山区海拔 1400~1700m 的林谷或密林中，但由于人类长期不合理的利用和采伐，天然油丹资源已面临枯竭。作为我国珍稀用材树种之一，油丹的分布范围较为狭窄，围绕油丹资源的保护、开发和利用，相关部门和研究人员已在种群结构、水肥管理、育苗技术、种间联结性、木材解剖和化学成分等方面开展了一些基础研究。目前的研究发现限制油丹自然更新的因素如下：①油丹的种子寿命较短，且容易被野生动物取食；②油丹苗期生长缓慢；③尽管油丹的幼苗较为耐阴，但当幼苗逐渐长大后对光照则有较高的需求，而郁闭度较高的天然林则往往难以满足更新幼苗的生活需要。针对油丹的生物学特性，在云南、广东、广西和福建都有对油丹

的成功引种经验，这对于油丹这一珍稀用材树种的保护和利用具有重要的科学价值和实践意义。

第四节 海南尖峰岭 $60hm^2$ 样地内卵叶桂、土沉香和海南紫荆木的资源概况

一、海南尖峰岭 $60hm^2$ 样地内卵叶桂的资源概况

（一）卵叶桂的生物学特性

卵叶桂别名卵叶樟，为樟科樟属植物，树高可达 22m，胸径可达 140cm，具有重要的经济和科研价值，属于国家二级重点保护野生植物。卵叶桂叶对生，卵圆形、阔卵形或椭圆形；花序近伞形，果期 8 月。其木材纹理直、结构细而均匀，耐腐朽且抗虫害，适于用作车辆、船舶、房建和室内装修等，是优良家具用材树种之一。在 1992 年之前，尖峰岭由于森林的商业性采伐，导致坡垒、油丹和卵叶桂等珍稀植物的数量急剧减少。

（二）尖峰岭样地内卵叶桂的分布特征

尖峰岭样地内，卵叶桂在 0~50m 空间尺度上主要表现为聚集分布格局（许涵等，2014）。基于 2018 年尖峰岭样地的复查数据，样地内共记录到卵叶桂个体 4822 株（图 3–5），较 2012 年的 5191 株减少了 369 株。总体而言，2018 年样地内卵叶桂的相对密度、相对频度和相对胸高断面积都略微下降，最终的重要值为 1.139，较 2012 年下降了 0.030（表 3–2）。此外，从其胸径的概率密度变化情况来看，2018 年卵叶桂胸径概率密度曲线的小径级部分有所下降，但平均胸径变化不显著（图 3–5），最大胸径可达 136.0cm（表 3–1）。

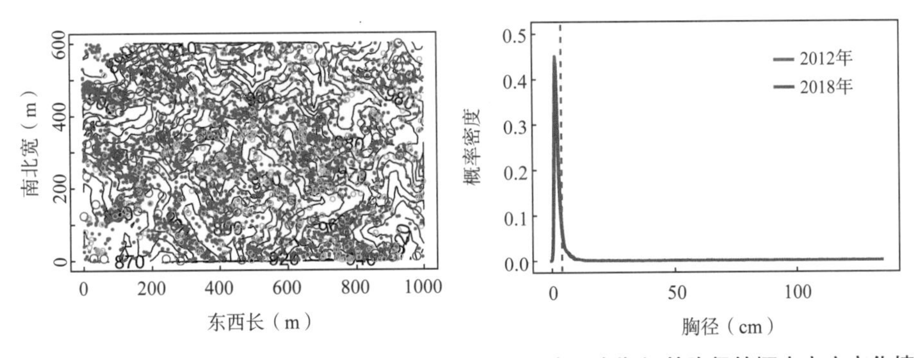

图 3–5 尖峰岭样地内卵叶桂的空间分布（2018 年）及 2 次调查期间其胸径的概率密度变化情况

（三）卵叶桂的保护和利用

目前对于卵叶桂的研究相对较少。据调查，卵叶桂在海南尖峰岭地区的种群数量约 5000 株。根据在尖峰岭山地雨林不同群落设置的固定监测样地调查资料，卵叶桂一般分布在尖峰岭海拔 600~1000m 的热带山地雨林，且在该植被类型中的分布较广并有

一定的数量。此外，卵叶桂种群结构表现为基部宽大且顶部窄小的“金字塔”形增长结构。在上述研究基础上，研究人员进一步对尖峰岭热带山地雨林5个群落的卵叶桂与优势种的生态位进行了研究。结果表明，卵叶桂的生态位宽度处于群落内的中等以上水平，说明其在尖峰岭热带山地雨林中对资源环境有较为充分的利用，具有较强的适应能力。此外，在更新林群落，卵叶桂与阳性优势种的竞争较为激烈；而随着演替的进行，竞争激烈程度逐渐降低。而在原始林群落中，卵叶桂与耐阴树种的生态位重叠较高，最终导致其在原始林群落中以伴生树种形式共存。

二、海南尖峰岭 60hm^2 样地内土沉香的资源概况

（一）土沉香的生物学特性

土沉香，别名白木香、牙香树、女儿香、崖香、青桂香，为瑞香科沉香属常绿乔木，树高介于5~18m，胸径可达90cm，为国家二级重点保护野生植物。土沉香树皮暗灰色，几平滑，纤维坚韧；小枝圆柱形，具皱纹，幼时被疏柔毛，后逐渐脱落，无毛或近无毛，时有时无。其叶单叶互生，近革质，圆形、椭圆形至长圆形，有时近倒卵形。土沉香一般4月现花芽，5月形成伞形花序，6月盛花期，花多朵、芳香，呈黄绿色；果实在6~7月成熟，蒴果果梗短，卵球形，幼时绿色，成熟后表皮呈黄色，能自行裂为二果瓣，每瓣有1粒种子。土沉香属于散孔材，木材呈黄白色，长时间暴露于空气中则颜色转深；木材有光泽，具有微微的甜香气味；年轮不明显。

（二）尖峰岭样地内土沉香的分布特征

尖峰岭样地内，土沉香在0~10m和30~40m空间尺度上分别表现为聚集和均匀分布格局，在10~30m以及40~50m空间尺度上主要表现为随机分布格局（许涵等，2014）。基于2018年尖峰岭样地的复查数据，样地内共记录到土沉香个体201株（图3-6），较2012年的225株减少了24株。总体而言，2018年土沉香的相对密度、相对频度和相对胸高断面积都略微下降，最终的重要值为0.070，较2012年下降了0.007（表3-2）。此外，从其胸径的概率密度变化情况来看，2018年土沉香小径级的概率密度曲线有所上升，但平均胸径变化不显著（图3-6），最大胸径为24.8cm（表3-1）。

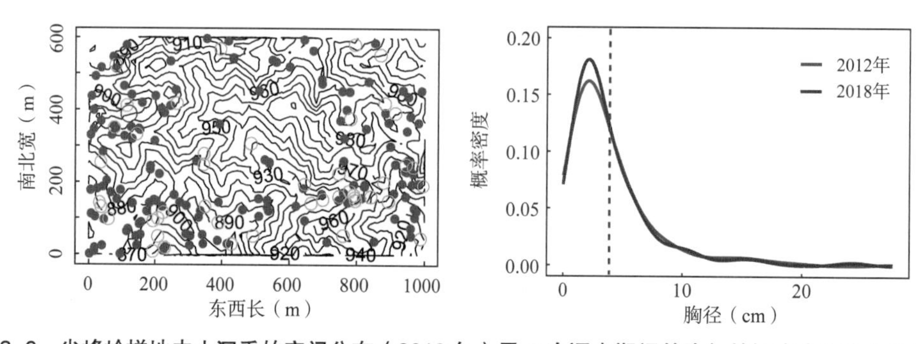

图3-6　尖峰岭样地内土沉香的空间分布（2018年）及2次调查期间其胸径的概率密度变化情况

（三）土沉香的保护和利用

土沉香为我国特有的珍贵药用植物。被誉为“百香之王”“众香之首”的沉香，指的就是沉香属植物受到刺激或损伤时所产生的次生代谢物。由于自然繁殖率低、生境破碎以及人类对沉香及其产品的需求激增等原因，目前野生土沉香资源数量持续减少。实际上，土沉香属于弱喜光树种，主要分布在我国热带及亚热带地区的低海拔山地和丘陵处的常绿阔叶混交林中。通常情况下，土沉香前 10 年的生长较为缓慢，10 年后生长速度会显著加快。一般胸径在 15cm 以上时，便可进行人工结香，且结香时间越久，所取沉香质量越好。目前的研究认为，土沉香能产沉香的原因是树干受损或受损后被真菌入侵等，现在的造香技术主要包括打孔火烙法、剥皮法、虫蛀和化学试剂法等。

三、海南尖峰岭 60hm² 样地内海南紫荆木的资源概况

（一）海南紫荆木的生物学特性

海南紫荆木别名子京、铁色、海南马胡卡、刷空母树，为山榄科紫荆木属常绿乔木，树高可达 30m，胸径可达 80cm，为海南特有树种、国家二级重点保护野生植物。海南紫荆木树干通直，树皮暗灰色，具纵裂条纹，内皮褐色，可分泌大量的浅黄白色黏性汁液。叶聚生小枝顶端，革质；花期在 6~9 月；果阔卵形至近球形，翌年 3~4 月成熟，其浆果味甜可食，是鸟类和兽类的美味佳肴。海南紫荆木的种子为长椭圆形，两侧扁，呈褐色且表面光亮，可榨油，含油率 50%~55%，油可食用和工业用。海南紫荆木素有“绿色钢板”之称，并与降香黄檀、坡垒、红花天料木和青梅并列为海南五大特类材。

（二）尖峰岭样地内海南紫荆木的分布特征

尖峰岭样地内，海南紫荆木在 0~47m 空间尺度上主要表现为聚集分布格局，在 47~50m 空间尺度上表现为随机分布格局（许涵等，2014）。基于 2018 年尖峰岭样地的复查数据，样地内共记录到海南紫荆木个体 1512 株，较 2012 年的 1534 株减少了 22 株。总体而言，2018 年样地内海南紫荆木的相对密度和相对频度略有增加，但相对胸高断面积的下降导致最终的重要值为 1.006，较 2012 年下降了 0.004（表 3-2）。然而其胸径的概率密度曲线和平均胸径变化均不明显（图 3-7）。

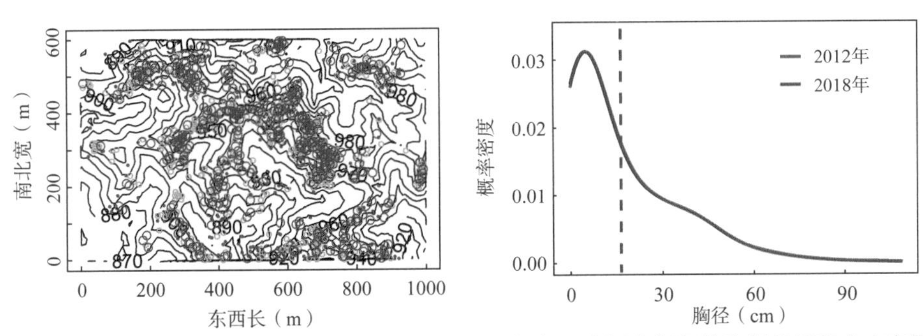

图 3-7 尖峰岭样地内海南紫荆木的空间分布（2018 年）及次调查期间其胸径的概率密度变化情况

（三）海南紫荆木的保护和利用

海南紫荆木是海南岛特有树种，并且其野生种群的垂直分布范围较广。据统计，海南紫荆木在海南海拔 70~1200m 范围内均有分布，在海拔较高的山地常绿林中最普遍，并常与陆均松等针叶树种混生，在中海拔的山谷湿润地方也较为常见。由于 20 世纪中后期的连续采伐和周边群众偷砍滥伐，海南紫荆木野生资源急剧减少，但是对该物种的保育技术等研究仍处于初级阶段。当前研究表明，自然条件不是制约海南紫荆木分布的主要原因，种子的传播方式少和发芽期短等是造成该物种分布地域狭窄的主要因子。发芽试验的结果表明，海南紫荆木种子的随采随播发芽率可达 90% 以上，但其种子发芽势在 9d 左右即可达到顶峰。这意味着一旦自然界中的海南紫荆木种子成熟脱落后未能及时接触到适宜发芽的环境，将会很快失活，进而导致种群自然更新能力下降。由此可见，对海南紫荆木种子开展人工育苗对该物种种群的恢复具有至关重要的作用。

第五节　海南尖峰岭 60hm^2 样地内 4 种红豆属植物的资源概况

豆科树木主要分布在热带、亚热带地区，例如在海南尖峰岭生长着多种豆科树木，主要是红豆属和猴耳环属植物。尖峰岭样地内共有 7 种豆科植物，即 3 种猴耳环属植物以及 4 种红豆属植物，分别为猴耳环、亮叶猴耳环（*Archidendron lucidum*）和薄叶猴耳环（*Archidendron utile*）以及长脐红豆、肥荚红豆、软荚红豆和木荚红豆。根据 2021 年 9 月 7 日发布的《国家重点保护野生植物名录》，除了国家一级重点保护野生植物小叶红豆（*Ormosia microphylla*）外，豆科红豆属的其他所有物种都被列为国家二级重点保护野生植物。

一、海南尖峰岭 60hm^2 样地内长脐红豆的资源概况

（一）长脐红豆的生物学特性

长脐红豆别名长眉红豆、鸭雄青，为常绿乔木，树高可达 30m，胸径可达 70cm。长脐红豆幼树树皮灰色，平滑，大树树皮浅灰褐色，细纵裂。奇数羽状复叶，革质或薄革质，长圆形、椭圆形或长椭圆形；大型圆锥花序顶生，花期在 6~7 月；荚果阔卵形、近圆形或倒卵形，果期在 10~12 月。其木材纹理通直，材质稍轻软，色淡而均匀，适于用作一般房屋建筑及农具和家具等，为海南五类用材。

（二）尖峰岭样地内长脐红豆的分布特征

尖峰岭样地内，长脐红豆在 0~40m 空间尺度上主要表现为聚集分布格局，随着空间尺度的增加，逐渐转变为随机分布格局（许涵等，2014）。基于 2018 年尖峰岭样地的复查数据，样地内共记录到长脐红豆个体 4180 株（图 3–8），较 2012 年的 4071 株增加

了 109 株。总体而言，2018 年样地内长脐红豆的相对密度、相对频度和相对胸高断面积均表现为增加趋势，最终的重要值为 0.668，较 2012 年增加了 0.039（表 3–2）。然而其胸径的概率密度曲线和平均胸径在两次调查期间均未发生显著变化（图 3–8）。

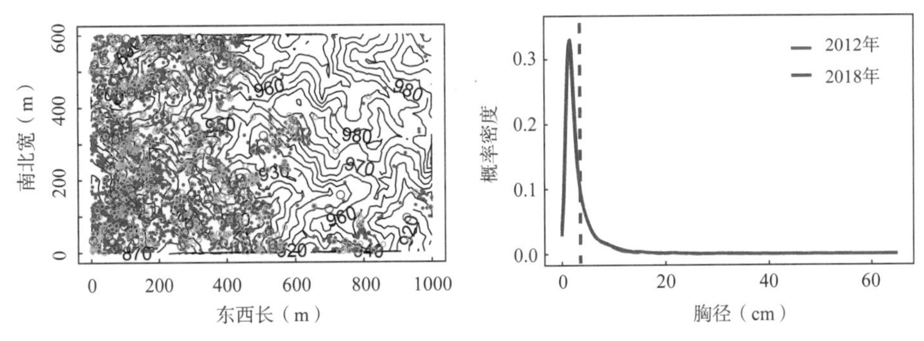

图 3–8 尖峰岭样地内长脐红豆的空间分布（2018 年）及 2 次调查期间其胸径的概率密度变化情况

二、海南尖峰岭 60hm² 样地内肥荚红豆的资源概况

（一）肥荚红豆的生物学特性

肥荚红豆别名林罗木、圆子红豆、鸡胆豆、福氏红豆，为常绿乔木，树高可达 17m，胸径可达 50cm。肥荚红豆树皮深灰色，浅裂。奇数羽状复叶，薄革质，倒卵状披针形或倒卵状椭圆形，稀椭圆形；圆锥花序，花期在 6~7 月；荚果半圆形或长圆形，果期在 11 月。其木材纹理略通直，可作一般建筑和家具用材，为海南五类用材。

（二）尖峰岭样地内肥荚红豆的分布特征

尖峰岭样地内，肥荚红豆在 0~22m 空间尺度上主要表现为聚集分布格局，随着空间尺度的增加，逐渐转变为随机分布格局（许涵等，2014）。基于 2018 年尖峰岭样地的复查数据，样地内共记录到肥荚红豆个体 879 株，较 2012 年的 909 株减少了 30 株。总体而言，2018 年样地内肥荚红豆的相对密度、相对频度和相对胸高断面积均表现为增加趋势，最终的重要值为 0.238，较 2012 年增加了 0.004（表 3–2）。此外，从其胸径的概率密度变化情况来看，2018 年肥荚红豆小径级的概率密度曲线有所下降，但平均胸径变化不显著（图 3–9）。

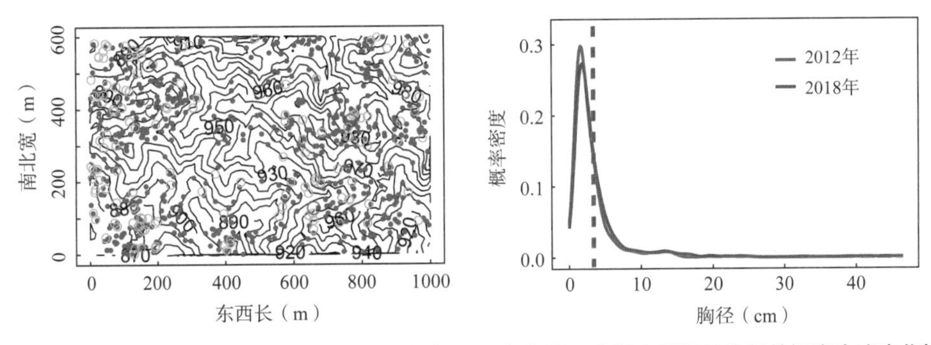

图 3–9 尖峰岭样地内肥荚红豆的空间分布（2018 年）及 2 次调查期间其胸径的概率密度变化情况

三、海南尖峰岭 60hm² 样地内软荚红豆的资源概况

（一）软荚红豆的生物学特性

软荚红豆别名黄姜树、相思子，为常绿乔木，树高可达 12m，胸径可达 50cm。软荚红豆树皮深灰色，浅裂。奇数羽状复叶，革质，卵状长椭圆形或椭圆形；圆锥花序，花期在 4~5 月；木质荚果，近圆形，果熟在 9~10 月。

（二）尖峰岭样地内软荚红豆的分布特征

尖峰岭样地内，软荚红豆在 0~50m 空间尺度上主要表现为聚集分布格局（许涵等，2014）。基于 2018 年尖峰岭样地的复查数据，样地内共记录到软荚红豆个体 4876 株（表 3-1、图 3-10），较 2012 年的 4889 株减少了 13 株。总体而言，2018 年样地内软荚红豆的重要值为 0.869，较 2012 年增加了 0.023（表 3-2）。此外，从其胸径的概率密度变化情况来看，2018 年软荚红豆小径级的概率密度曲线有所下降，但平均胸径变化不显著（图 3-10）。

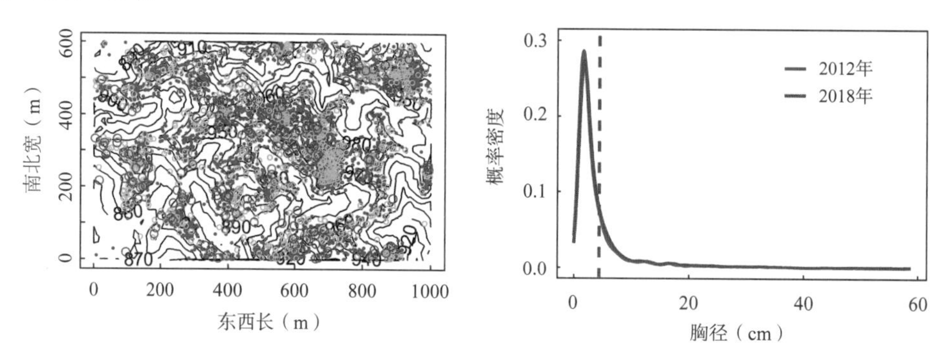

图 3-10 尖峰岭样地内软荚红豆的空间分布（2018 年）及 2 次调查期间其胸径的概率密度变化情况

四、海南尖峰岭 60hm² 样地内木荚红豆的资源概况

（一）木荚红豆的生物学特性

木荚红豆别名琼州红豆、牛角木，树高可达 20m，胸径可达 150cm。木荚红豆树皮灰色或棕褐色，平滑。奇数羽状复叶，厚革质，长椭圆形或长椭圆状倒披针形；圆锥花序，花期在 6~7 月；荚果倒卵形至长椭圆形或菱形，果期在 10~11 月。

（二）尖峰岭样地内木荚红豆的分布特征

尖峰岭样地内，木荚红豆在 0~50m 空间尺度上主要表现为随机分布格局（许涵等，2014）。基于 2018 年尖峰岭样地的复查数据，样地内共记录到木荚红豆个体 89 株（表 3-1、图 3-11），较 2012 年的 86 株增加了 3 株。总体而言，2018 年样地内木荚红豆的相对密度、相对频度和相对胸高断面积均表现为增加趋势，最终的重要值为 0.033，较 2012 年增加了 0.002（表 3-2）。此外，从其胸径的概率密度变化情况来看，2018 年木荚红豆小径级的概率密度曲线略有下降，但平均胸径变化不显著（图 3-11）。

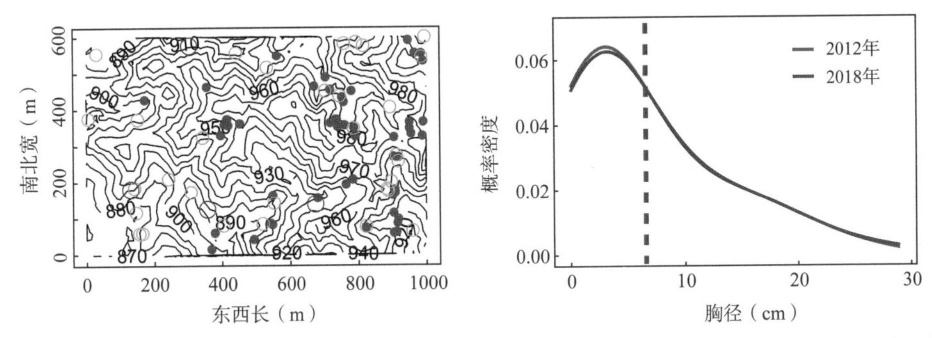

图 3-11　尖峰岭样地内木荚红豆的空间分布（2018 年）及 2 次调查期间其胸径的概率密度变化情况

五、豆科植物的保护和利用

豆科植物的固氮作用被认为是自然界氮输入的主要途径。在农业生产中，由于豆科植物具有生物固氮作用，因而通常被认为会对邻体物种产生有利影响。然而在天然林中，豆科树种固氮对群落内邻体物种的影响却是不确定的（Xu et al.，2019）。一方面豆科树木可能向邻体非豆科树木提供氮元素来促进其生长；另一方面豆科树木生长需要更多的营养元素，从而与其他邻体树种产生强烈的竞争。目前的研究认为，豆科植物在土壤氮循环过程中扮演着需求者和供给者的双面角色，其自身既对氮有较大需求，同时又给土壤提供更多氮源。事实上，豆科植物固氮机制是多样化的：有的可持续过量固氮，有的可在氮限制得到缓解的时候主动减少生物固氮，而有的则根本不能固氮。

科研人员在研究尖峰岭样地与广东黑石顶 50hm² 样地物种分布格局时发现，豆科植物长脐红豆和茸荚红豆（*Ormasia pochycarpa*）偏向于在低土壤有效氮区域生长；而亮叶猴耳环和猴耳环则偏向于在高土壤有效氮区域生长。经统计检验，这两种相反的趋势均具有显著性。基于上述发现，Xu 等（2019）提出了“固氮策略分化假说”和“资源需求分化假说”。“固氮策略分化假说”认为，豆科植物会根据土壤氮含量调节其固氮活力，其中强制性固氮豆科植物在高氮土壤环境下不具有优势，但在低氮土壤环境下却具有竞争优势。相反，兼性固氮豆科植物在高氮土壤环境中生长较好，却表现出较低的固氮活力。根据施肥效应，当豆科植物固氮活力较高时，会强化地下竞争，从而降低邻体多样性。“资源需求分化假说”则认为，高氮需求的豆科植物生长在高土壤氮生境，并表现出较高的固氮活力；低氮容忍性的豆科植物生长在低氮生境，并表现为较低的固氮活力。具有较高固氮能力的物种通过土壤微生物等共同作用，利用不同的养分资源，促进资源互补利用，并有利于物种共存和提高邻体多样性。总体而言，多数豆科植物提供土壤氮的“利他效应”，主要通过其死亡后的残体归还到土壤中得以实现。而在热带天然林中，不同豆科植物的氮需求和生物固氮效率存在很大差异，正是这种差异影响了豆科植物的“邻居”是由哪些物种构成以及这些邻体物种数量的多少（Xu et al.，2019）。

当前，我国正在实施大规模森林生态修复工程，特别是在我国南方，还存在着大量低质低效次生林、人工纯林和荒地等生态系统需要进行生态修复。在进行大面积人工林改造时，不仅要兼顾提高生产力，也要考虑构建森林的稳定性和多样性等多目标经营，这就要求对所选择改造树种进行合理配置。豆科类植物作为重要的混交树种，厘清其在物种共存中扮演的角色极为重要。基于尖峰岭样地的2012年和2018年2次调查数据，研究人员还发现：①与邻体非豆科树木相比，软荚红豆、猴耳环和亮叶猴耳环具有较高的邻体多度和丰富度，而肥荚红豆、木荚红豆、长脐红豆和薄叶猴耳环具有较低的邻体多度和丰富度；②软荚红豆、肥荚红豆和猴耳环具有较高的邻体树木的存活率，而长脐红豆、薄叶猴耳环、亮叶猴耳环和木荚红豆具有较低的邻体树木的存活率；③7种豆科树木对邻体多度、丰富度的影响与其叶片氮含量和固氮能力无显著相关关系，但邻体距离为4m的豆科树木存活率与叶片氮含量有显著相关关系。

第六节　尖峰岭地区国家重点野生植物多样性研究和保护应遵循的原则

作为世界上植物多样性最丰富的国家之一，我国仅高等植物就有4.1万余种（含种下等级）。由于全球气候变化以及人类活动加剧等原因，导致我国野生植物的濒危程度较高。1999年，经国务院批准，国家林业局和农业部发布的《国家重点保护野生植物名录》，明确了国家重点保护野生植物范围，为依法强化保护、打击乱采滥挖及非法交易野生植物、提高公众保护意识等奠定了基础。时隔22年，我国野生植物多样性保护形势发生了很大变化。经国务院批准，2021年9月7日，国家林业和草原局、农业农村部发布了调整后的《国家重点保护野生植物名录》，共列入国家重点保护野生植物455种和40类，包括国家一级重点保护野生植物54种和 4类，国家二级重点保护野生植物401种和36类。

对于尖峰岭样地内的11种国家重点保护野生植物而言，不同物种间无论是在植株数量还是在最大胸径方面都存在巨大差异。例如油丹、卵叶桂和软荚红豆的植株数量都在4800株以上，而3个物种（坡垒、青梅和木荚红豆）的植株都小于100株；卵叶桂的最大胸径为136.0cm，而青梅的最大胸径仅为7.9cm。需要指出的是，由于该样地的植被类型为热带山地雨林，物种在该样地内的生存现状并不能完全代表其在尖峰岭地区的丰富程度。例如青梅在该样地内仅有6株，但其却是尖峰岭地区海拔200~650m低地雨林区域的主要树种（许涵等，2014）。基于样地调查资料，莫锦华等（2007）估计该区的青梅种群数量约为28万株。因此，如何对上述物种进行保护，笔者认为可遵循如下原则。

首先是基础信息的调查，即应该在尖峰岭地区针对区域范围内的国家重点保护野生植物开展基本分布情况和种群动态的调查，同时开展就地保护，以尽量减少或隔绝人类活动对其原生境的干扰。其次是分析并找出致濒因素，深入解析不同物种的致濒原因（顾垒，2021）。然后再根据致濒因素制订保护行动计划并执行。最后是对保护成效的定期评估，并根据评估结果修订保护行动（顾垒，2021）。当然，这里同样存在一个优先级的问题。以坡垒为例，该物种在整个尖峰岭地区的数量都极为稀少，应采取相关措施予以优先和严格保护。需要注意的是，尽管人工繁育在促进珍稀濒危植物种群恢复方面具有重要作用，但仍需关注种群恢复背后该物种遗传多样性能否存续和恢复的问题，这样才能更大限度地保存物种适应环境变化的能力（顾垒，2021）。生物多样性保护的成功不只是简单意义上植株数量的增加，更在于是否真正找出了致濒机理并予以有效解决，进而使被保护物种能够在自然生态系统中维持丰富的遗传多样性，并使其能够在群落中自行完成其生活史，最终达到稳定共存。

第四章

全球气候变化背景下热带森林生态系统的响应[①]

近几十年来，由于化石燃料的急剧燃烧、土地利用的改变等人为活动的加剧导致全球气候发生了显著的改变，而全球气候变化的加剧又对森林等陆地生态系统产生了重要的反馈影响。为了解未来气候变化趋势下森林生态系统结构与功能（包括生产力、碳汇、养分循环、生态水文等）的影响，尖峰岭森林生态站根据热带森林生态系统的特点，开展了气候变化情景下对热带森林主要生态系统功能的影响机制及反馈机理等方面研究。

第一节　基于全球变暖背景的热带雨林长期定位研究平台

18 世纪工业革命以来，人类活动对地球生态系统产生着深刻的影响。人为活动（如化石燃料和氮肥的使用）导致地球大气 CO_2 浓度比工业化前增加了 40%，地球生态系统的固氮量翻倍，进而导致近一个世纪来全球平均气温上升了 0.72℃（IPCC，2013）。陆地生态系统，特别是森林，在全球碳循环中起着非常关键的作用，陆地生态系统碳库的微小变化都将导致大气 CO_2 浓度的显著波动，从而影响到全球气候的稳定（Friedlingstein et al.，2006）。

森林生物量占全球陆地植被总生物量的 85%~90%，每年森林通过光合作用和呼吸作用与大气进行的碳交换量占整个陆地生态系统碳交换量的 90%，因此，森林在区域碳和全球碳循环中发挥着关键作用（Dixon et al.，1994；Pacala et al.，2001；Pan et al.，2011）。当森林受到干扰时可能成为碳源，但干扰过后，森林的再生长可以固定和储存大量的碳从而成为碳汇（Brown et al.，1999）。森林生物量（碳库）及生产力（碳汇）变化是陆地碳循环研究的核心问题之一。

氮是生态系统中最重要的大量元素，在地球生物圈、土壤圈、水圈和大气圈间进行迁移、转化和周转循环的过程，其量的变化直接影响生态系统的结构和功能，影响生物多样性和生产力。然而由于人类活动导致过多的氮通过干沉降和湿沉降的形式进入生态系统中。中国的氮沉降通量和年增长量存在明显空间差异，干沉降量北方大于南方，而湿沉降量则南方大于北方。氮沉降量最高值位于我国中南部地区。但氮沉降对热带雨林

① 作者：陈德祥、周璋、李意德。

生态系统的影响仍然未知，需要更进一步的研究。

基于上述背景，尖峰岭森林生态站于21世纪初开始，在尖峰岭热带雨林区建立了“全球变化生态学”研究平台，这个研究平台设置在100km^2集水区范围内，包括不同海拔梯度的林区地面气象站2处、森林小气候综合观测塔4座（其中1座配备有碳水通量和甲烷通量监测设备）、氮磷添加试验2处、嵌套式森林水文集水区测流堰4处等，配合尖峰岭生态站的生物多样性监测研究平台和地下生态学过程研究平台，获得了一系列的热带雨林应对全球变化的研究成果。

第二节 热带雨林生态系统碳循环

一、热带山地雨林碳交换大小年际变化动态与机理

尖峰岭热带山地雨林碳交换昼夜节奏明显，生态系统净生产力（*NEP*）、生态系统呼吸（*Re*）、生态系统总生产力（*GPP*）多年平均分别为3.78±0.44Mg·C/（hm^2·a）、19.05±1.32Mg·C/（hm^2·a）、22.83±1.35Mg·C/（hm^2·a）；碳交换通量季节变异较大，雨季碳交换能力明显强于旱季（$P<0.01$）。*NEP*雨季比旱季高17.7%，*GPP*和*Re*雨季则分别比旱季高29.8%、32.1%，说明雨季植物的生长活动要明显比旱季旺盛。但生态系统碳利用效率（*CUEe*，*NEP*/*GPP*的比值）旱季和雨季并无显著差别（$P=0.204$）。不同年际间*NEP*差异不显著（$P=0.05$），而*GPP*和*Re*则表现出一定年际差异，这种年际变异与台风干扰紧密相关。

气温和降水是尖峰岭热带山地雨林碳交换两个重要的环境控制因素，并且，这种影响存在明显的趋势转折点，转折点前后碳交换的影响控制机理存在明显差异。当气温低于20.5℃时，*NEP*和*CUEe*随温度升高而降低主要是由于*Re*相对增强了；而当气温高于20.5℃时，*NEP*和*CUEe*随温度升高而增强则主要是由于生态系统白天净固碳能力（daytime *NEP*）相对增强了。旱季，*CUEe*随降雨增加而降低主要是由于呼吸显著增加导致的。雨季，当周降雨量小于200mm时，*CUEe*随降雨增加而降低也是由于呼吸显著增加导致；当周降雨量超过200mm时，*CUEe*随降雨增加而降低则是由于白天净碳固定能力出现显著减弱导致的。

二、台风干扰是影响海南岛热带雨林生态系统固碳功能的主要因素

基于热带树木的倒木年轮和早晚材的宽度、密度等变化特征、树轮指数的气候敏感性指标及年轮碳氮氧同位素丰度反演并评价历史台风对树木生长及碳固定的影响，为进一步深入研究热带山地雨林树木生长与极端气候变化的相关关系，探讨生态系统结构与功能变化的驱动因素提供新思路和解决手段。分析了台风对热带森林植被碳库的短期和长期影响，研究结果显示，短期内台风将导致森林植被碳库的显著下降，但长期来看，

台风将促进林木的更新与生长，有利于植被碳库的持续增加。

台风带来的暴雨，是通过水分因素来调控热带山地雨林碳交换变化动态过程。*CUEe* 随降雨量的增加呈减少趋势，但旱季和雨季其控制机理存在差异。降雨对 *CUEe* 的影响在旱季主要是由于 *Re* 显著增加导致 *CUEe* 随降水增加而降低。而在雨季，非暴雨条件下，也是由于呼吸显著增加导致 *CUEe* 随降水增加而降低；而在暴雨（特别是台风暴雨）条件下，*CUEe* 随降水增加而降低则是由于白天净碳固定能力出现显著减弱导致的。

三、热带森林碳源汇长期变化动态及其驱动因素

近 30 年森林植被样地长期监测数据显示，热带山地雨林原始林仍然具备一定的碳汇能力，但其碳源汇动态表现出较强的年际波动性，从长远性来说，越接近成熟的森林其碳汇能力总体上呈下降趋势，年际间的波动主要是由于台风和季节性干旱导致树木死亡引起，台风是碳源汇变化动态的主要驱动因素，但季节性干旱影响作用的叠加将造成热带山地雨林碳汇能力的显著下降。尖峰岭森林生态站的研究，将首次同时就台风和干旱导致树木死亡对热带森林碳源汇动态变化的影响作用进行了量化和区分。

尖峰岭热带山地雨林长期减弱的碳汇及其环境驱动因素分析结果表明，尖峰岭热带山地雨林仍然具有一定的碳汇能力，碳汇速率平均为 0.71±0.22Mg·C/（hm^2·a），与世界其他地区热带森林碳汇能力相当，但其碳汇能力却存在逐渐减少的趋势。碳汇能力的减少主要源于干旱和台风暴雨导致死亡生物量的显著增加，但不同样地间存在明显的差异，说明极端气候事件对热带森林固碳能力的影响同时也受局地环境条件和森林自身状况的影响，急需开展更多热带森林固碳能力对气候变化的影响研究，以减少热带森林在全球碳循环中估算中的不确定性。

四、生物因子和非生物因子对热带森林碳储量的影响及其贡献

为了量化评价热带森林碳储量的影响，通过利用结构方程模型对尖峰岭 160 个网格样地数据进行分析，结果表明，对尖峰岭热带森林的主要影响因素是森林结构多样性、物种多样性、人为干扰和水热条件（解释率 R^2=0.57），其中起主要决定作用的为结构多样性（正效应 0.58），其次为人为干扰（负效应 0.34）、物种多样性（负效应 0.26）和水热条件（正效应 0.13），凋落物、林分密度和土壤质地是通过对森林结构的间接效应而对碳储量起作用的。

第三节 热带雨林生态系统氮循环

为了解全球气候变化对热带森林生态系统的影响，掌握热带森林生态系统应对全

球气候变化的机理，尖峰岭生态站已在热带山地雨林中建立了长期氮磷添加的实验平台，这个平台包括热带山地雨林原始林和天然更新的次生林等 2 个生态系统，如图 4-1 所示。

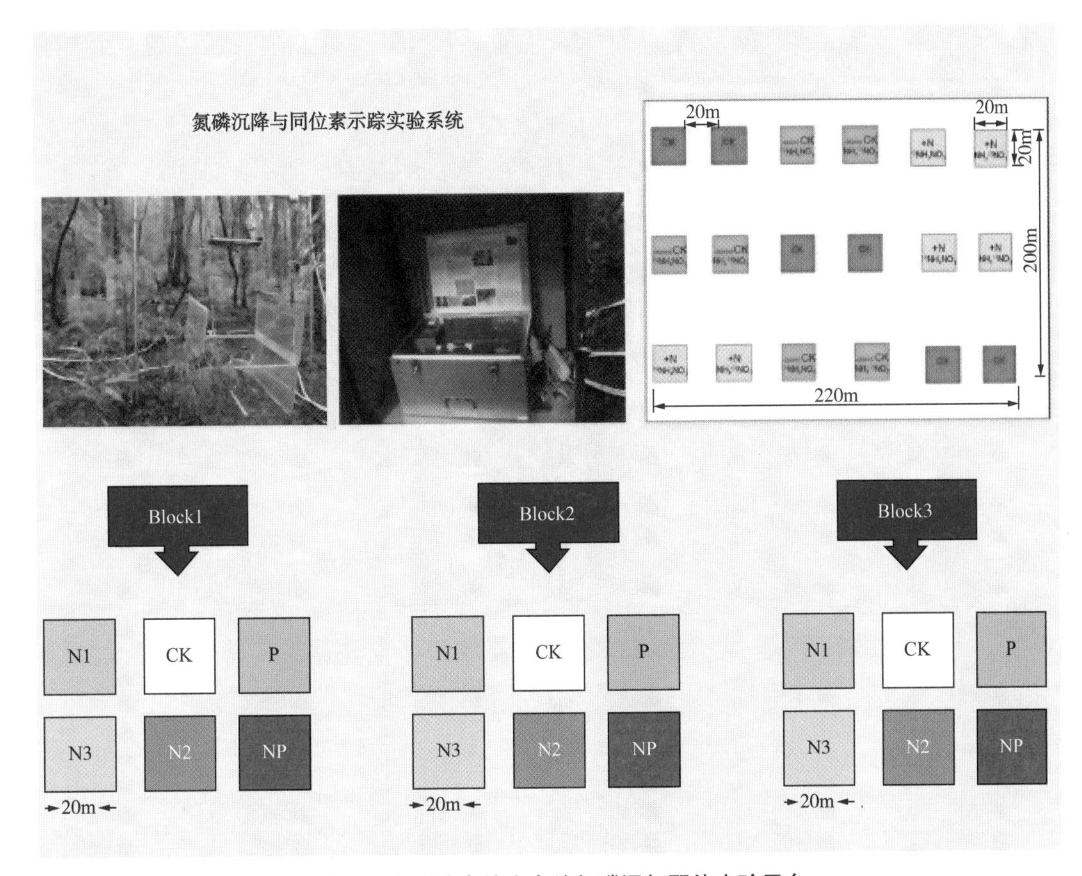

图 4-1　尖峰岭森林生态站氮磷添加野外实验平台

一、热带森林氮循环中同位素分馏效应

为了准确量化森林土壤反硝化速率，测定反硝化过程中氮氧同位素分馏系数是至关重要的。因此，选择尖峰岭热带原始林和次生林作为研究对象，以温带落叶松林和混交林土壤作为对比，以测定土壤反硝化过程中氮氧同位素分馏系数。尖峰岭原始林和次生林氮同位素分馏系数分别为 45.9‰和 44.0‰。氧同位素分馏系数分别为 13.1‰和 12.7‰。反硝化过程中，^{18}O 和 ^{15}N 同位素比例分别为 0.29 和 0.29。尖峰岭测定的反硝化过程分馏系数为 45‰，远大于其他的反硝化细菌纯培养和海洋生态系统及其他陆地生态系统反硝化分馏系数。以往研究中，一般利用氮分馏系数 16‰来量化整个陆地生态系统或森林的反硝化速率，得出反硝化导致的氮损失量占陆地生态系统和森林总氮损失量 33% 和 48%~86% 的结论。据本研究结果判断，以往研究森林土壤反硝化速率可能被高估了。

二、微生物反硝化作用对热带山地雨林生态系统氮流失的影响评价

传统研究认为氮在森林中主要是通过淋溶（leaching）方式从溪流等水体中流出生态系统，结果将造成水体的富营养化，而微生物的反硝化作用能将大气中固定的氮还原成氮气并释放进大气中。利用尖峰岭热带山地雨林原始林和更新林土壤和溪水中的硝酸根（NO_3^-）氮氧同位素丰度变化来测定评价微生物反硝化速率，传统方法将导致反硝化速率低估一倍以上，与土壤淋失相比，反硝化作用才是尖峰岭热带森林生态系统氮流失的主要方式。

之前的研究普遍存在反硝化作用对氮损失的过高估计，不同形态的氮沉降在生态系统内去向不同。植物回收更多的硝态氮，土壤和凋落物层固定更多的铵态氮，但是土壤和凋落物层是生态系统内主要的氮汇。尖峰岭热带并未达到氮饱和，因此氮沉降仍能促进森林生态系统对 CO_2 的固定，氮沉降可导致总固碳能力增加 26%。

三、热带雨林生态系统氮磷沉降的影响及营养限制机理

（一）氮沉降对热带山地雨林固碳能力的影响

根据氮沉降实验样地的每月固定的施肥工作、土壤呼吸（自养、异养和凋落物呼吸）测定工作和凋落物收集测定、每个季度的土壤取样和样品分析（土壤有效氮、土壤 pH 值、土壤碳氮磷）测定工作，以及旱季和雨季的 2500 株树木的生长监测测定、植物叶片和细根的取样测定等，结果发现：氮添加不同程度地促进了树木的径向生长，雨季生长速率大于旱季。中氮和高氮促进了原始林的生长，高氮处理促进了次生林的生长，中氮处理显著促进了原始林大乔木层（$20cm \leqslant DBH<30cm$）的生长。氮添加促进了原始林的地上部分净初级生产力（*ANPP*），而对次生林的 *ANPP* 没有影响。热带山地雨林原始林生态系统地上部分对氮沉降的碳吸收效应碳：氮 =23。氮添加均显著地促进了山地雨林生态系统土壤碳排放（$P<0.05$）。氮磷和氮磷添加是通过促进亚林冠层树木（$DBH<20cm$）的生长而显著促进了林分的生长（$P<0.05$），初步结果表明尖峰岭热带山地雨林原始林可能是一个受磷显著影响的生态系统。

（二）热带山地雨林生产力的营养限制研究

通过每个季度土壤矿化测定和取样，土壤微生物取样，样地近 1000 株植物叶片的取样、制样和样品碳、氮和磷元素分析测定，样地气象环境（空气温湿度、土壤温度、土壤水分）的监测，结果发现：磷处理显著促进了中乔木层（$10cm \leqslant DBH< 20cm$）的生长。磷添加均显著地促进了山地雨林生态系统土壤碳排放（$P < 0.05$），磷添加对细根的生物量没有显著影响，但是氮–磷处理显著降低了细根的碳含量，磷处理和氮–磷处理显著增加了土壤表层细根的磷含量而降低了氮：磷。这些研究结果都表明尖峰岭热带山地雨林是一个受磷限制的生态系统，通过氮–磷外源输入刺激了细根对磷的吸收，而促进原始林地上部分的碳吸收和地下部分的自养呼吸。

四、热带森林长期氮添加后气态氮排放规律及其驱动机制

土壤水分含量是热带森林土壤气态氮损失的主要控制因子；一氧化二氮（N_2O）气体主要通过硝化作用产生，反硝化作用是氮气（N_2）产生的主要微生物过程（98%~100%）；在厌氧条件下，土壤气态氮主要以 N_2 的形式释放［$N_2O/(N_2+N_2O)$：0.07~0.26］；反硝化过程、共反硝化过程和异氧硝化过程对 N_2O 的贡献分别为 40%~56%、18%~43% 和 8%~25%；尖峰岭热带山地雨林气态氮的损失量与该地区氮沉降的量相当，由此推测氮淋溶量的增加主要是由氮固定造成的；长期的氮添加实验并没促进土壤 N_2O 气体的损失。氮沉降的增加并不会促进气态氮损失，从而推测随着氮沉降的增加，溶解性氮的损失会进一步的提高。

五、氮磷添加对凋落物分解的影响

通过尖峰岭生态站的氮磷添加实验平台多年的研究，结果表明，模拟氮磷沉降总体上降低了热带雨林凋落物的分解速率（图 4–2），在现有条件下，使得养分循环的速率变得更加缓慢，从而影响了热带雨林生态系统功能的正常发挥。

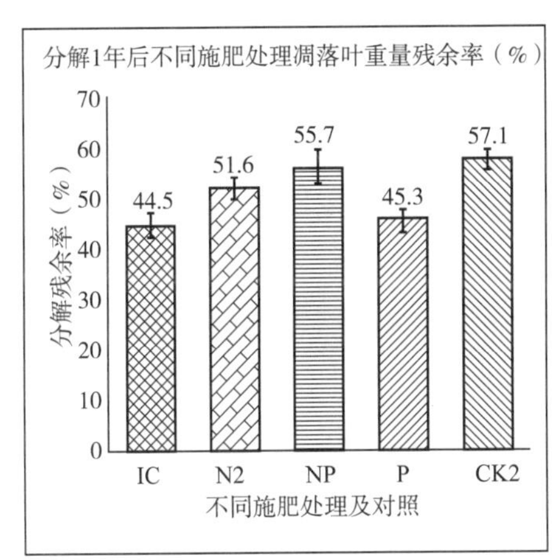

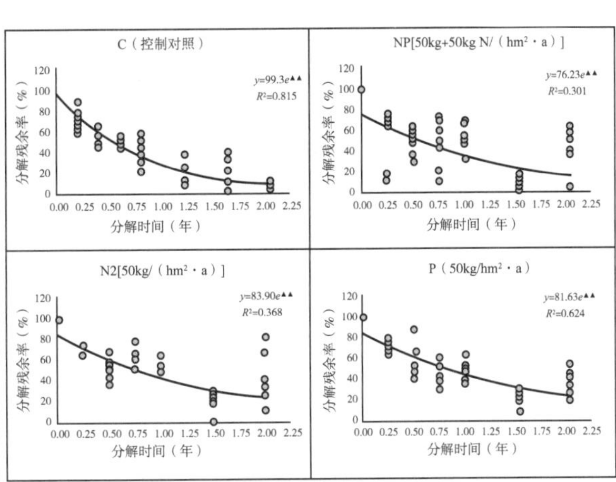

图 4–2　氮磷添加对凋落物分解的影响

首先，添加氮或者是共同添加氮磷，能够显著降低凋落物的分解速率达 15.9% 和 25.3%；其次，在温凉高湿小气候环境条件下，凋落物的分解速率显著大于高温干旱环境下的分解速率；第三，氮沉降对凋落物分解（碳释放）所起的激发效应为负效应；第四，在不添加氮磷情况下，凋落物叶的分解系数最大，所需的分解时间最短。

五、热带雨林中气态氮的损失途径与微生物的贡献

为了研究热带森林土壤气态氮损失及其微生物的贡献对氮沉降增加的响应。尖峰岭站结合了野外长期模拟氮添加技术与实验室培养技术，采用 ^{15}N 稳定同位素示踪法与乙

炔抑制法，研究了尖峰岭热带山地雨林原始林与次生林两种森林类型土壤气态氮损失对长期氮添加的响应。研究结果表明：①在有氧条件下，氮添加的增加并没有促进尖峰岭热带森林土壤 N_2O 和 N_2 的损失速率。②在厌氧条件下，氮添加减少了次生林土壤 N_2O 的损失速率，而增加了 N_2 的损失速率。这可能是由于氮添加促进了微生物的反硝化作用将 N_2O 还原为 N_2O，然而在原始林却没有发现类似的现象。③在 2 种森林土壤中，氮添加减少了反硝化过程对 N_2O 损失的贡献却增加了共反硝化和异养硝化过程对 N_2O 损失的贡献；氮添加却没有改变微生物对氮气损失的贡献，其主要是有反硝化作用产生（98%~100%）。研究表明，不同的热带森林土壤对氮添加的响应存在差异，同时微生物过程对气态氮损失的贡献对氮添加的响应比较敏感。

六、氮沉降对热带森林气态氮排放的影响及其可能驱动机制

首先，与传统看法相反，长期氮添加并不会导致热带森林增加 N_2O 的排放从而使得气态氮排放增加，加剧温室效应，但不同森林类型存在一定差异；其次，长期氮添加影响气态氮排放的微生物作用机制主要是降低了反硝化效应的贡献，同时使得共反硝化和氨氧化贡献显著增强；第三，尖峰岭生态站的研究表明，人类对与氮相关产品的大量使用将对自然生态系统氮循环造成极其重要的潜在影响，长期氮沉降的增加将通过改变微生物的相关过程从而使得氮循环发生改变。

第四节　全球气候变化对热带森林生物量的影响

一、热带山地雨林生物量对长期气候变化的响应与适应及其机制分析

为了验证尖峰岭热带森林对气候变化的响应与适应（resilience），首先基于气候变化影响的原理和机理，即气温的升高将促进植物的光合作用，使得植物的生长呈现正效应；然后气候变化导致的降雨季节性格局改变，即旱季变得更为严酷（旱季降雨变少，雨季降水特别是暴雨增加），以及台风频率增加等又将导致森林致死率增加，使得生物量呈现减少趋势，呈现林分生长的负效应。

不同演替阶段森林由于物种组成和结构存在差异，因此导致稳定性存在差异，而不同起源方式对于次生林的恢复也存在显著的影响。通过对海南岛地区不同演替类型和恢复方式及恢复时间的次生林生物量的对比分析，发现物种组成和数量简单森林类型其生物量更易恢复，而起源方式中干扰越大的，其生物量越难恢复。

二、极端气候条件下热带森林生物量长期变化动态及其驱动因素

尖峰岭热带山地雨林（原始林）近 35 年固定样地清查数据显示，其生物量大小平均为 $1.32 \pm 0.64 Mg/（hm^2 \cdot a）$，但生物量积累能力呈下降趋势，而且呈现剧烈的年际波

动。这种强年际波动主要是受频繁登陆的台风和季节性干旱等极端事件的影响。大量树木个体的死亡，导致死亡生物量显著增加，而且这种极端气候事件的发生存在较强的不确定性，从而导致生物量产生剧烈的年际波动。因台风暴雨和极端干旱共同引起的树木死亡，最多可导致热带山地雨林生物量年均减少 3.06 ± 1.1Mg/（hm^2·a），其中干旱导致生物量年均减少 1.08 ± 0.25Mg/（hm^2·a），占死亡生物量总量的 35.35%；台风导致生物量年均减少 1.96 ± 0.42Mg/（hm^2·a），占总死亡生物量的 63.82%。台风和干旱是尖峰岭热带山地雨林生物量和碳汇能力变化的主要驱动因素。近几十年来由于全球气候变化的加剧，导致极端气候事件（台风、暴雨以及季节性干旱等）的发生也更加频繁，最极端的年份是台风暴雨和季节性干旱的叠加影响。一方面台风的影响不但使更多的大树发生倒伏、折断，导致死亡。同时，由于干旱抑制了光合作用导致代谢所需的碳底物供应不足，增加非结构性碳水化合物的消耗，导致碳饥饿发生，从而引发个体死亡；或者由于木质部水分传导的恶化导致气体交换、光合作用以及韧皮部传输等关键过程的限制使得组织脱水，从而导致个体死亡。虽然尖峰岭热带森林仍然具备一定的碳汇能力，但由于干旱等极端气候事件导致个体死亡率的增加，使得热带森林的碳汇能力呈现下降的趋势，如图 4–3 所示。

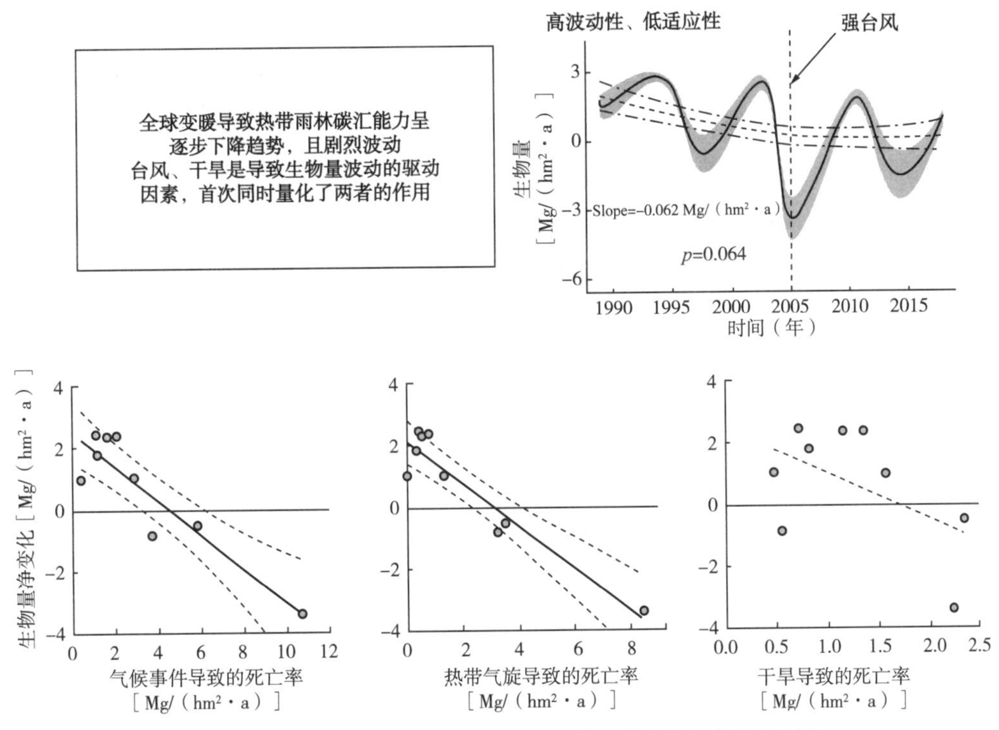

图 4–3 台风暴雨和季节性干旱对热带雨林生物量的叠加影响

不管是干旱事件还是台风干扰，生物量净变化都会随着干扰事件导致死亡率的增加呈减少的趋势，但这种影响并非呈线性关系。与台风干扰相比，干旱导致生物量的减少存在一定的不确定性，即随着干旱程度的增加生物量并非呈线性减少趋势，表明生物量净变化的减少还受其他因素的重要影响，比如台风干扰，台风干扰导致死亡率的增加将使生物量显著减少（图 4-4）。无论是干旱事件还是台风干扰，当低强度的死亡事件发生时，由于部分树木个体的死亡，使得光热等环境资源的显著改善，导致受压迫个体获得充足的环境资源以致可以快速地生长，导致热带森林碳汇能力反而出现一定程度的增加。

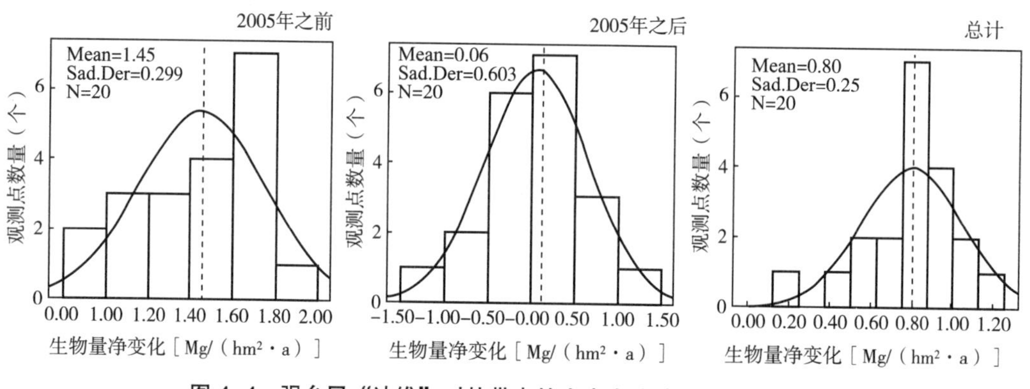

图 4-4 强台风“达维”对热带森林生产力（碳汇速率）的影响

三、热带山地雨林对温度变化的响应与适应机制

全球气候变化对生态系统结构、功能、多样性等多方面的影响越来越显著。热带森林作为地球上最重要的“碳汇”，其动态变化对于维护全球碳平衡和减缓温室气体增加具有重大意义。目前大量研究证明热带森林对气候变化具有敏感性，但由于缺少长期固定样地观测数据，对于热带森林如何响应和适应全球变暖现象仍缺乏明确的认识。因此本节以海南岛尖峰岭地区的热带山地雨林原始林与次生林为研究对象，结合 1984—2017 年海南尖峰岭森林生态系统气象观测场的温度数据，通过野外样地调查获取数据，分析温度的时间序列变化，尖峰岭热带山地雨林生物量及其各个分量以及温度对生物量及其各个分量的影响，探究热带山地雨林对温度变化的响应与适应机制。获得了如下主要研究结果。

（1）研究时段内，所有的温度因子均呈明显上升趋势，但气候变暖的趋势不符合线性相关关系。各个温度因子中，最低极值温度的气候倾向率最大，每 10 年增加 0.63℃。时间序列分析显示，以 2003 年为突变点，2003 年之后平均增温速率加快，突变前后平均值相差 0.69℃。尖峰岭年降水量整体呈缓慢上升趋势（z>0），年降水量增加趋势不显著，呈弱上升趋势，有一定周期性。尖峰岭山地雨林气候异常或接近异常年份往往伴随着 ENSO 事件的发生。

（2）尖峰岭热带山地雨林原始林与次生林的生物量及其生物量随时间的变化趋势分别呈二次曲线关系和三次曲线关系。原始林生物量显著高于次生林，2 种森林类型的生物量年净变化量均基本为正值，随时间先增加后减少。在相同年份下，山地雨林原始林生物量及其分量的变化幅度均低于次生林的变化幅度。研究期内尖峰岭山地雨林次生林树木株数随时间显著下降，死亡个体生物量数和新增个体生物量均呈现显著增加趋势，但死亡个体生物量始终大于新增个体生物量。新增生物量的显著增加（$P<0.01$）主要与新增个体数的显著增加有关，并由新增个体株数和单株新增个体生物量共同作用。

（3）在一定温度范围内，气温上升对森林生物量有一定的促进作用。但随着全球变暖现象的加剧，气温升高对森林带来的正负效应的驱动程度出现变化，导致生物量的增速减慢。主要表现在生物量净变化量则与平均温度呈显著负相关关系（$P<0.001$）。热带山地雨林新增个体生物量、死亡个体生物量、新增个体株数、死亡个体株数四个指标均与平均温度呈现出显著的二次曲线关系（$P<0.05$）。新增个体生物量与死亡个体生物量随气温增加而增加，在均温达到20.3℃时，新增个体生物量与死亡个体生物量随气温增加而降低。热带山地雨林原始林生物量与极端最高温度表现出显著负相关，次生林生物量与平均最低温度表现出显著负相关。

四、降雨格局的变化对热带山地雨林生物量的影响

通过研究尖峰岭1980—2013年不同等级暴雨事件年暴雨总量及暴雨天数的动态特征。结果表明：在50mm暴雨等级及100mm暴雨等级2个尺度范围内，年总暴雨降水量基本保持动态平衡；而在50mm暴雨等级尺度下，年总暴雨天数有一个弱增加趋势，在100mm暴雨等级尺度下，年总暴雨天数呈现出减少趋势。

这种降水格局直接导致水分最大亏缺指数（MCWD值）的动态变化。在日时间尺度下，MCWD值有一个持续的减少趋势，而在旬与月时间尺度下，MCWD值呈现出持续增加的变化趋势。不同等级暴雨事件的暴雨雨量与生物量净变化及死亡生物量的相关性都存在一个临界阈值，表示只有在暴雨雨量高于一定临界值后，与死亡生物量才会呈现显著正相关关系（$P<0.01$），与生物量净变化呈现显著负相关关系（$P<0.01$）。暴雨发生的频率和时间间隔的差异，往往伴随着季节性和非季节性的干旱发生，进而影响生物量净变化（生产力的波动），相关分析显示，MCWD值与生物量净变化呈显著负相关关系（$P<0.01$），与死亡生物量呈显著正相关关系（$P<0.01$）。

第五节 气候变化对热带森林水文生态的影响

与全球气候变化的趋势一致，以及发现近50年来尖峰岭林区气候增暖作用显著，气候变化主要存在10~25年的周期，其中，气温是影响尖峰岭热带山地流域枯水径流的主要因子，而降水是影响总径流和快速径流的主要因子。研究结果表明，未来雨强增加10%，尖峰岭热带森林集水区溪水流量、表面径流和水流量将增加1.3倍，对林区周边的水资源利用格局、工农业生产和居民生产生活将产生较大的影响。

一、全球气候变化对热带雨林生态系统径流的影响

利用尖峰岭热带山地雨林次生林集水区多年的径流资料，应用数字滤波法将集水区径流分割成基流和快速径流，采用数字滤波法分析热带山地雨林总径流、基流、快速径流在不同时间尺度上的变化特征。

一年之内，4月基流量最小，9月最大。基流的年内分布格局与降雨量相似，但在时间上滞后一个月。尖峰岭热带山地雨林次生林集水区1月的基流量为18.78mm，2月、3月的基流量分别为13.92mm、12.10mm，4月达到最小值，为10.23mm。5月尽管已经进入雨季，但基流量仍然很低，这是由于降水量的很大部分用于填补土壤水分的亏缺。基流量的最高峰出现在9月，比降雨量晚1个月，这说明基流的产生有一定的滞后效应。11月、12月进入了旱季，但由于前期的降水量丰富，降雨形成基流有一定的滞后作用，因此，11月、12月的基流量并不低，分别为61.99mm、58.6mm，这是森林水源涵养功能的具体体现。

基流量的年际差异较大，2005年的基流量最大，为1122.9mm；1993年基流最小，为227.8mm。旱季基流最小的年份也是1993年（105.3mm）；旱季基流最大的年份为2003年，达461.9 mm。方差分析表明，基流量年际差异和月际差异都达到极显著水平。

快速径流是径流对降雨的即时反映，对于研究流域的洪水规律有重要的作用。快速径流的年际变化十分明显，快速径流最大的年份为2005年，达1938.5mm，水文响应为0.54；快速径流最小的年份为1998年，仅174.1mm，水文响应为0.13。统计表明，1989—2007年的年平均快速径流为754.0mm，标准差为446.42，变异系数为0.59。方差分析表明，快速径流的年际差异达到显著水平，月际差异达到极显著水平。一年之中快速径流最多的是8月，雨季快速径流的次序是8月 > 9月 > 7月 > 10月 > 6月。10月、11月虽然是旱季，但其快速径流量比雨季的5月、6月还多，造成这种情况的原因可能是5月、6月尽管降水量多，但由于经过前一个旱季的干旱，土壤水分亏缺严重，所以形成的总径流量少，快速径流也少；而10月、11月尽管降水量少，但土壤水分含量高，降雨形成的径流多。

一年之中的1~4月的总径流量是逐渐减少的，4月达到最小值（17.7mm），然后持续增加，9月达到一年的最大值（349.4mm），然后又持续下降。这是因为5月是尖峰岭地区汛期的开始，台风暴雨影响增多，尤其是7~9月暴雨天气最多，从而导致了大量的产流。统计表明，5~10月总径流量为1103.3mm，而旱季的11至翌年4月总径流量为291.6mm，雨季流量是旱季总径流的3.8倍，这充分反映了雨水补给对总径流量的重要性。

年内各月总径流的丰枯评定表明，12至翌年6月为枯水月，7~10月为丰水月，只有11月为偏枯水月，说明尖峰岭热带山地雨林总径流量的年内分配非常地不均衡。对1989—2007年的总径流丰枯评定也表明，在19年中丰水年占6个，偏丰年2个，枯

水年占8个，偏枯年1个，平水年只有2个，说明了尖峰岭热带山地雨林总径流量的年际波动很大。

二、全球气候变化对热带雨林生态系统水量平衡的影响

从水量平衡的年际变化具体情况来看，径流系数最大的是2005年的0.72，其次是1991年的0.71，这两年的降水量都在3000mm以上，年降水量也都排在前2位；径流系数最小的是1993年的0.23，其次是1998年的0.25，正好这两年的降水量排在最后2位。蒸发散系数刚好与径流系数相反，2005年和1991年最小，分别为0.28和0.29；1993年和1998年最大，分别为0.77和0.75。

尖峰岭热带山地雨林生态系统的水分输入和输出年际变动很大，降雨输入变化范围为1707.4~3607.8mm，径流输出的变化范围为415.4~2597.5mm，蒸发散损失的变化范围为875.0~1492.1mm；多年平均降雨输入为2453.6mm，平均径流输出为1345.4mm，平均蒸发散损失为1108.2mm；多年平均径流系数为0.53，蒸发散系数为0.47。

三、未来气候变化对热带雨林生态水文的影响

（一）未来气候变暖情景对尖峰岭热带雨林径流的影响

假定未来气候变化将重现降雨缩放后的序列，根据前人研究区域未来气候变化的成果，同时结合本研究流域年径流主要受降水量的影响而与几乎没有受到气温的影响，本研究设定未来尖峰岭热带森林流域降水变化情景为降水量减少10%、5%，增加0、5%、10%、15%、20%，共7个情景，分析尖峰岭热带森林流域年径流对未来降雨量变化的响应。结果表明，降水量的增加明显增加流域径流。这表明在尖峰岭热带森林流域中，降水对径流的影响起着重要的作用。在未来降水量变化趋势中，降水量每增加5%时，流域总径流和快速径流分别增加12%和25%，快速径流增加幅度大于总径流，说明不同流量径流对降雨变化的响应存在差异。

（二）未来气候变暖情景对尖峰岭热带雨林对枯水径流的影响

气温作为热量指标对森林流域径流的影响主要是通过影响流域总蒸散量来实现的。一般来说，随着气温的升高，流域的蒸发散量也会增多，因而径流输出就会减少。此外，气温还会改变流域高山区降水形态、改变流域下垫面与近地面层空气之间的温差从而形成流域小气候。气温上升改变了流域的产流条件，减少了地表径流的形成。

根据对尖峰岭热带山地雨林近26年气候变化分析结果，年平均气温升高趋势明显，每10年增加0.32℃。基于此研究结果，设定未来50年尖峰岭热带森林流域气温变化情景为年平均气温增加0、0.3℃、0.6℃、0.9℃、1.2℃和1.5℃，共6个情景，分析尖峰岭热带森林流域枯水径流对未来气温升高的响应。结果表明在尖峰岭热带森林流域中，气温对枯水径流的影响起着重要的作用，在未来气候变暖变化趋势中，年平均气温每增

加 0.3℃时，流域枯水径流减小 0.07m^3/s。

总而言之，全球气候变暖已经和正在影响着人类社会的发展，引起了国际社会和科学界的高度关注护。在 21 世纪，全球水循环对变暖的响应不均一，干湿地区之间和干湿季节之间的降水差异将会增大；随着全球平均表面温度的上升，中纬度大部分陆地地区和湿润的热带地区的极端降水事件很可能强度加大、频率增高，进而对森林生态系统的生物多样性组成、结构、生态系统功能（包括生物量、生产力、碳汇能力、调节气候能力、蓄水产水能力、灾害防控能力等）产生重大影响。

第五章 海南岛尖峰岭热带森林生态系统生态质量评价[①]

第一节　海南尖峰岭热带森林空气质量评价

空气负离子（negative air ions，NAIs）主要是由空气中含氧负离子与若干个水分子结合形成的原子团，是带负电荷单个气体分子及其轻离子团的总称（Pino et al.，2013）。空气负离子具有沉降污染物和悬浮尘埃、洁净空气、杀菌抑菌、除臭味的作用（Wu et al.，2004），其浓度大小是评价空气质量的重要指标，对于空气状况的评价具有重要意义。空气负离子对人体具有广泛的生理生化效应，具有促进新陈代谢、提高免疫力、调节机能平衡的功效，被誉为“空气维生素和生长素”。自然界中空气负离子的产生机理主要有三种：一是紫外线、宇宙射线、放射性物质、雷电、风暴等因素充当电离剂的作用使空气发生电离从而产生空气负离子；二是植物的尖端放电以及光合作用形成的光电效应促使空气电离产生空气负离子；三是水的勒纳德效应（Lenard water fall effect），水自上而下，在重力的作用下高速运动使水分子裂解，产生大量空气负离子。

在森林的光合作用和尖端放电下，森林环境中会产生大量空气负离子，并且森林生态系统的复杂结构改变了森林中的小气候，使其更适合于负离子的长期保留，因此森林中往往具有较高的空气负离子水平。深入开展森林负离子的测定方法、变化规律以及林分属性与森林改善空气环境功能之间的关系，对生态环境保护、康养产业的发展以及森林城市建设等相关领域具有重要的科学意义（Wang et al.，2020）。

目前，国内关于空气负离子的研究主要侧重于负离子浓度的时空变化规律及影响因素、空气负离子的评价、空气负离子对生物机体和环境的影响以及空气负离子的开发与应用（彭巍等，2020）。有关森林空气负离子的研究主要集中在温带、亚热带，但是对热带森林空气负离子相关研究较少。本研究以海南岛尖峰岭热带林区为研究区域进行定期监测，比较和评价各森林类型的空气负离子浓度和空气质量参数，探寻空气负离子浓度的时空变化及其同环境因子和林分组成、结构之间的关系，以期为热带雨林空气质量评价的研究提供科学依据，为热带林区发挥森林游憩和森林康养作用提供经营建议。

① 作者：周璋、王一荃、陈德祥、李意德、张涛、杨繁、林明献。

一、研究区域概况与研究方法

（一）研究地概况

尖峰岭地区位于海南省西南部乐东黎族自治县和东方市交界处（18°20′~18° 57′ N，108°41′~109°12′ E），总面积约 640km^2，包括尖峰岭林区及周边地区，隶属海南省乐东黎族自治县尖峰镇。尖峰岭林区面积为 472.27hm^2，为海南岛五大林区之一。尖峰岭林区内的热带雨林是我国现有面积较大、保存较完整的热带原始森林之一。尖峰岭属低纬度热带岛屿季风气候区，干湿两季明显，雨季从 5 月至 10 月，旱季从 11 月至次年 4 月。年均降雨量介于 1300~3700mm 之间；年均温度为 24.5℃，最冷和最热月温度分别为 10.8℃和 32.6℃（周璋等，2015）。该地森林类型丰富，从低海拔到高海拔依次形成滨海有刺灌丛、稀树草原、热带半落叶季雨林、热带常绿季雨林、热带沟谷雨林、热带山地雨林以及山顶苔藓矮林等植被类型。其中，热带常绿季雨林为本地区的地带性植被，山地雨林则为本地区发育最为完善、结构最为复杂的类型（李意德等，2002）。

（二）监测样地建设与数据采集

在尖峰岭林区的热带经济林、针叶用材林、阔叶用材林、乡土阔叶人工林、热带常绿阔叶林、热带低地雨林、热带山地雨林次生林、热带山地雨林原始林、空旷地 9 个类型中，每个类型建立 3 个 20m × 30m 的样地。记录样地基本信息包括植被类型、地点、经纬度、样地建立时间、海拔、坡度、坡向、坡位、土壤类型，并通过收集资料获得样地的造林年份以及干扰历史信息，建立样地信息表（表 5–1）。

在每个样地对角线上 1/4 处和中点处，设置 5 个空气质量指标的观测样点，放置 COM–3200PRO Ⅱ空气负氧离子浓度测试仪，测量空气负氧离子含量、空气温度、湿度数据。在 2018 年 8 月至 2019 年 11 月期间，每隔 2 个月进行 1 次数据的监测。

为了进一步探究热带雨林空气负离子的时间连续变化特征，在最具代表性的热带山地雨林原始林林内设置在线实时连续监测点。使用 EPEX，EP100B 负离子自动监测系统（固定式），在 2018 年 1 月至 2019 年 7 月之间进行空气离子（空气负离子、正离子）、空气颗粒物（$PM_{2.5}$、PM_{10}）以及环境要素（温度、湿度、风速）的监测，记录每分钟值的变化。

表 5–1 尖峰岭林区各样地基本信息

林分起源	植被类型	优势种	样地数量	样地面积（m^2）	海拔（m）	历史干扰
人工林	热带经济林	槟榔	3	600	400~500	2009 年造林
		山华李	3	600	800~850	20 世纪 80 年代造林
		橡胶	3	600	500~550	2004 年造林

（续）

林分起源	植被类型	优势种	样地数量	样地面积（m^2）	海拔（m）	历史干扰
人工林	针叶用材林	杉木	3	600	950	1985 年造林
		加勒比松	3	900	800~830	20 世纪 90 年代造林
		鸡毛松	3	2000~5000	800~830	20 世纪 80 年代造林
	阔叶用材林	柚木	3	600	100~200	20 世纪 80 年代造林
		马占相思	3	900	300~400	20 世纪 90 年代造林
	乡土阔叶人工林	红花天料木	3	600	200~300	20 世纪 80 年代造林
		海南蕈树	3	900	650	20 世纪 80 年代造林
天然林	热带常绿阔叶林	平滑琼楠、米锥等	3	5000	600~700	20 世纪 60 年代择伐
	热带低地雨林	青梅等龙脑香科	3	5000	200~300	20 世纪 60 年代择伐
	热带山地雨林次生林	陆均松、红锥等	6	3000~5000	800~900	20 世纪 60 年代皆伐、20 世纪 60 年代择伐
	热带山地雨林原始林	陆均松、红锥等	5	3000~5000	800~900	—
—	空旷地	—	5	—	800	—

（三）空气质量评价方法

空气质量评价采用日本学者 Krueger（1985）提出的空气质量分级标准，它反映了空气中离子浓度接近自然界空气离子化水平的程度，是国际上通行的空气清洁度评判标准；根据森林环境中空气离子的特性，并结合人们开展森林旅游的目的所提出的森林空气离子评价模型，进行空气质量综合分析和评价。

安倍空气离子评价指数（CI）计算公式为：

$$CI = \left(\frac{n^-}{1000}\right) \times \left(\frac{1}{q}\right)$$

式中：q 为单级系数，$q=n^+/n^-$，n^+ 和 n^- 分别为正负离子浓度（个 /cm^3），1000 为满足人体生物学效应最低需求的空气负离子浓度（个 /cm^3）。采用安培空气离子评价指数（CI）进行评价时，其评价标准见表 5–2。

表 5–2　安培空气离子评价指数（CI）评价标准

空气质量等级	空气清洁程度	空气离子评价指数（CI）
A	最清洁	>1.0
B	清洁	1.0~0.70
C	中等	0.69~0.50
D	允许	0.49~0.30
E	临界值	<0.29

森林空气离子评价模型（*FCI*）为：

$$FCI = p \times \frac{n^-}{1000}$$

式中：p 为空气负离子系数，$p=n^-/(n^-+n^+)$，n^+ 和 n^- 分别为正负离子浓度（个 /cm³）。采用森林空气离子评价模型（*FCI*）进行评价时，其评价标准见表 5-3。

表 5-3 森林空气离子评价模型（*FCI*）评价标准

空气负氧离子等级	空气负氧离子含量（个 /cm³）	空气负离子系数（*p*）	空气负氧离子评价指数（*FCI*）
Ⅰ	>3000	>0.8	>2.4
Ⅱ	2000~3000	0.7~0.8	1.4~2.4
Ⅲ	1500~2000	0.6~0.7	0.9~1.4
Ⅳ	1000~1500	0.5~0.6	0.5~0.9
Ⅴ	400~1000	0.4~0.5	0.16~0.5
Ⅵ	<400	<0.4	<0.16

运用 Excel 2018 对数据进行剔除离异值处理，并作相应的柱状图、折线图和散点图分析各区域空气负离子浓度的时空变化规律及与温湿度之间的趋势分析。

采用 SPSS 23.0 软件对数据进行单因素方差分析（one-way ANOVA）和最小显著差异法（LSD），对比分析不同林分类型、不同季节间空气负离子浓度间的差异性。

（四）空气环境舒适度评价

温湿指数（Temperature-humidity index）是表征空气环境对人体冷、暖、凉、热感觉影响的综合指标，主要从生理气候角度来评价人体对气候环境的感觉舒适程度，它综合考虑了温度、湿度和日照等气象要素对空气环境的影响，常在森林空气环境评价中采用。常用的温湿指数公式为：

$$ITH=t-0.55\times(1-f)\times(t-14.4),$$

式中：*ITH* 为温湿指数，t 为平均气温（℃），f 为相对湿度（%），根据温湿指数划分的空气舒适度质量分级情况见表 5-4。

表 5-4 温湿指数分级

空气环境舒适度等级	空气温湿舒适度	*ITH*
Ⅳ	闷热不舒适	>28
Ⅲ	稍不舒适	27.0~27.9
Ⅱ	稍热	25.0~26.9
Ⅰ	舒适	17.0~24.9
Ⅱ	凉	15.0~16.9
Ⅲ	稍冷	12.0~14.9
Ⅳ	寒冷不舒适	<12.0

二、尖峰岭热带森林空气质量特征

（一）研究区负氧离子浓度情况

（1）自动监测区域负离子浓度情况。在热带山地雨林原始林中的负离子连续监测数据见表 5-5，监测时间范围内，负离子平均浓度为 4016 个 /cm^3，为世界卫生组织规定的清新空气的 4 倍。此外，在监测时间范围内，$PM_{2.5}$ 平均浓度为 2.10 μg/m^3，PM_{10} 平均浓度为 16.32 μg/m^3，平均温度 19.95℃，平均相对湿度 96.06%，林内平均风速 0.28。区域环境空气质量指数（*AQI*）值为 16，符合 2012 年 3 月国家发布的新空气质量评价标准的一级（优）空气质量指数级别，空气质量令人满意，基本无空气污染。

表 5-5 连续监测数值统计特征

监测指标	平均值	最大值	最小值	标准差
空气负离子	4015.87	25000.00	300.00	2891.99
$PM_{2.5}$	2.10	69.90	0.00	1.95
PM_{10}	16.32	110.00	1.10	12.72
空气温度	19.95	24.43	8.49	2.92
相对湿度	96.06	99.00	82.73	3.18
林内风速	0.28	2.05	0.06	0.25

（2）人工监测区域负离子浓度情况。表 5-6 中给出了海南岛尖峰岭林区各类型林分人工监测所得的空气离子浓度的结果。尖峰岭林区监测地总体平均负离子浓度为 2983 个 /cm^3，为世界卫生组织规定的清新空气的 2~3 倍。各类型旱季的负离子平均浓度分别为 3107 个 /cm^3，雨季为 2903 个 /cm^3。从季节分布上看，雨季和旱季浓度差别不大，旱季的负离子浓度略高于雨季。

表 5-6 各类型林分季节空气离子浓度 个 /cm^3

森林类型		旱季		雨季		总平均值	
		负离子	正离子	负离子	正离子	负离子	正离子
热带经济林	槟榔	2736	2835	2169	2073	2349	2315
	三华李	2688	2505	2390	2154	2502	2286
	橡胶	2834	2765	2566	2158	2667	2386
	平均	2754	2691	2375	2128	2510	2329
针叶用材林	杉木	3504	3029	3511	2943	3509	2975
	加勒比松	2316	2103	2310	2108	2312	2106
	鸡毛松	4260	3808	2977	2704	3458	3118
	平均	3360	2980	2933	2585	3093	2733

（续）

森林类型		旱季		雨季		总平均值	
		负离子	正离子	负离子	正离子	负离子	正离子
阔叶用材林	柚木	2482	2467	2359	2239	2405	2325
	马占相思	3051	2720	3336	2693	3214	2705
	平均	2766	2593	2793	2441	2782	2502
乡土阔叶人工林	红花天料木	2158	2168	2394	1789	2302	1938
	海南蕈树	2287	2165	2301	1953	2296	2032
	平均	2210	2167	2355	1857	2299	1977
常绿阔叶林		3630	3558	2915	2588	3208	2985
低地雨林		3381	2996	2800	2473	3061	2708
热带山地雨林次生林		3906	4320	3575	3030	3692	3488
热带山地雨林原始林		4831	4677	4607	3713	4696	4094
空旷地		1757	1688	2030	1812	1894	1750
平均		3107	2979	2903	2496	2983	2685

分析结果表明，负离子浓度在不同林分类型、不同林分起源之间存在极显著差异（$P<0.01$）。各林分类型空气负离子平均含量大小顺序依次为空旷地（1894 个 /cm^3）<乡土阔叶人工林（2299 个 /cm^3）<热带经济林（2510 个 /cm^3）<阔叶用材林（2782 个 /cm^3）<低地雨林（3061 个 /cm^3）<针叶用材林（3093 个 /cm^3）<常绿阔叶林（3208 个 /cm^3）<热带山地雨林次生林（3692 个 /cm^3）<热带山地雨林原始林（4696 个 /cm^3）。林区负离子浓度远高于空旷地，而森林中又以天然林的空气负离子浓度普遍高于人工林的负离子浓度。在森林环境中，空气负离子浓度会比其他环境中高，这是由于林下土壤疏松，岩石和土壤中的放射性元素容易逸出土壤而进入空气；林木在光合作用过程中的光电效应以及森林的树冠、枝叶的尖端放电都能促使空气电离，产生大量的空气负离子；一些植物释放的挥发性物质，例如植物受伤时发出的"芬多精"等也能促进空气电离，从而增加空气负离子浓度，加上树木有除尘作用，使林区的负离子不仅浓度高，而且寿命较长。同时，天然林尤其是原始林相较于人工林植物种类丰富、层次结构复杂，群落更稳定、生态功能更完备、生物多样性更丰富，森林产生空气负离子的能力也更强。此外，人工林中的针叶用材林也有较高的负离子浓度，这是由于针叶树种树叶呈曲率半径较小的针状，具有尖端放电的功能，从而产生电荷使空气发生电离，因而能改善空气中的负离子水平。

（二）负离子浓度时间变化特征

（1）负离子浓度年变化特征。在自动监测的时间范围中，负离子浓度变化如图 5-1 所示。全年最高值出现在雨季的 7~8 月，最低值出现在旱季的 1~2 月以及雨季的 9~10 月，旱季负离子平均浓度为 3878 个 /cm^3，雨季负离子平均浓度为 4158 个 /cm^3。

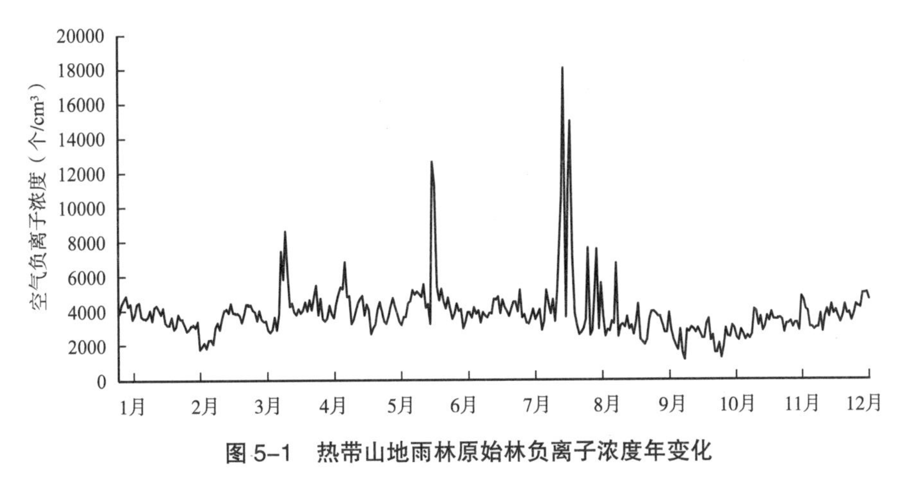

图 5-1 热带山地雨林原始林负离子浓度年变化

在人工监测的时间范围内，监测区域负离子浓度均值年变化如图 5-2 所示，一年中负离子浓度均值最高值出现在 7 月，最低值出现在 10 月。不同林分起源的负离子浓度年变化如图 5-3 所示，由图可知天然林负离子浓度全年均值高于人工林，高于空旷地。一年中负离子浓度在 5 月有最大均值，在 10 月有最小均值。各林分类型浓度变化如图 5-4 所示，2018 年 8 月、10 月各类型负离子浓度普遍偏低，可能是导致人工监测结果中雨季负离子低于旱季的原因。

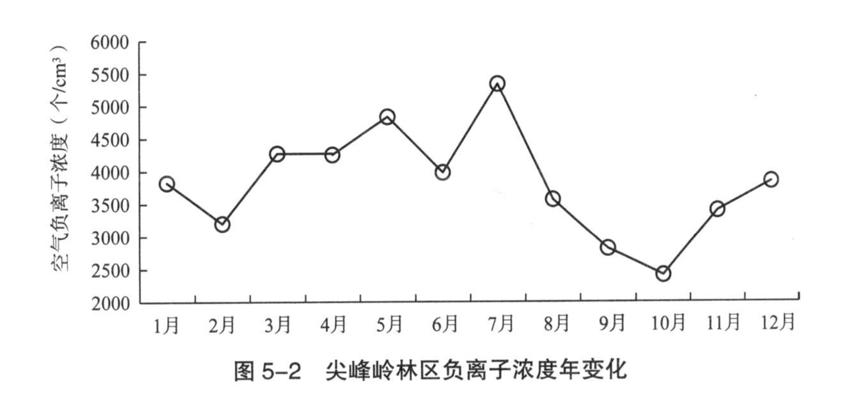

图 5-2 尖峰岭林区负离子浓度年变化

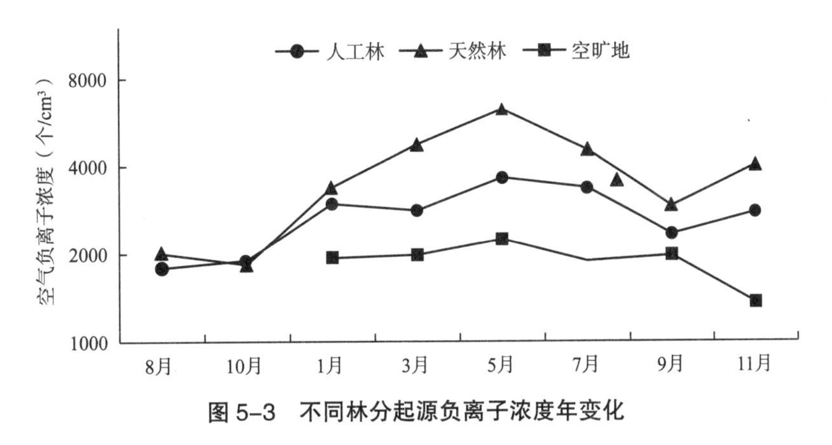

图 5-3 不同林分起源负离子浓度年变化

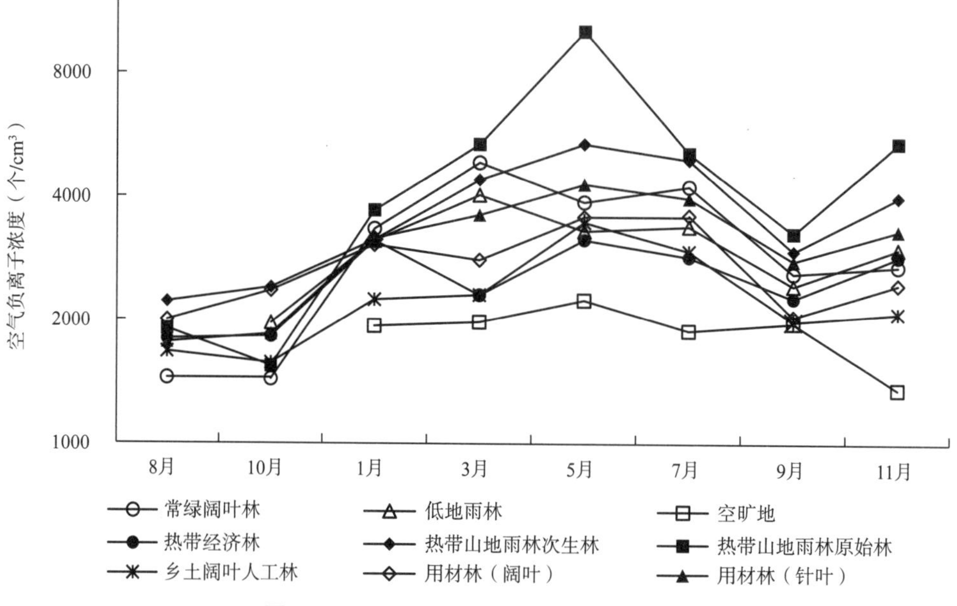

图 5-4　不同林分类型负离子浓度年变化

（2）负离子浓度日变化特征。将监测时间范围内每分钟负离子浓度求均值，得到负离子浓度的旱季、雨季日变化图（图 5-5、图 5-6）。图中可以看出，空气负离子呈现明显的日变化特征，旱季与雨季的负离子浓度日变化趋势相似，但在雨季的趋势更为平缓。负离子浓度在一天中的 6：00~7：00 开始上升，在 9：00~11：00 达到最高值，之后下降，旱季在 18：00 出现第 2 个小高峰，之后在 20：00~21：00 下降到最低值。热带雨林中，空气负离子浓度与降雨强度具有显著正相关关系，降雨强度越大，空气负离子浓度越高，因此雨季总体负离子浓度较高，变化较平稳。

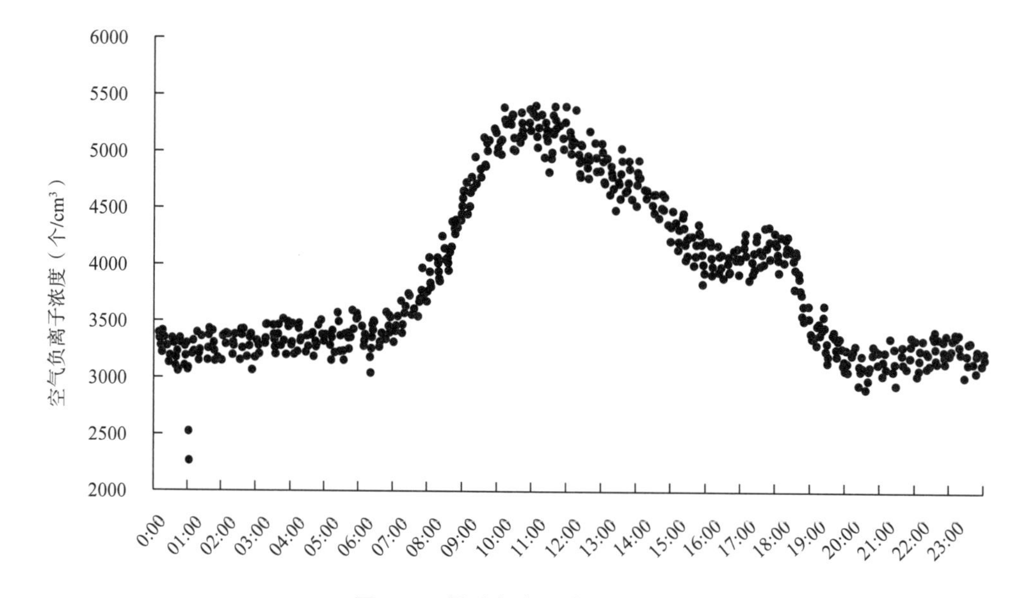

图 5-5　旱季负离子浓度日变化

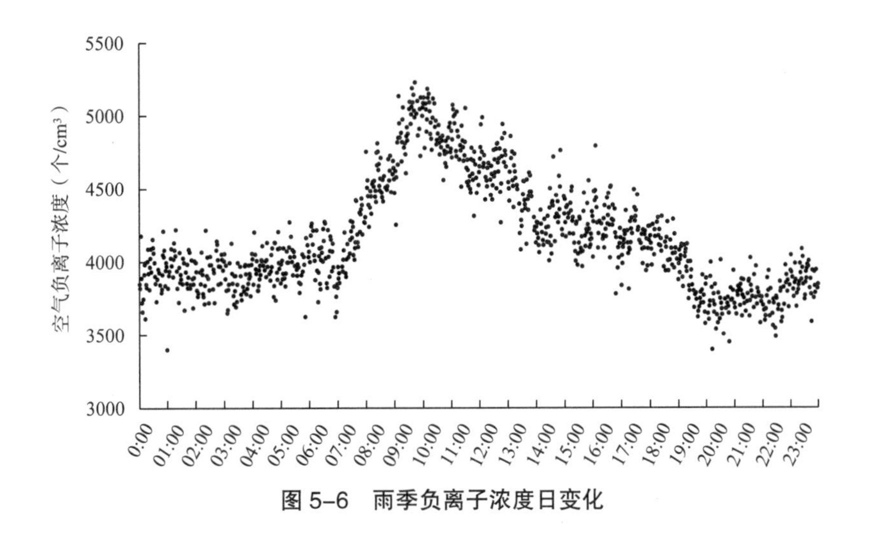

图 5-6 雨季负离子浓度日变化

三、尖峰岭热带森林空气质量评价

（一）空气质量评价

分别采用日本学者安倍空气质量分级标准以及森林空气离子评价模型两种方法对尖峰岭林区负氧离子情况进行评价，其结果见表 5-7。

根据安倍空气质量分级标准评价方法，尖峰岭林区总体单极系数为 0.90，安培空气质量评价系数为 3.31，空气质量达到了 A 级，清洁程度为最清洁级别，可见尖峰岭林区总体的空气环境质量较好。各类型的安培空气离子评价指数（*CI*）由低到高依次为空旷地（2.05）< 乡土阔叶人工林（2.67）< 热带经济林（2.71）< 阔叶用材林（3.09）< 常绿阔叶林（3.45）< 低地雨林（3.46）< 针叶用材林（3.50）< 热带山地雨林次生林（3.91）< 热带山地雨林原始林（5.39）。整体来说，天然林普遍高于人工林，而林区要高于空旷地。

根据森林空气离子评价模型评价方法，尖峰岭林区总体森林空气离子系数为 0.53，森林空气离子评价指数为 1.57，森林空气离子评价等级为Ⅱ级。这显示尖峰岭林区总体森林空气质量较好，清洁度比较高。各类型的森林空气离子评价指数（*FCI*）由低到高依次为空旷地（0.98）< 乡土阔叶人工林（1.24）< 热带经济林（1.3）< 阔叶用材林（1.46）< 低地雨林（1.62）< 针叶用材林（1.64）< 常绿阔叶林（1.66）< 热带山地雨林次生林（1.9）< 热带山地雨林原始林（2.51）。同安倍空气质量分级标准评价结果基本一致，但前者评价方法分级更细化。从 *FCI* 值来看天然林普遍高于人工林，而林区要高于空旷地。这也与安培空气质量分级标准评价方法得出的结果一致。

可见，采用两种方法评价的空气环境质量情况是一致的，都表明森林具有明显的产生空气负氧离子，改善空气环境质量的作用，天然林在提供负氧离子改善空气环境质量方面的功能要明显强于人工林。

表 5-7　空气环境质量评价结果

森林类型		负离子	正离子	单级系数（q）	安培空气离子评价指数（CI）	空气清洁程度	空气质量等级	空气离子系数（p）	森林空气离子评价指数（FCI）	森林空气离子评价等级
热带经济林	槟榔	2349	2315	0.99	2.38	最清洁	A	0.50	1.18	Ⅲ
	三华李	2502	2286	0.91	2.74	最清洁	A	0.52	1.31	Ⅲ
	橡胶	2667	2386	0.89	2.98	最清洁	A	0.53	1.41	Ⅱ
	平均	2510	2329	0.93	2.71	最清洁	A	0.52	1.30	Ⅲ
针叶用材林	杉木	3509	2975	0.85	4.14	最清洁	A	0.54	1.90	Ⅱ
	加勒比松	2312	2106	0.91	2.54	最清洁	A	0.52	1.21	Ⅲ
	鸡毛松	3458	3118	0.90	3.84	最清洁	A	0.53	1.82	Ⅱ
	平均	3093	2733	0.88	3.50	最清洁	A	0.53	1.64	Ⅱ
阔叶用材林	柚木	2405	2325	0.97	2.49	最清洁	A	0.51	1.22	Ⅲ
	马占相思	3214	2705	0.84	3.82	最清洁	A	0.54	1.75	Ⅱ
	平均	2782	2502	0.90	3.09	最清洁	A	0.53	1.46	Ⅱ
乡土阔叶人工林	红花天料木	2302	1938	0.84	2.73	最清洁	A	0.54	1.25	Ⅲ
	海南蕈树	2296	2032	0.89	2.59	最清洁	A	0.53	1.22	Ⅲ
	平均	2299	1977	0.86	2.67	最清洁	A	0.54	1.24	Ⅲ
常绿阔叶林		3208	2985	0.93	3.45	最清洁	A	0.52	1.66	Ⅱ
低地雨林		3061	2708	0.88	3.46	最清洁	A	0.53	1.62	Ⅱ
热带山地雨林次生林		3692	3488	0.94	3.91	最清洁	A	0.51	1.90	Ⅱ
热带山地雨林原始林		4696	4094	0.87	5.39	最清洁	A	0.53	2.51	Ⅰ
空旷地		1894	1750	0.92	2.05	最清洁	A	0.52	0.98	Ⅲ
平均		2983	2685	0.90	3.31	最清洁	A	0.53	1.57	Ⅱ

（二）温湿指数及空气环境舒适度评价

在人工监测时间范围内，尖峰岭林区总体森林空气环境良好，温湿指数为 25.1，处于人体感受稍热状态的Ⅱ级空气环境。热带山地雨林原始林（21.8）、次生林（23.7）和针叶用材林（23.7）处于人体感觉最舒适的Ⅰ级空气环境，热带经济林（25.7）、乡土阔叶人工林（26.7）、常绿阔叶林（25.0）、低地雨林（26.5）、空旷地（25.9）处于人体感觉稍热的Ⅱ级，而阔叶用材林（27.1）处于稍不舒适的Ⅲ级空气环境，为监测类型中最差空气环境（表 5-8）。

表 5-8 环境舒适度评价结果

森林类型		平均温度（℃）	平均相对湿度（%）	温湿指数	空气环境	空气温湿舒适度
热带经济林	槟榔	28.5	71.0	26.3	Ⅱ	稍热
	三华李	26.6	70.9	24.6	Ⅰ	舒适
	橡胶	28.9	66.9	26.3	Ⅱ	稍热
	平均	28.0	69.6	25.7	Ⅱ	稍热
针叶用材林	杉木	25.6	72.9	23.9	Ⅰ	舒适
	加勒比松	26.3	71.1	24.4	Ⅰ	舒适
	鸡毛松	23.8	79.9	22.8	Ⅰ	舒适
	平均	25.2	74.6	23.7	Ⅰ	舒适
阔叶用材林	柚木	29.5	72.2	27.2	Ⅲ	稍不舒适
	马占相思	30.0	65.4	27.0	Ⅲ	稍不舒适
	平均	29.7	69.0	27.1	Ⅲ	稍不舒适
乡土阔叶人工林	红花天料木	29.4	71.8	27.1	Ⅲ	稍不舒适
	海南蕈树	28.3	72.8	26.2	Ⅱ	稍热
	平均	28.9	72.3	26.7	Ⅱ	稍热
常绿阔叶林		26.7	74.9	25.0	Ⅱ	稍热
低地雨林		29.0	68.4	26.5	Ⅱ	稍热
热带山地雨林次生林		25.1	76.8	23.7	Ⅰ	舒适
热带山地雨林原始林		22.7	80.4	21.8	Ⅰ	舒适
空旷地		28.2	69.8	25.9	Ⅱ	稍热
总计		27.0	72.8	25.1	Ⅱ	稍热

（三）空气负离子与环境要素相关性分析

由图 5-7 可知，空气负离子浓度与温度呈显著的正相关关系，而与湿度呈显著的负相关关系。可能是研究区域的气候、植被种类、干扰等因素造成的。尖峰岭地区属低纬度热带岛屿季风气候区，干湿两季明显，与其他学者研究地区气候有一定差异，在监测过程中平均相对湿度达到 96.06%，高于大部分其他研究地区，主要植被类型也有较大差异。此外，空气负离子浓度还和风速呈显著的正相关关系，风速的摩擦在一定的临界风速下可以激发产生空气负离子。

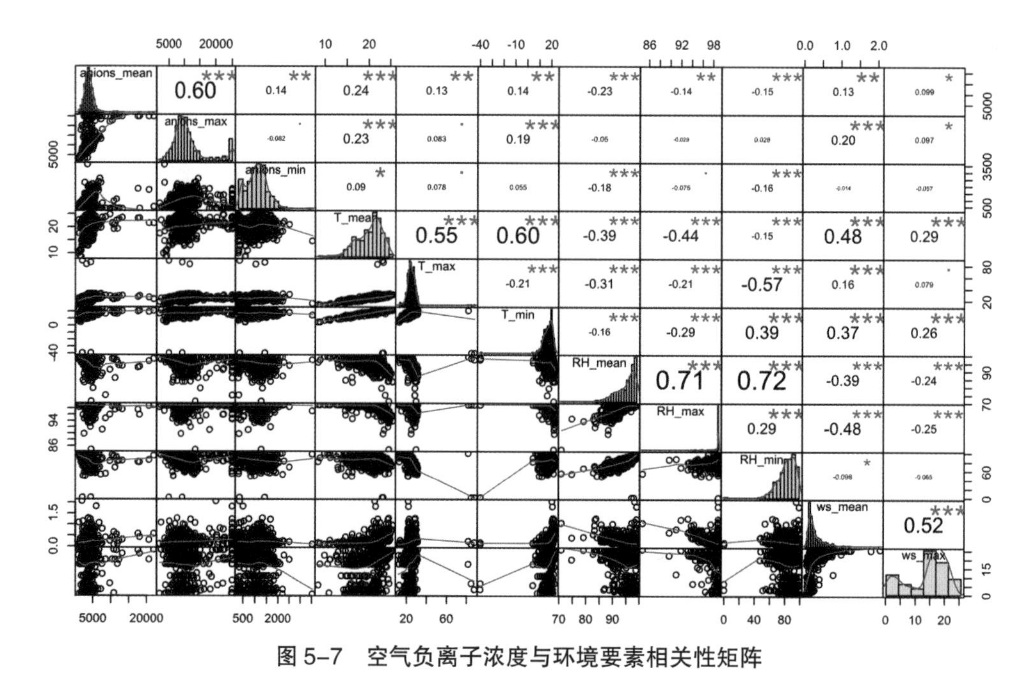

图 5-7 空气负离子浓度与环境要素相关性矩阵

注：Amons_mean 为负离子平均值；Anions_max 为负离子最大值；Anions_min 为负离子最小值；T_mean 为平均气温；T_max 为最高气温；T_min 为最低气温；RH_mean 为平均湿度；RH_max 为最高温度；RH_min 为最低温度；WS_mean 为平均风速；WS_max 为最大风速。

（四）小结

（1）尖峰岭林区整体属于富含负氧离子的地区。年均负离子浓度 2983 个 /cm^3，为世界卫生组织规定的清新空气的 3 倍。根据安倍空气质量分级标准评价方法，尖峰岭林区总体单极系数为 0.90，安培空气质量评价系数为 3.31，空气质量达到了 A 级，清洁程度为最清洁级别；根据森林空气离子评价模型评价方法，尖峰岭林区总体森林空气离子系数为 0.53，森林空气离子评价指数为 1.57，森林空气负氧离子评价等级为Ⅱ级。尖峰岭林区总体森林空气环境质量好，清洁度比较高。尖峰岭林区总体温湿指数为 25.1，处于人体感受稍热的Ⅱ级空气环境。

（2）连续监测数据显示，负离子浓度具有一定时间变化规律。负离子浓度一年中最高值为雨季 7~8 月，最低值为旱季 1~2 月以及雨季的 9~10 月。负离子浓度在一天中的负离子浓度一天中最高值出现在 9：00~11：00，最低值出现在 6：00~7：00 和 20：00~21：00。

（3）不同类型的林分在改善空气环境质量方面有不同的功效。从负离子浓度来看，空旷地 < 乡土阔叶人工林 < 热带经济林 < 阔叶用材林 < 低地雨林 < 针叶用材林 < 常绿阔叶林 < 热带山地雨林次生林 < 热带山地雨林原始林；以安倍空气质量 *CI* 值来说，空旷地 < 乡土阔叶人工林 < 热带经济林 < 阔叶用材林 < 常绿阔叶林 < 低地雨林 < 针叶用材林 < 热带山地雨林次生林 < 热带山地雨林原始林；以森林离子模型 *FCI* 值来说，空旷地 < 乡土阔叶人工林 < 热带经济林 < 阔叶用材林 < 低地雨林 < 针叶用材林 < 常绿阔叶林

<热带山地雨林次生林<热带山地雨林原始林；从温湿指数来看，Ⅰ级空气环境有：热带山地雨林原始林、次生林和针叶用材林，Ⅱ级空气环境有：热带经济林、乡土阔叶人工林、常绿阔叶林、低地雨林、空旷地，Ⅲ级空气环境有：阔叶用材林。

（4）在尖峰岭热带山地雨林原始林中，空气负离子浓度与温度和风速呈显著的正相关关系，而与湿度呈显著的负相关关系。研究结果表明，无论是从空气负离子浓度还是空气质量指数来说，有林地都优于空旷地，这与大多数学者的研究结果一致。在森林环境中，空气负离子浓度会比其他区域高，这是由于林下土壤疏松，岩石和土壤中的放射性元素容易逸出土壤而进入空气；林木在光合作用过程中的光电效应以及森林的树冠、枝叶的尖端放电都能促使空气电离，产生负离子；一些植物释放的挥发性物质，例如植物受伤时发出的“芬多精”等也能促进空气电离，从而增加空气负离子浓度，加上树木有除尘作用，使林区的负离子不仅浓度高，而且寿命较长。同时，有林地中天然林优于人工林，天然林区中原始林优于次生林，分析结果也表明负离子浓度与物种多样性指数、结构多样性指数呈显著正相关关系，即群落结构复杂的森林负离子浓度比群落结构简单的森林负离子浓度高。天然林尤其是原始林相较于人工林物种多样性指数、结构多样性指数都更高，群落结构复杂稳定，生态功能更完备，森林产生空气负离子的能力也更强。此外，人工林中的鸡毛松也有较高的负离子浓度。实验所选鸡毛松林虽是人工造林，但由于造林树种为乡土树种，适合当地气候，物种多样性指数与结构多样性指数都高于加勒比松人工林，因此其负离子浓度很高。这与邓成等（2015）得出的随着林分发展阶段的深入，森林净化空气的能力逐渐增强的结论一致。

监测数据显示，在森林环境中的空气负离子表现出一定的年变化和日变化规律。一年中负离子浓度均值最高值为旱季雨季交接的5月，最低值为雨季旱季交接的9月，推测这种变化与尖峰岭地区干湿分明的气候有关。从图5–4和表5–5的结果来看，相对湿度是影响空气负离子浓度最为重要的环境因子，尖峰岭每年的5月开始进入雨季，空气湿度明显增加（周璋等，2015），同时由于雨季开始植物生长逐渐旺盛，植物生理活动导致植物精气的释放量也能得到增加，而空气中的$PM_{2.5}$质量浓度由于湿度的增加而降低，导致了5月进入空气负离子浓度的高峰期；在9月，尖峰岭地区即将进入旱季，空气湿度降低（周璋等，2015），加之温度同时也降低且植物生长进入缓慢期甚至是停滞期，导致了空气负离子浓度的降低。负离子浓度在一天中的最高值出现在10：00~12：00，与其他研究的双峰型变化不同，峰值出现时间也不同，前人研究多在正午波谷，可能是研究区域的气候、环境等不同造成的，笔者认为这与尖峰岭地区植物在正午光合作用达到最大高峰值，而光合午休现象在14：00出现有关。旱季最低值出现在20：00~21：00，雨季没有明显低峰，在16：00~19：00之间呈波动趋势，总体来说，雨季变化较平缓，由于空气负离子浓度与降雨强度具有正相关关系，雨季总体负离子浓度较高，但变化较平稳。此外，前人对负离子日变化的研究多集中于白天，而鲜少有人在夜间进行观测，本研究发现热带森林（次生林）负离子浓度在旱季夜间变化平缓，雨季夜间呈波动变化趋势。

研究表明，空气负离子浓度与环境要素有一定的相关关系。尖峰岭热带山地雨林区监测数据 Pearson 相关性分析显示，空气负离子浓度与湿度呈显著的正相关关系，而与温度、$PM_{2.5}$ 质量浓度呈显著的负相关关系。尖峰岭地区属低纬度热带岛屿季风气候区，干湿两季明显，与其他学者研究地区气候、主要植被类型有较大差异，并且尖峰岭林区受台风影响较大。另外，进行偏相关分析时发现负离子浓度主要受湿度主导，而与温度相关性不显著，这是由于热带山地雨林区环境洁净、温度变差相对较小（周璋等，2015），负离子浓度受温度影响较湿度小。空气负离子还和 $PM_{2.5}$ 质量浓度呈显著的负相关关系。负离子空气可以使一些空气颗粒物吸附、沉降减少，具有降尘作用，尤其是对小至 0.01 μm 的微粒和难以去除的飘尘。

分析可知天然林尤其是原始林空气环境质量最优，当地森林经营部门应充分发挥天然林的森林康养功能，合理开发和充分利用热带雨林环境中形成的空气负离子，开展“森林浴”“空气离子疗法”等应用项目，指导人们更好地利用空气负离子资源强身健体、疗养疾病。而在人工林中，针叶人工林无论从负离子浓度来说还是温湿指数来说，空气环境质量都是最佳，当地在造林过程中，若林分经济及其他功能相当时，可适当选择针叶人工林树种如杉木（*Cunninghamia lanceolata*）、加勒比松（*Pinus caribaea*）等，以期充分发挥人工林改善空气环境的功能。

研究显示空气负离子的含量与一些环境要素（温度、相对湿度、风速）呈现显著的相关关系，因此在负离子观测研究中，应尽量选择天气稳定的时间进行测量，以减小环境要素对负离子浓度的影响，提高相关指标对比分析结果的准确性。

第二节　海南岛尖峰岭热带森林生态质量评价

生态系统生态质量是指一定时空范围内生态系统要素、结构和功能的综合特征，具体表现为生态系统的状况、生产能力、结构和功能的稳定性、抗干扰和恢复能力（Wang et al.，2019）。目前，生态质量的评价体系主要是基于生态质量的现状和相关变化而建立的，主要由能够反映生态质量的组成、结构和功能的指标组成。评估生态系统的状态和变化的最有效工具之一是使用指标，可以简化和缩短生态系统功能和结构的评估过程，并有助于定义变化和指示趋势。生态系统生态质量评价的核心是使用数学模型，建立科学的评价指标体系，对生态系统质量进行量化，以评估生态系统的优劣程度，从多角度评价生态系统生态质量现状及相关变化。

近年来，生态系统生态质量评估得到世界各国的高度重视，国外学者从各个尺度进行了大量的研究，并将评价的结果与国家经济建设、生态保护和可持续发展相结合制定相关政策。相比较而言，我国生态系统生态质量评估工作起步较晚，早期的生态质量评价多集中在生态服务功能评价、生态系统健康评价，生态系统生态质量的概念与服务功能和健康的研究类似，但生态系统生态质量更关注生态系统自身的特征。目前关于生态质量评价的研究内容包括筛选评价指标、构建评价体系、优化评价模型和改进评价方法等多个方面，从质量评价的生态系统类型来看，有森林、城市、红树林、自然保护区、湿地、流域、水生生态系统、矿区等；从评价的方法来看，有层次分析法、综合指数法、模糊评价法、主成分分析法等。目前，生态质量评价在评价方法的量化分析、评价指标体系的构建及评价模型的改进等问题上有待进一步研究。

一、结构指标特征

（一）水平结构特征

调查结果显示，尖峰岭林区的总体胸径结构多样性均值为 1.8139 ± 0.6350。其中，人工林为 1.5808 ± 0.5557，小于天然林，为 2.4899 ± 0.2497，胸径结构多样性指数在不同的林分起源、不同的林分之间均存在着极显著差异（$P < 0.01$）。不同林分的胸径结构多样性指数如图 5-8 所示。

从不同的林分类型来看，槟榔的胸径结构多样性指数最低，仅有 0.5771，接着由低到高的顺序依次为：橡胶、三华李、杉木、红花天料木、加勒比松、马占相思、柚木、海南蕈树、低地雨林、鸡毛松、热带山地雨林次生林，热带山地雨林原始林最高，达到了 2.7209。

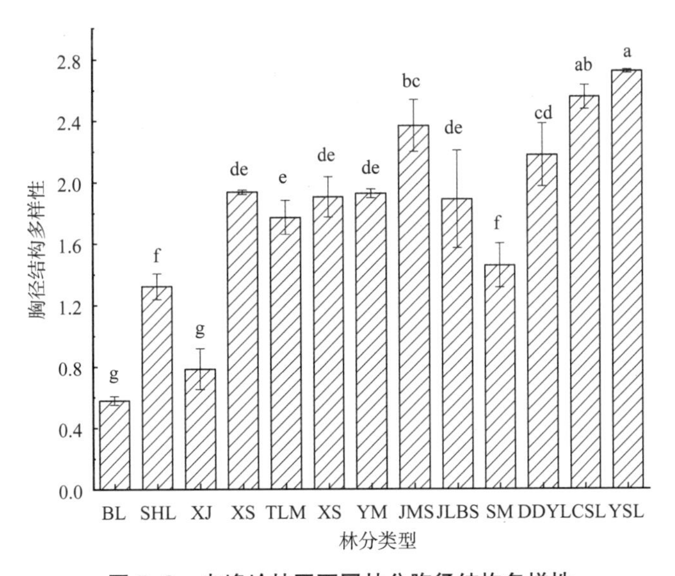

图 5-8 尖峰岭林区不同林分胸径结构多样性

注：BL 为槟榔，SHL 为三华李，XJ 为橡胶，XS 为海南蕈树，TLM 为红花天料木，XS 为马占相思，YM 为柚木，JMS 为鸡毛松，JLBS 为加勒比松，SM 为杉木，DDYL 为低地雨林，CSL 为热带山地雨林次生林，YSL 为热带山地雨林原始林。下同。

（二）垂直结构特征

调查结果显示，尖峰岭林区总体树高结构多样性均值为 1.4034 ± 0.4651，其中人工林为 1.3018 ± 0.4852，小于天然林（1.6980 ± 0.2095），不同林分起源之间存在显著差异（$P < 0.05$），不同林分之间存在极显著差异（$P < 0.01$）。不同林分的树高结构多样性指数如图 5–9 所示。

从不同的林分类型来看，树高结构多样性指数由低到高的顺序依次为三华李、槟榔、橡胶、红花天料木、柚木、热带山地雨林原始林、海南蕈树、马占相思、加勒比松、杉木、热带山地雨林次生林、鸡毛松、低地雨林。

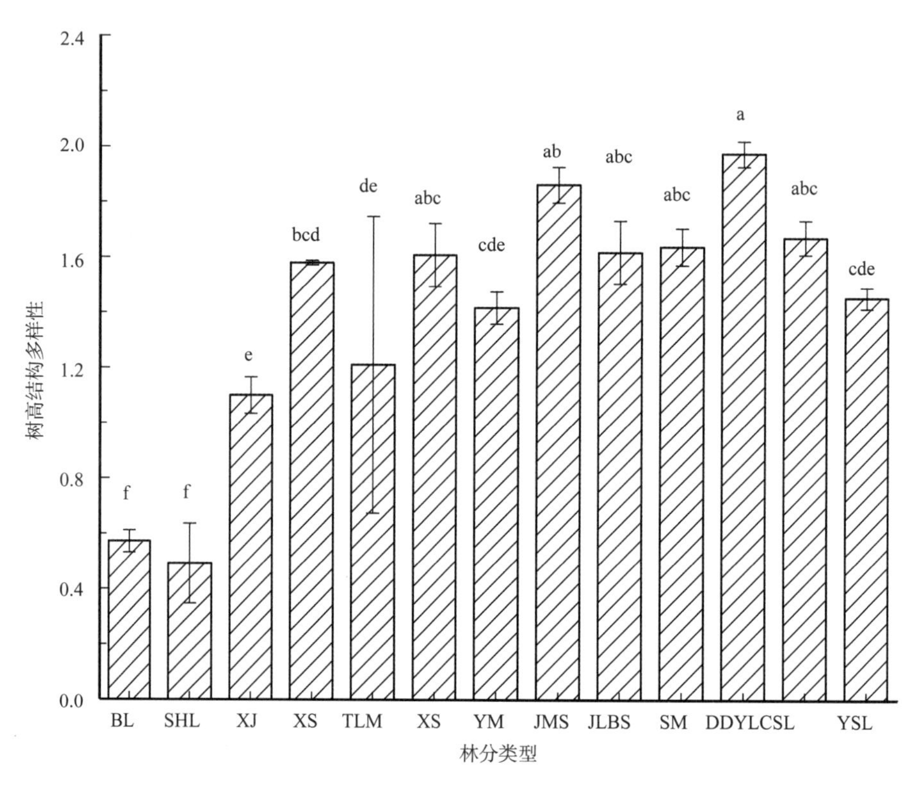

图 5–9　尖峰岭林区不同林分树高结构多样性

（三）郁闭度特征

调查结果显示，尖峰岭林区总体郁闭度均值为 0.8 ± 0.2，其中人工林为 0.7 ± 0.1，天然林为 0.9 ± 0.1，不同林分起源、不同林分之间存在极显著差异（$P < 0.01$）。不同林分的郁闭度如图 5–10 所示。三华李林分郁闭度最低，天然林郁闭度较高。

从不同的林分类型来看，郁闭度由低到高的顺序依次为三华李、马占相思、柚木、红花天料木、槟榔、杉木、橡胶、海南蕈树、鸡毛松、热带山地雨林次生林、低地雨林、热带山地雨林原始林。

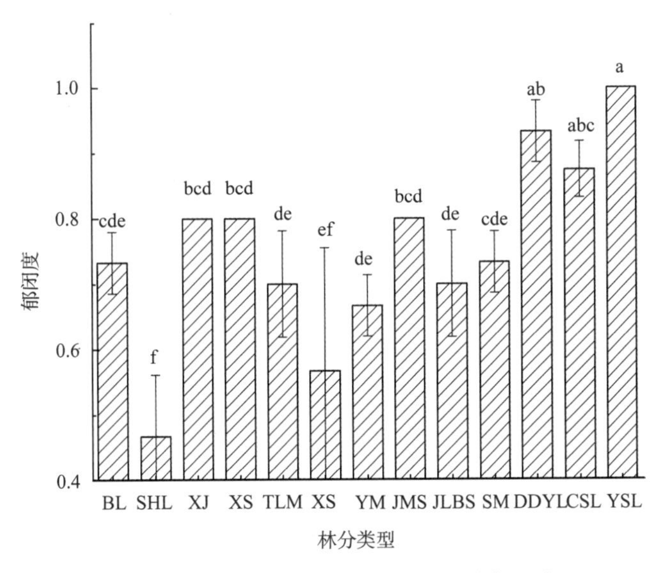

图 5-10 尖峰岭林区不同林分郁闭度

（四）生物多样性特征

调查结果显示，尖峰岭林区 Shannon-Wiener 指数、Pielou 指数、物种数、Simpson 指数分别为 1.9874 ± 1.6892、0.4783 ± 0.3150、72.3077 ± 85.0798、0.5420 ± 0.4026，其中人工林分别为 1.2641 ± 1.3376、0.3721 ± 0.2980、32.6207 ± 54.4137、0.3971 ± 0.3689，天然林分别为 4.0848 ± 0.1530、0.7860 ± 0.0465、187.4000 ± 42.7790、0.9623 ± 0.0104，Shannon-Wiener 指数、Pielou 指数、物种数、Simpson 指数在不同林分起源、不同林分之间存在极显著差异（$P < 0.01$）。不同林分的多样性指标如图 5-11 所示。由图可知热带经济林四种多样性指标均较低，天然林与鸡毛松多样性指数较高。

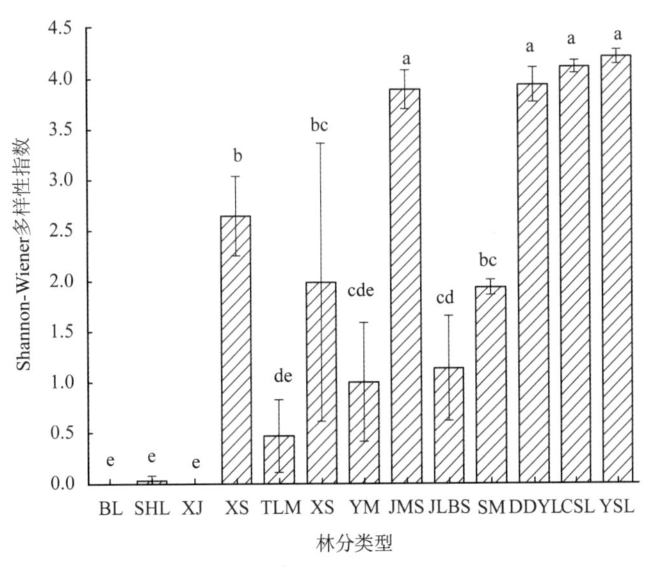

图 5-11 尖峰岭林区不同林分多样性指标

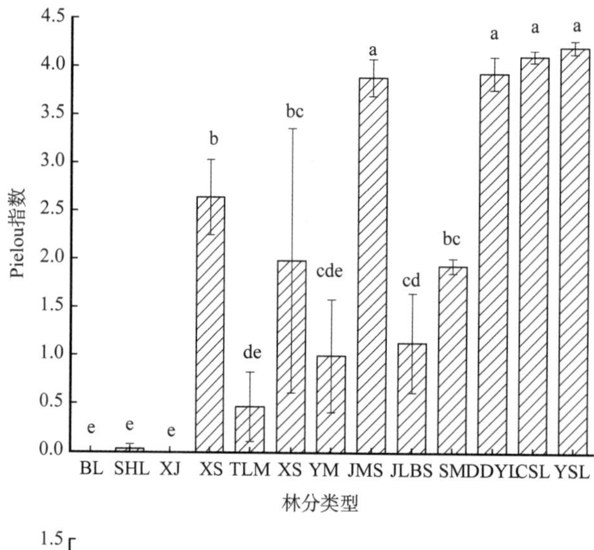

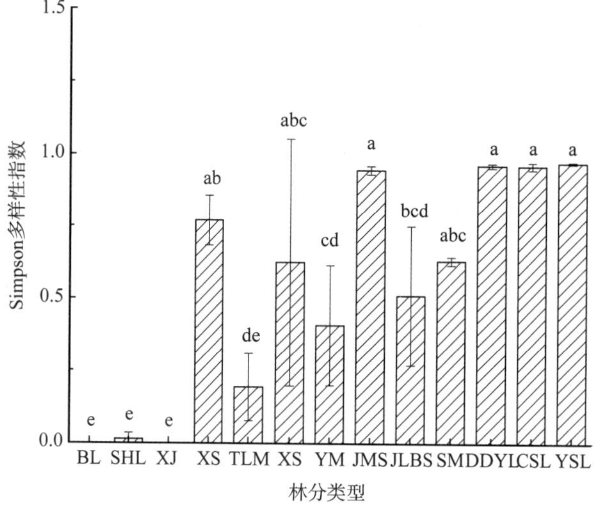

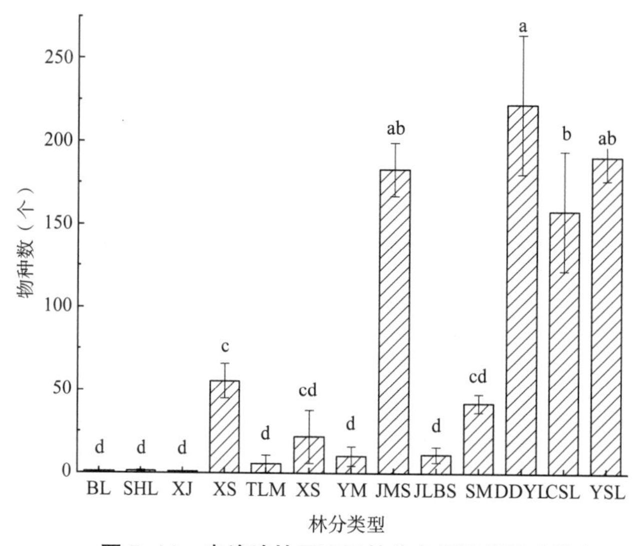

图 5-11 尖峰岭林区不同林分多样性指标（续）

二、功能指标特征

（一）生产力特征

调查结果显示，尖峰岭林区总体森林年度生长量均值为5.58 ± 5.22Mg/hm^2，其中人工林为5.21 ± 5.91Mg/hm^2，天然林为6.64 ± 1.82Mg/hm^2，不同林分起源、不同林分之间存在极显著差异（$P < 0.01$）。尖峰岭林区总体现存地上部分生物量均值为200.10 ± 106.95Mg/hm^2，其中人工林为165.90 ± 78.65Mg/hm^2，天然林为299.28 ± 115.96Mg/hm^2，不同林分起源、不同林分之间存在极显著差异（$P < 0.01$）。海南岛尖峰岭热带山地雨林区各林分类型森林年度生长量与现存单位面积生物量如图5-12所示。年度生长量与生物量最低的是槟榔林，由于人工砍伐导致生物量下降，森林生长量最高的是人工林中的加勒比松，现存生物量最高为热带山地雨林原始林。

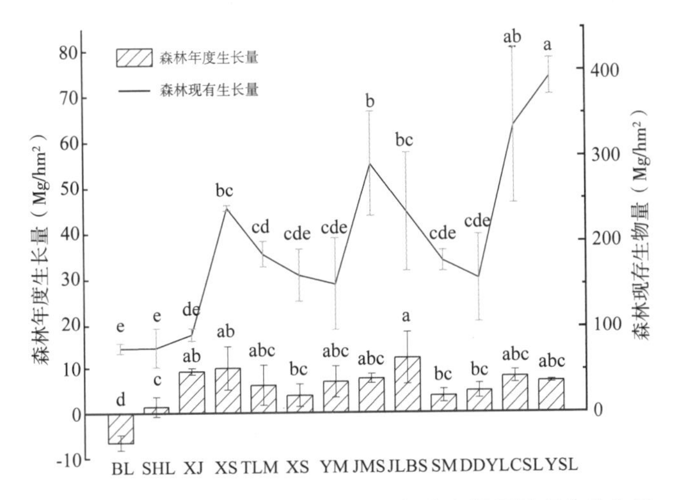

图5-12 尖峰岭林区不同林分森林年度生长量及现存生物量

（二）森林小气候特征

调查结果显示，尖峰岭林区总体降温增湿指数均值为0.0574 ± 0.0414，其中人工林为0.0423 ± 0.0300，天然林为0.1012 ± 0.0387，不同林分起源、不同林分之间存在极显著差异（$P < 0.01$）。不同林分的降温增湿率如图5-13所示。其中天然林普遍发生率较低在5%以下，人工林中红花天料木林和橡胶林有害生物发生率较高。

（三）有害生物发生特征

调查结果显示，尖峰岭林区样地整体有害生物发生率较低，在2.00%~11.97%之间，平均病虫害发生率为6.20% ± 4.10%，其中人工林为7.23% ± 4.22%，天然林为3.20% ± 1.33%，不同林分起源、不同林分之间均不存在显著差异。不同林分的有害生物发生率如图5-14所示，其中天然林普遍发生率较低在5%以下，人工林中红花天料木和橡胶有害生物发生率较高。

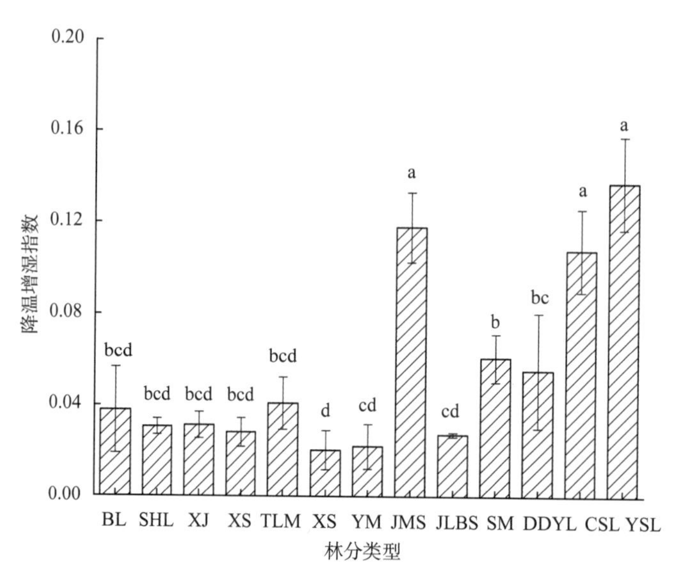

图 5-13 尖峰岭林区不同林分降温增湿指数

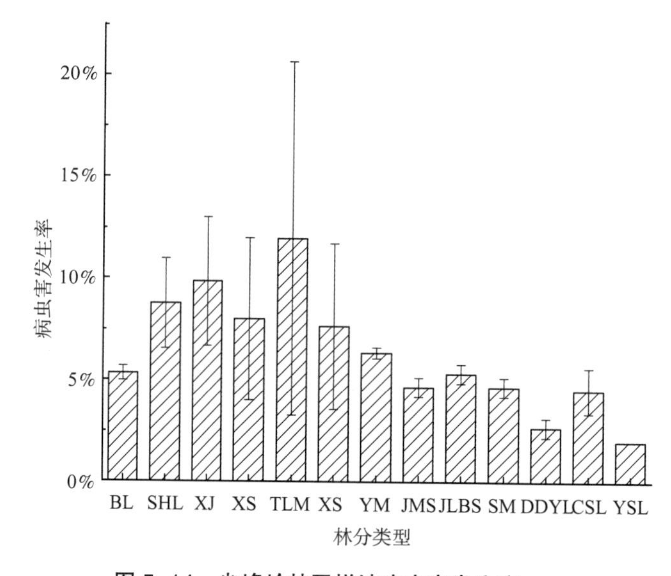

图 5-14 尖峰岭林区样地病虫害发生率

三、森林生态质量评价指标相关性分析

对表征森林生态质量的各指标实测值进行 Pearson 相关性分析，结果如图 5-15 所示。结果显示，生物量年度增长量仅与胸径结构多样性呈现极显著的相关关系，与树高结构多样性、均匀度指数具有显著的正相关关系，与其余的指标均没有显著的相关关系。有害生物发生率与树高结构多样性、生物量年度增长量不具有显著的相关关系，与其余指标均具有显著的负相关关系。其余的两两指标间均存在显著或极显著正相关关系。

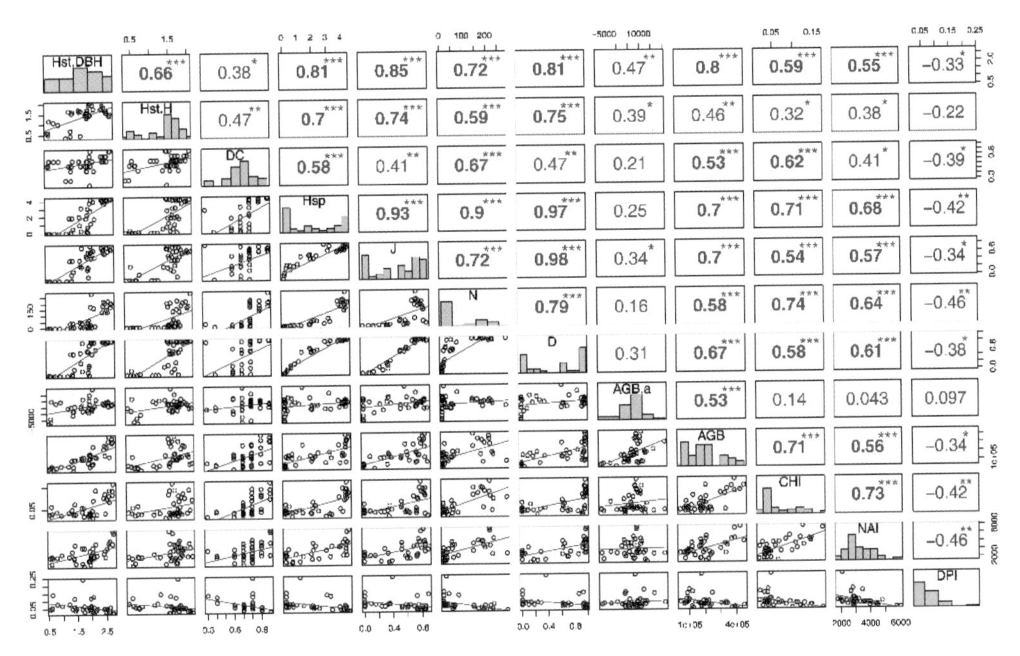

图 5-15 各指标实测值间的 Pearson 相关性矩阵

注：图中数字与 * 号代表相关系数的大小以及显著性检验结果（显著性水平为 *P<0.05；**P<0.01；***P<0.001），红色和蓝色分别表示正相关和负相关。图中还给出了变量的直方图和变量间的散点图。Hst.DBH 为胸径结构多样性指数，*Hst.H* 为树高结构多样性指数，*DC* 为郁闭度，*Hsp* 为 Shannon-Wiener 指数，*J* 为 Pielou 指数，*N* 为物种数，*D* 为 Simpson 指数，*ADB.a* 为森林年度生长量，*AGB* 为现存生物量，*CHI* 为降温增湿指数，*NAI* 为负离子浓度，*DOL* 为有害生物发生率。

第三节 森林生态质量综合评价

一、森林生态系统生态质量评价模型

根据层次分析法最终求得的各指标权重，采用权重加权法，即按照不同指标所占的权重进行加权，最后得到森林生态质量的综合指数（ecosystem quality index，*EQI*）。最终建立的森林生态质量综合评价模型为：

$$EQI = \sum_{i=0}^{n} A_i Y_i$$

式中：EQI 为森林生态质量综合评价结果；A_i 为某指标的权重；Y_i 为某指标的评价得分值。

基于构建的森林生态质量评价指标体系，构建森林生态系统生态质量评估模型，对海南尖峰岭林区进行局部与总体的森林生态质量综合评分的计算。在计算尖峰岭总体生态质量评价值时，采用面积加权法，以各类型林分在尖峰岭林区所占面积百分比为权数，将各类型林分的平均评价值进行加权平均得出尖峰岭整体生态质量评价值。最终参照国内外各种综合指数分级方法（张华等，2021；Xu et al.，2019），并结合尖峰岭林区实际状况，将森林生态质量划分为5个等级，评价研究区域生态质量的优劣程度（表5-9）。

表5-9　生态系统生态质量评价分级标准

生态质量综合得分 *EQI*	等级	等级评价	描述
0~0.2	Ⅰ	差	生态质量较为恶劣
0.2~0.35	Ⅱ	低	生态系统结构较差，生产力相对较低，服务功能价值较低
0.35~0.55	Ⅲ	中	生态系统结构一般，生产力处于一般水平，服务功能价值处于中等水平
0.55~0.75	Ⅳ	良	生态系统结构良好，生产力相对较高，服务功能价值较高
>0.75	Ⅴ	优	生态系统结构稳定、功能完备，生态质量高

二、森林生态质量综合评价结果

根据建立的生态质量综合评价模型，通过计算得出尖峰岭林区不同森林生态系统生态质量综合评价值（表5-10）。整体看来，尖峰岭林区森林生态质量综合评价分值为0.72，处于等级Ⅳ，生态质量良好。其中各林分类型评分值介于0.20~0.83之间，各等级所占比例见图5-16。不同林分类型间存在极显著差异（$P<0.01$），其中各林分生态质量评价得分的顺序为槟榔（0.2）<三华李（0.24）<橡胶（0.34）<红花天料木（0.38）<柚木（0.43）<马占相思（0.45）<加勒比松（0.5）<杉木（0.5）<海南蕈树（0.55）<低地雨林（0.69）<鸡毛松（0.73）<热带山地雨林次生林（0.75）<热带山地雨林原始林（0.83）。从不同林分起源来看，天然林（0.75）生态质量要极显著（$P<0.01$）高于人工林（0.43）。

表5-10　森林生态系统生态质量综合评价结果

林分起源	林分类型	群落结构	群落多样性	生态系统结构评价值	生产力	服务功能	生态系统功能评价值	生态质量综合评价（等级）
人工林	槟榔	0.26 ± 0.02	0 ± 0	0.15 ± 0.01	0.06 ± 0.06	0.39 ± 0.07	0.25 ± 0.06	0.20 ± 0.03（Ⅱ）
	海南蕈树	0.69 ± 0	0.54 ± 0.07	0.62 ± 0.03	0.65 ± 0.17	0.33 ± 0.06	0.46 ± 0.03	0.55 ± 0.03（Ⅳ）
	红花天料木	0.55 ± 0.08	0.14 ± 0.06	0.38 ± 0.07	0.51 ± 0.16	0.30 ± 0.15	0.39 ± 0.10	0.38 ± 0.01（Ⅲ）
	鸡毛松	0.80 ± 0.02	0.83 ± 0.02	0.81 ± 0.02	0.56 ± 0.04	0.70 ± 0.06	0.65 ± 0.02	0.73 ± 0.002（Ⅳ）
	加勒比松	0.63 ± 0.02	0.30 ± 0.13	0.49 ± 0.07	0.73 ± 0.21	0.37 ± 0.03	0.52 ± 0.09	0.50 ± 0.07（Ⅲ）

（续）

林分起源	林分类型	群落结构	群落多样性	生态系统结构评价值	生产力	服务功能	生态系统功能评价值	生态质量综合评价（等级）
人工林	马占相思	0.56 ± 0.10	0.41 ± 0.27	0.50 ± 0.09	0.43 ± 0.09	0.38 ± 0.08	0.40 ± 0.06	0.45 ± 0.05（Ⅲ）
	三华李	0.25 ± 0.08	0.02 ± 0.02	0.15 ± 0.05	0.34 ± 0.08	0.34 ± 0.04	0.34 ± 0.04	0.24 ± 0.02（Ⅱ）
	杉木	0.57 ± 0.06	0.42 ± 0.02	0.50 ± 0.04	0.43 ± 0 .05	0.56 ± 0.06	0.50 ± 0.02	0.50 ± 0.02（Ⅲ）
	橡胶	0.40 ± 0.02	0	0.23 ± 0.01	0.63 ± 0.03	0.34 ± 0.05	0.46 ± 0.02	0.34 ± 0.02（Ⅱ）
	柚木	0.59 ± 0.03	0.25 ± 0.12	0.45 ± 0.06	0.54 ± 0.13	0.33 ± 0.06	0.42 ± 0.05	0.43 ± 0.02（Ⅲ）
	平均	0.53 ± 0.18	0.28 ± 0.28	0.42 ± 0.21（Ⅲ）	0.48 ± 0.21	0.41 ± 0.14	0.44 ± 0.12（Ⅲ）	0.43 ± 0.15（Ⅲ）
天然林	低地雨林	0.85 ± 0.03	0.88 ± 0.06	0.86 ± 0.04	0.47 ± 0.06	0.52 ± 0.07	0.50 ± 0.02	0.69 ± 0.03（Ⅳ）
	热带山地雨林次生林	0.85 ± 0.02	0.83 ± 0.03	0.84 ± 0.01	0.58 ± 0.05	0.69 ± 0.06	0.65 ± 0.05	0.75 ± 0.03（Ⅴ）
	热带山地雨林原始林	0.92 ± 0.01	0.87 ± 0.02	0.90 ± 0.01	0.54 ± 0.01	0.89 ± 0.07	0.75 ± 0.05	0.83 ± 0.03（Ⅴ）
	平均	0.87 ± 0.04	0.86 ± 0.05	0.87 ± 0.03（Ⅴ）	0.53 ± 0.07	0.70 ± 0.16	0.63 ± 0.11（Ⅳ）	0.75 ± 0.06（Ⅴ）
尖峰岭区域		0.83	0.80	0.82（Ⅴ）	0.52	0.68	0.62（Ⅳ）	0.72（Ⅳ）

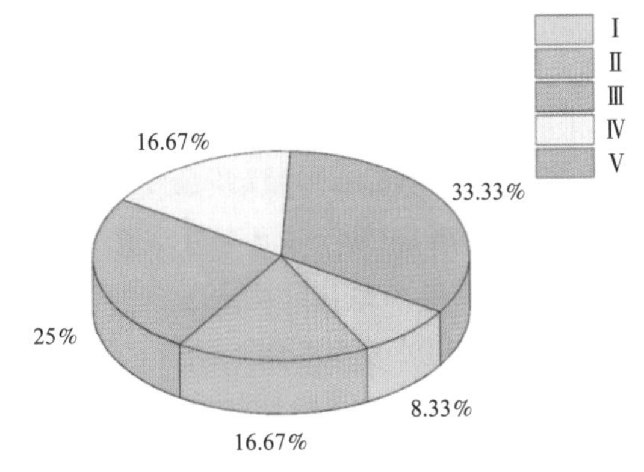

图 5-16　森林生态质量等级百分比

第六章

热带森林中板根树的群落特征及其生态学意义[①]

板根，又称板状根，指树干与沿地面走向的侧根之间构成的一个至数个扁平的翼状结构，是乔木的露出地面的不定根。具有板根的树木在热带雨林中分布十分普遍，因此“板根现象”被作为热带森林的典型特征之一。热带林中存在的板根现象，引起各国学者的关注。首先是板根的成因研究，主要形成两种假说：一是结构假说（Lewis，et al.，1988），另一是营养假说（Mack，2003）。前者认为，板根是为了应对偏冠、常年风向而树木倾倒而形成的支撑根，而且这个观点受到更多人的支持。后者认为，板根是树木为了克服土壤贫瘠，板根更有利于树木对营分和水分的吸收。虽然这两种假说存在较大的争论，但都认为，板根树通常具有高大的树干和树冠，位居树冠上层（Newbery，et al.，2009）。除了对板根形成机理的研究外，研究者还发现板根对热带森林还发挥着重要的生态作用（Wood et al.，2009）。板根的存在形成“根围栏”（roots walls）（Herwitz，1988），阻挡物质下流，减少地表径流和雨水对坡面的冲刷，产生了地面生物地球化学特殊区（Pandey，et al.，2011）。Pandey 等（2011）研究发现，板根区凋落物的量高于非板根区的 62%，提高土壤中细土颗粒的比例，加速土壤中氮循环，增加热带雨林中可用氮的供应，板根区凋落层两栖和爬行类动物的种类和丰度高于相邻区域，板根上坡位湿度比侧位高，侧位比下坡位高（Newbery et al.，2009；Tang et al.，2011）。我国开展板根的研究较少，也晚于国外研究。已有的中文文献中，在中国知网（https：//kns.cnki.net）以“板根”为主题词检索到 180 篇（1957 年至今），最早记录是 1960 年发表的文献（云南大学生态地植物学教研组，1960），其中与热带森林相关的 64 篇，其中多数为把板根作为树种特性的描述，仅有少数几篇从生态学上开展初步的研究，初步形成热带季节性雨林中乔木上层的树木基本都具板根的结论（云南大学生态地植物学教研组，1960），提出了板根长度、幅度的定义、测量方法和生物量的计算方法，分析了板根树分布特征、板根对土壤理化性质和林下生物多样性的影响（王旭等，2021；2022），以及板根的数量特征（马志波等，2017）。

综上所述，虽然国内外已开展了不少热带森林中板根树的研究，但都是零星而不系统的。在中国林业科学研究院基本科研业务费专项资金项目（项目编号：CAFYBB2017SY017）

---

① 作者：王旭、许涵、周璋、赵厚本、李兆佳、李艳朋、周光益、邱治军、韩天宇。

等的资助下，笔者以海南2个主要热带森林类型——低地雨林和山地雨林中的板根树为研究对象，从树种组成、分布格局、土壤理化性质及凋落物分析，并综述了前人的研究成果，进一步阐述板根在热带森林中的生态学意义，以期为热带森林生态系统管理和实现“双碳”目标过程中更好发挥热带雨林的作用。

第一节　板根在热带森林中的群落特征

热带森林是一个重要的生物多样性中心，虽然其面积仅占地球陆地表面的7%，但拥有世界50%以上的物种。但板根树在热带雨林中的群落结构如何未见报道。板根树作为热带森林的典型特征得到公众的认可，由于板根树种类多，不同科属种之间存在较大的差异，有些科属种的树木具板根，而有些科属的树木几无板根现象，此外同种树木之间也存在差异，如小树时无板根，当树木达到一定径级时产生板根，还有达到一定径级后同种树之间有板根树和无板根树并存的现象，这样按照传统的群落学研究方法是行不通的。功能群概念的提出，为研究板根树的群落特征提供了新思路。Deng等（2018）运用功能群的概念对海南热带森林进行类型划分的研究结果，在不考虑具体的树木种类，把板根树作为热带森林的一个功能群是可行的，因此本研究中结合传统群落学研究方法和功能群研究的理论对板根在热带森林中的群落特征进行研究。

一、研究区概况

本研究选择热带山地雨林和低地雨林2个森林类型为研究区，热带山地雨林研究区位于海南省尖峰岭国家级自然保护区，热带低地雨林位于海南省吊罗山国家级自然保护区。

海南省尖峰岭国家级自然保护区（18° 23′~18° 50′ N，108° 36′~109° 05′ E）是我国现有面积较大、保存较完整的热带原始森林之一。属于干湿两季明显的热带岛屿季风气候，年均温度为19.8~24.5℃，最冷月和最热月平均温度为10.8℃和27.5℃（许涵等，2015），年均降水量在1300~3700mm之间，5~10月为雨季，11月至翌年4月为旱季。该地区面积最广的植被类型为热带山地雨林，其次为热带常绿季雨林，土壤类型从沿海地区的滨海沙土、燥红土、砖红壤、砖黄壤，到海拔较高的山顶区域的山地淋溶表潜黄壤等，该地区的地带性植被为以龙脑香科植物青梅为主的热带常绿季雨林，分布在西部海拔350~650m和东部100~700m的山体中部，热带山地雨林是尖峰岭地区面积最大的植被类型，分布在海拔650（700）~1350m的山体中到上部。

海南省吊罗山自然保护区（18° 43′ ~18° 58′ N，109° 45′ ~110° 03′ E）是我国的原始热带雨林区之一。保护区属于热带海洋季风气候区，年平均气温24.6℃，最高月平均气温28.4℃（7月），最低月平均气温15.3℃（1月），年均相对湿度85.9%，年均降水量2160mm，旱雨季分明，5月底至10月为雨季，11月至翌年5月初为旱季，其中

4 月是旱季和雨季的过渡期。保护区内的地貌主要为中山，海拔 100~1499m，地势北高南低。土壤质地主要为沙质红壤与山地黄壤，成土母质为花岗岩和闪长岩，土层深厚、湿润，呈酸性，有机质含量较高，局部地区岩石裸露表土极薄（韩天宇等，2019）。保护区内的植被类型多样，区系成分复杂，既保存了大面积的原始林，又有大面积的次生林。主要树种有青梅、荷木（*Schima superba*）、犁耙柯（*Lithocarpus silvicolarum*）、蝴蝶树、白茶树（*Koilodepas hainanense*）等。

二、研究方法

（一）样地设置

尖峰岭热带山地雨林大样地（JFL）面积 $60hm^2$（1000m×600m），整个 $60hm^2$ 大样地分成 1500 个 20m×20m 的样方，每个 20m×20m 的样方内调查每株胸径（*DBH*）≥ 1cm 的木本、藤本及枯立木和倒木的种类、分枝或萌条状况、生长状态、胸径和树高，是否具有板根（许涵等，2015，王旭等，2022）。吊罗山热带低地雨林样地（DLS）面积为 $1hm^2$，样地分成 100 个 20m×20m 的样方，调查方法同热带山地雨林。植物名称确定参考《中国植物志》和 Flora of china（www.efloras.org）。

（二）样品采集与处理

根据 DLS 样地调查结果，板根树平均胸径为 28.41cm。由于具板根树种间甚至种内具有高的变化，即使同一树种也存在有的具板根，有的不具板根，所以本研究不考虑树种因素。胸径被认为是板根发生的指标因子，且板根的数量和大小虽胸径的增加而增加。在 DLS 样地内，随机选取 5 株接近平均胸径的具板根树，同时选取 5 株与板根树胸径相近、坡位相同的非板根树作为对比，对于板根树和非板根树，以树干为分界基点，根据坡向划分为上坡位和下坡位（图 6-1），为了样品的代表性，在树干基部 50cm 正上方、左上方、右上方和正下方、左下方、右下方各设 1 个土壤取样点，把所有上方和下方各层土壤样品组成混合样，作为上坡位和下坡位各层土壤样品。土壤容重为每株树上坡位、下坡位 3 个取样点土壤容重的平均值。

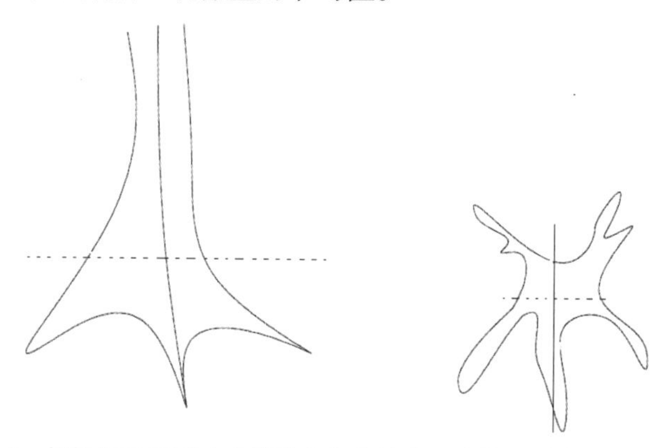

图 6-1 板根树示意图（虚线以上为上坡位，虚线以下为下坡位）

土壤样品采集时间为2017年9月（雨季）和2018年1月（旱季），取样采用机械取样法（避免土壤异质性引起的差异）在每个采样点分别取0~10cm和10~30cm两个土层样品，使用土壤温湿度速测仪测定土壤温湿度。剔除石砾和植物残根等杂物后，将同一层的土壤样品等量混合，按照四分法分为2份，1份使用铝盒装好并标记，以保持原状土壤结构，作为土壤机械组成以及密度分组的测定，1份装入自封袋中进行标记并密封储存，带回实验室用于土壤理化性质其他指标（包括pH值、全碳、全氮、全磷、全钾、水解氮、速效钾、碱解磷等）的测定。每次取样40个袋装样品，40个铝盒样品，共160个土壤样品。将带回的土壤样品放置在土壤室自然风干，过不同目的土壤筛，将预处理好的土壤样品送入土壤理化分析实验室。

（三）土壤理化性质测定

土壤理化性质测定参照相应的国家林业标准规定的方法分析以下土壤理化指标：土壤机械组成采用比重计法（LY/T 1225—1999）；土壤有机碳密度分组采用NaI重液分组法；土壤pH值采用电位法（土：水=1：2.5，LY/T 1239—1999）；土壤有机质采用重铬酸钾氧化－外加热法（LY/T 1237—1999），土壤有机碳为土壤有机质除以1.724；土壤全氮采用凯氏消煮扩散法（LY/ T1228—1999）；土壤速效氮碱解氮采用碱解扩散法（LY/T 1229—1999）；土壤全磷采用氢氧化钠碱熔－钼锑抗比色法（LY/T 1232—1999）；土壤有效磷采用0.05mol/L HCl–0.025mol/L 1/2H_2SO_4浸提法（LY/T 1233—1999）；土壤全钾采用氢氧化钠碱熔－火焰光度法（LY/T 1234—1999））；土壤速效钾采用1mol/L乙酸铵浸提－火焰光度法（LY/T 1236—1999）。

土壤机械组成的变异强度参照薛正平等（2002）三级评价法评价土壤机械组成的变异强度，即变异系数（CV）$<$ 10%为弱变异；10% $\leqslant$变异系数（CV）$\leqslant$ 30%为中等变异；变异系数（CV）$\geqslant$ 30%为强变异。

（四）凋落物分解

在DLS样地四周收集比较完好的新鲜凋落叶，放在阴凉处自然风干。把风干后的凋落叶样品20g放入下孔径为0.05mm，上孔径为5mm，规格为20cm×30cm尼龙网袋中，装袋时尽量让凋落叶平展在凋落袋中。放样前从中随机取10袋在60℃下烘干至恒重，由此推算出放置网袋内样品的初始干重。在落叶高峰期4月中旬在每棵样树（板根树5株，非板根树5株）的上下坡位处分别随机放置6袋混合凋落叶，在雨季中期8月和旱季中期12月在样树（板根树5株，非板根树5株）的上下坡位分别放置2袋混合凋落叶。先将地表凋落物轻轻拨开，再用长铁钉钉住分解袋让其与土壤表面充分接触，最后将原有地表凋落物重新覆盖在分解袋上。每隔2个月定时在每个坡位随机取回1袋或2袋（补充放样后取2袋），收集时间为2017年的6月、8月、10月、12月与2018年的2月、4月，总计6次。

（五）数据处理与分析

径级划分按下限排外法，分为 3~10cm、10~30cm、30~50cm、50cm 以上 4 个径阶（He et al.，2012）。树高按 1~10m、10~15m、15m 至最大树高分为 3 阶。

采用单因素方差分析（One-way ANOVA）分别检验板根树与非板根树区域的土壤理化性质在不同坡位、不同土层以及旱、雨两季的差异性，并分别对旱、雨两季的土壤理化指标进行 Pearson 相关性分析。所有数据采用 SPSS 22.0 软件进行数据统计分析，R 4.1.0 绘制图形。

三、热带森林中具板根的树木物种组成

通过对吊罗山低地雨林（DLS）$1hm^2$ 样地范围内和尖峰岭山地雨林（JFL）$60hm^2$ 大样地内板根树调查结果，2 块样地内具板根树木 99 种，隶属 38 科 57 属。DLS 样地具板根树木 73 株，隶属 17 科 23 属 28 种，占样地活立木总株数的 1.99%，分别占样地科属种的 32.69%、19.01% 和 11.86%；其中壳斗科（Fagaceae）株数最多，2 属 4 种 18 株，占总板根树木的 24.66%；属中包含株数最多的是柯属（*Lithocarpus*），16 株，占总株数的 21.92%；单种株数最多的为青梅 11 株，次之为钝叶新木姜子（*Litsea veitchiana*）和柄果柯（*Lithocarpus longipedicellatus*），均为 10 株，分别占总板根树株数的 15.07%、13.70%、13.70%；单科单属单种单株的共 5 株，分别是秋枫（*Bischofia javanica*）、十蕊槭（*Acer decandrum*）、岭罗麦（*Tarennoidea wallichii*）、广东山龙眼（*Helicia kwangtungensis* ）、子凌蒲桃（*Syzygium championii*）。JFL 样地 647 株，隶属 33 科 44 属 76 种，占样地活立木总株数 0.15%，分别占样地科属种的 53.23%、28.39% 和 26.21%；其中壳斗科最多，3 属 19 种 424 株，占总板根树木的 65.53%；属中包含株娄最多的是柯属，281 株，占总株数的 43.43%，次之为青冈属（*Cyclobalanopsis*）和锥属（*Castanopsis*），分别为 108 株和 35 株，分别占 16.69% 和 5.41%；单种株数最多的为红柯，次之为杏叶柯（*Lithocarpus amygdalifolius*）和托盘青冈（*Cyclobalanopsis patelliformis*），分别为 126 株、113 株和 76 株，分别占总板根树株数的 19.47%、17.47% 和 11.75%；单科单属单种的共 5 株，分别是调羹树（*Heliciopsis lobata*）、竹节树（*Carallia brachiata*）、厚皮香（*Ternstroemia gymnanthera*）、盆架树（*Winchia calophylla*）和长花厚壳树（*Ehretia longiflora*）。由此可见无论是热带山地雨林还是低地雨林壳斗科树木更容易产生板根。

在本研究的 2 块样地中，具板根的树木种类分别是十蕊枫（*Acer laurinum*）、十蕊槭、漆树（*Toxicodendron vernicifluum*）、盆架树、鹅掌柴（*Schefflera heptaphylla*）、长花厚壳树、橄榄、显脉虎皮楠（*Daphniphyllum paxianum*）、大花五桠果（*Dillenia turbinata*）、青梅、罗浮柿（*Diospyros momrrisiana*）、猴欢喜（*Sloanea sinensis*）、山杜英（*Elaeocarpus sylvestris*）、显脉杜英（*Elaeocarpus dubius*）、锈毛杜英（*Elaeocarpus howii*）、

黏木（*Ixonanthes chinensis*）、黄桐（*Endospermum chinense*）、秋枫、长脐红豆、柄果柯、饭甑青冈（*Cyclobalanopsis fleuryi*）、公孙锥（*Castanopsis tonkinensis*）、海南锥（*Castanopsis hainanensis*）、红柯、红锥、华南青冈（*Cyclobalanopsis edithae*）、乐东锥（*Castanopsis ledongensis*）、雷公青冈（*Cyclobalanopsis hui*）、犁耙柯、黧蒴锥（*Castanopsis fissa*）、栎子青冈（*Cyclobalanopsis blakei*）、亮叶青冈（*Cyclobalanopsis phanera*）、瘤果柯（*Lithocarpus handelianus*）、罗浮锥（*Castanopsis fabri*）、毛果柯（*Lithocarpus psedudovestitus*）、米锥（*Castanopsis chinensis*）、泥柯（*Lithocarpus fenestratus*）、托盘青冈、杏叶柯、竹叶青冈（*Cyclobalanopsis bambusaefolia*）、海南蕈树（*Altingia obovata*）、蚊母树（*Distylium racemosum*）、东方肖榄（*Platea parvifolia*）、黄杞（*Engelhardia roxburghiana*）、两叶黄杞（*Engelhardia unujuga*）、云南黄杞（*Engelhardia spicata*）、东方琼楠（*Beilschmiedia tungfangensis*）、钝叶新木姜子、粉背琼楠（*Beilschmiedia glauca*）、红枝琼楠（*Beilschmiedia laevis*）、厚壳桂、刻节润楠（*Machilus cicatricosa*）、梨润楠（*Machilus pomifera*）、卵叶桂、琼楠（*Beitschmiedia intermedia*）、香果新木姜子、锈叶新木姜子（*Neolitsea cambodiana*）、阴香、硬壳桂（*Cryptocarya chingii*）、油丹、软荚红豆、白花含笑（*Michelia mediocris*）、海南木莲（*Manglietiaha inanensis*）、乐东拟单性木兰（*Parakmeria lotungensis*）、香港樫木（*Dysoxylum hongkongense*）、白肉榕（*Ficus vasculosa*）、高山榕（*Ficus altissima*）、青果榕（*Ficus variegata*）、红鳞蒲桃（*Syzygium hancei*）、尖峰蒲桃（*Syzygium jienfunicum*）、线枝蒲桃（*Syzygium araiocladum*）、肖蒲桃（*Acmena acuminatissima*）、子凌蒲桃、枝花流苏树（*Linociera ramiflora*）、五列木（*Pentaphylax euryoides*）、鸡毛松（*Podocarpus imbricatus*）、调羹树、广东山龙眼、竹节树、桃叶石楠（*Photinia prunifolia*）、岭罗麦、海南韶子、荔枝（*Litchi chinensis*）、细仔龙（*Amesiodendron chinense*）、肉实树（*Sarcosperma laurinum*）、桃榄（*Pouteria annamensis*）、多香木（*Polyosma cambodiana*）、翻白叶（*Pterospermum heterophyllum*）、海南火桐（*Erythropsis colorata*）、蝴蝶树、赤杨叶（*Alniphyllum fortunei*）、丛花山矾（*Symplocos poilanei*）、光叶山矾（*Symplocos lancifolia*）、海南山矾（*Symplocos hainanensis*）、密花山矾（*Symplocos congesta*）、钝齿木荷（*Schima crenata*）、厚皮香等。

四、板根树群落的结构组成

DLS 样地中，所有的板根树木胸径最大为 90.4cm，样地内胸径最大树木为 94.2cm。从图 6–2 可以看出，板根树木径阶分布近似于正态分布，胸径在 20~30cm 分布最多，占总板根树木的 41.09%，胸径 10~50cm 分布在总板根树木的 91.78%，胸径在 3~10cm、10~20cm、20~30cm、30~50cm、50cm 以上树木占样地同径级树木的比例分别是 0.04%、2.62%、21.53%、36.36%、50.00%，呈现板根树占样地同级树木的比例随胸径的增大而增加。板根树平均树高为 17.68m，最大树高为 50.00m，最小树高为 10.00m。样地内平均树高为 7.05m，最大树高为 57.00m，最小树高为 1.7m，可见板根树的平均高大于群落的平均树高，处于群落的乔木层。从图 6-3 可以看出，板根树木的树高分布与样地平均树高分布趋势相反，分别为“J”形和反“J”，板根各树高阶占同阶树木的比例分别为 0.11%、5.86% 和 54.02%，群落的冠层主要由板根树木组成。板根总胸高断面积为 5.64m^2，占样地总胸高断面积的 16.96%。

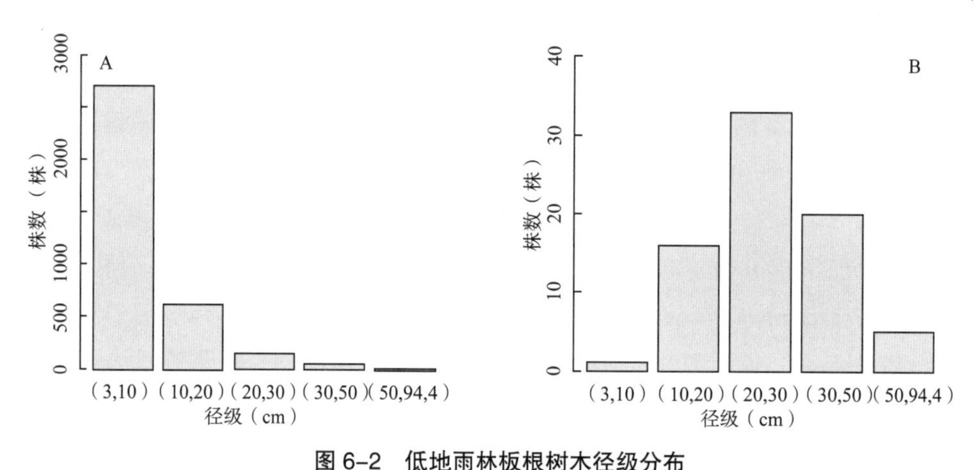

图 6-2　低地雨林板根树木径级分布

A：1hm^2 样地内所有树木径级分布；B：1hm^2 样地内所有板根树木径级分布

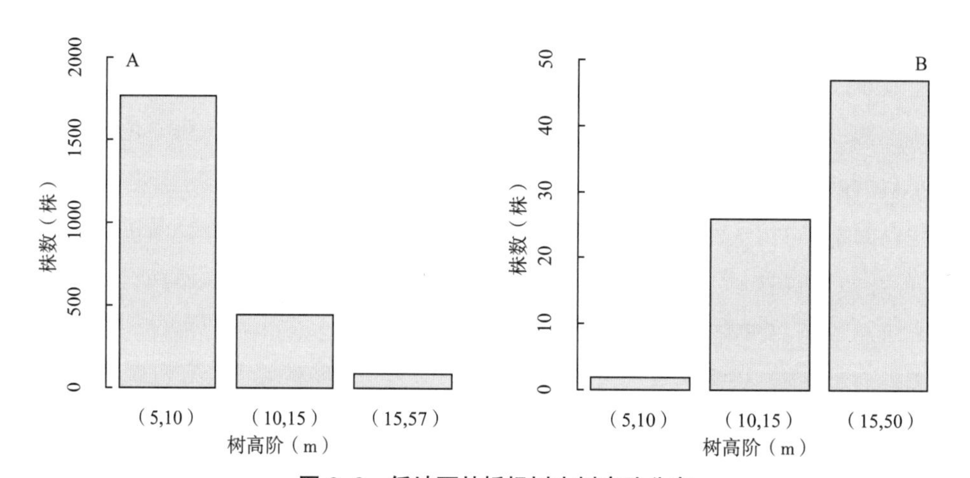

图 6-3　低地雨林板根树木树高阶分布

A：1hm^2 样地内所有树木树高阶分布；B：1hm^2 样地内所有板根树木树高阶分布

在 JFL 大样地中，所有的板根树木胸径最大为 145.0cm，最小胸径为 1.1cm，样地内树木胸径最大为 150.0cm，从图 6-4 可以看出，板根树木径阶呈“J”形分布，样地内所有树木径阶呈反“J”形分布。板根树胸径在 50cm 以上分布最多，占总板根树木的 71.41%，胸径大于 10cm 分布在总板根树木的 98.45%，胸径在 1~10cm、10~30cm、30~50cm、50cm 以上树木占样地同径级树木的比例分别是 1.55%、6.03%、21.02%、71.41%，与 DLS 样地一样，呈现板根树占样地同级树木的比例随胸径的增大而增加。板根树平均树高为 21.26m，最大树高为 40.00m，最小树高为 3.00m。样地内平均树高为 5.6m，最大树高为 45.00m，最小树高为 1.3m，可见板根树的平均高大于群落的平均树高，多数处于群落的乔木层。从图 6–5 可以看出，板根树木的树高分布与样地平均树高分布趋势与胸径分布趋势一致，呈“J”形和反“J”，板根各树高阶占同阶树木的比例分别为 0.002%、0.38% 和 3.28%。由此可见，无论是低地雨林还是山地雨林，虽然板根树径级分布趋势不一致，但总体表现出板根的形成主要是树木发展到一定阶段产生的。

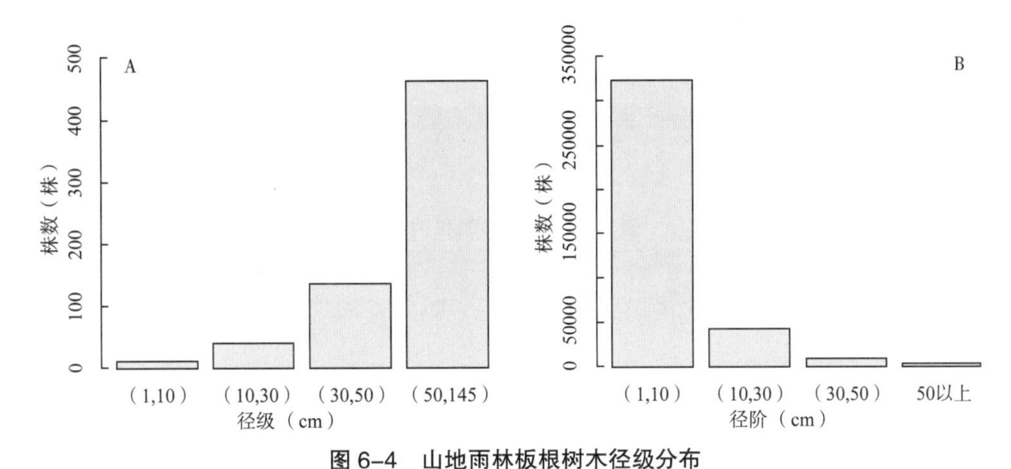

图 6–4　山地雨林板根树木径级分布

A：60hm² 样地内所有板根树木径级分布；B：60hm² 样地内所有树木径级分布

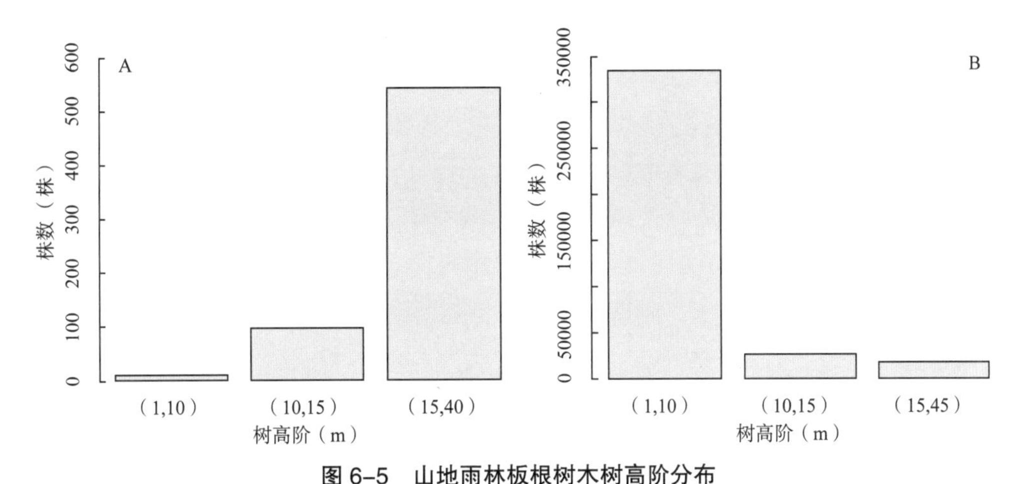

图 6–5　山地雨林板根树木树高阶分布

A：60hm² 样地内所有板根树木树高阶分布图；B：60hm² 样地内所有树木树高阶分布

五、板根对林下物种组成的影响

从表 6–1 可以看出，在 DLS 样地中，无论整个板根区还是板根区上坡位下坡位植物丰度均呈现乔木 > 灌木 > 草本 > 藤本的规律，各生活型林下植物丰度板根下地位均高于上坡位，而非板根区为乔木 > 灌木 > 藤本 > 草本，非板根区植物密度大于板根区植物密度。板根区林下乔木类最多的为青梅，13 株，次之为长脐红豆、喙果皂帽花（*Dasymaschalon rostratum*），灌木类最多的为海南轴榈（*Licuala hainanensis*）和白茶

（*Koilodepas hainanense*），次之为圆齿紫金牛（*Ardisia crenata*）、黄脉九节（*Psychotria straminea*）。上坡乔木类最多的为青梅，次之为长脐红豆、桄榔（*Arenga pinnata*），灌木类最多的为圆齿紫金牛，次之为海南轴榈（*Licuala hainanensis*）和白茶；下坡位乔木类最多的为青梅，次之为喙果皂帽花和岭罗麦，灌木类最多的为海南轴榈和白茶，次之为粗叶木（*Lasianthus chinensis*）、黄脉九节。非板根区林下乔木类最多的为青梅，15株，次之为阴香（*Cinnamomum burmanni*）、翻白叶，灌木类最多的为九节，次之为白叶瓜馥木（*Fissistigma glaucescens*）、灰莉（*Fagraea ceilanica*）。可见，无论是板根区还是非板根区、上坡位还是下坡位，青梅均为林下更新的优势种，这保障了青梅在群落中的长期优势，使群落的特征更明显。因林下藤本、草本数量少，对其优势种不作考虑。

表 6–1　林下种物种组成

处理	株（丛）数	科	属	种	密度（株 /100m^2）
板根区	225	39	76	85	281
乔木	106	24	38	40	133
灌木	79	9	18	21	99
藤本	13	9	9	9	16
草本	27	5	6	7	34
板根上坡位	98	27	48	54	245
乔木	49	17	25	25	123
灌木	34	9	14	18	85
藤本	7	6	6	7	18
草本	8	3	4	4	20
板根下坡位	127	30	57	98	318
乔木	57	19	29	31	143
灌木	34	9	19	24	85
藤本	7	4	4	4	18
草本	7	4	5	6	18
非板根区	258	40	75	89	645
乔木	104	24	32	34	260
灌木	50	12	24	29	125
藤本	70	10	13	16	175
草本	28	8	12	15	70

第二节 板根对土壤理化性质的影响

土壤为植物的生长发育提供了养分、水分、空气以及最基本的物理支持等条件。其中起着关键性作用的是氮、磷、钾等贮存在土壤中的一些营养物质，影响着植物群落的组成结构与生理功能以及生态系统中的结构功能和生产力水平。土壤理化性质是土壤质量的基本变化特征，土壤理化性质中的一系列指标值可以在总体范围上反映森林中各部分土壤的变化状况。土壤理化性质不仅受成土母岩的影响，还受气温、降水、生物多样性、人为干扰等影响。板根树作为热带森林的重要组成树种，它存在是否会对土壤理化性质存在影响，还未有系统的研究。

一、板根对土壤机械组成的影响

依据国际土壤质地分级标准，将土壤机械组成中不同粒径的土壤颗粒分为三类：砂粒（0.05~2mm）、粉粒（0.002~0.05mm）、黏粒（<0.002mm）。由表 6–2 和表 6–3 可以看出，旱、雨季土壤机械组成的总体规律在所有坡位 – 土层组合表现一致：粉粒 > 砂粒 > 黏粒。

表 6–2 旱季板根树和非板根树区域土壤机械组成的分析

土层	成分	板根上坡	变异系数	板根下坡	变异系数	非板根上坡	变异系数	非板根下坡	变异系数
0~10cm	砂粒	32.38% ± 2.13%Aa	6.57%	35.01% ± 6.27%Aa	17.91%	30.59% ± 3.84%Ab	12.54%	32.29% ± 5.86%Aa	18.15%
	粉粒	59.25% ± 3.89%Aa	6.57%	55.40% ± 5.06%Bb	9.13%	60.23% ± 2.02%Aa	3.35%	58.12% ± 4.18%Aa	7.15%
	黏粒	8.37% ± 3.71%Aa	44.3%	9.59% ± 5.00%Aa	52.12%	9.18% ± 4.43%Aa	48.20%	9.59% ± 4.79%Aa	49.91%
10~30cm	砂粒	36.55% ± 5.02%Aa	13.7%	32.24% ± 4.99%Ba	15.46%	33.49% ± 6.53%Aa	19.49%	39.95% ± 7.73%Ab	19.35%
	粉粒	54.68% ± 2.84%Aa	5.19%	56.57% ± 5.22%Aa	9.23%	57.73% ± 5.05%Aa	8.75%	54.46% ± 6.07%Aa	11.15%
	黏粒	8.78% ± 3.42%Aa	38.89%	11.22% ± 3.93%Ba	34.99%	8.78% ± 3.98%Aa	45.31%	9.59% ± 4.08%Aa	42.55%

注：表中数据为“平均值 ± 标准差”；数据后标大写字母表示不同土层各指标在同一区域间差异显著（$P<0.05$），后标小写字母表示不同区域各指标在同一土层间差异显著（$P<0.05$），下同。

表 6–3 雨季板根树和非板根树区域土壤机械组成的分析

土层	成分	板根上坡	变异系数	板根下坡	变异系数	非板根上坡	变异系数	非板根下坡	变异系数
0~10cm	砂粒	37.02% ± 7.76%Aa	20.95%	34.59% ± 5.36%Aa	15.49%	30.86% ± 4.18%Aa	13.53%	32.50% ± 6.08%Ab	18.69%
	粉粒	59.31% ± 6.27%Aa	10.57%	61.94% ± 6.19%Aa	9.99%	65.06% ± 2.55%Ab	3.93%	62.81% ± 3.97%Ba	6.31%
	黏粒	3.67% ± 2.83%Aa	77.17%	3.47% ± 2.56%Aa	73.80%	4.08% ± 2.44%Aa	59.71%	4.69% ± 2.83%Aa	60.38%
10~30cm	砂粒	37.65% ± 8.11%Aa	21.53%	31.72% ± 5.02%Ba	15.83%	32.22% ± 2.55%Ab	7.91%	33.05% ± 4.60%Aa	13.92%
	粉粒	57.65% ± 6.07%Aa	10.53%	62.77% ± 5.76%Ba	9.18%	63.66% ± 1.87%Aa	2.94%	61.44% ± 3.34%Ab	5.44%
	黏粒	4.69% ± 2.83%Aa	60.38%	5.51% ± 3.28%Aa	59.43%	6.12% ± 2.44%Ab	39.80%	5.51% ± 2.56%Aa	46.48%

由表 6–2 和表 6–3 可知，旱、雨季各坡位土层中砂粒组分和粉粒组分的变化幅度较小，而黏粒组分的变化幅度较大。黏粒组分在雨季时的变异系数明显高于旱季。板根使旱季板根区上坡位 0~10cm 土壤砂粒、黏粒土壤含量增加，雨季板根区 0~10cm 土壤砂粒含量增加，粉粒含量减少，对板根区下坡位影响较小。

二、板根对土壤温度、土壤含水率和土壤 pH 值分布的影响

由图 6–6 可知，旱季土壤温度变化范围在 23.7~24.0℃，雨季土壤温度变化范围为 26.9~27.1℃，雨季土层的平均温度高于旱季土层。旱、雨两季中土壤温度变化幅度较小，土层间温度差异较小。由此可知，板根对土壤温度影响小，这可能与热带雨林中降水量大，年内温差小有关。

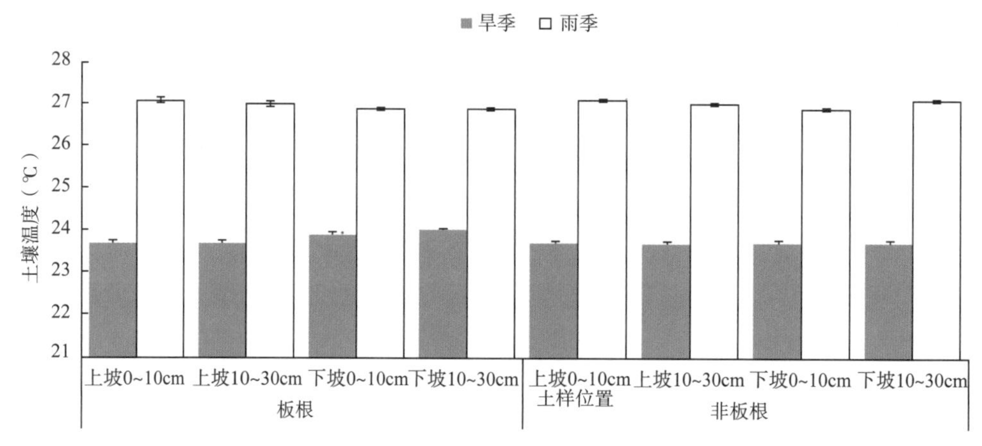

图 6–6 不同季节板根树和非板根树区域上下坡位间土壤温度

土壤含水率是表征土壤水分的重要指标，水分含量的变化对验证板根形成的微生境是否具有拦截作用，并在板根上下坡位间形成水养差异具有重要意义。由表 6–4 可知，在旱、雨季中，板根区域和非板根区域的土壤含水率具有显著差异（$P<0.05$）。在旱季 0~10cm 土层、旱季 10~30cm 土层与雨季 10~30cm 土层中，板根上坡区域的土壤含水率显著高于其他 3 个区域（$P<0.05$），而其他 3 个区域之间的土壤含水率没有显著差异（$P>0.05$）。在雨季 0~10cm 土层中，板根区域的土壤含水率显著高于非板根区域（$P<0.05$），其中板根上坡的土壤含水率显著高于板根下坡（$P<0.05$），非板根上下坡的含水率之间没有显示显著差性（$P>0.05$）。

表 6–4 不同季节板根树和非板根树区域上下坡位间土壤含水率的分析

季节	土层	板根上坡	板根下坡	非板根上坡	非板根下坡
旱季	0~10cm	7.59 ± 4.36Aa	4.89 ± 1.95Ab	5.32 ± 2.19Ab	5.63 ± 2.59Ab
	10~30cm	7.27 ± 2.96Aa	5.33 ± 2.24Ab	5.39 ± 1.76Ab	5.44 ± 2.67Ab
雨季	0~10cm	20.37 ± 17.62Aa	18.01 ± 4.59Ab	15.75 ± 3.48Ac	15.10 ± 3.12Ac
	10~30cm	19.62 ± 4.04Aa	14.90 ± 5.31Bb	15.65 ± 3.20Ab	15.22 ± 3.42Ab

三、板根对土壤化学性质的影响

由表6–5可知，旱季0~10cm土层中，板根区域的土壤pH值显著高于非板根区域（$P<0.05$），但同一区域的上下坡的pH值之间没有显著的差异（$P>0.05$）；在旱季10~30cm土层，板根下坡的土壤pH值显著高于其他3个区域，而这3个区域的pH值之间没有显著性差异（$P>0.05$）。对比不同的土层的土壤pH值发现，在板根上坡、非板根上下坡区域的0~10cm土层土壤pH值均显著高于10~30cm土层（$P<0.05$）。在雨季0~10cm土层，板根树和非板根树区域上下坡位间土壤pH值之间没有显著的差异（$P>0.05$）；在雨季10~30cm土层，非板根上坡的土壤pH值显著低于其他3个区域（$P<0.05$），其他3个区域的pH值之间没有显著性差异（$P>0.05$）。对比不同土层的土壤pH值发现，板根树和非板根树区域上下坡位间土壤pH值未表现明显的差异性（$P>0.05$）。此外，通过对比旱、雨两季土壤pH值发现，雨季4个坡位的土壤pH值均低于旱季对应坡位的pH值。

表6–5 板根树和非板根树区域上下坡位间土壤pH值的分析

季节	土层	板根上坡	板根下坡	非板根上坡	非板根下坡
旱季	0~10cm	5.12 ± 0.21Aa	5.19 ± 0.17Aa	4.92 ± 0.08Ab	4.93 ± 0.12Ab
	10~30cm	4.99 ± 0.09Ba	5.18 ± 0.11Ab	5.01 ± 0.13Ba	5.02 ± 0.11Ba
雨季	0~10cm	4.66 ± 0.19Aa	4.71 ± 0.25Aa	4.62 ± 0.24Aa	4.65 ± 0.29Aa
	10~30cm	4.76 ± 0.17Aa	4.72 ± 0.19Aa	4.58 ± 0.31Ab	4.69 ± 0.21Aa

由表6–6可以看出，在旱季0~10cm土层，板根区域的土壤总有机碳、全氮、全磷、水解氮、碱解磷均显著高于非板根区域（$P<0.05$），其中板根上坡的指标明显高于板根下坡（$P<0.05$），而非板根上下坡区域土壤指标（除了碱解磷）之间无显著差异（$P>0.05$）。土壤碱解磷在不同区域之间存在显著的差异性（$P<0.05$），表现为板根上坡>板根下坡>非板根上坡>非板根下坡。土壤全钾、速效钾含量在板根上坡区域的值显著高于其他区域（$P<0.05$），而其他区域的土壤全钾含量之间无显著差异（$P>0.05$），板根下坡和非板根上坡的速效钾含量显著高于非板根下坡区域（$P>0.05$）。

在旱季10~30cm土层，板根区域的土壤总有机碳、全氮、全磷、水解氮均显著高于非板根区域（$P<0.05$），其中板根上坡的指标明显高于板根下坡（$P<0.05$），而非板根上下坡区域土壤指标之间无显著差异（$P>0.05$）。板根下坡的土壤全钾含量显著低于其他区域（$P<0.05$），而其他区域的全钾之间无显著差异（$P>0.05$）。板根上坡的土壤碱解磷显著高于其他区域（$P<0.05$），而其他区域的碱解磷之间无显著差异（$P>0.05$）。板根上坡的土壤速效钾显著高于其他区域（$P<0.05$），非板根下坡的速效钾显著低于其他3个区域（$P<0.05$）。

表 6-6 旱季板根树和非板根树区域上下坡位间土壤化学性质的分析

指标	土层	板根上坡	板根下坡	非板根上坡	非板根下坡
总有机碳（g/kg）	0~10cm	18.47 ± 4.07Aa	11.13 ± 1.74Ab	13.28 ± 2.73Ac	13.68 ± 1.58Ac
	10~30cm	15.91 ± 2.01Ba	8.54 ± 1.30Bb	9.42 ± 1.92Bc	12.26 ± 1.13Bc
全氮（g/kg）	0~10cm	1.03 ± 0.54Aa	0.54 ± 0.12Ab	0.73 ± 0.15Ac	0.73 ± 0.13Ac
	10~30cm	0.87 ± 0.27Ba	0.47 ± 0.11Ab	0.53 ± 0.09Bc	0.61 ± 0.12Bc
总磷（g/kg）	0~10cm	0.106 ± 0.02Aa	0.069 ± 0.007Ab	0.078 ± 0.015Ac	0.08 ± 0.015Ac
	10~30cm	0.099 ± 0.02Aa	0.061 ± 0.012Ab	0.074 ± 0.009Ac	0.087 ± 0.012Ac
全钾（g/kg）	0~10cm	26.11 ± 1.71Aa	19.49 ± 1.36Ab	22.49 ± 1.44Aa	22.82 ± 1.49Aa
	10~30cm	26.11 ± 1.65Aa	20.32 ± 1.45Ab	21.74 ± 1.51Aa	22.89 ± 1.55Aa
水解氮（mg/kg）	0~10cm	96.55 ± 17.01Aa	66.79 ± 11.04Ab	79.47 ± 13.57Ac	81.18 ± 9.41Ac
	10~30cm	84.71 ± 9.73Ba	58.14 ± 10.77Bb	64.68 ± 13.38Bc	69.06 ± 6.85Bc
碱解磷（mg/kg）	0~10cm	1.02 ± 0.26Aa	0.61 ± 0.11Ab	0.72 ± 0.19Ac	0.75 ± 0.17Ad
	10~30cm	1.01 ± 0.21Ba	0.56 ± 0.06Bb	0.64 ± 0.18Bb	0.70 ± 0.15Bb
速效钾（mg/kg）	0~10cm	72.21 ± 13.95Aa	47.50 ± 15.59Ab	49.95 ± 16.50Ab	58.38 ± 13.29Ac
	10~30cm	69.45 ± 16.39Aa	42.86 ± 16.48Ab	48.11 ± 11.55Ab	59.72 ± 14.38Ac

由表 6-7 可知，在雨季 0~10cm 土层，板根区域的土壤总有机碳、全氮、全磷、水解氮、碱解磷、速效钾含量均显著高于非板根区域（$P<0.05$），其中板根上坡的指标显著高于板根下坡（$P<0.05$），非板根上下坡的指标（除了总磷、碱解磷）之间无显著差异（$P>0.05$）。土壤全磷、碱解磷含量在不同区域之间存在显著的差异性（$P<0.05$），均表现为板根上坡 > 板根下坡 > 非板根上坡 > 非板根下坡。土壤全钾含量在板根上坡和非板根下坡区域的值显著高于其他 2 个区域（$P<0.05$）。

表 6-7 雨季板根树和非板根树区域上下坡位间土壤化学性质的分析

指标	土层（cm）	板根上坡	板根下坡	非板根上坡	非板根下坡
总有机碳（g/kg）	0~10	21.34 ± 2.59Aa	13.77 ± 2.68Ab	17.03 ± 2.85Ac	17.63 ± 2.97Ac
	10~30	19.61 ± 2.20Ba	12.23 ± 1.52Bb	15.34 ± 1.21Bc	16.10 ± 1.31Bc
全氮（g/kg）	0~10	1.10 ± 0.21Aa	0.62 ± 0.15Ab	0.85 ± 0.19Ac	0.89 ± 0.17Ac
	10~30	0.96 ± 0.08Ba	0.56 ± 0.07Ab	0.71 ± 0.09Bc	0.77 ± 0.09Bc
全磷（g/kg）	0~10	0.143 ± 0.025Aa	0.094 ± 0.012Ab	0.114 ± 0.018Ac	0.118 ± 0.015Ad
	10~30	0.132 ± 0.014Aa	0.089 ± 0.022Ab	0.103 ± 0.017Bc	0.114 ± 0.018Ac
全钾（g/kg）	0~10	34.39 ± 12.81Aa	27.44 ± 9.69Ab	29.67 ± 10.06Ab	31.64 ± 13.01Aa
	10~30	32.05 ± 13.89Aa	23.19 ± 11.06Ab	26.91 ± 11.97Ab	28.83 ± 11.36Ab
水解氮（mg/kg）	0~10	107.36 ± 17.92Aa	77.38 ± 15.76Ab	87.21 ± 14.75Ac	92.91 ± 16.49Ac
	10~30	84.51 ± 15.01Ba	58.18 ± 13.73Bb	70.63 ± 12.62Bc	71.86 ± 12.17Bc
碱解磷（mg/kg）	0~10	3.32 ± 0.93Aa	1.86 ± 0.61Ab	2.40 ± 0.84Ac	2.81 ± 0.97Ad
	10~30	2.36 ± 0.69Ba	1.16 ± 0.18Bb	1.50 ± 0.19Bc	1.60 ± 0.19Bc
速效钾（mg/kg）	0~10	96.30 ± 18.70Aa	66.01 ± 17.92Ab	72.05 ± 17.59Ac	76.84 ± 16.61Ac
	10~30	95.52 ± 21.65Aa	61.33 ± 14.92Ab	71.01 ± 14.71Ac	75.21 ± 16.69Ac

在雨季 10~30cm 土层，板根区域的土壤总有机碳、全氮、总磷、水解氮、碱解磷、速效钾含量均显著高于非板根区域（$P<0.05$），其中板根上坡的指标显著高于板根下坡（$P<0.05$），非板根上下坡的指标之间无显著差异（$P>0.05$）。土壤全钾在板根上坡的含量显著高于其他 3 个区域（$P<0.05$），而其他 3 个区域的全钾含量之间无显著差异（$P>0.05$）。

在同一坡位的板根和非板根区域中，无论旱季或雨季，0~10cm 土层的土壤总有机碳、全氮、水解氮、碱解磷均显著高于 10~30cm 土层（$P<0.05$），而土壤全磷、全钾、速效钾的含量在两个土层之间无显著差异（$P>0.05$）。

四、板根对凋落物分解的影响

从表 6–8、图 6–7 可以看出，板根树与非板根树的上下坡位凋落叶损失率随时间的动态变化趋势基本一致，均在前 2 个月达到分解高峰（平均失重率为 62.8%），此后分解速率逐渐减缓，8 个月时平均失重率已经超过 91%。非板根树的上坡位与下坡位的凋落叶分解失重率在整个过程中无明显差异，而板根树上坡位的分解速率在雨季初的分解高峰（4~6 月）显著高于下坡位（$F=4.859$，$P=0.0316$）。

多因素重复测量方差分析结果表明，树干基部凋落物分解速率显著受初始分解时间（$F=253.675$，$P<0.0001$）和分解进程（$F=270.038$，$P<0.0001$）的影响，且不同分解阶段分解速率间的差异因初始分解时间不同而异（$F=8.198$，$P<0.0001$）；初始分解时间对凋落物分解的影响大小在板根树与非板根树间有显著差异（$F=5.824$，$P<0.001$）。初始分解时间多重比较结果显示，初始分解始于旱季末 4 月（$df=4.66$，$P<0.0001$）和雨季中期 8 月（$df=4.52$，$P<0.0001$）的凋落叶分解量极显著高于始于旱季中期 12 月的分解量。板根树与非板根树间凋落物分解速率差异仅在旱季中后期 2018 年 12 月到 2019 年 4 月分解过程中的上坡位有所体现（$F=4.488$，$P=0.0428$），且表现为板根树上坡位分解速率更高。

表 6–8 不同分解时间板根树和非板根树上下坡位间凋落叶分解常数

分解时间段	板根树		非板根树	
	上坡位	下坡位	上坡位	下坡位
4~6 月	7.08 ± 0.46	5.83 ± 0.37	6.34 ± 0.30	6.50 ± 0.41
4~8 月	5.78 ± 0.33	6.04 ± 0.28	5.76 ± 0.26	6.14 ± 0.36
8~10 月	8.24 ± 0.60	7.43 ± 0.47	8.01 ± 0.50	7.64 ± 0.49
8~12 月	5.21 ± 0.35	5.62 ± 0.27	5.35 ± 0.33	5.53 ± 0.31
12 月至翌年 2 月	4.11 ± 0.58	3.79 ± 0.45	3.13 ± 0.35	3.43 ± 0.58
12 月至翌年 4 月	3.52 ± 0.19	2.89 ± 0.23	2.42 ± 0.27	2.36 ± 0.18

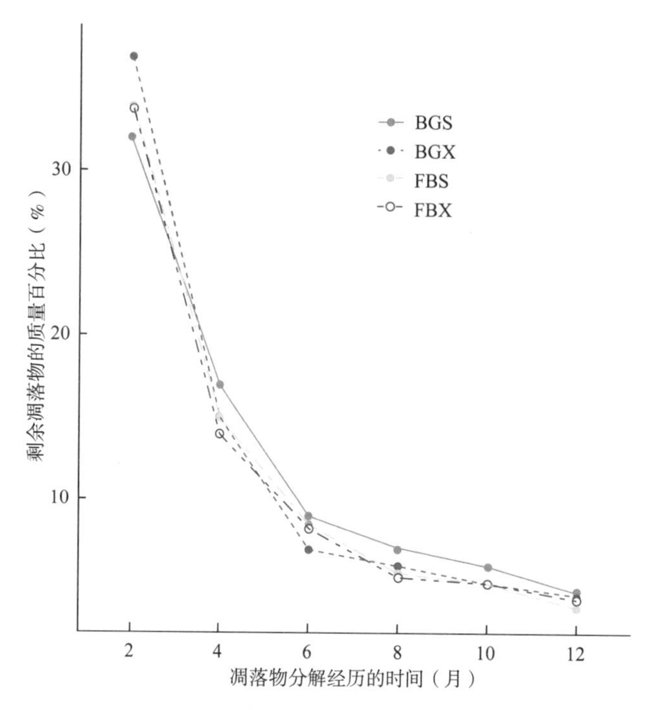

图 6-7 板根对凋落物分解的影响

注：BGS 为板根树上坡位；BGX 为板根树下坡位；FBS 为非板根树上坡位；FBX 为非板根树下坡位。

第三节 板根对凋落物分解的影响及生态学意义

板根现象是表征热带森林中的重要特征之一。由于板根的发生不是完全决定于树木的遗传属性，可能出现不同科之间有较大的差别，也可能同科不同属或同属不同种之间存在较大的差别，也有同种之间有些具板根有些不具板根（Chapman et al.，1998），对于热带森林中哪些树木具有板根，只能定义为易发生板根。在本研究中，无论是低地雨林还是山地雨林，壳斗科树木更易发生板根，在所有的板根树中占比最大，分别是21.92% 和 65.53%。但并非所有树都具有板根，树种间存在一定的新差异，如 DLS 样地中优势种荷木、白茶树均无板根现象。Porter（1971）和 Richards（1996）等研究认为：番荔枝科和壳斗科很少有板根发生，而在本研究中壳斗科具有板根的树种最多。马志波等（2017）在吊罗山海拔 755m 以上设置 16 块面积 700~2500m^2 样地，调查板根树的分布，表现为壳斗科树种最多。从板根树在森林树木的占比上来看，低地雨林的板根明显高于山地雨林，已有研究也证明低地雨林树木更容易产生板根（Ratter et al.，1973），这可能与低地雨林湿度大、雨水频繁有关，在多雨、潮湿的气候条件下，土壤中的水分在很长的雨季总是处于饱和或近于饱和的状况，树木的根系因呼吸所需，它们很难深入到空气缺乏的深土层中。从物种方面来看，2 类森林类型间也差别较大，低地雨林以青梅、钝叶新木姜子和柄果柯最多，而山地雨林中以红柯、杏叶柯和托盘青冈最多，这可能是这些种虽然都易产生板根，但树种对土壤、气候的适应性不同，决定其在群落中的优势地位，如青梅偏好于生长的热带较低海拔（许涵等，2015），从而产生其在板根树中的优势差异。

本研究中，板根树主要发生在胸径大于10cm的树木中，DLS样地中，仅有1株胸径小于10cm，JFL大样地中，仅有9株胸径小于10cm，2个森林类型中均表现为随着胸径的增加，板根树所占的比例增加。He等（2012）在西双版纳$20hm^2$热带季节雨林大样地调查中发现：具有板根的乔木有241种，占样地总树种数的51%，32%的$DBH \geqslant 10cm$的个体具有板根。Tang等（2012）在对云南西双版纳番龙眼（*Pometia tomentosa*）、云南玉蕊（*Barringtonia macrostachya*）、大叶白颜（*Gironniera subaequalis*）群落研究中发现：$1hm^2$样地内$DBH > 50cm$具板根树有35株，证实具板根树种多为大树的结论（Newbery et al.，2009；Pandey，et al.，2011）。这些结果表明，板根现象是热带森林群落的主要特征，是部分树木发展到一定阶段，与环境因素共同作用的结果，并非完全由遗传因素所决定。2块样地中，树木径阶均呈反“J”形分布，在山地雨林样地中，板根树木径阶呈“J”形分布，胸径在50cm以上的树木分布最多，而低地雨林样地中板根树木径阶呈近正态分布，胸径在20~30cm分布最多。产生这种现象的原因是山地雨林样地为原始林，而低地雨林样是20世纪60年代初择伐形成的次生林，以中龄树为主，当时大树被择伐，当时的小树经过近60年封育，成为现在林分的大树，也进一步证明板根是热带森林中树木发育到一定阶段形成的。

从板根树的空间分布上看，在低地雨林样地中，板根树最小树高为10.00m，高于群落的平均树高7.05m；在山地雨林样地中，板根树平均树高为21.26m，最大树高为40.00m，最小树高为3.00m，也高于样地内平均树高5.6m，板根树已成为热带森林中的优势木，对群落的生态功能发挥着重要作用。在热带森林板根树占样地的比例为12%~35%，加之板根区形成的土壤水分梯度（Newbery et al.，2008；Pandey，et al.，2011）、提高土壤养分和pH值变化（Pandey，et al.，2011；Tang et al.，2012），这些因子的变化形成了热带森林的异质生境，且板根的长度和高度随着树龄和胸径的增加而增加（Warner et al.，2017），使板根区的面积不断增加，其对群落的生态功能影响将越来越大。板根树从形态性状上易观察，板根的形成与生境、土壤养分等相关，其在热带森林中从微生物到土壤养分等方面均发挥着重要作用。因此，把板根树作为一类功能群对热带森林进行研究，既考虑到板根形成的各种假说，也考虑到对热带森林的生态功能，同时可以避免特种间差异对结果的影响。Deng等（2008）对海南山地雨林和低地雨林的功能群划分研究中，提出了板根大小和潜在树高作为热带低地雨林功能群划分的依据。

热带森林是生物多样性最高的森林生态系统，对维持和保护生物多样性方面发挥着重要作用，其生境异质性是维持高生物多样性的主要原因（Xu et al.，2016）。本研究中板根的存在改变了林下物种组成，板根区和非板根区乔木树种丰度均为最高，不同的是板根区藤本植物数量明显少与非板根区，虽然 3 个区最多的种均为青梅，但其他优势种完全不同。这与西双版纳热带雨林中板根对林下物种组成影响研究结果一致。藤本植物是热带森林的重要组成部分，已有研究认为（Black et al.，1979）：板根的存在是为了避免藤本植物的缠绕。但这种观点并不被接受，认为在热带森林中藤本植物多出现在光照充足且与树木竞争少的地方，枝条易弯或大叶树木不易被藤本植物攀爬（Schnitzer et al.，2002）。从本研究来看，也不支持这种观点，板根区藤本植物减少，可能是因为板根树为较高大树，对光的竞争能力更强，从而使林下光照不利，不利于藤本植物生长。再者，青梅作为群落的优势种，在调查中发现具板根的青梅树下，无青梅幼苗出现，是否板根区还存在化感物质影响藤本植物或青梅的萌发有待进一步研究。从研究结果看，板根提高了下坡位乔木树种和草本植物的丰度、降低了上坡位的丰度，降低了板根区灌木和藤本植物的丰度。产生这种现象的原因：一是板根树高大的树冠对林下光照的影响；二是板根区上坡位凋落物和动物的增加，可能产生不利于种子萌发或植物种子的破坏；三是板根对地表径流水分的拦截（Pandey，et al.，2011），尤其是在雨季，使板根区上坡位枯落层长期保持较高含水率，使一些种子霉烂，失去活力，这些因素单独或共同作用促进板根区与非板根区林下更新产生不同的反应。

本研究中，土壤温度在同一季节内板根区域和非板根区域坡位间无明显差异，而土壤含水率在板根上坡显著高于其他坡位，这与 Tang 等（2011）的研究结果一致。土壤温度变化小可能是因为就小范围而言土壤温度主要受坡向、坡度的影响，加之研究区处于热带，昼夜温度差小，测定时间在 10：00~15：00，土壤已升温。土壤含水率的变化可能由于上坡位板根形成的杯状根围栏以及其对树干茎流分散和径流与地面接触面积增加，从而促进水分渗透，增加土壤水分；另外，板根的阻挡作用使上坡位凋落物量增加（Pandey et al.，2011），从而减少土壤水分的蒸腾，这也说明板根结构的存在有利于热带雨林土壤水分的截留和涵养，尤其是旱季。通过对板根区不同坡间及与非板根不同坡位间比较发现，板根对上坡位土壤颗粒组成有一定的影响，使旱季板根区上坡位 0~10cm 土壤砂粒、黏粒土壤含量增加，雨季板根区 0~10cm 土壤砂粒含量增加，粉粒含量减少，而对板根区下坡位影响较小。这可能与板根的拦截作用有关，使上坡位地表凋落物量增加，减小了地表径流，板根对树干径流的分流作用（Pandey et al.，2011），减少了雨水的冲刷有关。土壤颗粒组成是土壤团聚体的重要表征，板根使雨季、旱季土壤颗粒组成的改变，进一步影响土壤团聚体的改变，这种改变将对土壤养分和固碳能力产生影响。

土壤化学性质直接影响植物的生长。通过对板根区上下坡位间土壤化学性质的分析结果发现，板根树上、下坡位之间的土壤化学性质明显不同，而且板根坡位间的养分梯度高于非板根区域。这说明了土壤化学养分在板根上坡位形成了养分的富集，增加土壤有机碳含量，从而提高了板根区土壤的空间异质性。这一结果也验证了板根的存在可以提高土壤异质性的假说（Pandey et al.，2011）。本研究中，板根上下坡位间、不同土层间 pH 值的差异在旱、雨两季表现不同，旱季板根区 0~10cm 土层的土壤 pH 值显著高于非板根区，这与 Mack（2003）的研究结果有所不同，虽然结果均表明提高了土壤 pH 值，但 Mack 的结果中板根与非板根区无显著差异；而雨季时，板根对 0~10cm 土层的土壤 pH 值的影响与 Mack 的结果完全一致。在水解氮的差异性比较中发现，板根树基部的含量高于非板根基部，说明板根在微生境尺度上加速了氮的循环，形成了矿物氮储备区，同时增加了热带雨林植物可用氮的供应，这一结果与何智媛等（2012）在西双版纳地区结果相同，同样支持 Pandey 等提出假说，即板根可以提高热带雨林中氮元素的利用率。板根提高热带森林土壤有机碳的量的结果与 Dean 等（2020）对澳大利亚桉树的研究结果相同。板根的存在有利于土壤中磷元素的提高。对于土壤主要化学性质相关性分析结果发现，旱季板根区域中全磷含量与其他土壤化学指标含量之间的相关性很弱，然而旱季非板根区域全磷元素与各指标均存在显著相关性。雨季全磷含量在板根区域与其他土壤养分之间存在显著的相关性；在雨季非板根区中全磷含量只与有机碳、全氮和速效钾之间存在显著相关性，与全钾、水解氮和碱解磷呈弱相关性。这些结果说明了全磷含量受板根形成的微生境影响较大。磷元素在热带雨林中具有高度的淋溶率，对热带森林而言，磷元素常成为树木生长的限制因子（Mori et al.，2018），这可能是热带森林中具板根树木树体高大的原因之一。总体来看，板根对土壤中 3 大元素中除钾外具有较大的提高作用，这可能是：一是板根对凋落物具有聚集作用（Pandey et al.，2011），二是板根的存在提高了土壤水分，有利于凋落物的分解（Herwitz，1988），三是板根可提高板根区脊椎和爬行动物、无脊椎动物的数量（Voris，1977；Whitfield，2005），土壤动物量的增加加速了凋落物分解，有利于养分快速回归（Marian et al.，2019），四是板根区形成的异质生境可能改变土壤微生物群落结构和组成，从改变土壤氮、磷的分解和还原途径，进而影响到土壤的化学性质，而化学性质的改变可能又反作用了微生物群落结果（Marian et al.，2019；mori et al.，2018）。但板根对土壤微生物的影响研究未见报道，需进一步加强。

目前对板根土壤理化性质调查方法未形成一个统一的、可操作的标准，这降低了板根研究结果之间的可比性。低地雨林中各地形因子和土壤因子等环境因素较为复杂，其综合作用导致的土壤异质性可能对板根微环境造成一定的影响（Tang et al.，2011）。因此，今后的研究应当增加取样点和调查取样面积，形成板根对土壤理化性质的长期、动态观察，更好地揭示板根区域内土壤异质性程度变化的状况。由于板根树大多具有浅根系，在土壤水分研究中未考虑板根和不同土壤接触深度与接触面积造成的误差，应在接下来的研究中对沿板根分布的水分梯度进行进一步的分析。此外，板根树是否产生更多的细根，细根的死亡分解是否对土壤理化性质产生影响，还需进一步研究。

板根是热带雨林的典型特征，板根树在热带森林中以高大乔木的特征存在。从本研究看，板根的存在有利于减少地表径流，提高旱季土壤水分，影响林下的生物多样性，改善板根上坡位的土壤营养状况，提高土壤有机碳含量，说明板根形成的“根围栏”是热带雨林的异质生境区和土壤高固碳区。因此，在全球变化背景下，加强热带森林管理，尤其的板根树的管理对发挥热带森林生态功能意义重大。

第七章 采伐后热带森林植被与土壤微生物的协同恢复变化规律[①]

热带森林是最重要的生态系统之一，对维持全球陆地生态系统功能与结构起着关键作用。例如：热带雨林仅占全球陆地面积的 7%，却支撑着世界上 2/3 的生物多样性。热带森林储存了陆地上近 46% 的生物量碳和近 2% 的土壤碳。此外，充足的光照和雨水以及雨热同期的环境特征，使得热带森林生态系统的光合碳固定速率和有机质分解速率均高于其他森林生态系统。土壤微生物作为森林生态系统活跃的组成部分，在土壤养分循环、植物营养吸收等方面发挥着关键调节作用。研究表明，土壤微生物是热带森林生态系统最大的生物多样性组成部分，并且越来越多的研究开始关注土壤微生物与森林生物多样性与生产力的相关性。然而，在过去的几十年里，大面积的热带原始森林遭受了不同程度的砍伐干扰，导致土壤碳固持功能降低，土壤氮、磷等营养元素大量流失。这些由森林砍伐干扰引起的土壤养分变化可能会深刻地影响着土壤微生物群落结构与功能；此外，森林砍伐降低了植株密度和物种数，还可通过改变土壤菌根真菌和病原菌的宿主条件而影响微生物（Kyaschenko et al.，2017）。但目前有关热带森林土壤微生物对砍伐的响应研究仍十分缺乏，已有的研究大多只是对微生物群落多样性与组成的描述，缺乏对其功能变化的研究。此外，伐后次生林自然恢复过程中微生物反馈调节植物生长的关键机制仍不明确。

第一节　森林土壤微生物群落结构与功能的研究现状

一、森林土壤真菌功能组成

不同的真菌功能类群具有特定的资源利用偏好性，因此相比分类组成和系统发育特征，土壤真菌群落的功能组成能更加有效地反映土壤有机质质量和分解速率（Kohout et al.，2018）。例如：腐生真菌的碳资源主要来自有机质分解，而菌根真菌主要从植物光合产物和根系分泌物中获取碳源（Kyaschenko et al.，2017）。理论上，树木砍伐将会限制菌根真菌的生长，但同时也可能通过脉冲式输入大量由砍伐残余物（如：死根、枝条、新鲜凋落物）形成的有机质促进腐生真菌的生长。但有研究表明，外生菌根真菌

---

① 作者：陈洁、骆土寿、许涵、李意德、李艳朋。

（EcMF）也具备有机质分解功能。据报道在幼苗抽芽期，EcMF 通过分解有机质为宿主植物提供碳用于新组织的合成。更多的研究则支持“氮矿化”假说，即 EcMF 通过分解有机质获取更多的氮素而非碳源。总之，EcMF 分解有机质的功能可能会导致其与腐生真菌生态位重叠，进而增强其与腐生真菌对有机质底物的竞争（Bödeker et al.，2016）。当森林中的大径级植株被砍伐后，地上植被输入土壤的可利用性碳和其他营养元素急剧减少，同时林窗内的幼树或灌木生长快速，需要吸收大量有效养分。因此，径级择伐对土壤菌根真菌和腐生真菌组成的影响可能大于皆伐的影响。尽管森林砍伐对 EcMF 与腐生真菌相互作用的影响及其生态学意义在温带森林生态系统已有了较深入的研究，但热带森林生态系统的相关研究仍十分匮乏（Bödeker et al.，2016；Kyaschenko et al.，2017）

二、微生物网络分析

自然界不同土壤微生物类群并非孤立存在，而是彼此通过正向或负向的互作模式相互关联，形成复杂的共存网络结构。网络内微生物类群的互作模式主要受生态位重叠与分化、系统发育相似性、互利共生关系、养分或空间资源的竞争等影响。近年来，微生物网络分析被广泛用于研究土壤微生物功能与结构对环境变化的响应，比如：降水变化、CO_2 浓度升高、土地利用类型改变等。这些研究发现微生物群落的关键类群随着环境变化而变化，表明微生物网络功能的分异。越来越多的研究证实，土壤跨界微生物网络（如：细菌-真菌共生网络）在调节元素生物地球化学循环和植物营养方面起着重要作用（Deveau et al.，2018）。真菌产生的代谢产物以及菌丝获取的底物资源可增加土壤碳对细菌群落的可利用性，而细菌能为真菌提供氮、磷等必要的营养元素（Deveau et al.，2018）。这种细菌-真菌的互利共生关系能促进养分循环，加快真菌菌丝网络对土壤营养元素的传递，进而增加土壤养分对植物的有效性。然而，细菌-真菌的敌对互作关系可能会通过改变 pH 值和可溶性氧含量等环境条件而降低土壤养分有效性。除了微生物的跨界互作，植物-微生物也存在复杂的跨界互作关系，并深刻影响着养分转化、资源竞争等，对物种共存和生物多样性维持具有重要的生态学意义。研究发现，不同的植物物种会通过与特定的氮、磷转化功能细菌，如固氮菌和解磷菌进行互利共生，进而增强其对氮、磷养分限制的适应性。EcMF 通过与宿主进行养分和碳源的相互转运而与植物互作。土壤病原真菌通过与宿主植物互作而调节植物邻体物种和群落结构。综上，土壤细菌-真菌和植物-微生物的跨界互作关系与土壤养分可利用性存在明显的负反馈模式，这会进一步影响植物的生长与更新。尽管以往研究通过比较不同类型森林中植物-微生物生态网络的结构特征，验证了生物跨界互作在驱动群落构建，生物多样性和生态系统稳定性维持中的重要作用（Toju et al.，2014），但森林砍伐对地上-地下生物跨界互作模式会产生怎样的影响？这些跨界互作关系将如何调节伐后森林恢复过程中生态系统结构与功能？这些仍不清楚。

三、微生物群落β多样性与群落构建

研究表明，微生物群落多样性与地上植物多样性和生态系统生态力存在显著正相关关系。因此，除了上述的微生物功能组成、跨界物种互作，微生物群落多样性也是衡量森林生态系统功能稳定性的重要指标。研究发现，亚马孙热带森林砍伐降低了土壤细菌群落β多样性，干扰后我国寒温带到热带雨林次生林土壤细菌群落组成的空间异质性显著降低。相较于择伐，将热带原始林转变成棕榈种植园增加了细菌群落β多样性，但降低了真菌群落β多样性。这些存在较大分歧的研究结果表明，土壤微生物β多样性对热带森林砍伐的响应受砍伐强度和微生物类群差异的影响。明确不同砍伐方式下土壤微生物群落β多样性格局及其形成机制有利于预测区域微生物物种库的大小，进而指导生态系统保护与恢复。

与植物群落类似，微生物群落β多样性通常表示为群落组成的空间周转速率（即：随地理距离的增加，微生物群落组成相似性降低），主要有物种替换和物种丢失2种周转模式（Socolar et al.，2016）。特别地，稀有物种丧失或外来物种入侵均会减少群落的同质性，增加群落组成异质性，进而增强空间周转速率；而本地物种减少和入侵物种的主导地位将会降低群落组成空间差异（Socolar et al.，2016）。森林皆伐会导致植物物种多样性和土壤养分的流失，这可能会进一步减少生境异质性而使土壤环境趋同化（Edwards et al.，2014）。相反地，径级择伐打开了更多林窗，为林下层物种提供了更有利光照条件，在不影响冠层植物组成的前提下促进林下多物种共存，最终提高生境异质性。这两种砍伐策略可能会通过重新塑造土壤微环境而对土壤微生物群落多样性产生不同的影响（Edwards et al.，2014）。因此，对不同森林砍伐策略下，土壤微生物群落组成周转模式的定量分析有助于我们清晰地认识土壤微生物群落β多样性对砍伐干扰的响应格局。

群落β多样性格局也是反映群落构建过程的关键性指标，它能帮助我们理解如何运用宏观生物群落地理分布格局的产生和维持机制来解释微生物群落组成与分布。例如，基于生境差异而形成的群落构建过程是通过生境过滤来筛选具有环境适应性的类群，这个过程将会导致群落组成相似性随地理距离的增加而减小。基于扩散限制而形成的群落构建模式强调中性过程，其中群落内不同物种的相对丰度差异不依赖于物种的生境偏好性（Martiny et al.，2011）。另一个是基于随机过程而形成的群落构建模式，该过程主要包括生长、死亡、物种相互作用等（Stegen et al.，2013）。尽管土壤微生物群落分布格局是以上过程共同作用的结果，但不同类型砍伐干扰下起主导作用的生态过程仍不明确。此外，有关伐后森林恢复过程中，微生物群落构建与植被修复的关联性鲜有报道。

综上，本节将依托尖峰岭国家野外观测研究站建立的164个公里网格样地平台（每个样地面积625m^2，相邻样地间距约1km），结合已累积的植被、土壤理化性质、枯落物质量和土壤微生物群落结构调查数据，深入分析不同历史砍伐强度后，热带森林土壤

微生物群落组成、功能差异及其关键影响因子；通过构建历史择伐和皆伐后次生林自然演替过程中的细菌-真菌-植物跨界分子网络，研究土壤微生物与植物群落互作模式及其对物种多样性的影响；建立微生物和植物群落组成的距离衰减模型，探究不同强度采伐迹地中，土壤微生物群落构建模式及其对植物群落组成的反馈调节作用。研究结果将为热带森林生态修复与科学管理提供理论依据。

第二节 热带森林植被与土壤微生物群落结构对历史砍伐的响应

一、研究地点简介

研究地点位于海南岛西南部尖峰岭森林保护区内的热带山地雨林（18° 23′ ~18° 50′ N、108 ° 360 ′ ~109 ° 05 ′ E）。该区域的年平均降水为1000~3600mm，年平均气温为19.4~27.3℃，属热带雨林气候类型，分为典型的干季（5~10月）和湿季（11月至翌年4月），干季降水量为全年15%，而湿季降水量占全年总量85%。保护区内共有472km^{2}的热带雨林，其中有2/3的面积在半个世纪前经历了认为砍伐干扰（径级择伐和皆伐）。皆伐过程中，胸径 >1cm 的植株被全部清除，而择伐后，30%~40% 的胸径 >40cm 的大树被砍伐。

目前，整个热带雨林呈现出原始林与伐后次生林镶嵌混交而成的斑块状景观。我们选取位于整个森林中心的160km^{2}的混交区域，建立了61块25m×25m的公里网格样地，包括19块原始林样地，25块择伐后自然演替而成的次生林样地，17块皆伐后自然演替而成的次生林样地。其中每2块样地的距离≤ 15km。样方内所有胸径≥ 1cm 的植株个体均挂牌标记，并记录坐标、物种、胸径、树高等信息。

二、植被群落结构和土壤理化性质对森林采伐的响应

原始林优势树种为粗毛野桐（*Mallotus hookerianus*）、大叶白颜、厚壳桂、托盘青冈和海南韶子，伐后次生林优势树种为公孙锥（*Castanopsis tonkinensis*）、鹅掌（*Schefflera octophylla*）、高山望（*Alniphyllum fortunei*）、九节和柏拉木。原始林平均植株个体数和地上生物量分别为379 ± 18kg/（m^2·a）和19750 ± 1335kg/（m^2·a），择伐迹地分别为405 ± 29kg/（m^2·a）和13911 ± 785kg/（m^2·a），皆伐迹地分别为536 ± 36kg/（m^2·a）和11433 ± 1017kg/（m^2·a）。植株个体数随历史砍伐强度的增加而增加，而地上生物量呈现相反的变化趋势，表明伐后次生林植物群落以幼树为主，而原始林植物群落多为大径级个体。

土壤有效氮和总磷含量也随着历史砍伐强度的增加而显著降低。择伐后次生林中土壤pH值、总钾、有效钾和交换性钙含量显著高于皆伐次生林，而皆伐林中凋落物总碳

和总钾含量最高。历史砍伐对土壤总碳、有效磷和含水量没有显著影响。总体上，砍伐干扰后，热带森林土壤氮、磷养分含量降低，地上生物量减少。

三、土壤真菌群落组成与功能对森林采伐的响应

在原始林与次生林样地中，土壤真菌群落物种（OTU）个数随着采样数量的增加均呈现出先增加后稳定的趋势，且单个样地内样本数≥5时真菌物种数趋于稳定（图7-1A），表明本研究用于分析微生物群落结构的样本数合理。真菌群落 α 多样性随历史砍伐强度的增加而减小，但其差异尚未达到显著水平（图7-1B）。非度量多维尺度法（NMDS）分析表明原始林、择伐次生林和皆伐次生林土壤真菌群落组成存在显著差异［PERMANOVA 检验：F2，58=2.1，P=0.001，图7-1C］。真菌群落组成优势种在3种森林类型中也存在明显差异，其中结合菌纲（Zygomycota）相对丰度由原始林的45%降低到次生林的25%。而担子菌门（Basidiomycota）相对丰度由原始林的27%增加到次生林的48%（图7-1D）。以往研究结果也表明砍伐对热带森林土壤微生物群落组成的影响可以持续50年以上，但导致微生物群落改变的主要驱动因子，以及这些变化所对生态系统所产生的影响仍存在争议（Kyaschenko et al.，2017）。我们的研究表明，真菌各类群相对丰度大多与植株密度和地上生物量显著相关，表明森林砍伐后，植物群落的改变可能是影响土壤真菌群落变化的关键因素。众所周知，不同的植被组成可通过影响凋落物质量和根系分泌物而改变土壤养分条件，进而影响微生物群落。较高的植被覆盖率和地上生物量将输入更丰富多样的有机物底物，促进土壤微生物生长。但本研究发现土壤

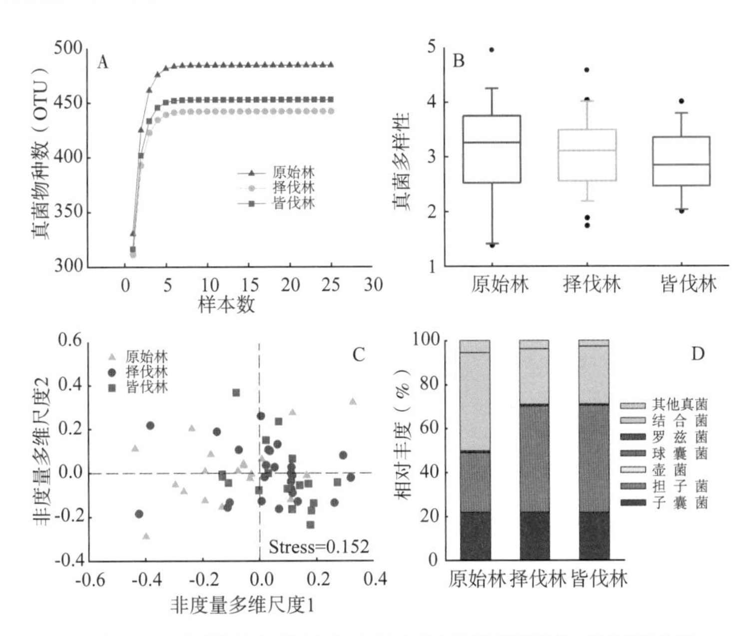

图7-1 原始林和伐后次生林土壤真菌群落特征差异性比较

A：样本量与真菌物种数的关系；B：真菌群落香浓多样性指数；C：真菌群落结构差异；D：真菌群落优势类群在门水平的组成差异

真菌优势类群丰度与植株密度和地上生物量大多呈负相关。这有可能是因为较高的植被覆盖率也会减少林窗，进而通过改变光照、土壤水分和温度等非生物环境因素而影响微生物群落的定殖。以往研究也证实了真菌对土壤水分变化的响应十分敏感，这也进一步支撑了我们的研究结果中优势真菌类群与土壤含水量的显著相关性（表 7–1）。

表 7–1 不同真菌功能类群相对丰度与植被特征、凋落物质量和土壤理化性质的相关性分析

环境因子	动物病原菌	内生菌根真菌	外生菌根真菌	似欧石南菌根真菌	植物病原菌	植物腐生菌	土壤腐生菌	木腐真菌	真菌 α 多样性
植被组成 –PC1	–0.155	0.104	–0.036	–0.138	–0.086	0.01	–0.002	–0.131	0.024
植被组成 –PC2	0.162	–0.139	–0.007	–0.221	0.188	–0.003	0.117	0.053	0.246
植被组成 –PC3	–0.121	0.228	–0.023	–0.031	0.172	–0.02	–0.118	–0.006	0.073
植被组成 –PC4	0.038	–0.18	–0.046	–0.168	0.155	–0.054	0.054	–0.158	0.077
植被 α 多样性	0.032	–0.059	–0.062	–0.054	0.092	0.033	0.077	0.062	–0.162
地上植被生物量	–0.196	–0.01	–0.059	–0.141	0.043	0.049	–0.181	–0.074	0.149
植株密度	–0.112	–0.024	–0.059	0.191	–0.173	0.111	0.037	–0.079	–0.339**
凋落物碳含量	–0.270*	–0.232	–0.139	0.022	–0.14	0.033	–0.086	–0.002	–0.102
凋落物氮含量	–0.141	–.268*	–0.148	–0.165	–0.017	–0.13	0.009	–0.089	–0.161
凋落物碳氮比	–0.006	0.194	0.125	0.169	–0.049	0.187	–0.086	0.088	0.158
凋落物磷含量	–0.066	–0.396**	–0.063	–0.255*	0.142	–0.005	0.083	0.09	–0.021
凋落物钾含量	0.309*	–0.102	–0.074	–0.138	0.098	–0.278*	–0.015	–0.013	0.089
凋落物 pH 值	0.096	–0.087	–0.026	0.038	0.317*	–0.191	–0.086	0.099	0.005
土壤碳含量	–0.183	0.054	–0.052	–0.138	–0.033	0.109	–0.041	–0.205	–0.055
土壤氮含量	–0.22	–0.174	–0.157	–0.275*	0.005	0.079	0.01	–0.148	–0.167
土壤有效氮含量	–0.285*	–0.243	–0.144	–0.327*	–0.128	0.008	–0.055	–0.185	–0.154
土壤碳氮比	–0.064	0.2	0.033	0.17	–0.026	0.079	–0.025	–0.103	0.025
土壤总磷含量	–0.08	–0.338**	–0.114	–0.257*	–0.01	–0.017	0.084	–0.037	–0.099
土壤有效磷含量	0.033	–0.048	0.208	–0.101	0.144	–0.012	0.125	0.079	0.216
土壤总钾含量	0.147	–0.08	0.059	–0.184	0.122	–0.147	0.131	0.202	0.088
土壤有效钾含量	0.125	0.077	0.114	0.006	0.148	–0.112	0.135	0.188	0.118
土壤交换性钙含量	–0.133	–0.151	–0.263*	–0.208	–0.073	–0.177	0.116	–0.018	–0.179
土壤交换性镁含量	0.002	–0.126	–0.076	–0.029	0.019	–0.242	0.279*	0.15	0.043
土壤 pH 值	0.207	0.337**	0.158	0.014	0.069	0.067	–0.038	0.007	0.327*
土壤含水量	–0.205	–.365**	–0.288*	–0.202	–0.208	–0.031	–0.04	–0.158	–0.385**
土壤容重	0.425**	0.412**	0.17	0.271*	0.134	–0.242	0.065	0.218	0.222
海拔	–.395**	–0.451**	–0.235	–0.361**	–0.189	0.09	0.075	–0.107	–0.264*

注：* 表示 <0.05，** 表示 <0.01。

真菌功能组成对历史砍伐的响应十分显著，其中腐生真菌相对丰度随砍伐轻度的增加而降低，但择伐后次生林内 EcMF 和病原菌相对丰度增加，皆伐后次生林内木腐真菌和欧石南类菌根真菌相对丰度增加（图 7-2）。EcMF、病原真菌和欧石南类菌根真菌相对丰度与凋落物、土壤含水量和养分含量呈显著负相关关系，而与土壤 pH 值和容重显著正相关。腐生真菌相对丰度则与地上生物量、土壤有效氮和含水量显著正相关。有关温带森林的研究结果表明，树木砍伐通常会导致土壤真菌功能组成由菌根真菌向腐生真菌转变（Kyaschenko et al.，2017）。但本研究却发现皆伐和择伐后次生林内，EcMF 和欧石南类菌根真菌分别有所增加，这可能是因为次生林演替初期（皆伐后次生林）石南类菌根真菌能帮助植物获取更多有效养分，而演替中期 EcMF 能为植物提供水分和微量营养元素。森林砍伐后腐生真菌相对丰度呈现降低的趋势，这可能是 EcMF 与腐生真菌对有机底物竞争的结果。我们进一步发现砍伐后，EcMF 类群中乳茹属（*Lactarius*）和红茹属（*Russula*）这 2 个属的相对丰度增加最明显，而以往的试验验证了这 2 类真菌可以在没有宿主的条件下通过分解有机底物而存活并繁殖。因此，当森林砍伐后，宿主减少，乳茹属和红茹属将与腐生真菌竞争有机质底物，进而限制腐生真菌的生长。此外，土壤氮素有效性也是调节 EcMF 和腐生真菌竞争关系的重要因子（Näsholmet al.，2013）。本研究中伐后次生林土壤有效氮含量显著低于原始林，因而促进了 EcMF 和腐生真菌的竞争，并且在竞争过程中 EcMF 能快速地从植物获取能量来源，具有更强的竞争优势，因此限制了腐生真菌的生长（Näsholmet al.，2013）。皆伐次生林内木腐真菌相对丰度最高，主要是由于皆伐过程中有大量的残余物，包括木桩、叶片和根系凋落物等，这些残余物促进了木腐真菌的定殖。

第三节　土壤微生物–植物互作模式对森林采伐的响应

研究表明，跨界微生物互作对土壤功能的影响可能比同一界内微生物群落的互作影响更大，因此探究森林砍伐后土壤细菌–真菌跨界互作模式的改变将为深入理解微生物的群落构建及其生态学功能提供新的思路。我们研究发现历史择伐增加了热带雨林土壤细菌–真菌负相互作用的比例，而历史皆伐增加了其正相互作用的比例，表明土壤细菌和真菌之间存在较强的跨界竞争关系。森林砍伐会减少凋落物和根系分泌物，将导致土壤碳和氮、磷、钾等营养元素的大量流失，进而增强土壤微生物群落对底物的竞争（Ballhausen & Boer，2016）。例如：菌根真菌和腐生真菌、病原真菌之间的竞争关系会随着土壤碳和养分含量的降低而增强，并且这些竞争关系会进一步影响土壤养分对植物的可利用性（Bödeker et al.，2016）。Deveau 等（2018）和 Ballhausen 等（2016）研究表明，细菌和真菌之间的竞争会导致细菌对真菌细胞的溶解以及真菌对土壤 pH 值和溶解氧含量的调控，这些微生物过程将通过改变生境条件和养分循环而影响植物生长。我们发现择伐后细菌-真菌的负相互作用主要与 pH 值、土壤含水量、土壤和凋落物碳、氮、磷含量以及植物组成相关，这进一步验证了以上理论。但不同于以往的研究，本研究强调了跨界微生物群落的互作关系，有利于完善低养分胁迫下土壤微生物竞争的内在驱动机制。另一方面，我们的结果也表明细菌-真菌跨界竞争关系对土壤理化性质、养分含量和植物群落有一个正向的反馈调节作用。

我们的研究还发现皆伐后次生林土壤中细菌-真菌的正相互作用增加，这可能是跨界微生物群落之间由于生境重叠、资源交换和养分互馈吸收而导致的细菌和真菌群落的协作关系（Deveau et al.，2018）。特别的，我们发现了 Burkholderia 是参与细菌-真菌正向互作的主要细菌类群，并且这类细菌被鉴定为皆伐次生林中土壤细菌-真菌跨界网络结构中的关键类群。依据前人的研究，Burkholderia 是与真菌互利共生的一类典型的细菌，它可以利用真菌分泌的代谢产物作为碳源，并帮助真菌抵抗环境的干扰。这类细菌很有可能通过与真菌共生来提高其生存能力而不是直接从土壤获取碳源。从真菌功能组成来看，菌根真菌和病原真菌与细菌的正相互作用增加，而腐生真菌与细菌的正向互作用减少。其中一个原因是因为砍伐后次生林中腐生真菌相对丰度减少，而菌根真菌和病原真菌相对丰度增加。腐生真菌较少将进一步降低凋落物的分解速率和土壤碳对细菌群落的可利用性。这反过来会促进细菌与真菌其他功能类群产生互利共生关系，例如菌根真菌和病原真菌。另一个重要的原因可能是在宿主植物减少的情况下，菌根真菌和病原真菌需要与细菌共生来满足其所需的碳源，而腐生真菌仍然需要与细菌竞争有机碳底物（Deveau et al.，2018）。值得注意的是，皆伐次生林中土壤细菌-真菌群落相互作用与地上植被生物量、土壤总碳和凋落物总碳含量显著正相关，表明菌根真菌和病原真菌与细菌的正相互作用增加将促进土壤碳固持。

同时，我们还建了植物-土壤微生物跨界物种共存网络，对比以往研究中植物与根系相关土壤微生物群落的互作关系（Toju et al.，2014），发现本研究中植物-土壤微生物的互作模式具有较强的嵌套性（图 7-2）。有可能是因为本研究主要关注非根际土壤中的微生物群落，相比根系相关的微生物，非根际土壤微生物与植物的直接关联性较弱。研究表明，嵌套性是植物与非共生微生物网络结构的典型特征，这进一步证实了我们的结果。对比两种森林砍伐模式，我们发现植物-微生物跨界网络的嵌套性和模块性在择伐后降低而在皆伐后增加，表明皆伐后植物-微生物互作模式的模块化。同时，我们首次证明了植物-微生物网络的模块性与凋落物碳含量显著正相关，并推测特定的植物-微生物群落聚集形成的生态功能模块有利于提高凋落物碳含量，进而影响生态系统碳循环。

此外，森林砍伐后植物-土壤微生物跨界物种共存网络的特化对称性降低（图 7-3），这种现象在植物-真菌网络中尤其显著，表明土壤微生物在选择与之共存的植物种类时广谱性增加而专一性降低。进一步研究表明，植物-细菌正向互作子网络的

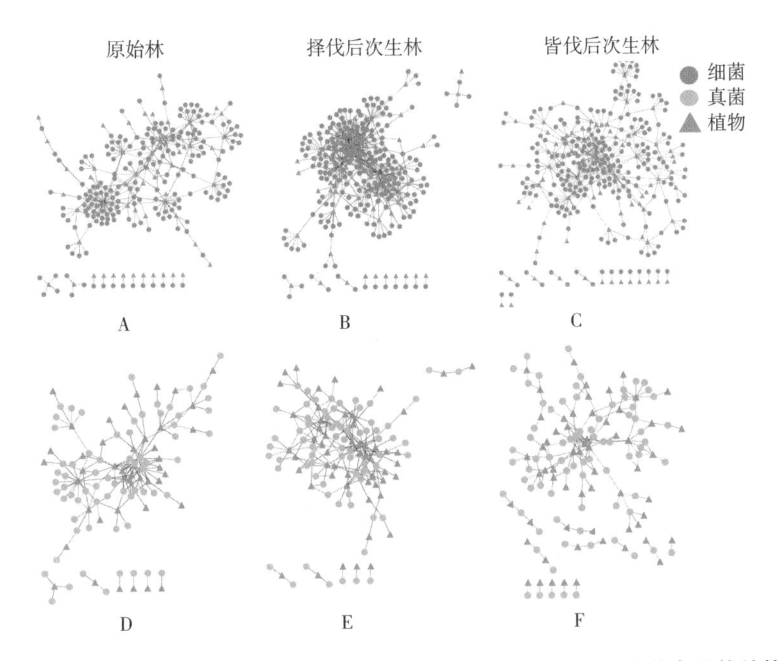

图 7-2 原始林和伐后次生林土壤微生物-植物群落跨界物种共存网络结构

A、B、C：细菌-植物共存网络，D、E、F：真菌-植物共存网络。图中红色线条表示正向互作，蓝色线条表示负向互作

特化对称性与土壤有效氮含量显著相关，表明植物与土壤细菌在利用氮素时的互馈吸收关系（图 7-3）。森林砍伐后，植物群落可能会召集更多的共生菌或与固氮微生形成互利共生关系，进而抵御土壤氮有效性降低的影响。相反地，植物-真菌负向互作子网络的特化对称性与土壤有效氮含量显著相关（图 7-3），表明植物和真菌之间敌对关系的增强。当与真菌与植物对养分的竞争加大时，与植物互作的真菌群落优势类群将由特化种转变为广谱种。同时，我们发现植物与病原真菌以及菌根真菌的负向互作关系增加，进一步说明了病原真菌和菌根真菌在广谱种的优势地位。以往研究揭示如果单个植物遭受多种病原菌的攻击，此时病原菌会抑制共存；但如果单个植物能与多种菌根真菌共生，此时菌根真菌对多物种共存具有促进作用。因此，病原真菌和菌根真菌相对于宿主植物的广谱性对调控伐后森林恢复过程中植物群落的构建具有重要作用。植物-土壤微生物互作对物种共存的影响主要依赖于植物物种间对养分或空间的竞争关系。因此，植物-真菌之间负向互作关系增强也可能因为宿主植物通过与特定的真菌互作而与其他植物间接竞争养分或空间资源。此外，我们发现择伐和皆伐后，植物外生菌根功能类群丰度增加，比如：青冈属、柯属和锥属。这些植物在外生菌根真菌的帮助下能提高养分吸收效率，在森林恢复中具有较强的竞争能力。研究发现，菌根真菌群落的重建也许是促进植物群落恢复的重要手段（Näsholm et al., 2013）。总之，热带森林自然演替中，植物-土壤微生物跨界物种互作与土壤养分和植物群落组成之间的耦合关系决定了植物和土壤微生物对养分的互馈吸收模式，是影响植被和养分恢复效率的重要因子。

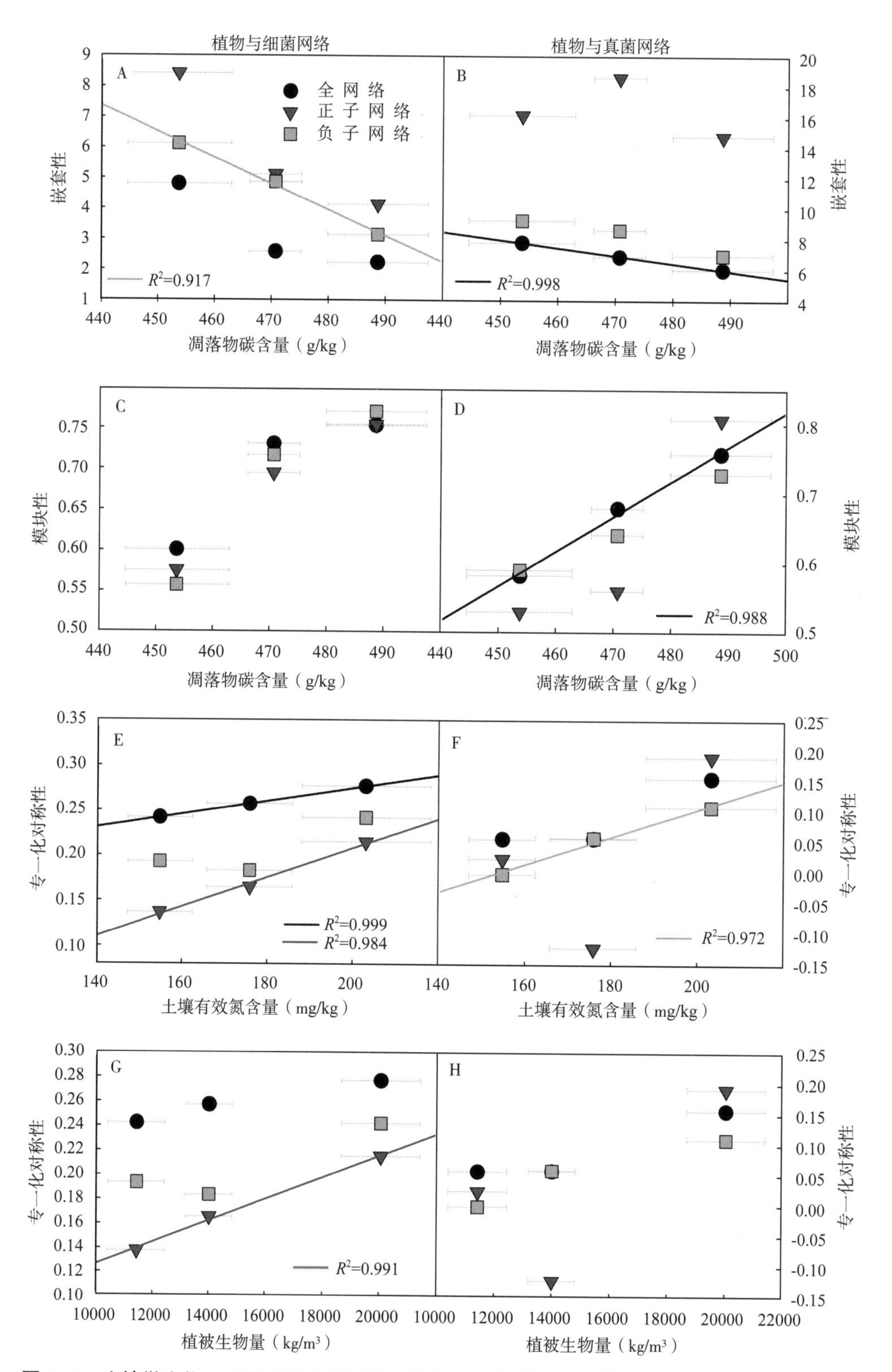

图 7-3 土壤微生物 - 植物跨界物种互作网络结构特征指标与凋落物碳含量、土壤有效氮含量和植物地上部生物量的相关性分析

A、C、E、G：细菌 - 植物跨界网络结构特征指标，B、D、F、H：真菌-植物跨界网络结构特征指标

第四节 不同采伐强度下土壤微生物群落构建模式及其对植被恢复的影响

这部分研究内容厘清了历史择伐和皆伐对热带森林土壤微生物群落组成空间周转速率以及群落构建模式的影响。历史皆伐降低了土壤细菌群落系统发育组成的空间周转速率，表明细菌群落在遗传水平上的趋同性，这将进一步降低物种多样性和生态系统对干扰的抵御能力。相反，历史择伐增加了土壤真菌群落系统发育组成的空间周转速率，这与植被系统发育组成空间周转速率的增加显著相关（表 7–2）。此结果进一步验证了植物基因型影响土壤真菌群落组成的假说。择伐为郁闭度较高的热带森林打开了更多林窗，增加了下层植被的有效光照、降水量以及环境温度，为耐阴的具有快速生长速率的植物提供了有利条件（Edwards et al.，2014）。这些由林窗导致的局域环境变化可增强植物和土壤细菌群落的空间异质性。然而，我们发现择伐后植物群落组成空间周转速率的增加并不显著，与真菌群落组成周转速率的变化耦合性不强。也许是真菌群落空间变异受植物和其他环境因子（如：土壤 pH 值、碳氮比、海拔）的共同影响。海拔通常被认为是影响微生物群落空间分布格局的主导因子，海拔能通过改变温度、光照和土壤理化性质而间接影响土壤微生物。另一个可能的原因是森林砍伐而引起的植物残余物对土壤真菌群落的影响产生了较强的后遗效应，进而覆盖了植物群落组成对真菌的影响。与真菌不同，土壤细菌群落与土壤理化性质的关联性大于其与植物群落的关联性（Hannula et al.，2019），这支撑了我们的研究结果，即土壤细菌群落组成空间周转速率随着土壤环境空间差异的增加而增加。

然而，在我们的研究结果中，择伐同时也增强了细菌与植物群落组成的关联性。尽管植物–土壤反馈更多的是受根际微生物组的调控而较少受非根际微生物组的调控，但植物也可以通过一些间接的途径与非根际微生物产生关联，如凋落物质量与数量、根际非根际土壤微生物互作、植物与非根际土壤微生物养分竞争等。在择伐后产生的林窗内，新定植的植株可能会召集特定的土壤微生物类群与之共存，通过改变微环境而创造有利的生长条件。我们假设这种植物–细菌互作关系的增强会增加土壤环境的空间变异，进而促进土壤细菌群落组成的空间周转速率。但择伐后土壤细菌群落构建并非受到土壤环境变化而引起的决定性过程的调控（表 7–2）。

皆伐降低了土壤微生物群落组成的空间周转率，表明微生物组成更加趋同化，这主要受植物和土壤环境空间同质化的影响。我们进一步发现皆伐次生林内土壤碳氮比与真菌群落组成显著相关，表明皆伐通过改变土壤养分条件而对真菌群落产生了选择压力（表 7–3）。尽管如此，微生物群落构建在一定程度上还是受随机性过程的影响，这与皆伐后微生物群落组成同质化的结果相矛盾（Martiny et al.，2011）。依据 Stegen 等

表 7-2　基于距离矩阵的多重线性回归分析

细菌群落	分类水平			权重系统发育水平			非权重系统发育水平		
	原始林	择伐后次生林	皆伐后次生林	原始林	择伐后次生林	皆伐后次生林	原始林	择伐后次生林	皆伐后次生林
	R^2=0.263	R^2=0.112		R^2=0.396	R^2=0.118		R^2=0.513	R^2=0.263	R^2=0.082
地理距离									0.021^{*}
植物分类多样性		0.297^{**}							
植物权重系统发育多样性					0.314^{***}				
植物非权重系统发育多样性								0.152^{***}	
土壤 pH 值				0.200^{*}			0.119^{**}	0.052^{*}	
土壤碳氮比		0.251^{*}							
土壤总磷	0.322^{*}			0.194^{*}			0.089^{*}		
土壤交换性镁							0.050^{*}		
土壤含水量	0.322^{*}			0.218^{**}			0.093^{**}		
凋落物钙含量				0.180^{**}			0.075^{**}		

注：表中 * 表示偏回归分析的显著性差异：* 表示 $P<0.05$，** 表示 $P \leqslant 0.01$，*** 表示 $P \leqslant 0.001$，下同。

表 7-3　基于距离矩阵的多重线性回归分析

真菌群落	分类水平			权重系统发育水平			非权重系统发育水平		
	原始林	择伐后次生林	皆伐后次生林	原始林	择伐后次生林	皆伐后次生林	原始林	择伐后次生林	皆伐后次生林
	R^2=0.275	R^2=0.062	R^2=0.108	R^2=0.229	R^2=0.246		R^2=0.229	R^2=0.208	
地理距离							0.202^{*}		
植物分类多样性	0.293^{*}	0.311^{*}							
植物权重系统发育多样性					0.221^{*}				
植物非权重系统发育多样性							0.202^{**}	0.180^{*}	
海拔	0.0004^{*}			0.0003^{**}	0.0002^{**}			0.0001^{*}	
土壤 pH 值							0.079^{*}		
土壤碳氮比			0.156^{*}						

（2013）的研究成果，随机过程是生态漂变、扩散限制和同质化扩散等共同作用的结果。其中，同质化扩散是指扩散速率较高以至于降低了群落组成的空间周转率，将最终导致群落组成的趋同性。因此，皆伐可能增强了土壤微生物的同质化扩散而非遗传漂变和扩散限制，这主要是由于土壤条件和植被组成均质化而削弱了微生物的扩散边界。有趣的是，决定性过程对细菌系统发育组成变异的解释率（64%~80%）高于其对细菌分类组成变异的解释率（27%~40%），这与植物和动物群落的格局相反。大型生物群落沿环境梯度的系统发育组成变异往往出现在较大的尺度条件下，而土壤微生物对土壤微环境变化较敏感，因而其系统发育组成可以随小尺度下的环境梯度而变化。

本研究证明，历史砍伐对土壤微生物群落优势种、功能组成、跨界互作网络以及群落构建均产生了深刻影响，并阐明了这些土壤微生物群落特征的变化对植物群落构建与植被恢复的影响及机制。总体上，经过 50 年的自然恢复，伐后森林土壤真菌群落系统发育和功能组成均发生了显著变化。真菌优势类群由接合菌门（Zygomycota）变成了担子菌门（Basidiomycota）。功能组成上，伐后森林土壤菌根真菌、动物病原菌及木腐真菌相对丰度增加且择伐后外生菌根真菌增加较明显，皆伐后欧石南菌根真菌增加较显著。真菌群落的组成与植被组成显著相关，菌根真菌相对丰度的增加可为伐后天然更新的植被提供更多土壤养分，促进森林恢复。细菌–真菌以及植物–微生物跨界互作模式可通过影响土壤养分有效性和植物更新而影响伐后次生林植被恢复进程。具体的，择伐后细菌–真菌跨界物种的负向互作强度增加，以及植物–微生物跨界互作的嵌套性和模块性增强，这将增加微生物群落的生态位分化，加快养分转化，提高养分对植物的有效性，进而促进多物种共存。皆伐后细菌–真菌跨界物种的正向互作强度增加，同时植物–微生物互作的嵌套性和模块性增加，这将导致地上地下群落体系的同质化，进而阻碍物种多样性的恢复。与此同时，择伐加快了土壤真菌群落系统发育组成的空间周转速率，并增强了真菌群落组成与植物组成和土壤环境变异的耦合性，这有利于维持植物多物种共存，进而促进次生的植被和生态系统功能的恢复。对比择伐，皆伐导致土壤细菌和真菌群落组成在空间上的同质化，削弱了微生物与植物群落的耦合强度，微生物群落构建主要受随机过程的调控。因此，皆伐后次生林中土壤微生物群落组成结构与功能的可控性降低，将更加容易受到外界的干扰，因而减小生态系统的抵抗性和森林恢复的效率，这需要更多的人工辅助措施而加快森林恢复进程，如通过补植能与土壤微生物群落显著关联的功能树种等。

第八章 森林土壤固碳细菌群落对林冠损伤的响应策略[①]

近年来，大气中温室气体浓度大幅度增加，导致极端天气的频繁发生（Hansena et al.，2012），如2008年我国南方的冰灾，2010年我国西南的大旱、新疆的暴雪等，2013年菲律宾的台风和我国东北的洪涝灾害，2015我国新疆的冰雹等。极端气候的频繁发生不仅造成严重的经济损失，还会使整个生物圈遭到严峻影响。在对待极端气候的问题上，不仅要挽救财产价值，还要积极找出有效措施，使灾害对生态系统的损失降到最低，加快整个生态系统恢复。

有研究指出，极端气候造成的灾害是不可重复的、不可预测的，这也是表明极端气候对造成的灾害的仿真实验无法进行，但是极端气候造成的灾害是可以进行数据统计的。2008年南方冰灾对森林造成大面积的损伤，据统计，我国森林受损到达2.8亿亩，南岭南部森林超过90%的树木遭到破坏，使得森林林冠大幅度的折枝，凋落物大量输入。这些森林冠层损伤和凋落物输入量改变了整个森林生态系统，土壤微生物作为分解者，直接参与生态系统，因而也会受到林冠开度和凋落物输入量的影响，这些影响直接反映在土壤微生物的菌群总数及多样性上。灾后森林呼吸作用增强，叶片生物量急剧下降，光合作用固碳减少，可能由碳汇转化为碳源（Xiao et al.，2016）。

凋落物是森林土壤养分循环的主要碳源，凋落物输入的改变会导致土壤碳含量变化（Sayer et al.，2007）。凋落物分解进入土壤层的机制是生态系统功能的基本过程，它调节土壤有机质循环、CO_2排放到大气中以及碳封存到土壤中。潮湿的热带森林具有全球最高的凋落物产生率和最快的凋落物分解速度，导致凋落物碳和养分储量的快速周转（Silver et al.，2014）。作为土壤中的一种外源有机物，凋落物是森林生态系统中物质和能量流之间的重要纽带，其产生、分解及相关过程直接影响土壤碳密度和储存。人为干扰和气候变化产生了大量堆积在地面上的枯枝落叶，通过影响碳循环的功能放大了它们对森林生态系统的影响（Xiao et al.，2016）。土壤微生物能调节落叶物质分解和土壤有机质转化（Smith et al.，2015）。大多数土壤微生物群落的组成对干扰是敏感的。土壤有机碳（SOC）被定义为正或负启动效应，即外源碳的输入可以加速或抑制SOC的分解（Yu et al.，2020）。正启动效应是指外源物质的添加会促进SOC矿化，降低SOC含量。

① 作者：禹飞、梁俊峰、赵厚本。

人们普遍认为，固碳主要依靠植物的光合作用，土壤微生物通过参与降解有机物来促进碳循环。土壤微生物固定 CO_2 的能力近年来广受关注（Yousuf et al.，2012；Qin et al.，2021）。事实上，微生物在固碳中的作用被低估了，已有研究表明，微生物光合作用固定的 CO_2 占全球初级生产力的很大一部分（Guzman et al.，2019）。微生物吸收的 CO_2 可以产生脂质、碳水化合物和蛋白质。土壤自养细菌在大气 CO_2 封存中发挥重要作用并影响有机物的再生和循环。

自养细菌对 CO_2 的同化在土壤碳循环中发挥着关键作用（Yuan et al.，2012）。细菌可以通过生化反应将 CO_2 转化为有机碳，然后利用 CO_2 形成自己的细胞材料（Yuan et al.，2012）。土壤 CO_2 固定细菌将 CO_2 转化为它们的基本有机化合物。卡尔文循环是二氧化碳固定的主要途径，由细菌和藻类完成。1,5- 二磷酸核酮糖羧化酶（RubisCO）作为关键酶，催化卡尔文循环固定 CO_2 的第一步反应。RubisCO 以 4 种形式（Ⅰ~Ⅳ型）存在，具有不同的结构、催化功能和 CO_2 敏感性。研究表明，RubisCO Ⅰ在土壤中发挥着重要作用。编码 RubisCO I 大亚基的 cbbL 基因已被作为研究土壤固碳细菌的分子标记（Qin et al.，2021）。cbbL 基因序列的系统发育研究表明，编码 Rubisco Ⅰ的 cbbL 基因可以进一步区分为 IA~ID 的 4 个进化分支（Yuan et al.，2012）。这些进化枝包括专性自养细菌（IA Rubisco）、绿色植物和一些蓝细菌序列（IB）、兼性自养细菌（IC）和发色藻类（ID）（Yuan et al.，2012）。一些氧化细菌，如日本慢生根瘤菌、分枝杆菌属和伯克霍尔德氏菌属，也含有 cbbL 基因，因此可以通过卡尔文循环结合 CO 氧化来固定 CO_2。这些细菌在碳循环中的关键作用使得相同的细菌群也有可能成为干扰后早期恢复阶段在土壤中重新建立的第 1 个生物群落（Eaton et al.，2020）。土壤固碳细菌的群落结构和多样性受植物类型、土地管理和土壤因素的影响，尤其是土壤有效氮、土壤 pH 值和土壤有机碳（SOC）的影响。

本研究旨在通过模拟冰灾对森林林冠的损伤，研究林冠损伤和非正常凋落物对土壤固碳微生物的群落结构和多样性的影响，以及在此后的生态恢复过程中土壤固碳微生物群落的变化规律，探讨在整个受损森林生态系统中，固碳微生物对森林冠层受损的响应，为研究土壤固碳微生物固碳潜力提供依据。

第一节　人工模拟冰灾对森林冠层的损伤及环境因子的响应

一、实验样地设置

实验样地位于中国广东省韶关市曲江区国营小坑林场（24° 39′42″~24° 42′33″ N，113° 49′08″~113° 52′12″ E，海拔 550~580m），坡度小于 35°，该区域为亚热带季风气候，林龄为 35 年的南岭地区典型南亚热带常绿阔叶林，优势树种为黧蒴、小红栲，2008 年冰灾未对该区域造成损害。本研究利用已经建立的人工处理模拟林冠受损实验样地。

2010 年 12 月对林冠郁闭度、林分进行调查，选择相似的山头设置 4 块 30m × 30m 的实验样方，各有 3 个作为重复，其 4 个样方间距均大于 10m，重复样地间距均大于 100m。每个样方四个边缘内设置宽度为 5m 的缓冲带，样方的中心的观测区（20m × 20m）分隔成 16 个 5m × 5m 的小样方。林冠损伤处理于 2010 年 12 月至 2011 年 2 月进行，每个样地内的 4 个样方被分成 4 个不同处理：对照（CN），林冠损伤 + 移除枝叶（TR），林冠损伤 + 保留枝叶（TD），未损伤 + 移入枝叶（UD）。林冠损伤处理参照 2008 年冰灾对森林树木受损的数据进行处理，具体的处理如下：林冠受损的样地（TD 和 TR），在第 1 级分叉下断顶处理其胸径为 5~10cm 的树木；在胸径 >10cm 的树木拉断其直径 <10cm 的树枝。TD 样地内的林冠受损后处理枝叶仍留在 TD 样地，TR 样地林冠受损后处理枝叶移除并均匀撒在 UD 样地，CN 样地为林冠未受损样地，样方处理采用砍开缺口后人工拉断的方式进行。目前该样地正在进行林冠损伤对森林碳循环、养分循环、水文动态等方面的研究，样地维护良好，受损树木死亡率较低。

2011—2015 年每年 7~8 月在固定的 12 个点利用五点采样法采取 200g 左右土壤表层（0~10cm）的样品，将其混合均匀，分为 2 份带回实验室，土样过 2mm 筛。一份样品自然风干，用于土壤化学性质的测定；另一份保存在 -80℃冰箱，用于分子实验研究。

二、林冠损伤对环境因子的影响

于 2011—2015 年每年 8 月使用 Nikon D700S 全画幅数码相机和 180° 鱼眼镜头在距地面 1m 处摄取林分垂直方向的影像，利用 Gap Light Analyzer 软件所拍摄照片进行分析计算得到林冠开度（canopy openness）数据；2010 年 12 月到 2015 年 8 月在每个样方中心处分别放置 4 个规格（长、宽、高）为 1.0m × 1.0m × 0.2m、网格孔径为 1.0cm 的凋落物收集网框，每月底对 4 个收集框里的凋落物收集 1 次合为 1 个样品，将收集的样品在 65℃烘干后称重；降雨量和温度的数据来自附近曲江气象局，采用 7 月、8 月的平均降雨量及 7 月、8 月的平均温度。

通过模拟 2008 年冰灾对南方森林冠层的影响，对小坑林场进行林冠受损处理。本实验测量 2011—2015 年共 60 个样方之间的林冠开度数据、收集 5 年样地间凋落物的输入量，分别对其同一年份及同一样地凋落物输入量和林冠开度做单因素方差分析（表 8-1），凋落物输入量为每年每月收集凋落物的总和。

同一年度 CN 和 UD 样地之间的林冠开度没有显著差异（图 8-1A）。2011-2012 年 TD 和 TR 的林冠开度显著高于 CN 和 UD（图 8-1A）。随着受损森林的恢复，2013 年 TD 和 TR 的林冠开度略高于 CN 和 UD（图 8-1A）。然而，2014 年和 2015 年则略低于 CN 和 UD（图 8-1A）。

2011 年，UD 和 TD 的凋落物输入显著高于 CN 和 TR（$P<0.001$），因为从 TR 移除的凋落物添加到 UD（图 8-1B）。从 2012 年到 2014 年，TD 和 TR 的凋落物输入显著低

于 CN 和 UD，但 2015 年无显著差异（图 8-1B）。考虑到土壤样品是在每年 8 月份采集的，仅分析了曲江区气象局提供的 2011—2015 年 7 月、8 月的降雨量和平均气温。降雨范围为 97.50~187.85mm，温度范围为 24.1~29.0℃（图 8-1C）。2011—2014 年 7~8 月平均气温变化不大，2015 年气温略有下降。2013 年降水量明显增加至 187.85mm，其他年份降雨量在 100~120mm 之间波动（图 8-1C）。

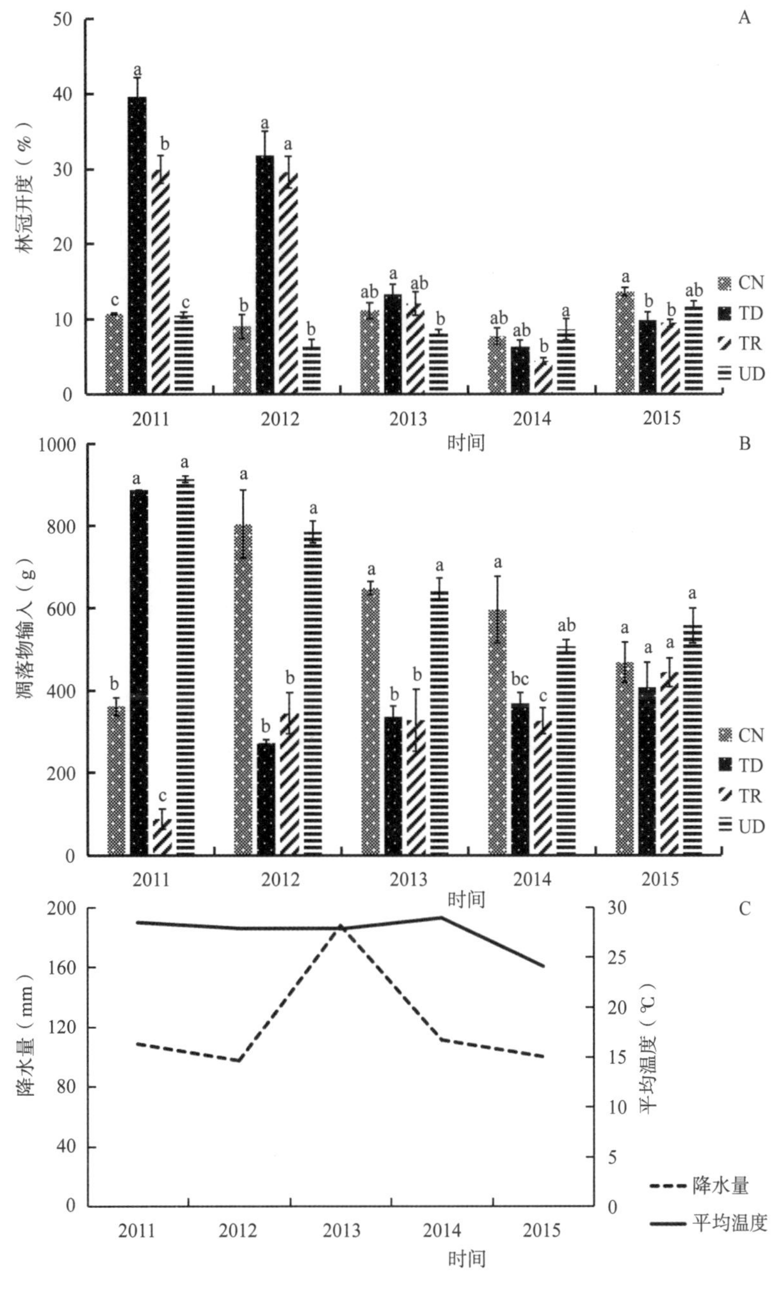

图 8-1　林冠开度、凋落物输入、降水和平均温度的动态变化

A：林冠开度；B：凋落物输入；C：降水和平均温度

三、林冠损伤对土壤理化性质的影响

林冠损伤和凋落物输入对土壤的理化性质具有显著的影响。2011 年，TD 样地的有机碳含量最高，而 CN 和 UD 样地最低（$P<0.001$）。2012 年 TR 样地的有机碳含量最高，TD 样地最低（$P<0.05$）。2013 年林冠损伤和凋落物输入双重处理的 TD 样地的有机碳含量最高（$P<0.001$），其余样地无显著差异。2014 年，TR 样地的有机碳含量最高，而 TD 样地最低（$P=0.006$）。2015 年各处理样地与对照土壤理化性质无明显的差异，表明林冠损伤 5 年后，森林生态系统已恢复到损伤前的水平。TR 样地的有机碳含量在 2013 年下降，在 2015 年显著增加（$P=0.025$）。2012 年和 2014 年，TD 样地的有机碳含量显著下降（$P=0.016$）。CN 和 UD 样地在林冠损伤期间有机碳含量没有显著差异（表 8–1）。

2011 年，TD 和 TR 样地中的全氮（TN）含量显著高于 CN 和 UD 样地（$P<0.001$）。TR 样地的全氮含量较高，而 2012 年的 TD 则较低（$P=0.001$）。2013 年 TD 的全氮含量高于其他样地（$P<0.001$），2014 年则低于其他样地。林冠损伤 5 年后无显著差异。2011 年 CN 样地的有效磷（AP）含量显著低于其他样地（$P<0.001$），而 UD 样地的有效磷含量在 2012 年和 2013 年显著高于其他样地（$P<0.05$）。2014 年和 2015 年土壤理化性质差异不显著（表 8–1）。

表 8–1 实验样本的土壤理化性质

样本	pH 值	土壤有机碳（g/kg）	全氮（g/kg）	全磷（g/kg）	有效磷（mg/kg）	硝态氮（mg/kg）
CN11	4.92 ± 0.01a	21.65 ± 0.21c	1.67 ± 0.01b	0.30 ± 0.00ab	3.63 ± 0.12c	7.72 ± 2.45b
TD11	4.70 ± 0.03b	31.39 ± 0.32a	1.96 ± 0.03a	0.29 ± 0.01b	6.13 ± 0.09b	9.13 ± 1.62b
TR11	4.60 ± 0.03c	26.24 ± 0.60b	2.00 ± 0.06a	0.29 ± 0.00b	7.02 ± 0.10a	27.51 ± 0.51a
UD11	4.88 ± 0.01a	21.92 ± 0.31c	1.66 ± 0.02b	0.32 ± 0.01a	6.07 ± 0.06b	10.11 ± 0.21b
CN12	4.2 ± 0.04b	21.83 ± 1.96ab	1.57 ± 0.08ab	0.32 ± 0.01a	0.92 ± 0.07b	2.05 ± 0.76a
TD12	4.44 ± 0.05a	18.41 ± 4.78b	1.19 ± 0.21b	0.29 ± 0.03a	0.77 ± 0.12b	1.58 ± 0.59a
TR12	4.34 ± 0.10ab	28.49 ± 0.70a	1.72 ± 0.06a	0.29 ± 0.01a	0.75 ± 0.07b	1.68 ± 0.86a
UD12	4.43 ± 0.06a	23.87 ± 1.69ab	1.44 ± 0.1ab	0.34 ± 0.02a	1.46 ± 0.17a	3.78 ± 0.17a
CN13	4.82 ± 0.01b	22.07 ± 0.45b	1.53 ± 0.02b	0.25 ± 0.00c	4.92 ± 0.09b	2.31 ± 0.33c
TD13	4.78 ± 0.02b	27.80 ± 0.24a	1.73 ± 0.04a	0.27 ± 0.01b	5.30 ± 0.10b	9.80 ± 1.99a
TR13	4.57 ± 0.01c	21.18 ± 0.49b	1.59 ± 0.00b	0.30 ± 0.00a	5.14 ± 0.12b	4.01 ± 0.52bc
UD13	4.89 ± 0.03a	21.40 ± 0.26b	1.56 ± 0.02b	0.29 ± 0.01a	6.49 ± 0.16a	8.31 ± 2.44ab
CN14	4.55 ± 0.01c	20.23 ± 0.12bc	1.49 ± 0.04a	0.28 ± 0.00a	8.96 ± 2.12a	10.57 ± 0.16b
TD14	4.72 ± 0.01a	19.03 ± 0.24c	1.33 ± 0.03b	0.24 ± 0.00c	7.41 ± 1.47a	2.06 ± 0.08d
TR14	4.59 ± 0.02bc	23.1 ± 0.25a	1.60 ± 0.02a	0.26 ± 0.00b	11.34 ± 0.14a	6.94 ± 0.16c
UD14	4.64 ± 0.02b	21.9 ± 1.15ab	1.52 ± 0.09a	0.28 ± 0.01a	7.48 ± 0.25a	16.78 ± 0.81a

（续）

样本	pH 值	土壤有机碳（g/kg）	全氮（g/kg）	全磷（g/kg）	有效磷（mg/kg）	硝态氮（mg/kg）
CN15	4.67 ± 0.08a	25.64 ± 2.43a	1.63 ± 0.12a	0.33 ± 0.03a	1.07 ± 0.17a	6.67 ± 1.98a
TD15	4.4 ± 0.07a	22.73 ± 2.69a	1.44 ± 0.04a	0.31 ± 0.03a	1.50 ± 0.23a	7.98 ± 1.21a
TR15	4.41 ± 0.12a	34.62 ± 5.42a	1.93 ± 0.28a	0.33 ± 0.04a	1.35 ± 0.28a	6.46 ± 2.05a
UD15	4.57 ± 0.10a	28.35 ± 4.20a	1.51 ± 0.10a	0.34 ± 0.03a	1.53 ± 0.20a	7.48 ± 2.63a

Spearman 相关分析表明，林冠开度与有机碳含量（P=0.003）和全氮含量（P=0.002）呈显著正相关，而与温度（P=0.045）和有效磷含量（P=0.015）呈负相关。凋落物输入与全磷含量呈显著正相关（P=0.038）。温度与林冠开度（P=0.045）、有机碳含量（P=0.026）和全磷含量（P=0.017）呈负相关，而与有效磷含量（P<0.001）呈显著正相关。降水量与土壤 pH 值（P<0.001）、有效磷含量（P<0.001）和硝态氮含量（P=0.022）呈正相关，而与全磷含量（P<0.001）呈显著负相关（表 8-2）。

表 8-2　土壤固碳细菌多样性与环境因子的相关性分析

指标	林冠开度	凋落物输入	温度	降水	pH 值	有机碳	全氮	全磷	有效磷	硝态氮	OTU	Chao1
凋落物输入	−0.223											
温度	−.259*	−0.01										
降水	−0.223	−0.056	0.2									
pH 值	−0.032	0.137	0.172	0.643**								
有机碳	.378**	0.003	−.287*	−0.233	−0.05							
全氮	.395**	−0.063	0.007	0.03	0.245	0.671**						
全磷	0.056	.269*	−.306*	−.503**	−0.227	0.201	0.25					
有效磷	−.314*	0.019	.597**	0.738**	0.448**	−0.18	0.093	−.383**				
硝态氮	−0.002	0.054	0.198	.296*	0.173	0.07	.311*	0.099	.565**			
OTU	−.281*	0.117	−0.057	−.638**	−.642**	−0.055	−.418**	0.106	−.446**	−0.221		
Chao1	−0.167	−0.024	−0.131	−.545**	−.571**	−0.092	−.472**	−0.043	−.479**	−.303*	.904**	
Shannon-Wiener	−0.186	0.194	−0.073	−.627**	−.662**	0.081	−.302*	0.17	−.413**	−0.193	.835**	.739**

第二节　林冠损伤对土壤固碳微生物群落的影响

一、林冠损伤对土壤固碳微生物多样性的影响

通过模拟 2008 年冰灾对森林受损的影响，本试验测量 2011—2015 年共 60 个样方之间的土壤固碳微生物多样性指标，其多样性指标的变化为样地的读长为

23697~39227，总 OTU 数量为 420~881，菌群总数 Chao1 指数变化为 712.14~1048.72，菌群丰富度 ACE 指数为 692.3~1035.35，菌群多样性指数 Shannon-Wiener 指数为 4.58~7.78。

各处理样地和 CN 样地的 Chao1 和 Shannon-Wiener 指数显示出相似的趋势，表明不是林冠开度和凋落物输入导致 Chao1 和 Shannon-Wiener 指数在 2013 年突然下降，而可能是其他环境因素，一个可能的原因是 2013 年降水过多（图 8-1C）。

2011 年 TD 样地的土壤固碳细菌的 Chao1 指数显著低于 CN（图 8-2A），但 Shannon 指数则显著高于 CN。2012 年 UD 和 CN 样地的 Shannon-Wiener 指数明显高于 TR 和 TD，TD 样地最低（图 8-2B）。2013 年 TD 的 Chao1 指数最高，TR 和 UD 的最低（图 8-2A）。2014 年和 2015 年各样地的多样性指数差异不显著。这些结果表明，林冠损伤 1 年后，土壤固碳细菌的丰富度降低，多样性增加。林冠损伤和凋落物输入（TD）双重处理的样地中 Chao1 和 Shannon-Wiener 指数的年变化趋势比单一处理（TR 和 UD）更平缓。

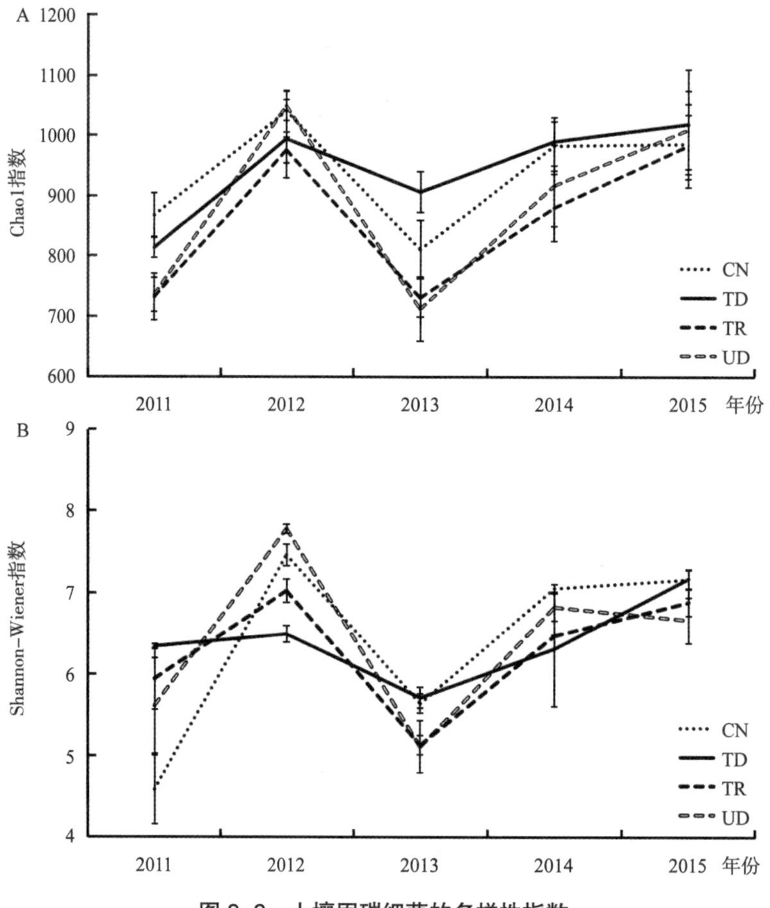

图 8-2 土壤固碳细菌的多样性指数

A：chao1 指数 B：Shannon-Wiener 指数

Chao1 和 Shannon–Wiener 指数均与降水量、土壤 pH 值、全氮含量、全磷含量和有效磷含量呈显著负相关（$P<0.05$），Chao1 指数也与硝态氮含量呈显著负相关（$P=0.019$）（表 8–2）。

二、林冠损伤对土壤固碳微生物群落结构的影响

土壤固碳细菌分布于五个门中，即变形菌门（Proteobacteria）（57.25%）、放线菌门（Actinobacteria）（39.67%）、蓝细菌门（Cyanobacteria）（1.45%）、绿曲菌门（Chloroflexi）（0.16%）和厚壁菌门（Firmicutes）（0.007%）。2011 年 3 个处理的变形菌的相对丰度显著高于 CN，但蓝藻和其他细菌的相对丰度显著低于 CN。2012 年，固碳细菌的组成在 TD 和 TR 之间没有显著的差异，CN 和 UD 也相似，TD 和 TR 中放线菌的相对丰度高于 CN 和 UD，而变形菌则相反。2013 年，TR 中变形菌的相对丰度显著高于 TD 和 UD，而放线菌的相对丰度显著低于 TD 和 UD；TR 和 TD 中蓝藻的相对丰度显著低于 CN 和 UD。2014 年，TR 中变形菌门的相对丰度显著高于其他三个样地，CN 最低（$P=0.001$）；各处理样品中放线菌的相对丰度显著低于对照。2015 年，CN、TR 和 UD 中变形菌的相对丰度显著高于 TD 样地，而放线菌的相对丰度显著低于 TD 样地。在相同的处理中，2014 年和 2015 年变形杆菌群落的相对丰度显著高于 2011 年，而放线菌的相对丰度显著降低（图 8–3）。

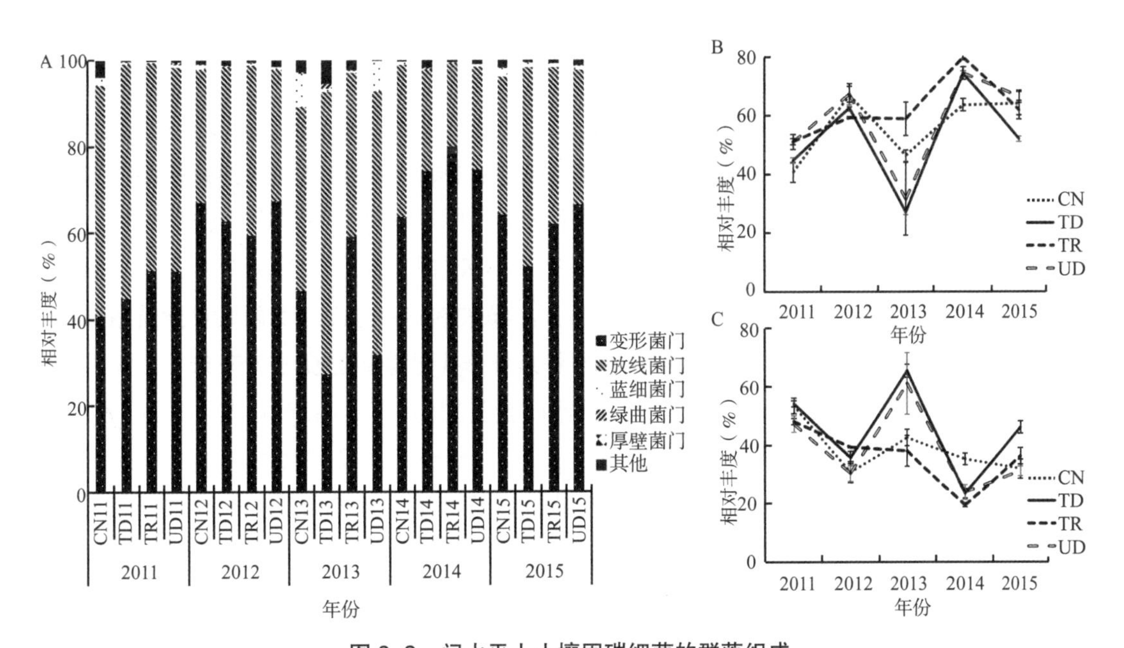

图 8–3　门水平上土壤固碳细菌的群落组成

A：固碳细菌门水平上的相对丰度；B：变形菌门；C：放线菌门

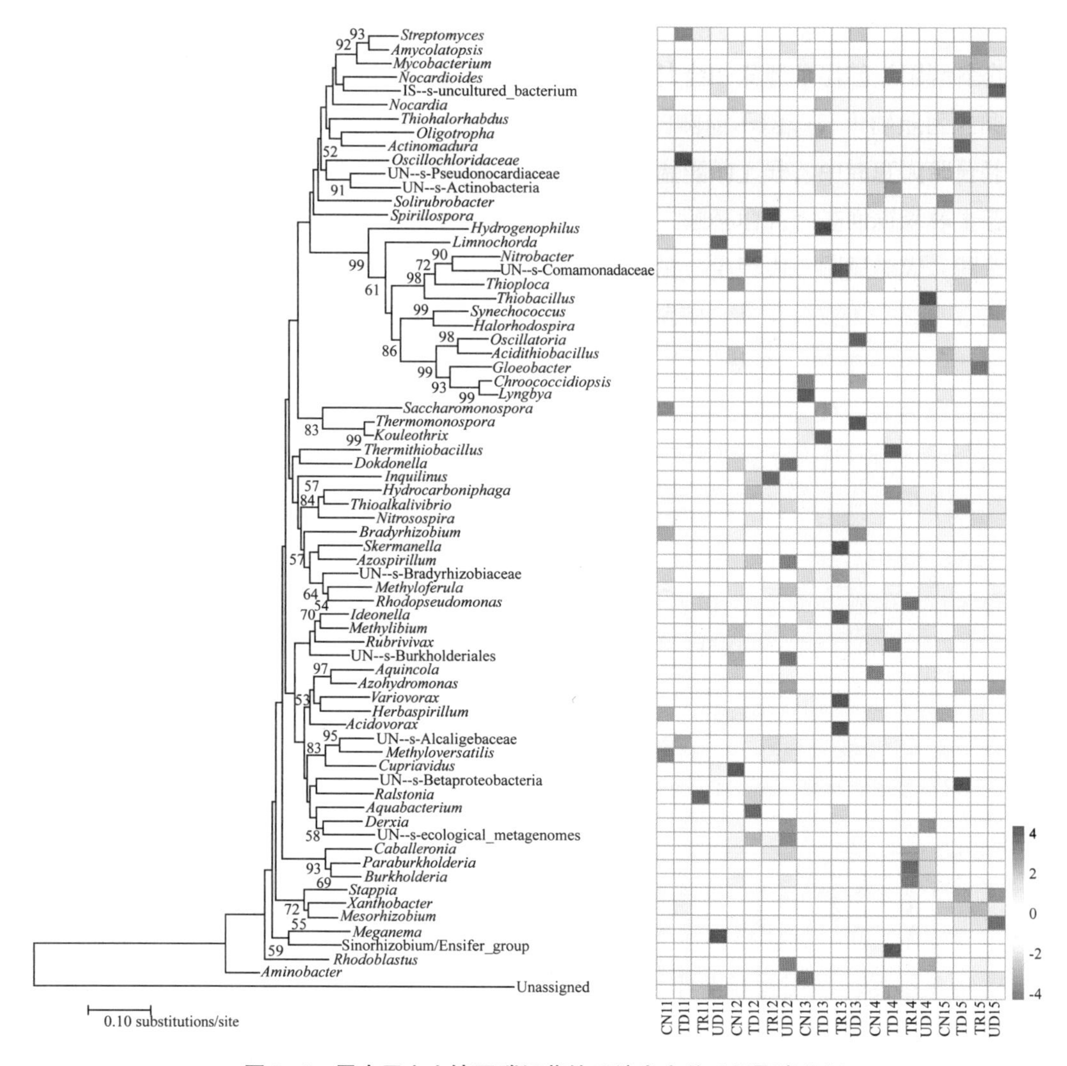

图 8–4 属水平上土壤固碳细菌的系统发育关系及聚类分析

在属水平上，土壤固碳细菌包含 61 个可鉴定的属，8 个 OTU 不能比对到属级（标记为 UN--s-），部分 OTU 不能比对到任何分类级（标记为未分配）（图 8–4）。无法准确比对到分类级别的 OTU 可能代表一个未识别的组。2011 年，在平均相对丰度高于 5% 的 6 个属中，CN 样地的链霉菌属（*Streptomyces*）、分枝杆菌属（*Mycobacterium*）和诺卡氏菌属（*Nocardia*）的相对丰度显著地降低，而糖单孢菌属（*Saccharomonospora*）和慢生根瘤菌属（*Bradyrhizobium*）高于 3 个处理样地。2012 年，CN 样地中慢生根瘤菌属的相对丰度高于 3 个处理样地。2013 年 3 个处理样地中亚硝化螺菌属（*Nitrosospira*）的相对丰度显著地降低，诺卡氏菌属的相对丰度明显增加，而 TD 中的糖单孢菌属和链霉菌属的相对丰度在 3 个处理中显著的增加，UD 最高。2014 年，CN 中糖单孢菌属、分枝杆菌属和诺卡菌属的相对丰度明显高于各处理样地。2015 年，TD 中糖单孢菌属的相对丰度显著地增加，TD 和 TR 样品中的分枝杆菌属较高，CN 中的慢生根瘤菌属明显增加。作为相对丰度最高的属，亚硝化螺菌属在2014—2015年之间没有显著的变化（图8-5）。

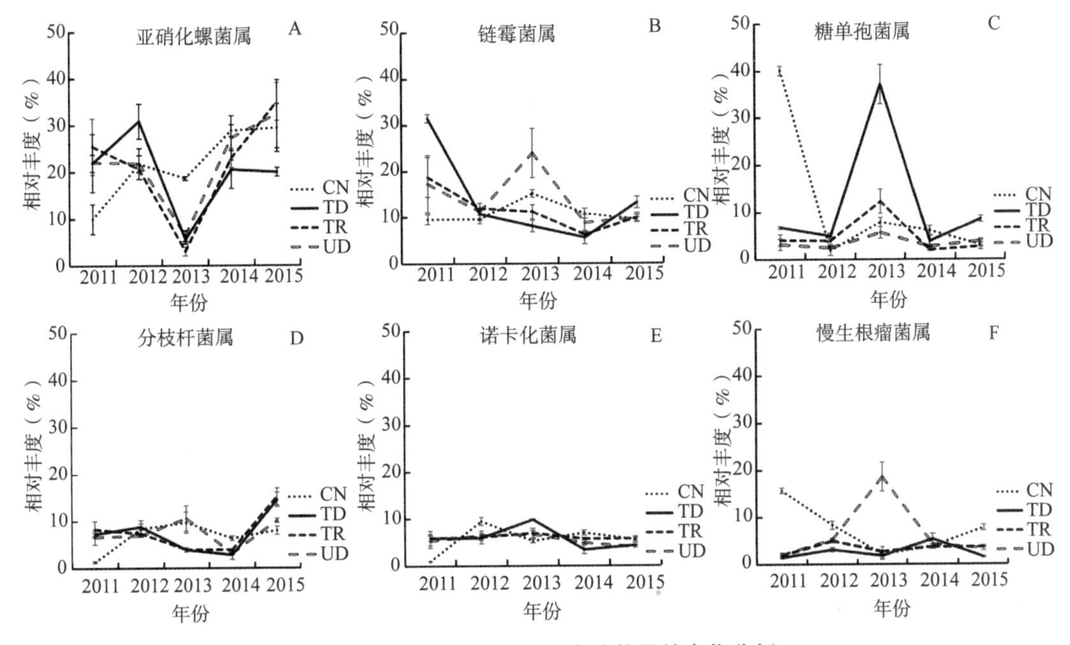

图8-5 土壤固碳细菌6个优势属的变化分析

2011年TD样地中亚硝化螺菌属、链霉菌属、分枝杆菌属、甲基铁菌属（*Methyloferula*）、类伯克霍尔德菌属（*Paraburkholderia*）、黄杆菌属（*Xanthobacter*）、诺卡氏菌和斯塔普氏菌属（*Stappia*）显著高于CN样地。相反，慢生根瘤菌属和糖单孢菌属在TD样地中显著地降低（图8-6A）。2012年，与CN样地相比，TD样地中的硝化杆菌属（*Nitrobacter*）、糖单孢菌属、螺孢菌属（*Spirillospora*）、放线菌属（*Actinomadura*）和热单孢菌属（*Thermomonospora*）显著地增加（图8-6B）。2013年TD样地中的糖单孢菌属、诺卡氏菌属和甲基铁菌属显著高于CN样地（图8-6C）。2014年TD样地中的诺卡氏菌属和贪食菌属（*Variovorax*）比CN样地明显增加（图8-6D）。2015年，TD样地中的斯塔普氏菌属、分枝杆菌、糖单孢菌属、硼卤杵菌属（*Thiohalorhabdus*）和硼碱弧菌属（*Thioalkalivibrio*）显著高于CN样地（图8-6E）。在森林生态恢复期间，TD样地中的糖单孢菌属均明显升高，而TD样地中的链霉菌属显著降低。

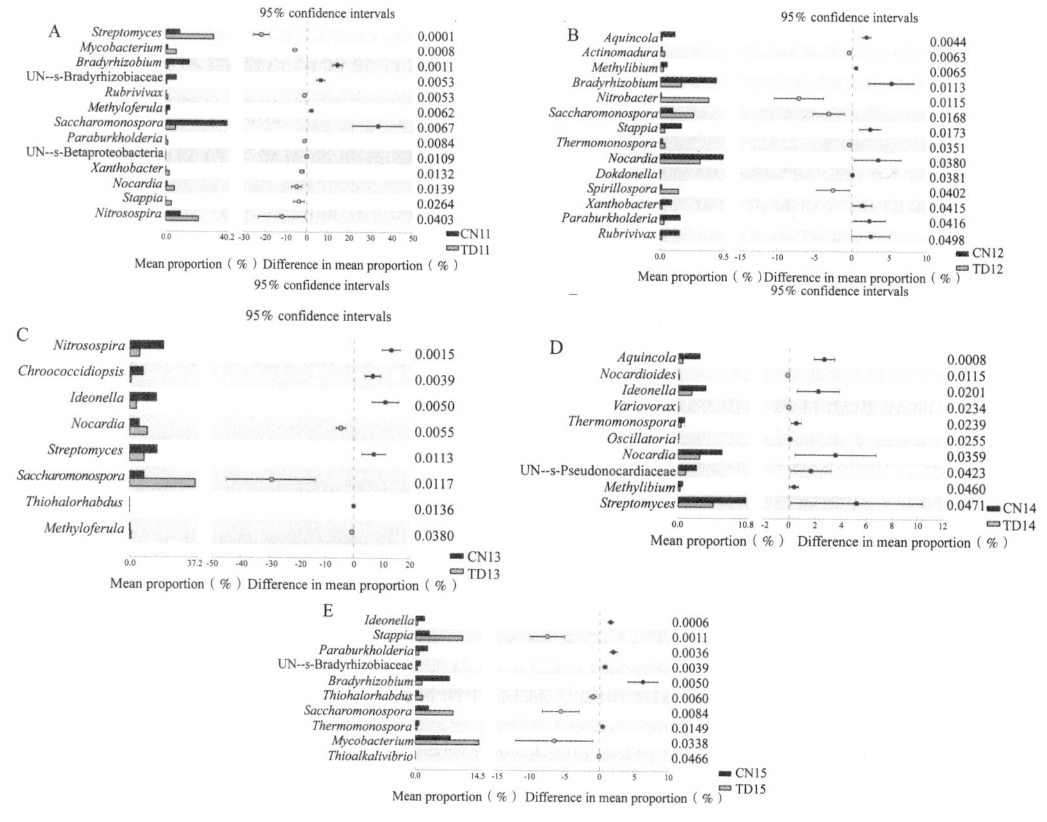

图 8-6 不同年份处理（TD）与对照（CN）在土壤固碳细菌属水平上的差异分析

A：2011 年；B：2012 年；C：2013 年；D：2014 年；E：2015 年

第三节 土壤固碳微生物群落对环境因素变化的响应

RDA 分析表明，属水平上的土壤固碳细菌群落在 2011 年（图 8-7A）与林冠开度（F=9.5391，P=0.011）、土壤酸碱度（F=10.8446，P=0.004）和全氮含量（F=5.7827，P=0.018）相关；2012 年，与林冠开度（F=9.4389，P=0.002）和有机碳含量（F=5.5063，P=0.003）存在极显著关系（图 8-7B）；2013 年，与林冠开度（F=6.9837，P=0.002）、凋落物输入（F=5.4978，P=0.004）和土壤酸碱度（F=6.7827，P=0.002）相关（图 8-7C）；2014 年与土壤 pH 值（F=3.0603，P=0.031）有显著关系（图 8-7D）。总 RDA 分析显示土壤固碳细菌群落与林冠开度（F=3.3324，P=0.002）、凋落物输入（F=3.6154，P=0.002）、温度（F=7.2268，P=0.001）、降水量（F=18.8529，P=0.001）、土壤 pH 值（F=3.9214，P=0.003）和有效磷含量（F=4.0875，P=0.004）之间均存在显著相关，但与有机碳含量无显著相关性（图 8-8A）。在群落组成和环境因素的线性回归分析中（图 8-8A）、降水量（图 8-8B）和土壤酸碱度（图 8-8C）与 OTU 密切相关（分别为 R^2=0.449 和 0.4174）。

Spearman相关分析表明，林冠开度与链霉菌属、糖单孢菌属、嗜酸菌属（*Acidovorax*）、水生菌属（*Aquabacterium*）和*Inquilinus*属呈显著正相关，而与慢生根瘤菌属、类伯克霍尔德菌属、伯克霍尔德菌属、甲基铁菌属和卡巴勒菌属（*Caballeronia*）呈负相关。凋落物输入与拟甲色球藻属（*Chroococcidiopsis*）、中慢生根瘤菌（*Mesorhizobium*）、颤藻属（*Oscillatoria*）、蓝细菌聚球藻属（*Synechococcus*）和贪铜菌属（*Cupriavidus*）呈显著正相关，而与硝化杆菌属、螺孢菌属、嗜酸菌属、红假单胞菌属（*Rhodopseudomonas*）和罗尔斯顿菌属（*Ralstonia*）呈负相关。有机碳含量与分枝杆菌属、葡萄球菌属、黄杆菌属、中慢生根瘤菌和无枝酸菌属（*Amycolatopsis*）显著正相关。土壤pH值与大多数属呈显著相关，如与硝化杆菌属、分枝杆菌属、斯塔普氏菌属等属呈负相关，而与糖单孢菌属、嗜热单孢菌属和柠檬藻属呈显著正相关。降雨与大多数属是相关的，特别是与亚硝化螺菌属和分枝杆菌属呈负相关。全氮含量与链霉菌属呈显著正相关，而与甲基铁菌属、*Hydrocarboniphaga*、*Aquincola*、*Methylibium*和磻卤杵菌属呈负相关（表8–3）

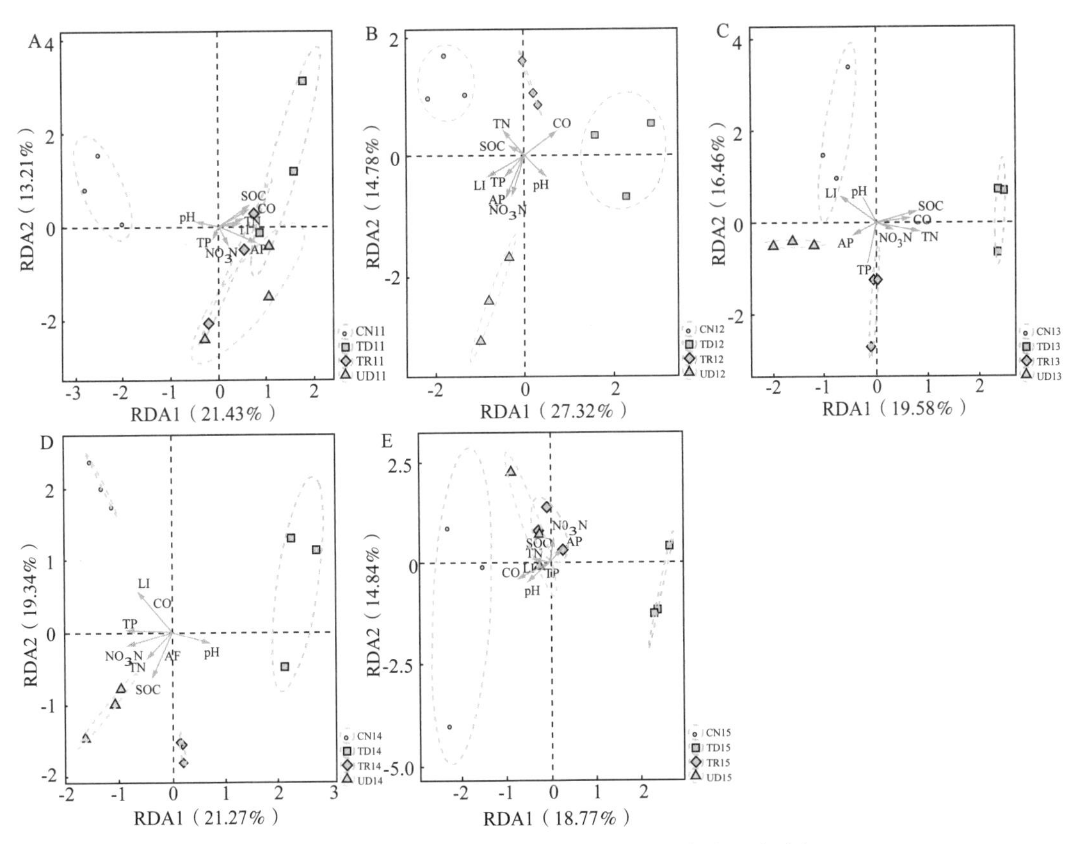

图8–7 不同年份土壤固碳细菌和环境因素的冗余分析

A：2011年；B：2012年；C：2013年；D：2014年；E：2015年

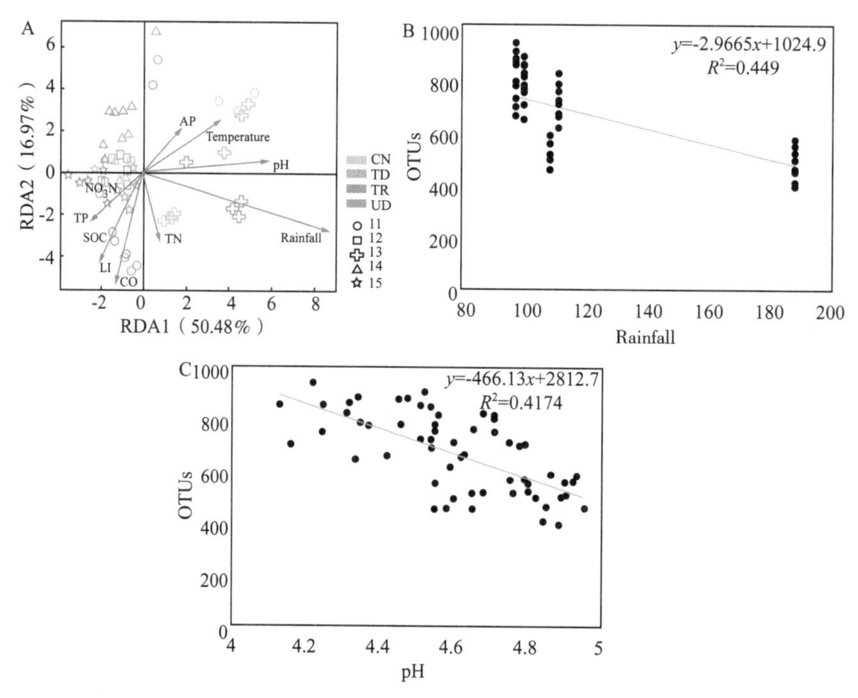

图 8-8　环境因素与土壤固碳细菌的相关性分析

A：环境因素；B：降水；C：土壤 pH 值

表 8-3　属水平上土壤固碳细菌与土壤理化性质的相关性分析

属名	林冠开度	凋落物输入	温度	降水	pH 值	有机碳	全氮	全磷	有效磷	硝态氮
Nitrosospira	0.075	0.042	0.065	−0.458**	−0.0420**	0.069	−0.084	0.12	−0.158	0.118
Streptomyces	0.398**	0.251	−0.194	0.02	0.153	0.133	0.276*	0.142	0.007	0.105
Saccharomonospora	0.324*	−0.176	−0.201	0.412**	0.360**	−0.053	0.054	−0.149	0.036	0.09
Mycobacterium	0.197	0.195	−0.583**	−0.408**	−0.315*	0.258*	0.002	0.254	−0.406**	−0.098
Nocardia	0.09	0.079	−0.023	0.06	−0.164	0.138	0.227	0.006	0.013	−0.044
Bradyrhizobium	−0.335**	0.109	0.051	−0.243	−0.069	−0.212	−0.181	0.141	−0.265*	−0.261*
Ideonella	0.042	−0.228	0.019	0.152	−0.265*	0.013	−0.02	−0.265*	−0.055	−0.311*
Stappia	0.036	0.219	−0.219	−0.590**	−0.459**	0.439**	0.1	0.325*	−.293*	0.014
Paraburkholderia	−0.370**	0.201	0.460**	−0.286*	−0.355**	0.065	−0.09	0.037	0.107	0.037
UN--s-Bradyrhizobiaceae	−0.092	0.026	0.078	0.397**	0.243	−0.235	−0.061	−0.108	0.039	−0.141
UN--s-Alcaligenaceae	0.183	0.194	0.234	−0.578**	−0.449**	0.211	−0.089	0.162	−0.260*	−0.184
Burkholderia	−0.268*	−0.052	0.615**	−0.400**	−0.320*	−0.124	−0.177	−0.008	0.02	−0.095
Methyloferula	−0.294*	0.141	0.174	−0.576**	−0.418**	−0.038	−0.265*	0.266*	−.352**	−0.16
UN--s-Pseudonocardiaceae	−0.058	0.043	0.022	−0.013	−0.17	0.012	−0.179	0.104	0.027	0.138
Thermomonospora	0.168	0.116	−0.216	0.358**	0.381**	−0.089	0.098	−0.003	0.107	0.049

（续）

属名	林冠开度	凋落物输入	温度	降水	pH 值	有机碳	全氮	全磷	有效磷	硝态氮
Rubrivivax	−0.143	0.108	0.09	−0.211	−0.280*	0.026	−0.149	−0.138	−0.084	−0.012
Xanthobacter	0.008	0.159	−0.173	−0.516**	−0.364**	0.355**	0.093	0.205	−0.260*	0.018
Hydrocarboniphaga	−0.156	−0.208	0.397**	−0.248	−0.505**	−0.117	−0.382**	−0.167	−0.02	−0.307*
Chroococcidiopsis	0.002	0.282*	−0.528**	0.031	0.186	0.123	0.077	0.206	−0.291*	−0.085
Caballeronia	−0.277*	−0.111	0.512**	−0.338**	−0.363**	−0.122	−0.236	−0.125	−0.054	−0.179
Nitrobacter	0.159	−0.358**	0.086	0.005	−0.377**	−0.086	−0.247	−0.211	−0.062	−0.057
Spirillospora	0.249	−0.432**	0.348**	−0.286*	−0.2	0.076	−0.007	−0.290*	−0.081	−0.346**
Aquincola	−0.411**	0.168	0.186	−0.359**	−0.442**	−0.149	−0.381**	−0.002	−0.2	−0.208
Actinomadura	0.022	0.054	−0.544**	−0.397**	−0.351**	0.219	−0.22	0.25	−0.467**	−0.147
Methylibium	−0.173	0.136	0.232	−0.551**	−0.580**	−0.164	−0.358**	0.217	−0.306*	−0.193
UN--s-Actinobacteria	−0.309*	0.05	0.108	−0.189	−0.297*	0.012	−0.106	−0.035	0.09	0.24
Thiohalorhabdus	−0.082	−0.037	−0.298*	−0.555**	−0.523**	0.13	−0.365**	0.113	−0.434**	−0.195
Oligotropha	−0.04	−0.051	−0.422**	−0.046	−0.135	0.037	−0.313*	0.026	−0.207	−0.078
Mesorhizobium	−0.092	0.255*	−0.241	−0.581**	−0.472**	0.336**	−0.081	0.25	−0.335**	−0.074
Methyloversatilis	−0.236	0.147	0.166	−0.495**	−0.243	−0.065	−0.199	0.171	−0.327*	−0.147
Derxia	−0.211	0.203	0.071	−0.345**	−0.375**	−0.043	−0.299*	0.002	−0.203	−0.171
UN--s-Burkholderiales	−0.161	0.048	0.154	−0.418**	−0.493**	−0.022	-.330*	−0.052	−0.211	−0.18
Variovorax	0.015	−0.195	0.19	−0.102	−0.259*	0.116	−0.028	−0.182	−0.03	−0.379**
Kouleothrix	0.009	0.058	−0.086	0.116	0.247	−0.062	−0.058	−0.112	−0.028	−0.252
UN--s-Betaproteobacteria	−0.049	0.279*	−0.083	−0.487**	−0.301*	−0.002	−0.262*	0.155	−0.311*	−0.187
Oscillatoria	−0.19	0.523**	−0.204	−0.279*	0.071	0.071	−0.02	0.426**	−0.234	0.141
UN--s-ecological_metagenomes	−0.027	0.083	0.192	−0.551**	−0.408**	−0.107	−0.402**	0.002	−0.413**	−0.352**
Acidovorax	0.385**	−0.312*	0.013	−0.162	−0.233	0.193	0.245	0.121	−0.215	−0.215
Rhodopseudomonas	−0.235	−0.355**	0.027	−0.215	−0.485**	0.09	−0.057	−0.137	−0.101	−0.171
Synechococcus	−0.311*	0.481**	−0.035	−0.308*	−0.213	0.1	−0.143	0.294*	−0.127	0.088
Thermithiobacillus	−0.308*	0.036	0.053	−0.153	−0.203	−0.097	−0.278*	−0.103	−0.13	−0.205
Dokdonella	−0.155	0.031	0.16	−0.492**	−0.451**	−0.098	−0.374**	−0.059	−0.407**	−0.563**
Skermanella	0.239	−0.22	0.146	−0.307*	−0.377**	−0.041	−0.06	0.004	−0.156	−0.155
Cupriavidus	−0.018	0.355**	−0.193	−0.518**	−0.454**	0.086	−0.187	0.270*	−0.395**	−0.163
Aminobacter	−0.056	0.313*	−0.374**	−0.377**	−0.304*	0.2	−0.172	0.125	−0.396**	−0.201
Lyngbya	−0.019	0.063	−0.271*	−0.008	0.029	0.062	−0.112	0.024	−0.098	−0.135
Thioploca	0.053	0.095	−0.096	−0.437**	−0.427**	0.065	−0.079	0.089	−0.381**	−0.165
Herbaspirillum	−0.091	0.226	−0.082	−0.207	−0.239	−0.106	−0.187	−0.012	−0.226	0.008

（续）

属名	林冠开度	凋落物输入	温度	降水	pH 值	有机碳	全氮	全磷	有效磷	硝态氮
Nocardioides	−0.059	−0.055	0.197	0.083	0.102	−0.16	−0.161	−0.173	0.017	−0.154
Aquabacterium	0.264*	−0.158	−0.034	−0.331**	−0.413**	−0.073	−0.073	0.122	−0.398**	−0.424**
Acidithiobacillus	−0.057	−0.137	−0.237	−0.327*	−0.392**	−0.021	−0.199	0.017	−0.212	0.036
Solirubrobacter	−0.245	−0.204	−0.144	−0.047	−0.203	0.139	0.004	−0.047	−0.021	0.122
Inquilinus	0.323*	−0.195	−0.241	−0.270*	−0.218	0.048	−0.216	−0.07	−0.475**	−0.431**
UN--s-Comamonadaceae	0.103	−0.05	−0.12	−0.199	−0.028	0.284*	0.151	0.199	−0.283*	−0.307*
Gloeobacter	−0.121	0.059	−0.197	−0.376**	−0.313*	0.246	0.163	0.209	−0.296*	−0.091
Thioalkalivibrio	−0.104	0.012	−0.017	−0.225	−0.257*	0.006	−0.22	−0.022	−0.099	0.042
Rhodoblastus	−0.236	0.117	0.224	0.121	0.144	0.095	0.008	−0.171	0.168	0.025
Azospirillum	−0.193	0.072	−0.023	−0.265*	−0.373**	−0.236	−0.349**	0.001	−0.138	−0.013
Amycolatopsis	−0.023	0.104	−0.277*	−0.348**	−0.275*	0.307*	0.19	0.399**	−0.207	0.056
Meganema	0.203	0.283*	0.04	−0.072	0.224	0.012	0.226	0.332**	0.024	0.099
Halorhodospira	−0.04	0.345**	0.139	−0.235	−0.193	0	−0.116	0.095	−0.002	0.271*
Sinorhizobium/Ensifer_group	−0.272*	0.154	0.306*	0.264*	0.206	−0.229	−0.179	−0.256*	0.294*	−0.052
Oscillochloridaceae	0.117	0.195	0.036	−0.12	0.066	−0.074	0.017	0.14	0.042	0.271*
Limnochorda	−0.016	−0.021	0.082	0.136	0.300*	−0.028	0.194	0.134	0.07	0.278*
Thiobacillus	−0.183	−0.067	0.234	0.237	0.116	−0.194	−0.177	−0.276*	0.177	0.081
Ralstonia	0.234	−0.361**	0.05	−0.128	−0.032	−0.152	0.083	0.1	−0.008	0.196
Hydrogenophilus	0.049	−0.109	−0.092	0.184	0.135	0.147	0.154	−0.101	0.056	0.177
Azohydromonas	−0.164	0.247	−0.131	−0.315*	−0.211	0.08	−0.229	0.161	−0.267*	−0.161
IS--s-uncultured_bacterium	0.015	0.128	−0.162	−0.108	0.061	0.117	0.051	0.166	−0.098	−0.008
Other	−0.026	−0.103	−0.189	0.037	0.089	−0.094	−0.146	−0.042	−0.129	−0.13

注：* 表示在 $0.01<P<0.05$ 水平上差异显著，** 表示在 $P<0.01$ 水平上差异显著。

第四节　土壤固碳微生物群落对林冠损伤的响应策略

本研究中 2010 年冬季对样地冠层损伤后，2014 年和 2015 年 TD 和 TR 的林冠开度略低于 CN 和 UD，而 2015 年样地的凋落物输入没有显著差异，表明林冠开度和凋落物输入恢复到对照水平。2015 年处理和对照样地的土壤理化性质包括土壤酸碱度、有机碳含量、全氮含量、全磷含量、有效磷含量、硝态氮含量均无显著差异，代表微生物群落丰富度和多样性指数的两个重要指标 Chao1 和 Shannon-Wiener 指数在 2015 年相似，表明受损森林在 2014—2015 年已恢复到受损前的水平。换句话说，林冠受损后森林生态系统恢复需要 4~5 年，这与前人的研究是一致的（Beaudet et al.，2007）。

林冠开度和凋落物输入可以明显改变凋落物质量和土壤养分动态，并可能改变土壤肥力和森林生产力。2012—2014 年 TD 和 TR 样地的凋落物输入量显著低于 CN 和 UD 样地，并且在试验的前 3 年，UD 中有效磷和硝态氮的含量明显高于 CN。已有研究表明，清除飓风产生的枯枝落叶和木质碎片可以提高森林土壤氮的有效性和地上生产力，这与我们的结果是相似的，即在 2011 年 TR 样地中的全氮和硝态氮含量显著高于 CN 和 TD 的样地。

林冠损伤造成林分中大小不一的间隙，影响地面上的凋落物，进而影响冠层结构。冠层间隙可直接或间接影响土壤 pH 值、土壤温度、土壤湿度、土壤理化性质、凋落物的分解以及土壤的养分循环，并通过增加光照和降雨减少对光和别的资源等的竞争，从而促进林下生长（Perry & Herms，2017）。本研究中除 2013 年外，TR 样地中有机碳含量均高于 CN 样地，这可能是冠层遭到破坏造成的土壤微环境加速了原始凋落物的分解，表明林冠损伤可以通过改变非生物条件（光照和降水）和生物条件来改变土壤微生物群落，进而影响凋落物的分解过程（Yu et al.，2020）。在本研究中，凋落物的输入会导致冠层损伤初期土壤中一些养分浓度的增加，如有机碳、全氮、全磷、有效磷和 硝态氮的含量。然而，随着森林生态系统的恢复，凋落物输入的显著下降会导致森林地面的养分输入明显减少（表 8-1），这与 Silver 等（2014）的研究是相似的。

凋落物是土壤碳和养分循环中最关键的组成部分之一，通过在土壤表面和大气之间形成缓冲界面来调节土壤小气候。TD 样地中有机碳含量在凋落物输入的第 1 年显著高于 TR 样地，这与 Leff 等（2012）的研究结果是一致的，即热带森林中的凋落物输入加倍导致土壤碳增加 31%，表明凋落物促进了土壤微生物的降解并增加了土壤有机碳含量（Wang et al.，2020）。此外，我们还发现，2012 年和 2014 年，TD 样地中有机碳含量明显低于 TR 样地，因此推测新鲜凋落物碳氮比及其高养分含量改变了土壤微生物群落结构，而微生物对碳源的不同偏好导致土壤碳动态的变化，这与 Yu 等（2020）的研究结果相似。在林冠损伤后森林生态系统恢复过程中，森林会消耗养分，从而降低土壤中的有机碳含量（Lajtha，2020），前期土壤微生物的功能主要是降解凋落物，后期可能发挥固碳作用，使土壤中的碳氮达到动态平衡。

凋落物输入量和分解的变化会导致土壤理化性质发生明显的差异（Xiao et al.，2016）。土壤细菌群落对干扰的反应通常比其他微生物更快。在本试验中林冠损伤的第 1 年（2011 年），林冠损伤和凋落物输入的双重影响（TD）比对照样地（CN）和单一处理样地（TR 和 UD）对土壤固碳细菌的丰富度和多样性影响更明显。2011 年处理样地 Chao1 指数显著低于 CN，但 Shannon-Wiener 指数显著高于 CN（图 8-2），各处理中亚硝化螺菌属、链霉菌属、分枝杆菌属和诺卡菌属的丰度显著高于对照（图 8-5）。链霉菌属、分枝杆菌属和诺卡菌属可以通过分泌细胞外过氧化物酶来分解凋落物中的木质素（Guo et al.，2015）。亚硝化螺菌属是一类氨氧化细菌，它可以进一步将铵态氮转化为能有效吸收的硝态氮（Han et al.，2019）。2011 年，林冠损伤和凋落物输入双重处理的 TD 样地微生物丰富度和多样性均高于单一处理样地（TR 和 UD 样本），降解凋落物的能力也高于单一处理，从而导致有机碳含量高于单一处理。土壤细菌群落在森林受损后生态恢复初期参与碳和氮循环，包括简单的有机碳分解、固氮和氨氧化（Eaton et al.，2020），从而增加了有机碳、全氮和硝态氮的含量（表 8-1）。一直以来，氮被认为是植物凋落物分解的良好预测因子，早期凋落物分解受氮、磷和其他养分浓度的调节。Silver 等（2014）发现修枝与不修枝相比枯枝落叶中的氮和磷浓度有所增加，修剪后，一些凋落物的养分含量增加，这可能与土壤细菌群和凋落物组成的变化有关，或者养分竞争的减少增加了养分的吸收。2012 年 UD 和 CN 样地的 Shannon-Wiener 指数显著高于 TR 和 TD（图 8-2B），各处理亚硝化螺菌属和链霉菌属的丰度略高于对照，但处理组诺卡氏菌属和慢生根瘤菌属的丰度低于对照（图 8-5）。慢生根瘤菌可以降解多种含碳有机化合物，并在氮循环中发挥重要作用（Han et al.，2019）。TR 和 UD 样地中有机碳含量显著增加，这可能是由细菌可以降解凋落物引起的。2012 年双重处理的 TD 样地中土壤固碳细菌中具有降解能力的微生物减少，可能是土壤中其他微生物通过矿化和呼吸作用将有机碳转化为无机物和 CO_2，从而降低了有机碳的含量（Yu et al.，2020）。单一处理样地（TR 和 UD）的有机碳含量在 2012 年最高，2013 年下降，而土壤固碳细菌在 2013 年显著地低于双重处理和对照样地（图 8-2），这可能是由于土壤微生物将有机碳转化为无机物和 CO_2（Yu et al.，2020），土壤固碳细菌在 2014 年开始通过生化反应将 CO_2 转化为有机碳（Yuan et al. ，2012）。非正常凋落物的分解引起的有机碳含量的动态变化在早期是由负启动效应转向正启动效应，并且由于土壤固碳细菌的存在，有机碳再次达到负启动效应，最终达到动态平衡。不同处理有机碳含量的动态变化具有不同的负启动效应和正启动效应时间，这种变化趋势与 Yu 等（2020）的变化趋势是一致的。TD 中达到不同启动效应的时间要早于其他处理，换句话说，在极端气候事件后，冠层损伤和凋落物输入（TD）的双重处理比单一处理（TR 或 UD）更有助于森林的恢复。

RDA 分析显示，2011—2013 年土壤固碳细菌群落与 2011—2013 年的林冠开度和 2013 年的凋落物输入有明显的相关性，这表明林冠损伤和凋落物输入影响了土壤固碳细菌的群落组成。已有研究表明，氮素增加、硝态氮含量和土壤 pH 值降低导致 cbbL 基因丰度和多样性显著下降，原因在于氮素增加了土壤速效氮含量并引起土壤酸化，这可能在一定程度上抑制土壤固碳细菌的生长（Qin et al.，2021）。土壤固碳细菌具有与土壤氮、土壤 pH 值和土壤有机碳相关的基因。有效氮的增加可能通过改变碳氮比平衡或氮磷比来影响土壤固碳细菌的丰度。土壤 pH 值的变化可能会调节土壤固碳细菌对环境变化的响应，较低的 pH 值会抑制细菌的酶促和代谢活动，从而抑制细菌的生长，而土壤 pH 值的增加有助于释放溶解的有机质，这对细菌多样性是有益的。土壤有机碳含量的变化也会导致土壤固碳细菌的丰度产生相应的改变。在本研究中，RDA 分析表明土壤固碳细菌群落在属水平上与土壤 pH 值、土壤有机碳含量、全氮含量等因素存在有明显的相关性。林冠损伤后，这些土壤理化因子发生了变化，导致土壤固碳细菌的丰富度下降；随着冠层的恢复，土壤理化因子在损伤后 4~5 年恢复正常，土壤固碳细菌的多样性和群落组成与对照相比没有了显著的差异。这些影响与前面的诸多研究结果是一致的（Lynn et al.，2017；Yuan et al.，2012）。

降水也是土壤固碳细菌群落组成的重要驱动因素。降水导致土壤水分变化，直接影响植物和土壤微生物的用水量，土壤水分还可通过影响土壤基质、土壤 pH 值和温度来影响土壤微生物的结构和功能。Wang 等（2014）发现降水变化对表层土壤或根际土壤的细菌群落组成没有显著影响，但会影响细菌丰度和优势群落对降水变化的响应。从地表到深层土壤的有机质渗透是土壤碳循环的主要组成部分，占地下甚至地下水中有机质输入的很大一部分。在土壤中，细菌被线虫释放到流动的水相后主动或被动移动，或沿着植物根部和真菌菌丝体生长。随着降雨润湿土壤后含水微生境变得相互关联，细菌细胞之间的竞争以及与其他养分相互作用可能会通过降低群落一致性来降低土壤细菌的多样性（Bickel & Or，2020）。在本研究中，由于 2013 年降水过多，导致土壤固碳细菌的丰富度和多样性均明显下降，可能是由于细菌之间的竞争和其他养分相互作用造成的（Bickel & Or，2020）。这与湿度降低导致 0~5cm 表层土壤中细菌多样性和丰富度降低的观点相一致（Wang et al.，2014）。强降雨会导致微生物周转率降低，2013 年 TD 样地中土壤固碳菌的丰富度和多样性显著高于其他样地，说明土壤固碳菌可以通过生化反应将 CO_2 转化为有机碳（Yuan et al.，2012）。

我们的研究结果将有助于人们更好地了解在受损森林生态系统恢复过程中林冠开度和凋落物输入对土壤固碳细菌的影响，未来研究应进一步探索林冠开度和凋落物输入对土壤碳氮循环的影响以及养分利用的动态变化，为极端气候事件发生后森林经营管理提供重要的生态依据。

第九章

冰灾对南岭森林生态系统的影响[①]

全球气候变化导致的极端气候事件逐年增多，造成巨大的人员伤亡和财产损失的同时也对森林生态系统产生诸多影响。2008 年 1~2 月，中国南方遭遇了百年罕见的冰雪灾害，受损森林面积占全国的 13%。南岭作为我国南部最大山脉、重要自然地理界线和极重要的生态屏障，其海拔 450~1100m 的森林整体受到严重破坏，连片森林被毁损，灾害造成巨大的社会、经济影响，而灾后长期的影响更应得到关注。特别是准确评估冰灾对南岭森林结构和功能的影响，对灾后森林经营管理、恢复重建和政府决策具有重要意义。通过针对森林群落结构及其生长恢复状态、蝴蝶 / 植物 / 土壤动物 / 土壤微生物多样性、凋落物存量与分解、森林水源涵养及水文过程等生态系统结构与过程的调查分析，本章阐述了 2008 年冰雪灾害后南岭森林生态系统所受的影响及其恢复状态。

全球气候变化是十分严峻的不争事实，是 21 世纪全球环境发展的研究难点和热点之一。全球气候变化导致的极端气候事件逐年增多，2000—2009 年全球发生 4000 次极端气候事件（亚洲占 38%），造成巨大的人员伤亡和财产损失的同时也对森林生态系统产生诸多影响。在此背景下，气候变化尤其极端气候对森林生态系统将产生怎样的影响？森林生态系统如何适应气候变化？人类如何应对这种气候变化？迫切需要弄清全球变化对主要生态系统的结构与功能、生态过程与机理的影响。

特大冰雪灾害为干扰生态学提供了千载难逢的研究机遇，冰灾后，面临许多重要科学问题，冰灾对区域森林结构产生何种破坏和影响？森林生态系统中的生物多样性发生了怎样的变化？严重受害森林对此干扰如何适应以及冰灾后森林自然恢复速率和程度如何？冰灾后森林系统的主要生态过程和关键生态功能（如植被和土壤碳汇功能、生物多样性和森林水文功能等）是否发生重大改变？冰灾干扰是否影响森林演替进程？这些是不可回避、亟待研究和回答的问题。

以往国内外研究主要针对正常生长的森林而开展，自然干扰对森林的影响研究主要集中在台风、干旱、火灾等，对冰灾的研究较少，因此在测量、评估和预测气候干扰对森林结构与功能影响研究上尚存不足，是全面而准确评价及增强森林生态服务功能的一个短板。紧抓此次冰灾发生的良机，系统开展冰灾对森林结构、功能的影响研究，对填

① 作者：李兆佳、赵厚本、邱治军、王旭、肖以华、梁俊峰、骆土寿、赵霞、王胜坤、周光益、吴仲民。

补我国在冰灾研究上的不足，积极应对全球变化具重要的理论价值。

针对冰灾对南岭森林生态系统严重破坏的现象，利用成熟的森林群落、土壤动物、昆虫、森林水文等研究方法，结合模拟控制实验，从水、土、气、生的 4 个大方面，全面开展冰灾对森林结构和功能的影响及其机制的研究，试图阐述冰灾对森林的损伤规律和森林结构变化特征，探索林木个体及森林生态系统对极端天气适应机制，揭示受损森林主要生态过程和功能的变化规律，研发冰灾受损森林的快速恢复技术，进一步丰富极端气候对森林干扰的研究内涵。成果为科学评价冰灾对南岭森林结构和功能影响、为灾后森林经营管理和区域生态环境建设、为制定应对气候变化的林业方案等提供技术支撑。

第一节 冰灾对南岭森林生态系统结构的影响

一、冰灾对森林结构的影响

区域内海拔 450~1100m 的森林整体受到严重破坏，冰灾造成常绿阔叶次生林和老龄林 84.24% 和 40.91% 以上树木个体的机械损伤，但以轻度受损为主，且老龄林受损程度轻于次生林。低频度种在此次灾害中受损较轻。

栲类林是亚热带常绿阔叶林的主要类型，样地调查结果表明，栲类次生林以压弯类型最多，压弯和正常木主要分布在胸径 1~7.5cm 之间，断梢主要分布在胸径 22.5cm 以上的树木，死亡率为 6.81%~14.80%，主要以受机械损伤的小径级树木和藤本植物组成，灾害对森林造成的破坏主要是机械损伤。优势科壳斗科受损较轻，从整体上不会改变栲类林的群落特征。

南岭常绿阔叶次生林地理成分与南岭中段南坡地理成分整体的特征一致，以中国 - 日本成分占优势。江南分布和热带亚洲分布在严重受损型中所占比例最大，而华南分布和南岭特有成分受损最轻，本地起源种具有较强的抵抗冰雪灾害干扰能力。冰雪灾害对南岭森林群落的机械损伤中，各受损类型几乎涵盖所有地理成分（图 9-1），其中 15-5 分布型在所有受损类型中都占有较高比例，其次为 15-1 分布型，再次为 7 分布型，最后为 14SJ 分布型。

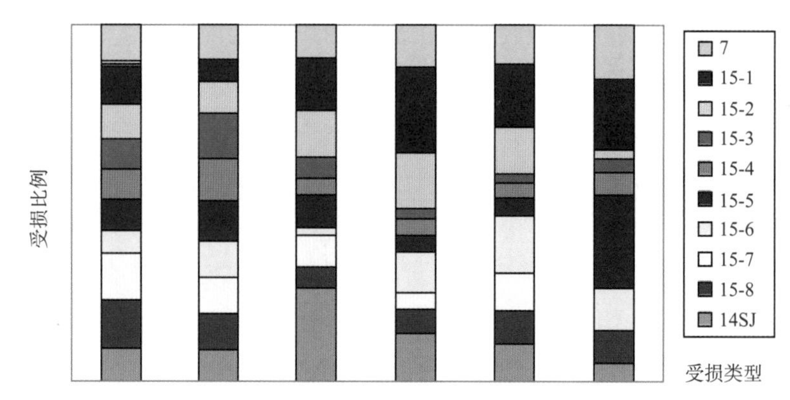

图 9-1 不同受损类型的地理成分组成

注：14SJ 为中国-日本分布，7 为热带亚洲分布，8 为北温带分布，9 为东亚至北美洲间断分布，15-1 为中国特有成分下有江南分布，15-2 为华南分布，15-3 为南岭特有，15-4 为华中－南岭分布，15-5 为华中-华东-南岭（华南）分布，15-6 为华东－南岭（华南）分布，15-7 为西南－华中-南岭（华南）分布，15-8 为华东－南岭（华南）-西南分布。

二、冰灾对南岭生物多样性的影响

冰灾后不同森林群落类型林下幼树多样性和数量分布差异明显。林下幼树胸径主要集中分布在 0.6~1.8cm 之间（图 9-2），使群落垂直分层现象更为明显；各群落林下幼树物种丰富度 S 显著（$P > 0.05$）大于乔木物种丰富度；不同群落类型林下幼树株数表现出明显的差异，落叶阔叶林、常绿阔叶林和针阔混交林林下幼树株数分别为 8870 株 /hm^2、7160 株 /hm^2 和 5920 株 /hm^2，其中樟科植物鸭公树（*Neolitsea chui*）幼树分别占 30.0%、13.3% 和 9.5%，造成这种差异的主要原因是冰灾促使林地外源性种子萌发。去除林冠层在短期内可显著增加林下植被生物多样性，一些阳生树种如野桐（*Mallotus japonicus*）、山乌桕（*Sapium discolor*）、山苍子（*Litsea cubeba*）、红紫珠（*Callicarpa rubella*）等大量出现，这些种随林分郁闭度的增加而消亡。

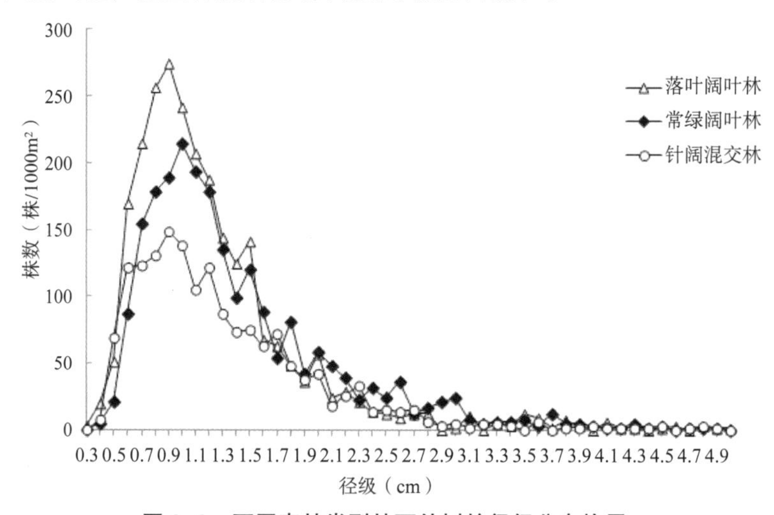

图 9-2 不同森林类型林下幼树的径级分布格局

冰灾对土壤动物（尤其大型动物）影响显著，冰灾“非正常凋落物”对大型土壤动物功能类群影响正相关（$P<0.05$）。灾后森林土壤动物以膜翅目、鞘翅目昆虫在数量上占优势。从生物量来看，优势类群为蚯蚓、鞘翅目昆虫、双翅目和鳞翅目幼虫。将研究区的大型土壤动物功能类群分析：腐食性动物的生物量所占比例最大，而植食性动物的数量占优势，捕食性动物的生物量和数量所占比例都较小。

南岭国家级自然保护区是国内诸保护区中蝴蝶种数最多的，共 11 科 218 属 501 种，分布在东洋区的蝴蝶共 377 种，占蝶类种数的 75.2%，古北区 94 种，占 18.8%，其他跨区系分布的只有 30 种，属东洋区主导的分布型，南岭中段可能为我国蝴蝶的起源和分化中心。冰灾使热带蝴蝶种多度下降了 88%，非热带种下降了 55%（图 9-3）；冰灾后蝴蝶种类和个体数量逐渐恢复。

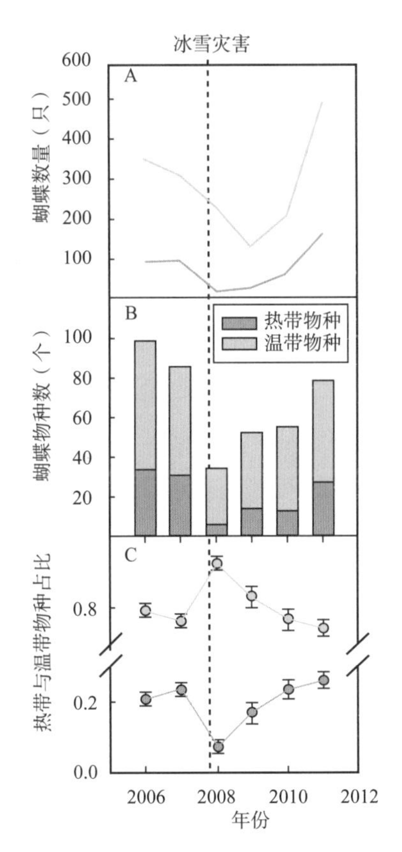

图 9-3 冰灾前后南岭蝴蝶温带种和热带种的丰度、种类和比例的变化

2008 年冰灾发生后，凋落层真菌数量明显降低，物种多样性下降，之后物种多样性明显上升，呈“N”字形变化规律，受灾后 2 年（2009 年）物种多样性达到最高；真菌群落结构发生变化，从真菌的生态功能上看，腐生真菌总量明显增加，呈抛物线型变化规律，特别是具有重要分解有机物能力的小菇属种群数量明显上升；病原真菌在凋落层真菌中所占比例下降，优势种群 *Subramaniomyces fusisaprophyticus* 明显减少；冰灾

发生 4 年后，凋落层真菌群落结构恢复至受灾前的水平。表明冰雪灾害后，由于非正常凋落物明显增加，作为分解有机物质的主要力量，腐生真菌随之增加，真菌群落结构发生变化；之后随着凋落物的降解，腐生菌和病原菌又恢复到受灾前的状态。

第二节 冰灾对南岭森林生态系统功能的影响

一、非正常凋落物的定义及其对土壤呼吸的影响

冰雪灾害和热带风暴等极端天气事件以及地质灾害等造成的“森林凋落物”有别于传统意义上的凋落物，无论是概念、成因、组成，还是分解归还特征与生态学意义等，两者都有明显的差别；而且在研究方法上也有差异。

通常所说的凋落物（litterfall）可称为枯落物或有机碎屑，是指在生态系统内，由地上植物组分产生并归还到地表面，作为分解者的物质和能量来源，借以维持生态系统功能的所有有机质的总称。它包括林内乔木和灌木的枯叶、枯枝、落皮及繁殖器官，野生动物残骸及代谢产物，以及林下枯死的草本植物及枯死植物的根。通常把生态系统中直径大于 2.5cm 的落枝、枯立木、倒木统称为粗死木质残体（coarse woody debris）；直径小于 2.5cm 的枯叶、枯枝、落皮、繁殖器官，野生动物残骸及代谢产物，以及林下枯死的草本植物及枯死植物的根一般称为森林凋落物。

非正常凋落物（abnormal litterfall）是指在极端天气、火灾或地质灾害等条件下产出的凋落物，在外力作用下产生的植物个体或植物器官的新鲜残体。

凋落物一般是森林在正常的新陈代谢下形成的，其形成与产生受生理、生长控制，因而主要是生理性的，并且具有凋落节律。一般情况下其组成以树叶为主，占凋落物总量的 60%~80%，正常凋落的树叶、树枝、树皮等在凋落前有相当部分的氮、磷等营养成分已转移到树木的活体部分。

非正常凋落物是在外力作用下形成的，是非生理性的；主要受极端天气、火灾或地质灾害等影响，因而还具有偶发性和突发性；树枝、枝干约占“非正常凋落物”总量的 60%~70%，其占比显著大于一般凋落物。因此非正常凋落物的生态功能具有两面性，一方面可以加速森林生态系统的物质循环，另一方面过多的非正常凋落物存留林地可能增加发生森林火灾和森林病虫害的风险。

2008 年冰雪灾害之后，受灾区域的林木主干折断、断梢、劈裂、连根倒伏在 50% 以上，地表密布残枝、树干和树叶，重灾区被损毁的林木在 95% 以上，大量的树叶、断枝和倒木存留林地。对南岭 700~1000m 海拔高度常绿与落叶阔叶混交林的调查显示，2008 年冰雪灾害后，森林凋落物总现存量为 20~40t/hm^2，而其中新产生的非正常凋落物量 10~30t/hm^2。非正常凋落物量是森林正常年凋落量的 4 倍以上。

稳定性碳同位素示踪实验显示，大量新鲜的非正常凋落物成为土壤微生物的能量来

源，其中的大量碳以 CO_2 的方式进入大气。总体而言，非正常凋落物对土壤呼吸呈现正激发效应，凋落物分解越快，这种激发效益越强。此外还发现细菌群落在非正常凋落物分解过程中的作用比真菌群落更重要，其多样性与土壤呼吸激发效应的相关性更强。

二、冰灾受损森林的萌条更新与生物量恢复

萌生更新既是森林自然更新的重要途径，也是植物适应各种干扰胁迫的有效更新方式。木本植物利用干扰后残留下的枝干活体的萌条迅速恢复森林植被结构和功能，成为木本植物应对干扰的有效适应机制。常绿阔叶树种通常具有休眠芽和不定芽，在受到外界干扰刺激后，有大量萌条的出现，这为保持原有林分组成和林冠结构发挥了重要作用。

冰灾后南岭常绿阔叶林 72.0% 受损优势木均有萌条出现，且萌条数量表现为乔木层优势木（35.87 条 / 株）大于灌木层（15.92 条 / 株）。总体而言，萌条率随着受损程度的增加而增加，林木的萌条能力和母株的径级大小和生长速率存在正相关关系。

针对华南常见乡土物种木荷的研究发现，在冰雪灾害中受损后，木荷树桩重新萌发的概率与树桩高度有关，而与树桩直径和土壤肥力无关。肥沃的土壤促进树桩产生更多萌条，但对萌条的存活和生长没有影响。树桩直径大小虽然对萌条数量没有影响，但较大的树桩直径有利于萌条的存活与生长。树桩高度与萌条数量正相关，但树桩越高越不利于萌条的生长发育。

这些结果说明南岭常绿阔叶林对冰灾有较强的自我恢复能力，但不同树种之间存在差异，应该针对常用的造林树种探索合适的抚育与管理恢复措施。

2008—2016 年冰灾受损乔木的生物量变化显示，冰灾导致阔叶乔木地上生物量减少约 35%，并且在受损 8 年后恢复至正常水平；受损树木枝叶存在超补偿生长现象，其生物量在受损 2 年后便超过未受损树木的水平（图 9–4）。此外，还发现受损的小胸径树木各个器官的恢复速度均大于胸径较大的个体，而且其组成主要为森林演替中后期物种。针对杉木生物量与个体大小之间的关系的研究表明，冰灾中断干杉木的根部生物量积累显著高于未受损对照，此现象与冰灾中的树干生物量损失共同导致受损杉木的生物量结构比例变化。因此推测冰灾将会促进森林群落演替。

三、冰灾对南岭森林碳汇功能的影响

持续监测冰灾受损的南岭森林生物量变化，发现冰灾后 3 年内森林地上部分生物量的增长为 4.9t/hm^2，而冰灾中地上部分生物量的损失为 9.4t/hm^2，因此短期内冰灾受损森林生态系统是碳源。

非正常凋落物的分解输入能显著提高土壤有机碳质量分数和储量。

森林受损后土壤碳库波动幅度增加，总体呈现受灾后短期内土壤有机碳含量大幅上升之后快速回落，冰雪灾害主要影响森林土壤碳库中最活跃和周转速度最快的部分，包

括速效碳库、土壤轻组部分碳库、土壤大团聚体碳库，而对土壤稳定碳库影响较小。南岭地区森林土壤碳库中的稳定组分在缓慢增加，表明该地区森林土壤碳汇功能不断增加（图 9-5）。

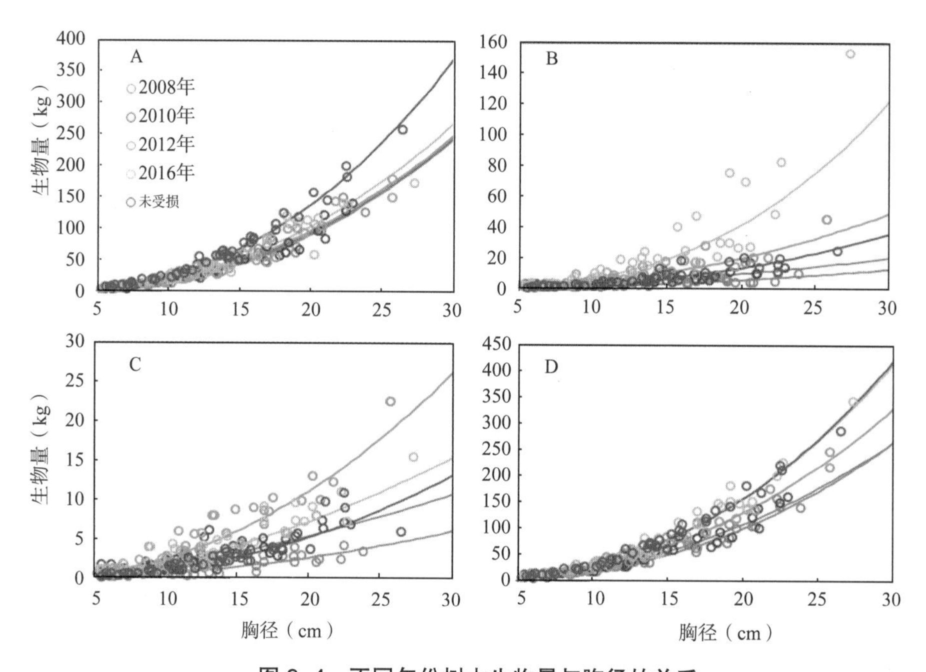

图 9-4 不同年份树木生物量与胸径的关系

A：树干生物量；B：枝条生物量；C：叶片生物量；D：地上生物量

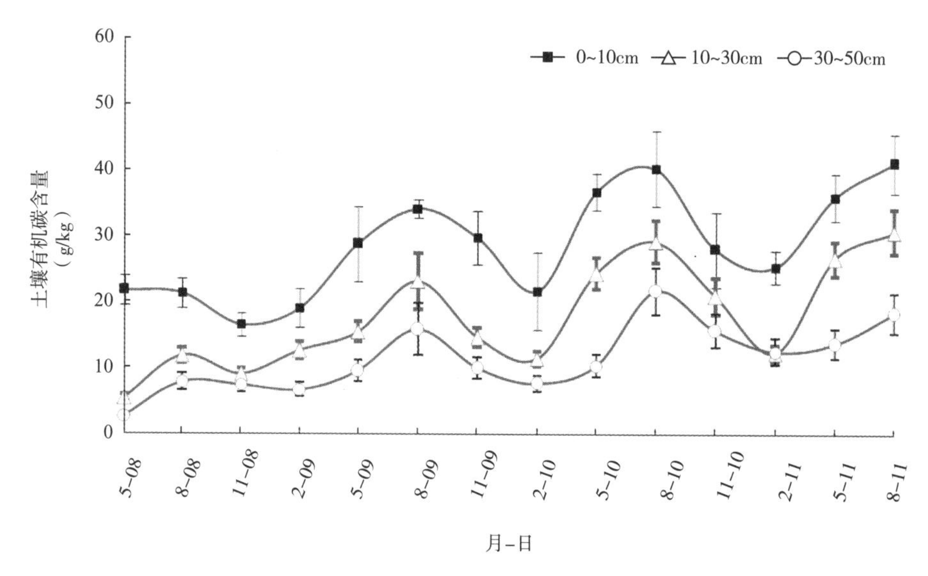

图 9-5 冰灾后南岭森林土壤碳动态

研究亦指出，灾后森林土壤水稳性团聚体大团聚体大幅增大，而微团聚体的比例减小，在一定程度增加土壤稳定性；非正常凋落物对温室气体通量呈正的显著线性相关。

林冠损伤对南岭常绿阔叶林土壤脱落酸（ABA）库等也有一定影响。

四、受损森林的水文变化

林冠受损显著影响降水再分配格局和森林最大截留量。未受损鬒蒴栲群落最大截留量为 21.3mm，其中林冠的最大截留量 20.2mm，林下植被层 0.5mm，枯枝落叶层 0.6mm；当森林受损后，森林的林冠层最大截留量明显减少，为 9.9mm，而林下植被层和枯枝落叶层截留量显著增加，分别为 1.6mm 和 3.5mm。同时冰灾对凋落物水文特性也有影响。

受损林分穿透雨中绝大多数的离子浓度发生了明显的变化，冠层化学淋溶作用显著减弱；树干流中各阳离子浓度与未受损林分相比呈现明显增加趋势，说明林冠受损增强了雨水对树干的冲刷和阳离子淋洗能力，有利于林木对此养分的吸收。

第三部分 海岸带森林生态效益监测与评价

第十章 人为活动与红树林互作关系研究①

红树林湿地是我国热带、亚热带海岸带特有的湿地类型，也是人们世代生产生活集中地区域。近 70 年来，经历了 50~60 年代的围海造地和 80~90 年代的围塘养殖，以及 2000 年以后的人工恢复，我国人为活动对红树林的影响经历了从破坏到保护、修复，到今天的和谐共处，在这个过程中既有失败的教训，也有经验的总结，但总的来说，我国红树林与人为活动的相互关系正处于一个良性发展的阶段。目前我们一方面需要加强红树林修复技术的研究与时间，同时也需要更加精细化的管理措施规范，提高人们参与红树林保护修复的积极性，加速推进红树林保护修复行动专项计划任务的落实。

红树林是热带、亚热带海岸潮间带特殊的生态类型，具有强大的生态功能，在岸线防护、生物多样性保护、碳固定等方面起着不可替代的作用。我国红树林天然分布于海南、广东、广西、福建、浙江及香港、澳门和台湾等 8 省份，介于海南的榆林港（18° 09′ N）至福建福鼎的沙埕湾（27° 20′ N）之间，人工引种的北界是浙江乐清西门岛（28° 25′ N）。近几十年来，由于沿海地区人口压力及经济发展，全球红树林呈现持续萎缩的趋势。未来几年，我国红树林保护和修复的力度将会进一步加强，而保护对地方经济发展，尤其是传统养殖户和渔民的生计来源必将带来更大压力。如何平衡保护与发展的关系，探索红树林可持续利用模式，在红树林保护中促进发展，在发展中加强保护，将是国家和地方政府需要共同面对的挑战。

① 作者：辛琨、廖宝文、熊燕梅、姜仲茂、生农。

第一节　人为活动对红树林的影响

一、红树林的面积变化

近 50 年来世界红树林面积大幅减少，围塘养殖是最主要原因，同时，城市化、污染、极端气候等也造成了大面积红树林的衰亡（王文卿等，2021）。近 50 年来，全世界超过 1/3 的红树林消失了，消失速度与热带雨林相当。1969 年后的短短 10 年，印度尼西亚 70 万 hm^2 的红树林变成了稻田和虾池，到 2000 年又有 50 万 hm^2 红树林被农田取代，菲律宾红树林面积由 1968 年的 44.8 万 hm^2 锐减到 1988 年的 13.9 万 hm^2，1979—1986 年，泰国红树林面积损失 38.8%，仅 1979 年一年就损失了 3.7 万 hm^2 红树林，新加坡 95% 的红树林已经消失；斐济约有 3/4 的红树林变为农业用地，1920 年前加勒比海地区的红树林覆盖率达 50%，如今仅剩 15%，波多黎各 3/4 的红树林不复存在。1980 年以来我国被占红树林面积达 12923.7hm^2，其中挖塘养殖 12604.5hm^2，占 97.6%。随着社会各界对红树林生态系统功能认识的逐步深入，尤其是 2004 年印度洋海啸之后，全世界范围内掀起一股保护和恢复红树林的热潮（Valiela et al.，2001）。全世界红树林面积急剧下降的势头得到初步遏制。通过严格的保护和大规模的人工造林，一些国家如印度、泰国、中国的红树林面积开始稳步增加。全球红树林面积下降速度由每年 1%~2% 下降为 0.16%~0.39%（Blasco et al.，2001）。

在 20 世纪 50 年代初，我国尚有近 5 万 hm^2 的红树林，经历了 60 年代初至 70 年代的围海造田、80 年代围塘养殖和 90 年代以来的城市化、港口码头建设，我国红树林面积降至 2000 年的 2.2 万 hm^2；2001 年以来政府高度重视红树林的保护和恢复，通过大规模的人工造林，红树林的面积逐步回升至 2019 年的 2.89 万 hm^2。

二、红树林结构和功能的退化

受全球变化和人类活动的双重影响，我国各种类型的生态系统普遍存在退化的问题。而红树林处于海洋和陆地的生态交错区，决定了其对环境变化的敏感性。虽然对红树林的直接破坏已经不多见，但除了不可抗拒的自然因素如台风等之外，一些不合理的开发利用方式，甚至不科学的保护措施，更是加剧了红树林的退化。红树林的退化不仅导致其生态系统服务功能下降，还大大降低了其对环境变化的抗干扰能力。

（一）养殖污染导致的团水虱灾害

2012 年以来，海口东寨港红树林因污染导致团水虱爆发而大规模死亡。这是因为团水虱能够在红树植物的树干基部钻洞，进而使其倒伏、死亡。2014 年 7 月，在“威马逊”超强台风的影响下，受团水虱危害的红树林更是“弱不禁风”，由此造成了国内持续时间最长、面积最广、影响最大的一次红树林死亡事件。

（二）群落结构的退化

红树林植物群落最典型的特征之一是各树种按照耐淹水能力的差异从低潮带到高潮带依次分布。其中，白骨壤（*Avicennia marina*）、桐花树（*Aegiceras corniculatum*）等树种常分布于滩涂最前沿，且因耐淹水能力强而被称为先锋树种，它们通常比较低矮；红海榄和秋茄（*Kandelia obovata*）等居中，被称为演替中期树种；木榄（*Bruguiera gymnorrhiza*）、海莲（*Bruguiera sexangula*）、角果木（*Ceriops tagal*）等分布于高潮带，被称为演替后期树种，这一区域也是红树林最为繁茂的区域；而红树林与陆地森林的过渡带则被一些半红树植物占据。正常情况下，从低潮带至高潮带再至红树林与陆地森林的过渡带，各树种依次出现，且有一定的面积比例。以东寨港为例，2001 年的时候演替前期、中期和后期的红树林面积百分比分别为 30.7%、42.4% 和 26.9%。

但是，由于大规模的围垦，中高潮带最繁茂的红树林首先被破坏。再加上 20 世纪 80 年代海堤多建于高潮带，而目前为了获取更多的土地，大部分海堤建于中潮带甚至低潮带，从而导致了适合演替中后期物种和林带生长的高潮带滩涂被占据和压缩，海堤外侧仅残留低矮的先锋树种。2001 年的调查也发现，以白骨壤和桐花树等先锋树种组成的演替前期群落占全国红树林总面积的 93.2%，而 68.8% 的红树林高度不超过 2m。目前，中国的红树林群落结构已经由以木榄等为主的成熟植物群落向以白骨壤、桐花树为主的先锋植物群落演替，且现存红树林的高度显著下降（图 10-1）。在人类反复干扰下，海南的红树林以低矮先锋树种白骨壤和桐花树为主体。

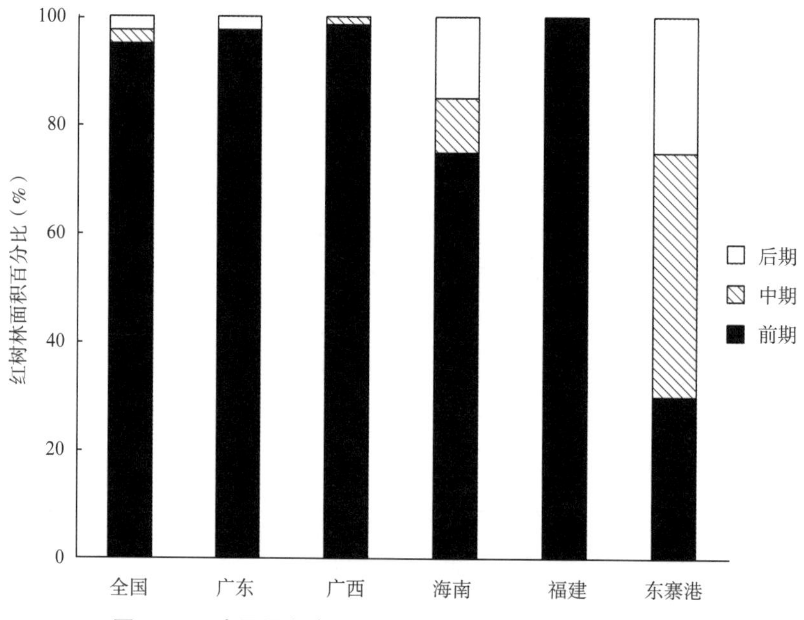

图 10-1 全国及各省区不同演替阶段红树林面积百分比

注：数据来源为国家林业局森林资源管理司，2002。

（三）生物多样性丧失

红树林最显著的特征之一是极低的植物种类多样性。全世界 75% 的热带海洋曾经分布有红树林，但全世界真红树植物种类数仅为 83 种。这预示着红树林对植物种类多样性的丧失极为敏感，少数种类的消失将引起红树林结构和功能的极大变化（Laurance et al., 2012）。2006 年以来，针对海南岛天然分布的 26 种真红树植物和种半红树植物的生存现状调查结果显示，按照世界自然保护联盟（IUCN）的地区标准对各物种的生存现状进行了评估。发现有 20 种（54%）处于不同程度的珍稀濒危状态，其中真红树植物珍稀濒危比例为 56%，半红树植物为 50%，而真红树植物红榄李（*Lumnitzera littorea*）、海南海桑（*Sonneratia × hainanensis*）、水椰（*Nypa fruticans*）为极危种（CR）。这远远高于全世界红树植物 18% 的平均水平，更高于中国高等植物 15%~20% 的平均水平，进而说明海南岛红树植物种类遭受灭绝的威胁程度显然远远超过世界平均水平。2006 年，范航清等（2006）曾在陵水新村港记录到红榄李 340 株，而 2016 年 5 月调查结果显示其仅剩 2 株。2017 年 8 月 28 日，新村港内最后 1 株红榄李死亡。2008 年以来，海南岛东海岸曾经广泛分布的半红树植物玉蕊（*Barringtonia racemosa*）几乎被盗挖殆尽。2015 年 3 月，铁炉港唯一、国内最大的瓶花木古树死亡。2015—2016 年，三亚海棠湾唯一一丛水椰被砍。儋州新盈国家湿地公园内仅有的 2 株海南岛西海岸银叶树（*Heritiera littoralis*）古树也因长期泡水和火烧而长势极差。从珍稀濒危红树植物的生存状态来看，除红榄李、海南海桑、拟海桑和拉氏红树是由于自身的繁殖机制存在问题外，其他种类开花结果均正常，不存在繁殖障碍。仔细分析这些树种的分布格局发现，除海桑外，绝大部分种类均为演替中后期物种，它们的适生环境是高潮带滩涂。而海堤的建设和鱼塘的修建，将适合这些植物生长的高潮带滩涂人为压缩，进而导致生境的破坏、消失，这是中国珍稀濒危红树植物比例高的根本原因，而人为破坏更是加速了它们的地区性灭绝（Mumby et al., 2004）。

（四）养殖业对红树林的影响

红树林区的水产养殖方式主要是围塘养殖和滩涂养殖。围塘养殖是将红树林砍伐后筑堤成塘，养殖对象主要是对虾、蟹、鱼及贝类。滩涂养殖是在红树林外缘滩涂养殖缢蛏、泥蚶、牡蛎等。此外，在浅水水域还有一定面积的网箱养殖和吊养牡蛎。围塘养殖被认为是对红树林最大的威胁，一是围塘养殖直接破坏了大面积的红树林；二是养殖污染。

20 世纪 80 年代以来，在政府的鼓励下，红树林养殖业蓬勃发展。1980 年以来我国被占红树林面积达 12923.7hm^2，其中挖塘养殖 12604.5hm^2，占 97.6%。1964—2015 年间，海南文昌八门湾红树林的面积减少了 1594.98hm^2，其中转化成养殖水面的面积为 1415.51hm^2。1980—2000 年广西沿海红树林被破坏 1464.1hm^2，95% 用于修建鱼塘。1980—2000 年间我国共消失了 12923.7hm^2 的红树林，其中 97.6% 用于修建虾塘。1999 年广西合浦县闸口镇的毁林修塘事件成为中国毁林养虾的终结点，中国历史上第一次出现了因为破坏红树林而遭判刑的案例。1980—2000 年，中国红树林面积从 3.37 万 hm^2 下降至 2.20 万 hm^2，下降了 34.7%。2000 年以后，我国大规模的毁林养殖被基本制止。

养殖污染包括养殖尾水排放、清塘淤泥排放、农药（抗生素、重金属）等。传统认为，鱼塘换水是养殖污染的主要排放过程。但是，我们对福建云霄漳江口和广东廉江高桥的跟踪调查发现，鱼塘污染物的主要排放途径不是换水而是清塘。99% 以上的氮、磷是通过清塘过程排放到环境中的。截至 2004 年，东寨港红树林周边虾塘面积达到 1300hm^2，这些虾塘每年向东寨港排放的氮、磷高达 952t 和 448t。大规模的养殖导致东寨港水质急剧恶化。海南省海洋与渔业厅发布的海南省海洋环境状况公报结果表明，2010 年、2011 年、2012 年东寨港水质为劣四类，主要污染物为无机氮、无机磷和粪大肠杆菌。

由于缺乏操作简单且高效的鱼塘排污处理手段，目前绝大部分的鱼塘污染物没有被及时处理。对虾养殖排污及虾病爆发，导致大量的虾塘废弃。我国南方省份养殖户采取了池塘底部铺设地膜的高位池养殖方式精细管理鱼塘，成功避免了东南亚国家鱼塘“5 年寿命”的问题。但养殖规模实在太大且没有有效的养殖污染处理手段，南方省份的海水虾塘养殖陷入了“规模扩大 – 养殖污染加剧 – 环境恶化 – 病害频发 – 效益下降”的恶性循环，养殖成功率长期徘徊在 35% 左右，30% 的虾塘因为连续绝收而不得不闲置或废弃。

（五）外来植物

外来植物已经成为影响红树林生物多样性的最主要因素之一。其中，无瓣海桑（*Sonneratia apetala*）和拉关木（*Laguncularia racemosa*）（图 10–2）为外来引入红树植物品种（廖宝文等，2004），目前无瓣海桑在我国的分布面积已经超过 3000hm^2，占比达到 11%。2019 年针对海南东寨港红树林外来植物调查的一项研究显示，保护区内外来红树植物分布总体表现为南多北少和东多西少的分布状况。全区外来树植物总体分布面积 87.43hm^2，无瓣海桑总面积为 80.67hm^2，根据种植面积计算，种植区与扩散区面积比为 1∶1，两者较为接近，扩散趋势趋于稳定。拉关木总面积 10.86hm^2，其中种植面积 6.23hm^2，种植区与扩散区面积比为 12∶1，结合拉关木群落特征的分析，其在乔木层还未占优势，但在灌木层和草本层优势明显，说明拉关木扩散能力较强，可以远距离传播种子，侵入乡土红树林中。

同时，因周边人类活动频繁，红树林已经成为生物入侵的重灾区。迄今为止，危害红树林的主要外来入侵植物包括互花米草（*Spartina alterniflora*）、微甘菊（*Chromalaena odorata*）、飞机草（*Mikania mierantha*）、美洲蟛蜞菊（*Wedelia trilobata*）、五爪金龙（*Ipomoea cairica*）等。调查发现，几乎所有的红树林均发现有外来入侵植物。来自美国的互花米草已经对我国福建、广东和广西的红树林造成了严重威胁。2003 年互花米草被国家环保总局列入第一批外来入侵种名单。其他入侵植物的耐盐和耐淹水能

图 10-2 外来红树植物无瓣海桑（左）和拉关木（右）

力有限，无法在潮间带滩涂生长，除了对红树林内缘的半红树植物区或高潮带的部分红树林造成直接影响外，对红树林的影响有限。

（六）其他危害红树林的生物

除了外来种入侵外，一些原生的乡土植物因环境变化也表现出入侵植物的特点，最为突出的例子就是三叶鱼藤（图 10-3）。鱼藤（*Derris trifoliata*），也被称为三叶鱼藤，豆科鱼藤属多年生木质藤本，生境与部分红树植物重叠，在我国被归为红树林的伴生种。鱼藤过去一直以零星点状分布在红树林向陆一侧边缘，但是近几年鱼藤向红树林内发生快速扩散，导致成片红树植物被缠绕、覆盖至死，对天然红树林破坏尤为明显，这种现象在我国多数红树林分布区均有发生。2013 年海南东寨港红树林鱼藤连片分布面积达到 571hm^2，占红树林总面积的 35.7%；2014 年广西合浦党江镇红树林分布区鱼藤造成红树林死亡面积达到 13.4hm^2；2017 年福建漳江口红树林保护区鱼藤严重危害面积占保护区总面积 12.8%；2020 年湛江营仔河两岸受鱼藤严重损害的红树林面积占 23.65%（现场调查）。鱼藤快速扩散造成的危害日益突显且逐年加剧，不断破坏现有红树植物群落，已成为我国红树林保护和修复面临的一个新的棘手难题。

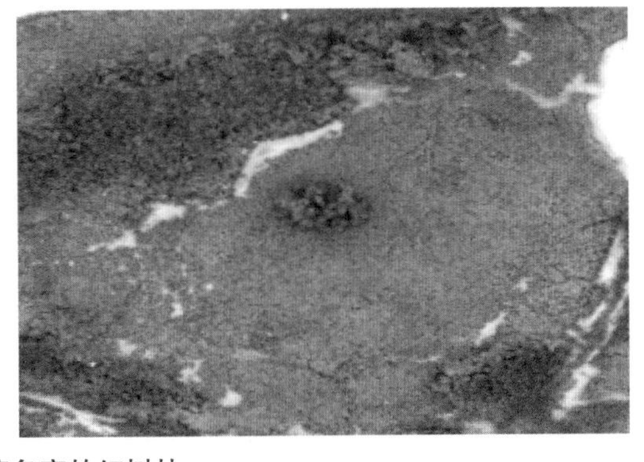

图 10-3 鱼藤危害的红树林

第二节 我国红树林的保护与修复现状

一、我国红树林的保护

2000年以来，随着人们对红树林价值的逐步认识、环境保护意识的提高和法治的健全，对红树林直接的、大规模的破坏已经很少发生，大部分红树林被纳入了保护区范围。另外，随着沿海居民生产生活燃料问题的逐步解决，砍伐红树林作薪材的情况大大减少，围垦、毁林养殖也得到了制止，城市化和港口、码头的建设对红树林的破坏也采取了相应的补偿措施等。

加强红树林保护与管理的重要措施之一是建立自然保护区（Leverington et al., 2010）。自从1975年香港米埔红树林湿地被指定为自然保护区，1980年建立东寨港省级红树林自然保护区以来，中国对红树林的保护工作日趋完善。至今，我国已经建立了38个以红树林为主要保护对象的保护地（不包括台湾淡水河口、关渡和香港米埔），其中国家级自然保护区6个（海南1个、广西2个、广东2个、福建1个）。保护区总面积约6.50万hm^2，其中红树林面积约1.65万hm^2，占中国现有红树林总面积的74.8%，远远超过全世界25%的平均水平（表10-1）。可以说，红树林是我国保护力度最大的自然生态系统。此外，海南东寨港、广东湛江、香港米埔、广西山口、广西北仑河口和福建云霄等红树林湿地被列入了国际重要湿地名录。这些保护区的建立，对中国红树林的保护起到了奠基性的作用。

表10-1 我国红树林保护地

保护地名称	级别	成立时间（年）
1. 福建龙海九龙江口红树林省级自然保护区	省级	1988
2. 福建宁德环三都澳湿地水禽红树林自然保护	县市级	1997
3. 福建泉州湾河口湿地省级自然保护区	省级	2002
4. 福建漳江口红树林国家级自然保护区	国家级	1992
5. 广东大亚湾红树林国家级城市湿地公园	国家级	2017
6. 广东海丰鸟类省级自然保护区	省级	未知
7. 广东海陵岛红树林国家湿地公园	国家级	2014
8. 广东惠州市惠东红树林自然保护区	县市级	1999
9. 广东雷州九龙山红树林国家级湿地公园	国家级	2009
10. 广东茂港区红树林自然保护区	县市级	2001
11. 广东茂名市水东湾红树林自然保护区	县市级	1999
12. 广东汕头湿地自然保护区	县市级	2001
13. 广东深圳大鹏半岛自然保护区	县市级	2010

（续）

保护地名称	级别	成立时间
14. 广东深圳内伶仃岛－福田国家级自然保护区	国家级	1984
15. 广东台山市镇海湾红树林自然保护区	县市级	2005
16. 广东阳江市平岗红树林自然保护区	县市级	2005
17. 广东阳西县程村豪光红树林自然保护区	县市级	2000
18. 广东湛江红树林国家级自然保护区	国家级	1990
19. 广东珠海淇澳－担杆岛省级自然保护区	省级	1989
20. 广西北海滨海国家湿地公园	国家级	2016
21. 广西茅尾海红树林自治区级自然保护区	省级	2005
22. 广西山口国家级红树林生态自然保护区	国家级	1990
23. 广西北仑河口国家级自然保护区	国家级	1985
24. 广州南沙湿地公园	县市级	2004
25. 海南澄迈花场湾红树林自然保护区	县市级	1995
26. 海南儋州新英湾红树林自然保护区	县市级	1986
27. 海南东方黑脸琵鹭省级自然保护区	省级	2006
28. 海南东寨港国家级自然保护区	国家级	1980
29. 海南临高县彩桥红树林自然保护区	县市级	1986
30. 海南陵水红树林国家湿地公园	国家级	2017
31. 海南清澜港省级自然保护区	省级	1981
32. 海南三亚河市级自然保护区	县市级	1989
33. 海南三亚青梅港自然保护区	县市级	1989
34. 海南三亚铁炉港红树林自然保护区	县市级	1999
35. 海南青皮林省级自然保护区	省级	1980
36. 海南新盈红树林国家湿地公园	国家级	2005
37. 浙江苍南龙港红树林省级湿地公园	省级	2018
38. 浙江西门岛国家级海洋特别保护区	国家级	2005

二、我国红树林的修复

（一）政策背景

2001 年以来我国政府高度重视红树林的保护和恢复，采取多种措施加强红树林保护，大力推进红树林保护和修复，我国成为世界上少数红树林面积净增加的国家之一。通过大规模的人工造林，红树林的面积逐步回升至 2019 年的 2.89 万 hm^2（自然资源部 国家林业和草原局湿地修复司），但是红树林总面积偏小、生境退化、生物多样性降低、外来生物入侵等问题还比较突出，区域整体保护协调不够，保护和监管能力还比较薄弱。因此按照习近平总书记“一定要尊重科学、落实责任，把红树林保护好”

的重要指示精神，2020年国家林业和草原局联合自然资源部共同发布《红树林保护修复专项行动计划（2020—2025年）》（以下简称《行动计划》），要求严格保护现有红树林，科学开展红树林生态修复，扩大红树林面积。对此，《行动计划》坚持按照整体保护、系统修复、综合治理的思路实施红树林保护和修复，维护红树林生境连通性和生物多样性，实现红树林生态系统的整体保护；遵循红树林生态系统演替规律和内在机理，采用自然恢复和适度人工修复相结合的方式实施生态修复；针对红树林保护修复的突出问题，明确优先在红树林自然保护地内开展修复，逐步扩大到其他适宜恢复区域；健全红树林保护修复的责任机制，积极引导社会力量参与保护修复工作。《行动计划》强化了对红树林的保护措施，要求将现有红树林、经科学评估确定的红树林适宜恢复区域划入生态保护红线。严格红树林地用途管制，除国家重大项目外，禁止占用红树林地。明确各地要按照保护面积不减少的要求，完成现有红树林自然保护地的优化调整，并推进新建一批红树林自然保护地。有序清退自然保护地内的养殖塘，并进行必要的修复改造，为营造红树林提供条件。《行动计划》强调要科学营造和修复红树林，在自然保护地内养殖塘清退的基础上，优先实施红树林生态修复。到2025年，计划营造和修复红树林面积18800hm^2，其中营造红树林9050hm^2，修复现有红树林9750hm^2。《行动计划》完成后，将有效扩大我国红树林面积，提升红树林生态系统质量和功能。《行动计划》还就强化红树林生态修复规划指导与科技支撑、加强红树林监测评估、完善红树林保护修复法律法规和制度体系以及资金政策支持、公众参与等进行了部署。

（二）滩涂造林

滩涂造林因操作简单、投资大、成效易见、造林成功后社会影响大而得到了地方政府的青睐（廖宝文等，1996）。中国在滩涂造林方面不仅基础研究扎实，也有非常丰富的造林经验，还建立了一套相对完整的滩涂造林技术标准体系。而退塘还林存在土地所有权冲突和技术障碍，操作起来比较困难，东南亚国家诸多国家层面的红树林恢复计划仍优先考虑滩涂造林。菲律宾热衷于滩涂造林的主要原因是这些地区是开放的公共土地，没有土地使用权属的问题。我国情况也是如此。2017年国家林业局制定的《全国沿海防护林体系建设工程规划（2016—2025年）》，提出在2025年前新增红树林面积48650hm^2，其中滩涂造林面积占92.2%。2000—2019年，我国红树林面积增加了8000hm^2，除了少许面积自然扩张、废弃鱼塘自然恢复、退塘还林外，90%以上为重建修复，即滩涂造林。

事实上，我国南方适合直接造林的滩涂面积很小。随着外来种逐渐被禁用和原先只要稍微填土就可以满足红树植物生长需求的滩涂逐渐使用殆尽，滩涂造林向更困难的立地推进，造林成效不升反降。滩涂造林存在的主要问题包括：

1. 造林成本高

人为抬高滩涂不仅需要填土，还要修建围堰以避免土壤被海水冲走，导致造林成本居高不下，最高可达每亩几十万。

2. 造林树种单一

为了节约成本，尽量减少土方量，结果导致滩涂高程抬高量有限，人工填出来的滩涂只有那些最耐淹水的少数先锋树种适宜生长。

3. 技术难度大

人工抬高滩涂的造林方式属于特种造林，填多高、围堰怎么做、树种怎么配置，涉及许多海洋水文及复杂的植物生态问题。一般的林业设计单位无法完成，一般的造林施工单位更是无法完成，存在很大的技术风险。

4. 生态风险大

红树林、林外滩涂、浅水水域和潮沟是红树林湿地生态系统的基本地貌单元，各单元对于红树林湿地生态系统结构和功能的维持是不可或缺的。茂密的红树林仅仅是水鸟栖息和筑巢的场所，退潮时裸露的林外滩涂是水鸟觅食的主要场所。中低潮带滩涂底栖动物丰富，不仅是居民主要的收入来源，还是水鸟的主要觅食场所。我国的红树林处于东亚水鸟国际迁徙的路线上，是迁徙水鸟补充食物的重要场所。将红树林外裸露的滩涂全部改造为红树林，即使能够成功，也侵占了水鸟觅食地。

5. 外来种问题

自 2000 年以来，无瓣海桑和引种自墨西哥的拉关木因适应性强、生长速度快而成为我国红树林的主要造林树种。拉关木因适应性强、生长速度快、繁殖能力强而表现出典型的入侵种特点，引起了生态学家及公众对其生态入侵的担忧。放着乡土优良红树植物种类如杯萼海桑、正红树、拟海桑不用，大量使用有入侵嫌疑的外来种。

（三）退塘还林

20 世纪 80 年代以来，在政府的鼓励下，东南亚国家对虾养殖业蓬勃发展，超过 120 万 hm^2 的红树林被改造为鱼塘。1976—2002 年，湄公河地区的对虾养殖面积增长 3500%，导致越南 2/3 的红树林消失。泰国 64% 的红树林破坏是由于围塘养殖。遥感监测结果表明，全球 50% 以上的红树林面积下降是由于围塘养殖。围塘养殖是对红树林的最大威胁。这种情况在我国表现得更突出。1964—2015 年，海南文昌八门湾红树林面积减少 1595.0hm^2，其中转化成鱼塘的面积为 1415.5hm^2，占 88.7%。1980—2000 年，广东红树林被占用总面积达 7912.2hm^2，其中 7767.5hm^2 用于修建鱼塘，占 98.2%。1980—2000 年我国共消失了 12923.7hm^2 的红树林，其中 97.6％用于修建鱼塘。2000 年以后，我国毁林养殖被基本制止。

快速扩张的围塘养殖在取得巨大的经济效益的同时，也带来了隐患。1990 年以来，东南亚国家大面积的鱼塘因虾病爆发而闲置。根据印度尼西亚林业部门的统计，印度尼西亚 37% 的海水鱼塘被闲置，2015 年闲置鱼塘总面积达 25 万 hm^2。泰国、马来西亚、斯里兰卡等国家的一些海湾或区域均有 60% 以上鱼塘闲置的报道。因养殖规模太大且没有有效的养殖污染处理手段，我国南方海水鱼塘养殖陷入了“规模扩大—养殖污染加剧—环境恶化—病害频发—效益下降”的恶性循环，养殖成功率长期徘徊在 35% 左右，30% 的虾塘因为连续绝收而不得不闲置。

2017 年 4 月 13 日，中央第四环保督察组发布了广东湛江红树林国家级自然保护区问题的整改清单，要求对保护区内 4800 多公顷鱼塘实施退塘还林。海南文昌清澜省级自然保护区核心区内有近 300hm^2 的鱼塘。福建漳江口红树林国家级自然保护区内有 600 多公顷鱼塘，70% 的核心区被鱼塘占据。据不完全统计，全国红树林自然保护区和湿地公园内的鱼塘总面积近 10000hm^2。2014 年，海南东寨港国家级自然保护区管理局对保护区内 140hm^2 顷鱼塘实施退塘还林（图 10-4）。以此为起点，我国南方各省区掀起了一股退塘还林热潮。

图 10-4 养殖塘退塘还林

第三节 红树林保护修复与人类活动共赢模式

一、养殖业与红树林保护修复共赢模式

结合现有养殖模式，基于养殖业与红树林的共存关系分析，养殖业与红树林保护修复共赢模式有如下几种：

（一）鱼塘内种植红树林

在鱼塘中人工种植或挖塘的时候刻意保留一定面积的红树林，基于红树林的水质净化潜能和食物供给而构建的红树林-养殖耦合系统，利用红树植物降低污染物含量以满足养殖要求的同时，又能实现红树林的修复和保育，受到一定程度的关注。在 863 项目的支持下，中山大学陈桂珠教授在广东深圳海上田园开展了迄今为止我国规模最大的红树林人工湿地-养殖耦合系统实验。结果发现，与没有种植红树林的鱼塘相比，种植红树植物的养殖塘水质均有不同程度的改善，鱼类病害也少，其中以种植比例为 45% 的桐花树的养殖塘水质最好，鱼类生长速度最快。在广东饶平，利用木榄、桐花树、秋茄等 3 种乡土树种和外来树种无瓣海桑，每一红树植物面积为实验塘面积的 15%。结果发现种植红树植物的养殖塘水质均有不同程度的改善，除了无瓣海桑种植塘外，其他红树植物种植塘中华乌塘鳢的生长均优于对照塘，尤其是桐花树和木榄种植塘效果较好。2020 年 1 月，我们在海南万宁小海的调查发现，在养殖青蟹的鱼塘周边种植红树林，可以通过遮阴而降低水温，提高青蟹的成活率。但是，由于水位控制缺乏科学指导，鱼塘内红树林的生态养殖模式还有很多问题需要解决。

从理论上讲，鱼塘内红树林是一种兼顾生态与经济的模式，有较大的发展潜力。但由于缺乏基础理论与应用研究，尤其是如何结合养殖对象的需求和红树植物种类的需求，提出操作简便的鱼塘水位调控方案。这一关键问题没有解决，短期内推广还有困难。此外，现有鱼塘中红树林种植技术、运行过程中生物多样性的保护方案，都是迫切需要解决的问题。

（二）红树林内养殖

红树林内养殖以广西红树林中心范航清等发明的地埋管道红树林原位生态养殖模式为代表。已有的原位养殖模式都存在着各种不足，因此不毁林、干扰度小、产出较高、可控性性好的原位生态养殖模式，就成为合理利用红树林的一项关键技术。2003 年广西红树林研究中心向联合国项目专家提出了开展红树林生态养殖的建议。2007 年联合国环境规划署全球环境基金（UNEP/GEF）“扭转中国南海与泰国湾环境退化”项目特别资助广西红树林研究中心探索红树林生态养殖技术，形成了“地埋管道红树林原位生态养殖”的关键技术。在广西财政厅和科技厅的支持下，研究团队在广西防城港市珍珠湾建设了“地埋式管道红树林动物原位生态保育研究及示范基地”。2019 年海洋公益性行业科技专项“基于地埋管道技术的受损红树林生态保育研究及示范”通过验收。项目基于牵头单位原创的“红树林地埋管网生态保育技术”，通过规模化试验与优化，实现了关键设施的标准化设计与生产，完成了系统集成，建立了生态苗种保障技术，改进了增养殖技术，实现了规范化操作管理，建立了推广应用的海区判别模型。项目在广西全日潮海区、广东半日潮海区、浙江高纬度红树林地建立了 3 个示范点，示范面积合计 480 亩；建设地埋管网保育系统 75 亩，年产出 7739.5 元 / 亩，保育动物回捕率 92%。项目不仅不砍不围红树林，还快速恢复红树林及林下海洋动物群落 480 亩，解决了传统养殖跟红树林争夺滩涂空间的世界性难题，成为我国及亚太地区红树林保护与可持续利用的成功范例。项目研制海洋行业标准 1 项（审查阶段）、广西地方标准 1 项；申请发明专利 10 件（已授权 1 件），实用新型专利 1 件（已授权），1 件国际发明专利获 4 个国家授权；开发地埋管网生态养殖系统净污菌剂 1 项，地埋管网生态保育工程的决策地理信息系统 1 套，筛选出适养动物 10 种，形成了 3 个物种的红树林原位生态养殖技术。

“地埋管道红树林原位生态养殖系统”由 5 个主要部分组成：①蓄水区。通常为陆侧虾塘，用于涨潮时蓄积潮水，低潮时放水，驱动地埋管道系统内水体的流动，提供溶解氧。在蓄水区可开展纳潮生态混养。②管理窗口。埋在滩涂内，每个面积 3~5m^2，深

1~1.5m，用于投苗，投喂饵料，日常管理和收获。③交换管。露出滩涂表面，高 60cm，直径 20cm，管体密布直径 2cm 的小孔约 100 个，退潮时通气，涨潮时海区的小鱼小虾可通过小孔进入管道内，成为管道内所养鱼类的活饵。④地下管道。为直径 20cm 的 PVC 管，埋设在红树林滩涂 30~40cm 深处，为系统提供水流通道和养殖鱼类活动空间；⑤组合栈道式青蟹养殖箱。管理窗口流出的水体直接供给后端的青蟹养殖，充分利用潮汐能量。此外，红树林生态养殖区的海上栈道也是重要的组成部分，其作用在于提供进出养殖管理窗口的便利通道，极大降低日常管护的劳动强度，避免对滩涂红树林幼苗和底栖动物生境的人为踩踏与干扰，有利于红树林的生长和生物多样性的恢复。每亩红树林可布置 1~4 个管理窗口。以每亩布 4 个管理窗口计（通常 1~2 个），管理窗和管道的面积合计不超过林地面积的 5%，不改变红树林滩涂的地形地貌。

目前，已选择出的适合地埋管道红树林原位生态养殖的物种有 11 种，其中星虫 1 种、贝类 5 种、甲壳类 1 种、鱼类 4 种。底栖鱼类是地埋管道养殖的关键，已筛选出的适合物种为中华乌塘鳢、日本鳗鲡和杂食豆齿鳗，它们可以在管道内混养。2016 年 3 月它们的市场价格在 120~600 元 /kg。以中华乌塘鳢为例，一般 4 月投放越冬人工苗，苗种规格 30~40 尾 /kg，饵料为鲜杂鱼，10~11 月进入收获期，生物量可提高 3~3.5 倍，养殖成活率约 80%，捕获率 95%，产品质量接近野生。日本鳗鲡非常适合在管道内生长，生长快，品质远远高于池塘养殖产品，但苗种供给是制约瓶颈。杂食豆齿鳗为功能性动物，价格昂贵，可在管道内生活，但生长速率低，其辅助性养殖设施有待研发。

二、旅游业与红树林保护修复共赢模式

作为国际公认最富科普教育和旅游功能的生态系统，红树林湿地同时又是我国极为重要的生态资源。由于我国连片面积较大，保存较好的红树林资源主要集中在自然保护区，但在自然保护区开展生态旅游必须遵循相关管理规定，尤其在游客人数、游客行为、基础设施建设等方面有诸多限制，因此自然保护区内的红树林生态旅游规模并不是很大，旅游形式也较为单一。近年来，随着红树林渐渐进入公众视野，成为许多游客期待的旅游目的地，加上红树林类型的湿地公园、城市公园建设蓬勃发展，我国的红树林生态旅游市场正在渐渐活跃起来。

海南岛作为我国红树林分布的中心，也是我国最早发展红树林旅游的地区之一。全岛共有不同级别的自然保护区、湿地公园 14 处，但各地生态旅游发展差距较大。东寨港国家级自然保护区是我国第一个以红树林为主要保护对象的保护区，20 世纪 80 年代末就有游客慕名到东寨港红树林参观。保护区于 2014 年修建了木栈道、游船码头、游客中心等基础的游览设施，但红树林区域的木栈道在环保督查期间被拆除。目前，保护区内的红树林旅游形式以乘船观光为主，游船由旅游公司运营，游客以散客为主，保护区内配备红树林博物馆、苗圃、解说牌等科普教育设施，游客可自行游走参观。广东省

是我国红树林分布面积最大的省份，红树林生态旅游的发展也是参差不齐，深圳湾红树林区域已建有多个相邻的不同类型的保护地，包括福田国家级自然保护区、华侨城国家湿地公园、福田红树林生态公园等，由于地处深圳市市区，其特殊的地理位置为这些保护地发展生态旅游创造了先天优势。湛江红树林保护区的红树林沿雷州半岛海岸线分布，横跨 5 个县 4 个区，分为 37 个小区进行管理，其中高桥红树林小区、特呈岛旅游小区、鸡笼山旅游小区等区域可供游客参观游览。广西壮族自治区是我国红树林分布的第二大省（自治区、直辖市），北部湾区域有 14 个港湾均有红树林分布，红树林生态旅游发展较早的区域有北海滨海国家湿地公园、山口国家级自然保护区和北仑河口国家级自然保护区。北海滨海国家湿地公园位于北海市城区，早在 2008 年就对外开放，有红树林科普区、赶海区、疍家民俗园等 3 个区域，游客可乘观光车参观游览，在栈道观赏红树林景观，在赶海区体验滩涂，在民俗园参观了解疍家文化。山口保护区、北仑河口保护区离主城区较远，保护区内虽配备了基础的旅游设施，如科普展馆、栈桥、游船码头、观鸟亭等供游客使用，但尚未有成型的旅游项目提供，游客以自助游为主，停留时间大约仅有半天。福建省最具代表性的红树林保护地是漳江口国家级自然保护区，但距最近的主城区漳州市约 95km，保护区内仅修建栈道、观景亭等基础游览设施供游客自行游览，尚无其他旅游活动提供，对游客吸引力较为有限。从目前各省红树林生态旅游发展情况来看，距离城市较近或就在城区的红树林保护地，旅游活动无论从内容还是形式上，都更为丰富，游客量也更多。偏远的红树林保护地则发展极为缓慢，游客量偏低，未能产生经济效益，促进保护。尽管各地红树林生态旅游的发展进程不同，但存在一些共性问题和瓶颈需予以关注和应对。从内容和形式上看，我国大部分保护地的红树林生态旅游形式单一，仍以游客自助观光为主，深度体验、自然教育类旅游形式尚未得到开发，当地自然资源、自然条件、历史文化、习俗信仰中的特色内容尚未得到充分挖掘，导致游客在红树林区域短暂观光后便离开，未能形成对当地经济有所助益的更多消费。同时，社区也未能从保护地生态旅游的发展中受益。基于红树林湿地生态系统和相关文化，秉承既有利于保护红树林湿地资源及其文化，又能促进当地社区发展，并激发旅游者的保护意识和行动此，红树林生态旅游可结合地方特色和条件，发展出丰富多样的旅游形式（陈明等，2020），可以发展以下模式。

（一）“红树林 + 观光休闲”生态旅游模式

观光可谓是最基础的旅游需求，观光型游客更是游客中最广泛的人群。其心理期盼首先是独特的自然风光与奇异的人文资源，即使可进入性或服务稍差，如果后来获得美的享受，也会感到满足。红树林分布有较强的地域性，仅分布于热带和亚热带的海岸线，红树植物形态奇特、有特殊的生态和生理特性，是极有吸引力的旅游资源。除了红树植物外，生活在红树林湿地中的鸟、弹涂鱼、招潮蟹、螺贝类等多种多样的生物也能给人们展示一个多姿多彩的奇妙世界。在红树林湿地内修建基本的游览设施，为观光型游客提供游走步道、搭乘游船、参观展馆等项目，既能欣赏红树林湿地的景观，还能近距离观察红树林及其他生物。值得注意的是，红树林观光休闲作为一种生态旅游形式，需发挥对游客的环境教育功能，在游览过程中，要通过专业的解说让游客充分了解红树林。因此，除了基础游览设施外，保护地还需要建立良好的解说系统。解说系统主要包括两大类，人员解说和媒体解说。人员解说需配合专业的解说导览人员，媒体解说则利用视听器材、解说牌、展览、自导式步道等方式进行解说。

（二）“红树林 + 深度体验”生态旅游模式

体验式旅游，也称为沉浸式旅游，是让旅游者投入精力参与某个特定地点的历史文化、生活、食物、生态环境等相关旅游活动，与体验的对象产生互动，获得深刻感受和触动的旅游形式。围绕红树林主题，结合地方特色，体验类的旅游项目可以有很丰富的设计，发展潜力巨大。例如走入滩涂用五感观察滩涂生物、体验滩涂养殖采收、观鸟；在红树林周边村庄留宿，体验海岸生活和劳作日常、参观庙宇、了解村庄历史、制作食物等等。这种体验式的旅游形式，既能让游客获得独特的感受，激发对红树林的兴趣和关注，又能为社区参与生态旅游创造机会，让社区从旅游发展中获益。

三、红树林自然教育模式

自然教育主要是通过与自然的直接接触，让人认识自然，获得热爱自然、热爱生命的启迪。近年来，随着近几年游学、自然教育类旅游形式的蓬勃发展，从事自然教育的组织和机构数量逐年壮大。2019 年，国家林业和草原局专门发出通知，呼吁全国各类保护地充分发挥社会功能，大力开展自然教育。红树林湿地有丰富的生物多样性资源，强大的生态服务功能，具备开展自然教育的优越条件。各红树林保护地可根据自身条件，与自然教育相关组织和机构合作，在适当的区域内开展面向不同年龄、不同受众的红树林主题自然教育活动，如各类自然课程、冬 / 夏令营、研学游等。

（一）“红树林 + 自然课堂”模式

深圳华侨城国家湿地公园由华侨城公司独立运营，通过预约服务免费向公众开放。入园人数根据候鸟迁飞季有所限制，最高为 400 人 / 天，最低为 100 人 / 天。2014 年成立深圳首家自然学校以来，组织了内容丰富的自然教育类活动，包括自然艺术季、生态讲堂、自然课程、环保节庆活动等。区内建有科普展馆、亲子游乐场、观鸟亭、植物园、彩绘画廊、生态浮岛等设施，还定期开展自然导览、观鸟、清理入侵物种、亲子乐捐嘉年华等公众活动。这些为游客和市民提供了极好的观光休闲和自然教育活动场域。

（二）“红树林 + 科学考察”自然教育模式

科学考察旅游是依托特定地点特有的地质地貌、水文气候、历史古迹、珍稀动植物、奇观现象等，以探究成因及特征为目的的野外考察、自然观察、科学探险活动。与自然教育的观察学习类课程不同，科学考察游更强调完整的科学研究过程，能产出实质的考察成果，其活动设计也因此对专业要求更高。红树林湿地的独特性和科研价值毋庸置疑，但鲜有保护地或机构开发红树林的科学考察旅游价值。这样的旅游形式较为小众，市场指向性明确，面向的是对科学研究感兴趣或有学业需求，且有一定科学思维基础的群体。

对在国际上有知名度并具备一定科研力量的红树林保护地而言，可结合自身的长期性科研任务，设计可重复的科学考察主题游，通过定期发布的方式，吸引国内外人士前来参加。这样的旅游形式既能留住游客，在保护地周边社区形成消费，其考察成果又能为保护地科研所用。

四、社区可持续发展模式

（一）以生态旅游带动社区发展模式

湛江雷州半岛有我国红树林面积最大的自然保护区——湛江红树林国家级自然保护区。保护区主要负责管理红树林，旅游服务则主要由当地社区或旅游公司提供。例如，特呈岛分布有约500亩红树林，岛上有7个自然村，部分村民经营农家乐餐厅和民宿，也有新建的休闲度假酒店。游客以观景、观庙宇古迹、品尝美食、泡温泉等常规休闲度假旅游形式为主。

海南东寨港与保护区相邻的周边村庄内均有村民经营的海鲜餐厅。近两年，在几位有创先意识村民的带动下，部分村民通过农户+合作社的方式，利用旧房改造，发展出较为高档的民宿，还配套红树林游览、采摘、赶海、美食等休闲项目，颇具吸引力。

（二）捕捞与采摘

数百年来，沿海地区的居民对红树林资源的利用保持着传统的方式：近岸捕捞弹涂鱼、蓝子鱼、中华乌塘鳢、青蟹等；挖掘红树林底栖动物可口革囊星虫、青蛤、红树蚬等。由于人口的增加、淡水的缺乏造成农业的衰退，再加上渔业市场上高利的诱惑，当地高强度、高频率的捕捞和挖掘活动，使传统渔业捕捞产量和产值逐年下降，传统的底栖动物挖掘对红树林生态系统的完整性造成了一定破坏。此外，近岸对虾养殖和滩涂贝类养殖大量使用农药的残留物危害，以及高密度拖网和炸鱼、电鱼等非法捕捞作业的破坏，使得红树林生态系统生物多样性受到了威胁，比如中华鲎、天然锯缘青蟹、中华乌塘鳢等品种已经很少见，传统渔业经济增长的空间非常窄小。红树林生态系统是世界上生产力较高、生物种类繁多的生态系统之一，它为2000多种鱼类、无脊椎动物和附生植物提供了丰富的饵料和栖息地，适当的捕捞和采摘并不会影响红树林的健康，反而会促进社区共建与可持续发展。白骨壤种子榄钱是当地居民日常食用的材料，调查发现，适度的采集不会影响生态系统的种子更新需求，对林下底栖动物的实物资源也不会造成影响。但是需要对种子采集区间进行规划，避免对矮疏林的集中采集。

五、发展建议

今后的红树林与人为活动关系中，应该更注重红树林保护修复与生态养殖、生态旅游的协调发展，允许一定规模和强度的采摘和捕捞。作为滨海湿地不可回避的地貌单元之一，我们不能将鱼塘简单地排除在海岸带生态保护与修复之外，而应该通过对养殖模式的优化、养殖行为的规范、养殖区域的统筹，在生态保护与社区发展之间找到平衡点。这不仅是海岸带生态系统综合管理的需要，更是体现海陆一体化综合修复的需要。在红树林湿地过度发展旅游会破坏红树林，过多人为活动会影响红树林湿地内栖息的动物，因此要以保护和维持红树林湿地的生态功能为前提，严格遵循保护性开发的原则。结合生态旅游四要素，红树林生态旅游应以红树林湿地生态系统和相关文化为主要内容，既有利于保护红树林湿地资源及其文化，又能促进当地社区发展，并激发旅游者的保护意识和行动。对于采摘和捕捞，应按照现有的土地利用格局与适应措施，合理规划和调整滩涂采集和近海捕捞的频率和时长，使红树林区域生物量保持稳定。当地社区居民是直接感受和影响生态环境的主体，但他们的生态环境认知由于农业生产经验和文化程度的限制，具有主观性和模糊性，因此合理规划，并且提高社区居民对生态环境变化感知以及主动采取适应行为在今后相当长一段时间内具有重要意义。乡镇政府、红树林社区、村委会等公共部门应该为社区居民户提供更加准确、及时的生态环境信息服务，包括建设农业环境监测预报系统、构建符合海岸带土地资源特点的农业环境信息服务平台等。人们的适应行为具有滞后性，在对生态要素变化认知水平较高的情况下，能否做出适应行为，技术和资金是关键因素，需要公共部门加以资金、技术、人力方面的扶持，制定政策鼓励保护海岸带生态环境，才能促进适应行为的实施。镇政府、社区、村委会等公共部门可以为社区提供更多的农业生产技术培训，进一步加大农业补贴力度，改变生态脆弱区居民的生计方式是保护和恢复生态的关键。海岸带是对人类土地利用行为反应敏感的生态脆弱区，大力发展生态旅游、生态旅游等新兴产业，有助于在保护海岸带生态环境的同时，保障农村经济的发展和农民生活水平的提高，促进实现“绿水青山就是金山银山”的生态文明建设。

第十一章 红树林固碳过程及其影响机制研究①

红树林是生长在热带、亚热带海岸潮间带的木本植物群落，受海水周期性浸淹和盐分的影响。红树林、盐沼、海草床等滨海湿地是地球上碳密度最高、碳积累速度最快的生态系统之一，由于这些生态系统与海洋毗邻，储存在这些滨海湿地的碳因此被称为"蓝碳"（Nellemann，2009）。自从 Donato 等（2011）报道了印太地区红树林巨大的碳储量（平均 1023Mg/hm^2）以来，红树林的碳汇潜力及其在应对气候变化中的作用引起人们极大关注，近十几年来关于红树林固碳、储碳的研究大量涌现。红树林碳密度的全球平均值高达 693Mg/hm^2，其中大部分存在于土壤中，红树林土壤碳埋藏速率的全球平均值高达 184g/（m^2·a）（Alongi，2022）。生态系统碳通量研究也表明，红树林和盐沼湿地的年碳汇量比同纬度陆地森林高 2 倍以上（Lu et al.，2017；Cui et al.，2018）。

区别于陆地生态系统，红树林生态系统的碳不但来源于红树林植被光合作用固碳，而且还来源于水体悬浮物中从别的生态系统迁移输入的碳。红树植物一方面通过凋落物和细根周转向土壤输入有机碳；另一方面也通过减缓水流速度和物理拦截促进外源沉积物在红树林土壤中沉积（图 11-1）。红树林地表土壤沉积速率范围 0~190mm/a，平均 5mm/a，沉积的土壤中含有碳、养分以及矿物颗粒等（Lovelock et al.，2015）。因此，为了更好地理解红树林固碳机制，有必要区分红树林土壤有机碳中的内源碳（来源于红树林光合固碳）和外源碳（来源于悬浮物沉积），并区分红树林植被对土壤碳积累的两条作用途径的相对贡献。

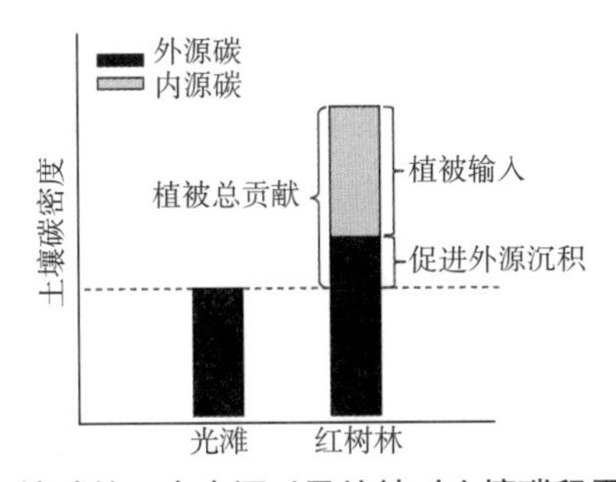

图 11-1　红树林土壤碳的两个来源以及植被对土壤碳积累的两个作用途径

注：图中展示红树林土壤（内源碳和外源碳总和）与林外光滩土壤（只有外源碳）之间土壤碳密度的差异，该差异为红树林植被通过两条途径作用：一是凋落物和细根输入，二是促进悬浮物中外源碳沉积。

---

① 作者：熊燕梅、廖宝文、辛琨、姜仲茂、生农、管伟、陈玉军、李玫。

下面介绍研究团队在红树林土壤碳来源区分以及不同空间尺度（从生态系统到区域到全球）红树林碳积累影响机制方面的研究工作。

第一节 区分红树林土壤有机碳来源以及植被对土壤碳积累的作用途径

一、研究方法

研究地点位于海南东寨港红树林国家级自然保护区（19° 55′ N，110° 36′ E）。2015—2016 年分别从位于东寨港外湾的 7 个代表性红树林群落及林外光滩采集 1m 深土柱。选择东寨港外湾是由于该地理环境较少受河流陆源输入的影响，便于区分红树林土壤有机碳中的内源碳（来自红树植物）和外源碳（来自海水悬浮物）。7 个红树林群落为外缘白骨壤群落、内缘白骨壤群落、外缘红海榄群落、内缘红海榄群落、外缘角果木群落、内缘角果木群落以及内缘海莲群落。在上述每个红树林群落以及林外光滩采集 1m 深土柱，分为 0~20cm，20~40cm，40~60cm，60~80cm 和 80~100cm 5 层。此外，收集白骨壤、红海榄、海莲、角果木凋落叶片并采集直径 < 2mm 的细根。所有土壤和植物样品（凋落物和细根）测定稳定性同位素 ^{13}C 自然丰度 $\delta^{13}C$，土壤还测定有机碳含量和容重。采用二元同位素混合模型计算红树林土壤有机碳中内源碳和外源碳的比例。其中，光滩土壤 $\delta^{13}C$ 代表外源碳 $\delta^{13}C$，因为位于外湾的光滩土壤有机碳主要来源于海洋藻类等生物，且具有比红树林等 C3 植物明显更高的 $\delta^{13}C$ 值。红树林凋落叶片 $\delta^{13}C$ 值或细根 $\delta^{13}C$ 值代表内源碳 $\delta^{13}C$。二源同位素混合模型公式为：

$$\delta^{13}C_{mangrovesoil}=f_{autochthonous}\delta^{13}C_{autochthonous}+f_{allochthonous}\delta^{13}C_{allochthonous} \quad (11\text{-}1)$$

$$f_{autochthonous}+f_{allochthonous}=1 \quad (11\text{-}2)$$

式中：$f_{autochthonous}$ 和 $f_{allochthonous}$ 分别为土壤有机碳中内源碳的比例和外源碳的比例，$\delta^{13}C_{autochthonous}$、$\delta^{13}C_{mangrovesoil}$ 和 $\delta^{13}C_{allochthonous}$ 分别为内源碳（红树植物）、红树林土壤和外源碳（光滩土壤有机碳）的 ^{13}C 自然丰度。由于红树植物凋落叶片 $\delta^{13}C$ 显著低于同树种细根的 $\delta^{13}C$ 值（相差 1.78‰~2.34‰），将红树植物凋落叶 $\delta^{13}C$ 和细根的 $\delta^{13}C$ 分别代入公式中作为红树植物的 ^{13}C 自然丰度进行两套计算，得到两套计算结果。

二、研究结果和结论

东寨港外湾光滩土壤的稳定碳同位素自然丰度 $\delta^{13}C$ 介于 −23.00‰~−19.70‰，远远高于红树植物的 $\delta^{13}C$（−29.87‰~−26.08‰），红树林土壤 $\delta^{13}C$（内源碳和外源碳混合的结果）介于光滩土壤和红树植物之间。红树林土壤由于受植物细根碳输入的影响，其 $\delta^{13}C$ 值随着土层加深而升高；而光滩土壤 $\delta^{13}C$ 值随土层变化不明显。

红树林土壤有机碳中，内源碳的贡献比例随着土层加深而显著降低，外源碳的比例随土层加深而升高。红树林表层 1m 土壤中，内源碳贡献比例为 27%~77%（凋落叶 $\delta^{13}C$ 作为内源碳 $\delta^{13}C$ 计算结果）或 39%~97%（细根 $\delta^{13}C$ 作为内源碳 $\delta^{13}C$ 计算结果），其中在海莲群落最高，在外缘角果木群落最低。

红树林表层 1m 土壤总有机碳密度显著高于林外光滩，是林外光滩的 1.1~3.6 倍，其中海莲群落最高，在外缘角果木群落最低，对于同一树种，靠岸的内缘群落高于靠海的外缘群落。红树林表层 1m 土壤中的外源碳密度与光滩碳密度（全部来源于外源碳沉积）相当，甚至稍低于光滩碳密度。因此，红树林土壤总有机碳密度高出光滩的部分主要（65%~100%）来源于红树植物输入的内源碳，只有 0~35% 来源于外源碳。

研究结果表明，在本研究区域海南东寨港，红树林植被主要通过细根和凋落物输入内源碳促进土壤有机碳积累，而植被通过促进外源沉积对土壤有机碳的贡献（红树林土壤总有机碳密度高出光滩部分中的外源碳部分）是次要的。此外，对于受河流输入影响较小的红树林区域，采用光滩土壤 $\delta^{13}C$ 表征外源碳 $\delta^{13}C$ 区分红树林土壤有机碳中的外源碳和内缘碳是合理可行的方法。

第二节 红树林细根和地上凋落物对土壤有机碳积累的相对贡献

一、研究方法

研究地点位于海南东寨港红树林国家级自然保护区（19° 55′ N，110° 36′ E）。选择东寨港 4 个代表性纯林群落为研究对象：白骨壤群落、红海榄群落、角果木群落以及海莲群落。分别在每个群落设置 4 个样方，用凋落物框法每隔 15 天收集凋落物，连续收集一年，从而测定、计算每个群落的凋落物年生产量。在每个群落采用连续根钻法于春（4 月）、夏（7 月）、秋（10 月）、冬（翌年 1 月）4 个季节取 1m 深土柱测定直径 <2mm 的细根生物量，并通过细根生物量的季节变化以及细根年均生物量采用决策矩阵法计算每个群落的细根年生产量（即生产力）。采用分解袋法将各个群落的凋落叶和细根样品放置于各自群落进行为期 391 天的分解实验，其中凋落叶分解袋放置地表，细根分解带垂直埋置于表层 20cm，然后分别于 30 天、180 天、391 天后取出分解袋，测定、计算凋落叶和细根的分解率。采用如下公式计算凋落叶和细根对每年积累的植物来源的土壤有机质的相对贡献：

$$\text{凋落叶贡献率（\%）} = \frac{\text{凋落叶年残留量}}{\text{凋落叶} + \text{细根的年残留量}} \times 100$$

$$细根贡献率（\%）=\frac{细根年残留量}{凋落叶+细根的年残留量}\times 100$$

$$年残留量=年生产量\times 1年分解残留率$$

二、研究结果和结论

红树林凋落叶年生产量占地上总凋落物年生产量的57%~86%。凋落叶年生产量为白骨壤群落266g/m^2，红海榄群落814g/m^2，海莲群落408g/m^2，角果木群落586g/m^2。细根年生产量为白骨壤群落576g/m^2，红海榄群落1873g/m^2，海莲群落2064g/m^2，角果木群落3011g/m^2。

不同树种的凋落叶和细根在不同环境的分解速率存在比较大的差异（表11–1）。其中，白骨壤的凋落叶和细根的分解速率高于其他树种，角果木的凋落叶和细根的分解速率最低。凋落叶在低潮带的分解速率大于高潮带，在土表的分解速率大于土内，而潮位对细根的分解速率没有明显影响。

表11–1 不同树种的凋落叶和细根在不同环境的分解系数 *k*（表征分解速率）

树种	凋落叶（土内）		凋落叶（土表）		高序细根[a]（土内）		低序细根[b]（土内）	
	低潮带	高潮带	低潮带	高潮带	低潮带	高潮带	低潮带	高潮带
白骨壤	0.108	0.099	0.932	0.216	0.034	0.041	0.016	0.020
红海榄	0.125	0.073	0.596	0.130	0.026	0.028	0.007	0.013
海莲	0.071	0.055	0.573	0.094	0.017	0.018	0.012	0.015
角果木	0.088	0.045	0.100	0.066	0.012	0.013	0.009	0.015

注：低序细根是指靠近根尖的前3级分支的直径 <2mm 的细根；高序细根是指远离根尖的第4级以上分支的直径 <2mm 的细根。

分解1年后，同一树种凋落叶在不同环境的平均残留率，白骨壤为3.6%，红海榄为10.4%，海莲为17.9%，角果木为34%。同一树种的高序细根和低序细根在不同环境的平均残留率为白骨壤为69.7%，红海榄为78.6%，海莲为82.0%，角果木为84.9%。

结合年生产量和分解残留率计算得到，凋落叶和细根每年总残留量为白骨壤群落409g/m^2，红海榄群落1563g/m^2，海莲群落1789g/m^2，角果木群落2805g/m^2，其中细根贡献92.4%~97.5%，凋落叶贡献2.5%~7.6%（表11–2）。

表11–2 不同群落的凋落叶和细根年残留量及其相对贡献率

		白骨壤	红海榄	海莲	角果木
年残留量（g/m^2）	凋落叶+细根	409	1563	1789	2805

（续）

		白骨壤	红海榄	海莲	角果木
相对贡献率（%）	凋落叶	2.5	5.1	3.8	7.6
	细根	97.5	94.9	96.2	92.4

研究结果表明，红树林细根对土壤有机碳的贡献远远大于地上凋落物，主要原因一方面是细根年生产量大于地上凋落物，另一方面是细根的分解速率远远小于地上凋落物。因此，红树林植被主要通过细根周转促进土壤有机碳积累。

第三节 景观尺度红树林土壤有机碳的空间变异格局及其影响机制

一、研究方法

研究地点位于海南东寨港红树林国家级自然保护区（19° 55′ N，110° 36′ E）。2015—2016 年对东寨港红树林自然保护区 3300hm^2 范围内的 5 类代表性植被类型（白骨壤群落、红海榄群落、海莲群落、角果木群落以及光滩）的 3 类地理环境（内湾河流、内湾河口、外湾）共设置 57 个样方调查植被生物量并采集土样。退潮期间采集 1m 深土柱，分 0~20cm、20~40cm、40~60cm、60~80cm 和 80~100cm 层，测定土壤容重、重量含水率、土壤有机碳含量、机械组成（以 <0.02mm 的土壤黏粒和粉砂细颗粒含量表征）、土壤孔隙水盐度。采用结构方程模型分析分析土壤有机碳的主要影响因素及其作用路径。

二、研究结果和结论

地理环境类型和植被类型对土壤有机碳含量具有显著影响。内湾河流环境的土壤有机碳含量、土壤含水率和小于 0.02mm 细颗粒含量最高，土壤容重和孔隙水盐度最低。相反，外湾环境的土壤有机碳含量、土壤含水率和小于 0.02mm 细颗粒含量最低，土壤容重和孔隙水盐度最高。内湾河口环境的这些土壤理化性质在前二者之间。3 类地理环境的角果木群落的土壤盐度都显著高于其他群落，但是土壤有机碳等其他土壤理化性质在群落之间的差异因不同地理环境而异。

结构方程模型的多因子分析结果显示，在 0~60cm 土层，土壤含水率是土壤有机碳的最重要影响因子（正相关），而土壤容重通过间接地影响（负相关）土壤含水率而影响土壤有机碳含量（负相关）。在 60~100cm 土层，土壤小于 0.02mm 细颗粒含量是土壤有机碳的最重要影响因子（正相关）。与之相对应的是，在 0~60cm 土层，土壤有机碳与土壤含水率的空间变异格局相似，而在 60~100cm 土层，土壤有机碳与土壤小于

0.02mm 细颗粒含量的空间变异格局相似。土壤盐度、植被生物量等其他因子对土壤有机碳的影响相对较弱。

研究结果表明，红树林土壤有机碳含量在浅土层和较深的土层受到不同因子的控制，但这些控制因子（土壤重量含水率、小于 0.02mm 细颗粒含量）也都是与土壤有机碳分解密切相关的影响因子。因此，在红树林湿地环境中，土壤有机碳积累可能主要受到土壤有机碳分解速率的调控，今后研究应该重视土壤有机碳分解的影响机制。

第四节　红树林土壤无机碳的空间变异及其影响因素

一、研究方法

研究地点是海南岛 7 个红树林自然保护区，包括东寨港红树林保护区、清澜港红树林保护区、三亚青梅港和三亚河红树林保护区、东方黑脸琵鹭保护区、儋州新英湾红树林保护区、儋州东场红树林保护区、澄迈红树林保护区。这 7 个自然保护区的红树林面积占海南全岛红树林总面积的 92.4%。在 7 个保护区的代表性红树林群落共设置 107 个样方，每个样方采集两个 1m 深土柱。土柱分 0~20cm，20~40cm，40~60cm，60~80cm 和 80~100cm 5 层。将用稀盐酸处理前和处理后的土壤样品分别用元素分析仪测定总碳含量、有机碳含量，进而计算得到无机碳含量。此外，还采用重铬酸钾氧化还原法测定土壤有机碳含量。

二、研究结果和结论

土壤无机碳含量的空间变异非常大，范围在 0~66g/kg，占土壤总碳的 0~92%。绝大部分红树林土柱的无机碳含量可忽略不计，509 个土壤样品中只有 45 个样品（来自 11 个土柱）含有较丰富的无机碳（>10g/kg）。这些富含无机碳的土柱中 9 个采自清澜港外湾，2 个采自三亚青梅港和铁炉港，而这些地方的红树林外正好是珊瑚礁分布区。在富含无机碳的土柱中，无机碳的含量随着土层加深而升高。

在不含无机碳或无机碳含量低的红树林土壤中，pH 值范围 2.36~6.59，随着土层加深而升高，而在富含无机碳的土壤中，pH 值范围升高到 5.67~7.99。

基于碳密度和红树林面积计算得到，海南全岛红树林总有机碳库为 0.76×10^6Mg，土壤无机碳库为 0.12×10^6Mg，无机碳库占总碳库的 16%。

研究结果表明，红树林土壤无机碳的空间变异主要取决于距离珊瑚礁的远近，土壤无机碳主要来自珊瑚礁。由于珊瑚礁碳酸钙的形成一定程度导致海水酸化并释放 CO_2，红树林土壤较高的酸性很大程度上又将这些由珊瑚礁输入的碳酸钙溶解，从而增加海洋总碱度并有利于缓解海洋酸化。

第五节 全球尺度红树林植被固碳速率的影响机制

一、研究方法

通过收集全球关于红树林植被生产力或树木生长速率的 74 篇文献，分别提取天然林和人工红树林的个体尺度树干生长速率和林地尺度木材生物量增长速率数据。同时，收集这些红树林的树种、气候数据（年均温、年降水量、气温季节变异、降水季节变异，以及冷季、热季、干季、湿季的平均气温和降水量）、地理环境类型、近海悬浮物浓度、红树林土壤有机碳密度等大尺度环境数据。采用分类回归树方法分别分析天然林和人工红树林的个体尺度树木生长速率和林地尺度生物量增长速率的环境和生物影响因素。

二、研究结果和结论

天然红树林个体 *DBH*（胸径）生长速率在全球范围 0~1.84cm/ 年，平均值为 0.31cm/ 年，中位值为 0.23cm/ 年。分类回归树分析显示，干季降水量是 *DBH* 生长速率的首要影响因子（正相关），降雨量的季节变异和红树林树种也有一定程度的影响。个体木材断面积生长速率和木材生物量生长速率取决于观测初始 *DBH*，因此木材断面积和木材生物量的生长速率这两个指标是 *DBH* 的衍生指标，不适宜用于分析个体树木固碳速率与环境因子之间的关系。

天然红树林林地尺度的生物量增长速率在全球范围 0.28~45.5Mg/（hm^2·a），平均值为 8.27Mg/（hm^2·a），中位值为 5.62Mg/（hm^2·a）。分类回归树分析显示，林地 *DBH* 平均生长速率是林地生物量增长速率的最重要影响因子，干季降水量的影响次之。

人工红树林个体 *DBH*（胸径）生长速率在全球范围 0.06~3.84cm/ 年，平均值为 0.95cm/ 年，中位值为 0.73cm/ 年。分类回归树分析显示，物种属性是 *DBH* 生长速率的首要影响因子，海桑属植物（*Sonneratia* spp.）和拉关木（*Laguncularia racemosa*）具有最高的 *DBH* 生长速率（平均 1.6cm/ 年）。林龄也有一定程度的影响，幼林 *DBH* 生长速率更高。

人工红树林在林地水平的地上生物量增长速率在全球范围 0~33Mg/（hm^2·a），平均值为 7.9Mg/（hm^2·a），中位值为 6.8Mg/（hm^2·a）。分类回归树分析显示，物种属性也是林地水平地上生物量增长速率的最重要影响因素，树木密度的影响次之。

世界各区域天然红树林和人工红树林在个体水平和林地水平的树木生长速率见表 11-3。

这些研究结果表明，天然红树林和人工红树林的植被固碳速率受到不同的环境或生物因素的影响，对全球变化的响应可能会有差异。物种属性和树木密度对人工红树林植被固碳速率的主导影响为人工红树林的管理具有理论指导意义。

表 11-3 世界各区域天然红树林和人工红树林在个体水平和林地水平的树木生长速率汇总

区域	天然红树林		人工红树林	
	树木胸径生长率（cm/年）	林地木材生产力［Mg/（hm^2·a）］	树木胸径生长率（cm/年）	林地木材生产力［Mg/（hm^2·a）］
非洲东部和南部	0.04–0.18；mean（SE）=0.11（0.07）；n=2	—	0.40–1.78；mean（SE）=0.78（0.13）；n=10	0.35–8.9；mean（SE）=2.98（1.6）；n=5
中东	—	—	—	—
南亚	0.04–0.27；mean（SE）=0.15（0.01）；n=22	1.4–7.99；mean（SE）=5.54（1.0）；n=6	0.06–2.63；mean（SE）=0.92（0.08）；n=49	0–33.1；mean（SE）=6.72（1.0）；n=51
东南亚	0.17–1.05；mean（SE）=0.42（0.03）；n=42	0.55–20.0；mean（SE）=7.83（1.9）；n=10	0.08–1.57；mean（SE）=0.58（0.03）；n=105	0.07–33.0；mean（SE）=8.67（0.6）；n=116
东亚	0.10–0.34；mean（SE）=0.23（0.05）；n=5	1.19–21.5；mean（SE）=11.47（2.1）；n=9	0.16–3.84；mean（SE）=1.48（0.09）；n=73	1.07–23.8；mean（SE）=6.65（0.9）；n=37
澳大利亚和新西兰	0.01–0.51；mean（SE）=0.12（0.01）；n=82	0.8–45.4；mean（SE）=8.47（2.1）；n=29	—	—
太平洋众岛	0–1.40；mean（SE）=0.41（0.04）；n=56	0.28–5.04；mean（SE）=3.13（1.1）；n=4	—	—
北美、中美和加勒比海地区	0–1.84；mean（SE）=0.42（0.04）；n=101	0.3–38.0；mean（SE）=9.51（2.0）；n=28	0.18–0.56；mean（SE）=0.33（0.06）；n=7	—
南美	—	4.22–5.87；mean（SE）=5.13（0.5）；n=3	—	—
非洲西部和中部	0.29–0.72；mean（SE）=0.51（0.22）；n=2	9.99；n=1	—	—
全球范围	0–1.84；mean（SE）=0.31（0.02）；n=312	0.28–45.5；mean（SE）=8.3（1.0）；n=90	0.06–3.84；mean（SE）=0.95（0.04）；n=244	0–33.1；mean（SE）=7.7（0.5）；n=209

第十二章

外来红树植物无瓣海桑林下乡土植物定居限制因子与林分改造①

无瓣海桑为海桑科（Sonneratiaceae）海桑属（*Sonneratia*）乔木，原产孟加拉国、印度、马来西亚等地（廖宝文等，2004），无瓣海桑属于常绿速生乔木，树高达15~20m，胸径在20~30cm之间，最大胸径达50~70cm（Jayatissa et al.，2002）。

1985年，无瓣海桑作为红树林滩涂造林先锋树种被引入海南，至今已被广泛栽植于广东、福建、广西、海南等地区，成为华南沿海地区常见的红树林造林树种（Ren et al.，2009；Xin et al.，2013）。无瓣海桑人工林在我国推广种植面积已超过3800hm^2（李玫，等2008）。广东省拥有中国最长的海岸线，现有红树林面积约为12039.80hm^2，其中无瓣海桑2082.33hm^2，占比17.30%，仅次于本土红树白骨壤（37.43%）和桐花树（34.97%）（杨加志等，2018）。如此大面积的无瓣海桑人工林是否会影响到乡土红树群落的生存与发展成为人们关注的重要问题。

目前，较多研究主要集中在无瓣海桑植物生理生态学（陈长平等，2000；陈健辉等，2015；李元跃等，2012）、生物学特性（廖宝文等，2004）、群落学特征（刘莉娜等，2016；彭友贵等，2012）、繁殖扩散特征（文玉叶，2014）、风消浪功能（王旭等，2012；陈玉军等，2012）以及其对潮间带沉积物中养分的影响（Li et al.，2017）等方面，而针对无瓣海桑林下乡土红树植物自然更新的研究少有报道或多局限于小区域的调查研究。吴地泉（2016）发现，漳江口红树林自然保护区内部分区域无瓣海桑和乡土红树植物的生态位重叠。黄晓敏等（2018）调查了15年生无瓣海桑林－秋茄林内、无瓣海桑－秋茄林缘、光滩、混交林（桐花树、白骨壤和秋茄）、秋茄纯林、互花米草地和人工槽沟等7种类型样地，发现秋茄幼苗在各类型样地内均有分布，白骨壤幼苗仅在林缘、混交林和光滩有少量分布，但并未报道无瓣海桑林区对乡土红树自然更新的影响及相关影响因子。对于乡土树种幼苗的萌发与生长，陈玉军等（2003）研究发现海桑林内的主要影响因素为光照强度、种源距。张宜辉等（2006）认为海岸距离、滩涂高程也对幼苗的萌发与生长存在较大影响。Ye等（2005）发现幼苗的萌发与生长还受土壤、盐度等因素限制。影响乡土红树种子萌发和幼苗幼树生长的光照、土壤养分等非生物因子

① 作者：廖宝文、姜仲茂。

与滩涂高程、主林层特征（密度、盖度）强烈相关（Dybzinski et al.，2012）。此外，无瓣海桑树木的死亡是影响林下红树植物幼苗更新的重要因素，主要通过改变林内光照及水热环境来影响林下群落的更新与生长（Rich et al.，2008）。无瓣海桑作为先锋树种，通过促淤抬高滩涂高程、消浪防风等营造适合乡土红树植物生长的生境后将逐渐消退，为乡土红树林植物更新扩散创造了稳定条件（刘丽娜，2017）。因此，有必要对影响多地区无瓣海桑林下乡土物种更新的各因子进行调查研究，并探究各影响因子的相关关系，量化其影响程度，为今后无瓣海桑林下乡土红树自然更新和人工改造提供科学理论依据。

本文调查了无瓣海桑林下乡土红树物种多样性及主要物种群落特征，结合各样区无瓣海桑林内微环境因子、植物因子和土壤因子，通过冗余分析（RDA）和方差分解分析方法，分析各地区各类影响因子对林下物种多样性环境解释率，筛选出影响无瓣海桑人工林下乡土红树植物自然更新的主要限制因子。针对主要限制因子在野外和室内分别设置相关控制实验，探究主要限制因子对红树植物幼苗的生存与发展的影响程度。同时，利用这些结果于 2018 年在珠海市淇澳岛开展无瓣海桑林改造试验。

第一节 光照水平和滩涂高程对 5 种乡土红树植物早期生长的影响

1999 年以来，在珠海淇澳岛上种植了大约 500hm^2 的无瓣海桑人工林，成功地控制了互花米草的进一步传播（廖宝文等，2008）。如今无瓣海桑已郁闭成林，由海岸向外延伸约 2km，占据了高潮海滩和低潮海滩。本文的目的是通过比较不同光照水平和滩涂高程对 5 种天然红树植物幼苗的生长和生理反应，在潮汐模拟实验室内运用潮汐模拟装置研究不同光照水平和淹水时间对 5 种乡土红树植物幼苗早期发育的交互影响，为今后无瓣海桑人工林林下乡土红树改造工程提供理论依据。

一、试验材料与设置

（一）试验材料

于 2017 年 3 月 27 日和 5 月 16 日从湛江高桥红树林国家级自然保护区（20° 14′~21° 35′ N，109° 40′ ~110° 35′ E）和珠海淇澳－担杆岛省级自然保护区（22° 23′ 40″~22° 27′ 38″ N，113° 36′ 40″ ~113° 39′ 15″ E）分别采收木榄、白骨壤、红海榄和秋茄、桐花树的胚轴或种子。挑选成熟发育良好、无病虫害的胚轴或种子，其中，木榄、秋茄和红海榄胚轴长度分别为 15.49 ± 1.32cm、19.32 ± 2.72cm 和 28.46 ± 3.48cm，重量分别为 14.67 ± 3.75g、19.44 ± 2.83g 和 22.37 ± 4.23g；桐花树和白骨壤种子长度分别为 4.63 ± 0.37cm 和 1.54 ± 0.26cm，重量分别为 2.67 ± 0.35g 和 3.45 ± 0.44g。

（二）试验设置

在珠海淇澳－担杆岛省级自然保护区无瓣海桑人工林滩涂高潮带和低潮带选取无瓣海桑冠层郁闭度分别为 0.3、0.6 和 0.9 的样地，各设置 3 个重复，共 18 个样地，每个样地面积为 10m × 10m。用水位计在滩涂高潮带和低潮带测定潮带高程差，使用鱼眼相机在样地对角线交叉点处垂直向上拍摄样地无瓣海桑林冠层，计算样地郁闭度。

二、无瓣海桑林下光照水平和滩涂高程对幼苗存活率的影响

在 360 天试验期间，5 个乡土红树物种存活的幼苗数量逐渐减少，其光照水平和滩涂高程均具有显著差异。光照水平和滩涂高程对桐花树、木榄、秋茄和红海榄幼苗存活数量有显著的交互作用，而白骨壤对于光照水平和滩涂高程交互作用差异不显著（表 12–1）。

表 12–1　不同光照水平和滩涂高程 5 种红树林物种存活量的双向差异检验（ANOVA）*F* 值

树种	*F* 值		
	光照水平	滩涂高程	光照水平 + 滩涂高程
桐花树	334***	9.21***	22.9***
白骨壤	455***	31.6***	1.69NS
木榄	31.7***	20.7***	12.3***
秋茄	116***	55.7***	84.2***
红海榄	85.2***	9.96***	14.2***

注：NS 表示无显著性差异（$P > 0.05$），* 表示在 $0.01<P<0.05$ 水平上差异显著，** 表示在 $P<0.01$ 水平上差异显，*** 表示在 $P<0.001$ 水平上差异显著，n=54。下同。

5 种红树植物幼苗在不同高程的滩涂上的成活率不同。木榄在每个栖息地中存活率均最高，其次是低潮带的秋茄幼苗，而在低潮间带的白骨壤、桐花树和红海榄幼苗存活率低于高潮带。低潮带桐花树和白骨壤幼苗的存活数量时迅速下降，这可能受到波浪作用的影响。在 180~240 天时红海榄幼苗存活数量在各个栖息地均迅速下降（图 12–1）。在高潮带存活的物种数量随着时间的推移呈缓慢递减趋势，存活率从 240 天开始趋于稳定。

不同冠层郁闭度对 5 种红树林幼苗存活数量影响也不同。在郁闭度 0.6 和 0.9 的无瓣海桑林内光穿透率较低。随着郁闭度增加，木榄、秋茄和白骨壤幼苗存活率均呈下降趋势，而高潮带红海榄和低潮带白骨壤幼苗随郁闭度增加呈先升高后降低趋势（图 12–2），由此可见，滩涂高程和光照水平均是幼苗存活的重要影响因素。

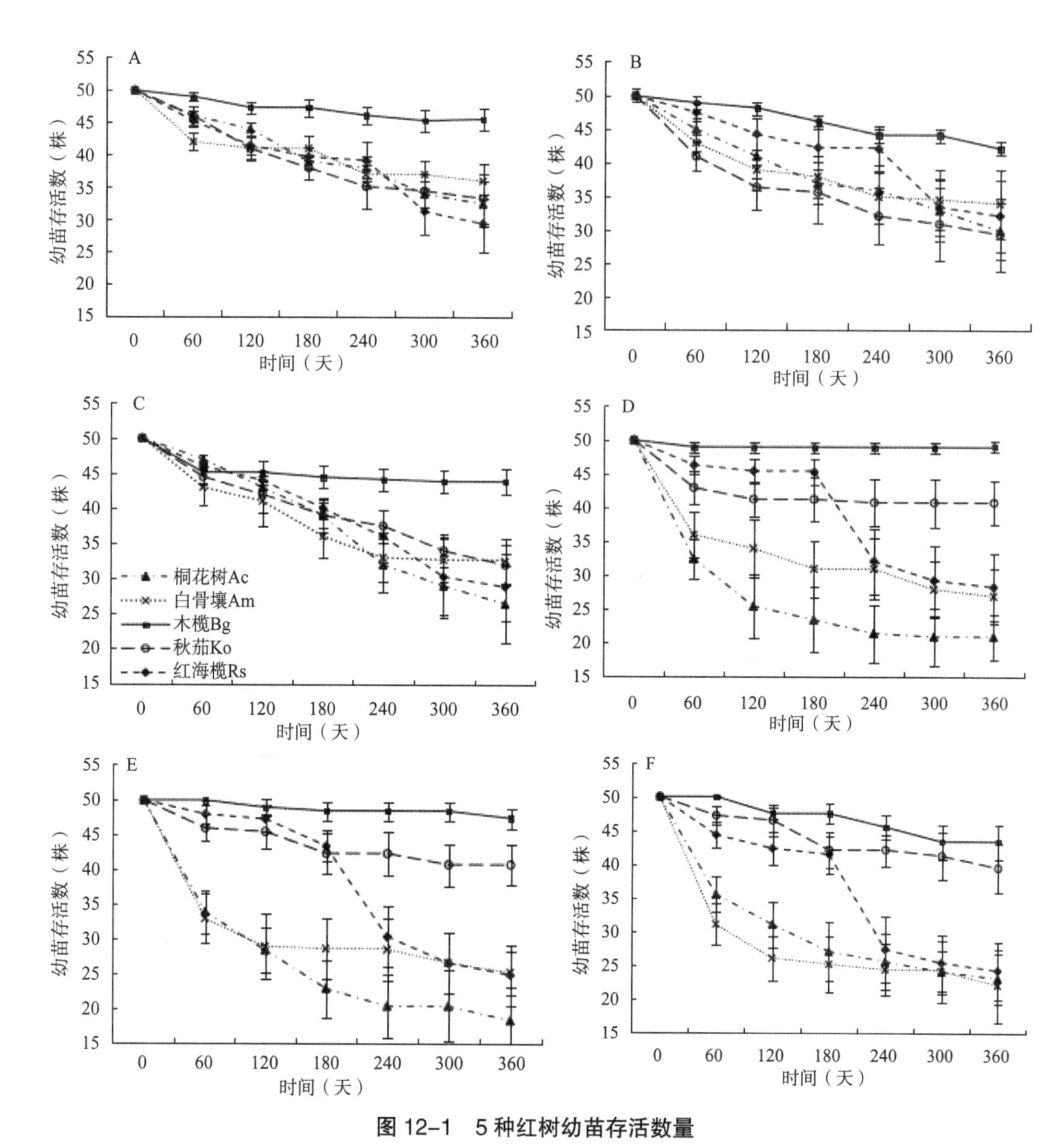

图 12-1 5 种红树幼苗存活数量

A：郁闭度 0.3+ 高潮带；B：郁闭度 0.6+ 高潮带；C：郁闭度 0.9+ 高潮带；D：郁闭度 0.3+ 低潮带；E：郁闭度 0.6+ 低潮带；F：郁闭度 0.9+ 低潮带；下同

三、无瓣海桑林下光照水平和滩涂高程对 5 种红树幼苗茎高的影响

光照水平和滩涂高程对幼苗茎高都有显著影响（表 12-2）。幼苗茎高在不同的光照水平和滩涂高程下差异显著。由图 12-2 可知，在同一光照水平下，低潮带茎高的年增长率均高于高潮带，在高潮带和低潮带茎高均在郁闭度 0.9 时达到最高。高潮带郁闭度 0.3 的无瓣海桑林下木榄、桐花和白骨壤幼苗茎高均低于低潮带郁闭度 0.6 的无瓣海桑林下幼苗。相反，在郁闭度 0.3 无瓣海桑林下，红海榄幼苗茎高高于郁闭度 0.6 林下的幼苗。木榄、秋茄、红海榄、桐花树和白骨壤幼苗在郁闭度 0.3 时，林下的最高茎高分别为 63.79cm、56.32cm、54.34cm、42.13cm 和 41.67cm，分别比低潮带郁闭度 0.9 无瓣

海桑林下幼苗高36.22%、85.31%、30.21%、53.62%和31.45%。在120天后，木榄幼苗高度相对增长率逐渐降低，而其他物种在180天后增长速率趋于稳定。

表12-2 不同光照水平和滩涂高程5种红树林物种形态参数的双向差异检验（ANOVA）F值

树种	光照水平			滩涂高程			光照水平+滩涂高程		
	茎高	叶数	基径	茎高	叶数	基径	茎高	叶数	基径
桐花树	112^{***}	12.7^{***}	4.38^{*}	63.6^{***}	23.0^{***}	33.3^{***}	41.6^{***}	2.83^{NS}	0.35^{NS}
白骨壤	39.2^{***}	30.3^{***}	3.92^{*}	22.2^{***}	1.63^{NS}	2.22^{NS}	50.9^{***}	1.46^{NS}	2.42^{NS}
木榄	85.2^{***}	51.5^{***}	19.8^{***}	21.3^{***}	0.24^{NS}	4.21^{NS}	30.6^{***}	0.32^{NS}	1.45^{NS}
秋茄	276^{***}	43.1^{***}	3.13^{NS}	36.5^{***}	2.55^{NS}	27.3^{***}	65.8^{***}	0.19^{NS}	0.26^{NS}
红海榄	26.7^{***}	78.8^{***}	13.0^{***}	34.2^{***}	5.32^{NS}	2.14^{NS}	21.1^{***}	7.01^{*}	0.86^{NS}

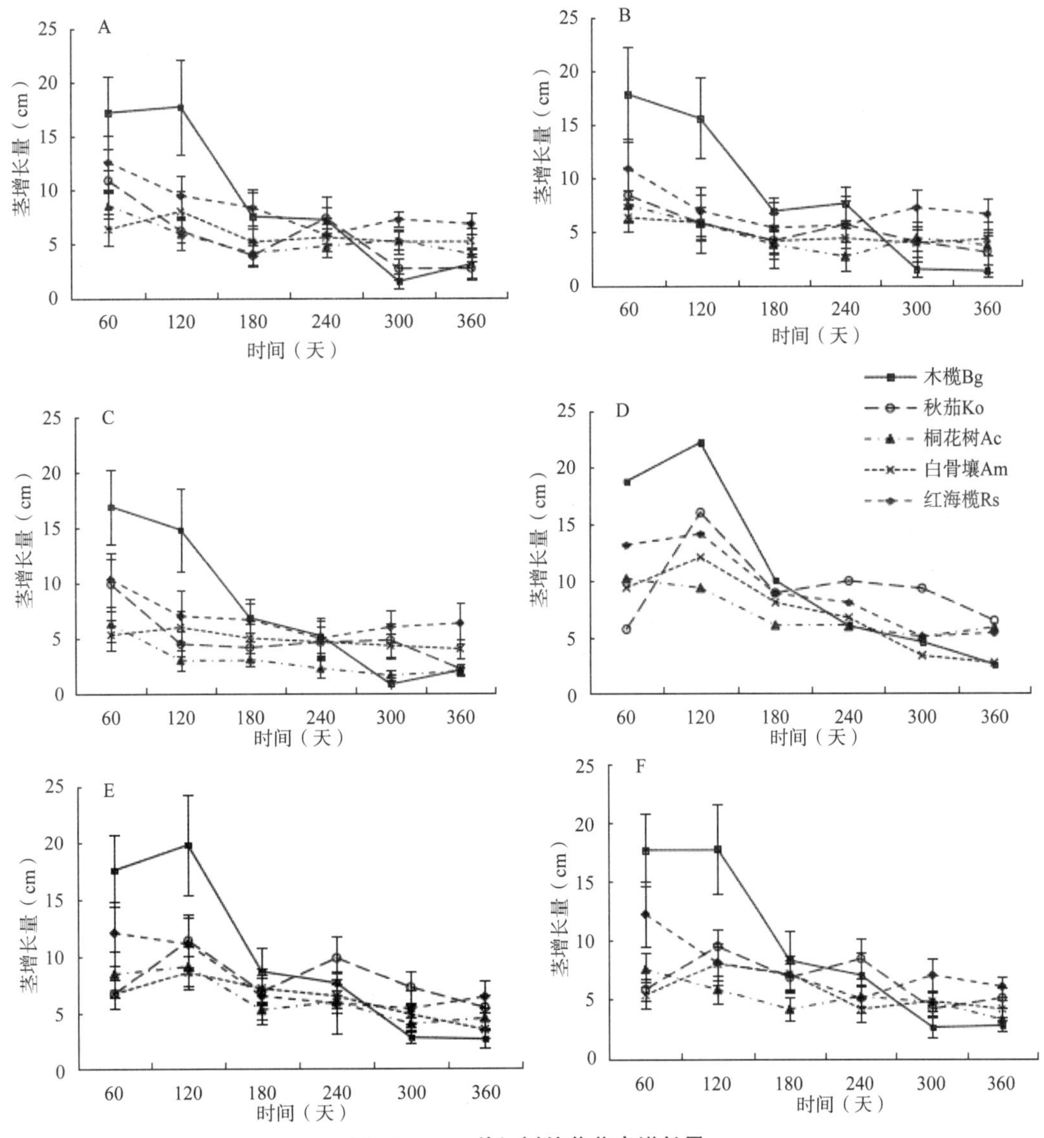

图12-2 5种红树幼苗茎高增长量

四、无瓣海桑林下光照水平和滩涂高程对 5 种红树幼苗叶数的影响

光照水平对 5 种红树幼苗叶数增长量均有显著影响（表 12–2）。由图 12–3 可知，高潮带木榄幼苗前 180 天均保持最高叶片增长量，然后逐渐降低，240 天后叶片月增长量趋于稳定；秋茄幼苗前 120 天均保持较高月增长量，之后逐渐降至最低，240 天后叶片月增长量保持稳定。桐花树、白骨壤和红海榄均保持稳定增长速率，且月增长量均高于低潮带幼苗。低潮带木榄、桐花树、白骨壤和红海榄幼苗叶数月增长速率均呈降低趋势，240 天时 5 种幼苗叶片增长率趋于稳定。郁闭度 0.3 林内秋茄幼苗在 120 天后月增长速率也呈降低趋势，240 天时降至最低。

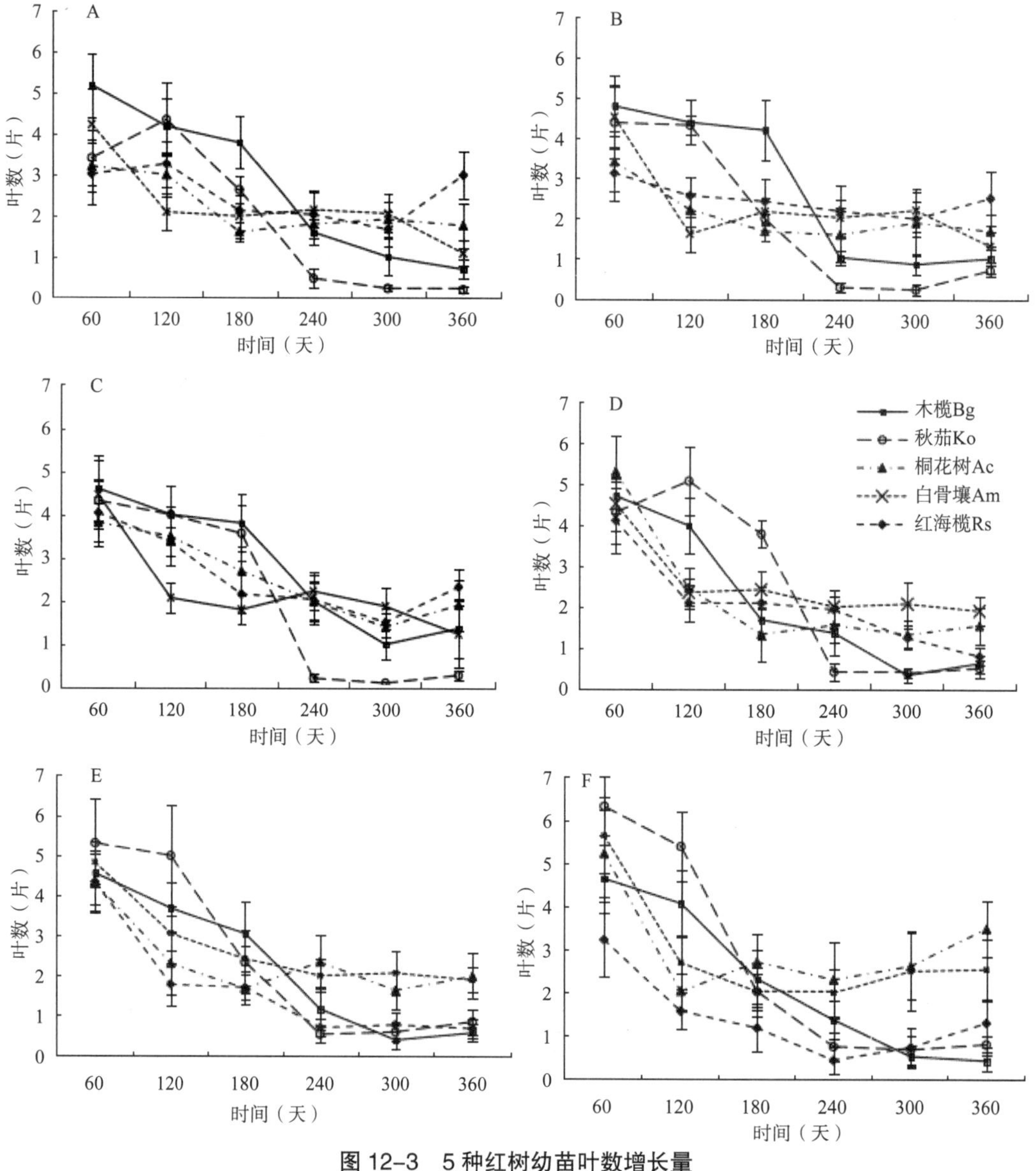

图 12–3　5 种红树幼苗叶数增长量

滩涂高程对桐花树幼苗叶数影响显著（表 12–2）。由图 12–3 可知，在郁闭度 0.3 和 0.6 林内桐花树幼苗叶数增长率先降低后升高，于 240 天后增长率趋于稳定。高潮带和低潮带郁闭度 0.3 林下幼苗叶数月增长量均高于郁闭度 0.6 林下幼苗，郁闭度 0.9 林下桐花树幼苗月增长率先降低后升高，在 300 天时呈升高趋势，苗龄 180 天后，低潮带郁闭度 0.9 林下桐花树幼苗叶数增长率均高于郁闭度 0.3 和 0.6 林下幼苗。木榄、秋茄、白骨壤和红海榄幼苗月增长率在不同郁闭度林下差异不显著。

五、无瓣海桑林下光照水平和滩涂高程对 5 种红树幼苗基径的影响

不同光照条件下红海榄和木榄幼苗基径增长量差异极显著，桐花树和白骨壤幼苗基径增长量差异显著，秋茄幼苗基径无显著差异（表 12–2）。由图 12–4 可知，随着郁闭度增加，红海榄幼苗基径月增长量呈降低趋势，郁闭度 0.6 林下达到 8 月龄时月增长量达到最低，然后呈增长趋势，郁闭度 0.9 时 8 月龄后月增长量趋于稳定。随着郁闭度增加，木榄幼苗基径月增长量呈降低趋势，在郁闭度 0.6 林下 6 月苗龄后与增长量趋于稳定，在郁闭度 0.9 林下月增长量持续降低，10 月苗龄时月增长量趋于稳定。

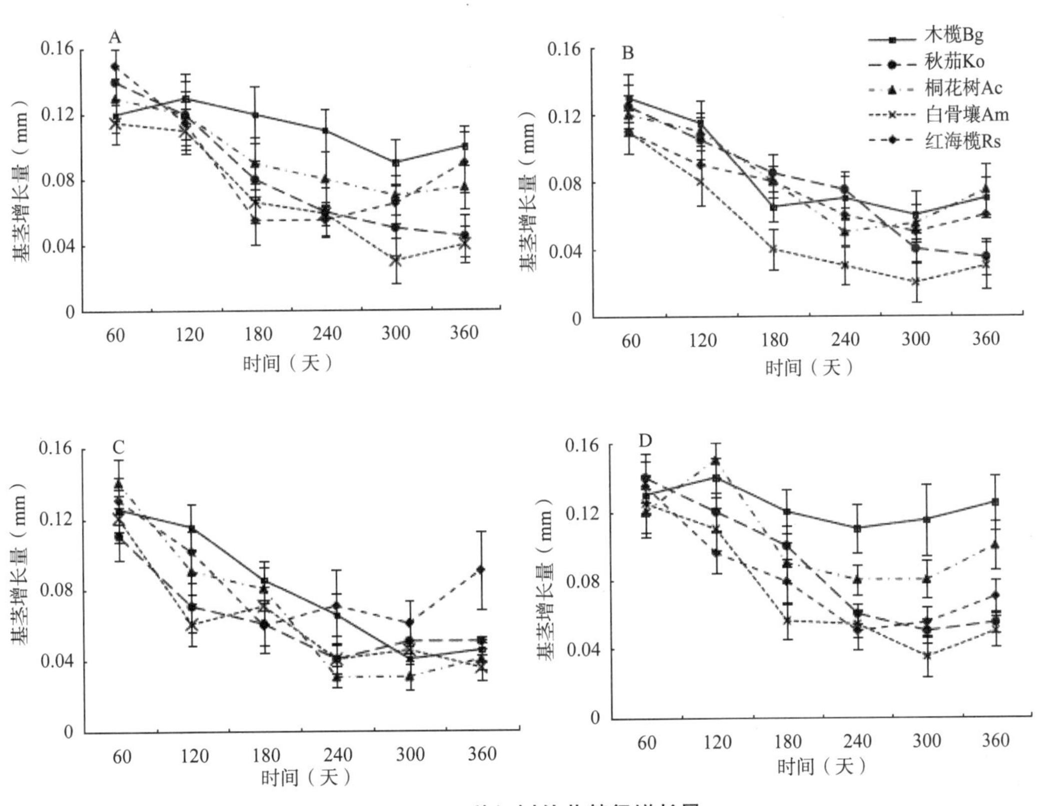

图 12–4　5 种红树幼苗基径增长量

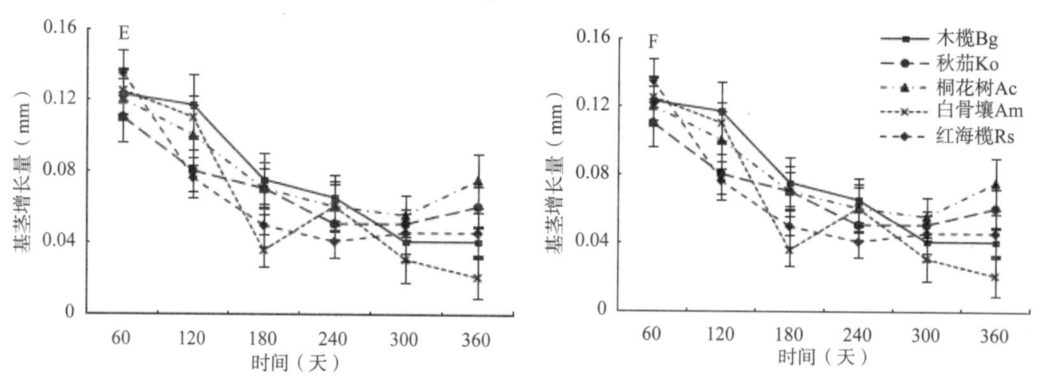

图 12-4　5 种红树幼苗基径增长量（续）

在不同滩涂高程上秋茄和桐花树幼苗基径存在显著差异，白骨壤和红海榄幼苗基径增长量差异不显著（表 12-2）。由图 12-4 可知，低潮带秋茄和桐花树幼苗月增长量均高于高潮带。高潮带秋茄幼苗基径月增长量呈降低趋势，低潮带达到 10 月龄后呈上升趋势。低潮带桐花树幼苗 8 月龄后月增长呈上升趋势，在高潮带月增长量趋于平稳。

六、无瓣海桑林下光照水平和滩涂高程对 5 种红树幼苗相对增长率的影响

由表 12-3 可知，不同光照水平和滩涂高程对 5 种红树幼苗相对生长速率（RGR）有显著交互作用。随着无瓣海桑林冠层郁闭度增加，5 种红树幼苗相对生长速率均呈降低趋势。低潮带木榄和白骨壤幼苗在郁闭度 0.3 和 0.6 无瓣海桑林下相对生长速率差异不显著，表明低潮带淹水时间的增加有助于幼苗增长，以弥补光照对木榄和桐花树幼苗生长的不足，高潮带白骨壤郁闭度 0.6 和 0.9 林下幼苗相对增长速率差异也不显著。

低潮带不同郁闭度林下幼苗相对生长速率均高于高潮带，郁闭度 0.3 林下，木榄、秋茄和桐花树幼苗，郁闭度 0.6 林下秋茄和红海榄以及郁闭度 0.9 林下木榄、秋茄和桐花树在高潮带和低潮带相对生长速率差异不显著，表明不同郁闭度条件下不同幼苗的环境适应性不同。低潮带不同郁闭度林下白骨壤幼苗相对生长速率均显著高于高潮带，表明潮位高低对白骨壤幼苗生长影响程度大于光照水平影响。

表 12-3　不同光照水平和滩涂高程 5 种红树林物种相对生长速率　mg/（g · d）

树种	郁闭度 0.3+ 高潮带	郁闭度 0.6+ 高潮带	郁闭度 0.9+ 高潮带	郁闭度 0.3+ 低潮带	郁闭度 0.6+ 低潮带	郁闭度 0.9+ 低潮带
木榄	223.2 ± 43.5a	184.6 ± 32.4b	144.3 ± 25.3c	207.6 ± 35.4a	190.3 ± 26.3a	152.4 ± 24.3c
秋茄	172.3 ± 23.6a	98.3 ± 18.5b	54.7 ± 9.7c	166.4 ± 21.3a	102.3 ± 24.5b	62.5 ± 12.6c
桐花树	122.3 ± 31.2b	101.3 ± 26.4c	64.4 ± 15.4d	142.3 ± 21.7a	120.4 ± 21.2b	87.3 ± 13.4d
红海榄	167.4 ± 32.4a	143.4 ± 17.6b	103.4 ± 20.3c	151.3 ± 25.3b	139.5 ± 19.4b	87.3 ± 16.3d
白骨壤	87.32 ± 17.3b	52.4 ± 12.6c	40.5 ± 8.3c	136.4 ± 13.2a	125.4 ± 26.3a	90.3 ± 22.1b

注：平均值 ± 标准差，小写字母为多重比较结果，字母不同表示差异显著（$P < 0.05$）。

七、无瓣海桑林下光照水平和滩涂高程对5种红树幼苗叶绿素a含量的影响

由表12-4可知，滩涂高程对桐花树幼苗叶片叶绿素a含量的影响达到非常显著水平（$P<0.01$），对白骨壤、秋茄和红海榄幼苗叶片叶绿素a含量的影响达到显著水平（$0.01<P<0.05$）。由图12-5可知，高潮带5种红树幼苗叶片叶绿素a含量均低于低潮带，在郁闭度0.9的无瓣海桑林下5种红树叶片叶绿素a均无显著差异，郁闭度0.6的无瓣海桑林下桐花树、白骨壤幼苗叶片叶绿素a含量差异显著，郁闭度0.3的无瓣海桑林下桐花树、秋茄和红海榄幼苗叶片叶绿素a含量差异显著。

表12-4 光照水平和滩涂高程对5种红树植物叶绿素的双向差异检验 F 值

树种	光照水平			滩涂高程			光照水平+滩涂高程		
	叶绿素a	叶绿素b	叶绿素a/b	叶绿素a	叶绿素b	叶绿素a/b	叶绿素a	叶绿素b	叶绿素a/b
桐花树	142^{***}	152.5^{***}	64.3^{*}	73.4^{**}	12.4^{NS}	51.2^{*}	87.3^{**}	92.3^{**}	41.3^{*}
白骨壤	42.3^{*}	81.6^{**}	13.7^{NS}	32.2^{*}	6.31^{NS}	36.7^{*}	40.9^{*}	46.6^{*}	12.6^{NS}
秋茄	96.4^{**}	72.8^{**}	59.3^{*}	46.3^{*}	36.7^{*}	44.3^{*}	90.7^{**}	82.8^{**}	50.5^{*}
木榄	81.8^{**}	43.1^{*}	9.42^{NS}	9.71^{NS}	5.52^{NS}	18.3^{NS}	43.7^{*}	50.4^{*}	8.63^{NS}
红海榄	37.2^{*}	78.8^{**}	43.2^{*}	44.7^{*}	28.3^{*}	6.42^{NS}	33.1^{*}	82.7^{**}	19.4^{NS}

注：平均值 ± 标准差，小写字母为多重比较结果，字母不同表示差异显著（$P<0.05$），下同。

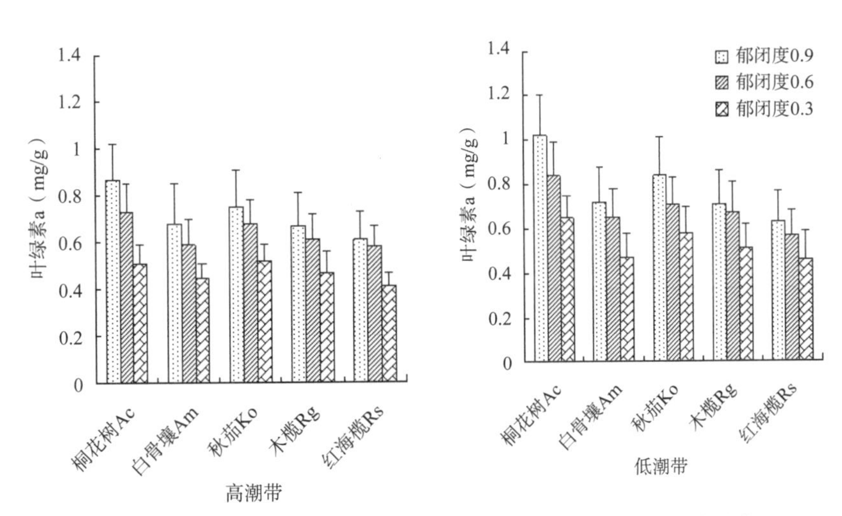

图12-5 光照水平和滩涂高程对5种红树幼苗叶绿素a的影响

由表12-4可知，光照水平对桐花树幼苗叶片叶绿素a含量影响达到极显著水平（$P<0.001$），对秋茄和木榄幼苗叶片叶绿素a含量影响达到非常显著水平（$P<0.01$），对

白骨壤和红海榄幼苗叶片叶绿素 a 含量影响达到显著水平（$0.01<P<0.05$）。由图 12–5 可知，5 种红树幼苗叶绿素 a 随着无瓣海桑林冠层郁闭度的增加呈升高趋势。高潮带和低潮带的 5 种红树幼苗在冠层郁闭度 0.9 林下叶片叶绿素 a 显著高于郁闭度 0.3 林下幼苗，高潮带桐花树幼苗叶绿素 a 在冠层郁闭度 0.9 和 0.6 林下差异显著，桐花树、秋茄、木榄和红海榄幼苗叶绿素 a 在冠层郁闭度 0.6 和 0.3 林下差异显著；低潮带桐花树和秋茄幼苗叶绿素 a 在冠层郁闭度 0.9 和 0.6 林下差异显著，桐花树、白骨壤和木榄幼苗叶绿素 a 在冠层郁闭度 0.6 和 0.3 林下差异显著。

由表 12–4 可知，光照水平 + 滩涂高程对桐花树和秋茄幼苗叶片叶绿素 a 含量影响达到非常显著水平（$P<0.01$），对白骨壤、秋茄和红海榄幼苗叶片叶绿素 a 含量影响达到显著水平（$0.01<P<0.05$）。低潮带冠层郁闭度 0.9 林下桐花树、白骨壤、秋茄、木榄和红海榄叶绿素 a 含量分别是高潮带冠层郁闭度 0.3 林下的 2.01 倍、1.60 倍、1.62 倍、1.51 倍、1.54 倍。

八、无瓣海桑林下光照水平和滩涂高程对 5 种红树幼苗叶绿素 b 含量的影响

由表 12–4 可知，滩涂高程对秋茄和红海榄幼苗叶片叶绿素 b 含量的影响达到显著水平（$0.01<P<0.05$）。由图 12–6 可知，高潮带 5 种红树幼苗叶片叶绿素 b 含量均高于低潮带，在郁闭度 0.9 和 0.3 的无瓣海桑林下 5 种红树叶片叶绿素 a 均无显著差异，郁闭度 0.6 的无瓣海桑林下秋茄和红海榄幼苗叶片叶绿素 b 含量差异显著。

由表 12–4 可知，光照水平对桐花树幼苗叶片叶绿素 b 含量的影响达到极显著水平（$P<0.001$），对白骨壤、秋茄和红海榄幼苗叶片叶绿素 b 含量的影响达到非常显著水平（$P<0.01$），对木榄幼苗叶片叶绿素 b 含量的影响达到显著水平（$0.01<P<0.05$）。由图 12–6 可知，5 种红树幼苗叶绿素 b 随着无瓣海桑林冠层郁闭度的增加呈升高趋势。高潮带和低潮带的 5 种红树幼苗在冠层郁闭度 0.9 林下叶片叶绿素 b 显著高于郁闭度 0.3 林下幼苗，高潮带桐花树和秋茄幼苗叶绿素 b 在冠层郁闭度 0.9 和 0.6 林下差异显著，桐花树、白骨壤、秋茄和红海榄幼苗叶绿素 b 在冠层郁闭度 0.6 和 0.3 林下差异显著；低潮带桐花树、秋茄和红海榄幼苗叶绿素 b 在冠层郁闭度 0.9 和 0.6 林下差异显著，桐花树、白骨壤和木榄幼苗叶绿素 b 在冠层郁闭度 0.6 和 0.3 林下差异显著。

由表 12–4 可知，光照水平 + 滩涂高程对桐花树、秋茄和红海榄幼苗叶片叶绿素 b 含量的影响达到非常显著水平（$P<0.01$），对白骨壤和木榄幼苗叶片叶绿素 a 含量的影响达到显著水平（$0.01<P<0.05$）。低潮带冠层郁闭度 0.9 林下桐花树、白骨壤、秋茄、木榄和红海榄叶绿素 b 含量分别是高潮带冠层郁闭度 0.3 林下的 1.51 倍、1.39 倍、1.52 倍、1.32 倍、1.52 倍。

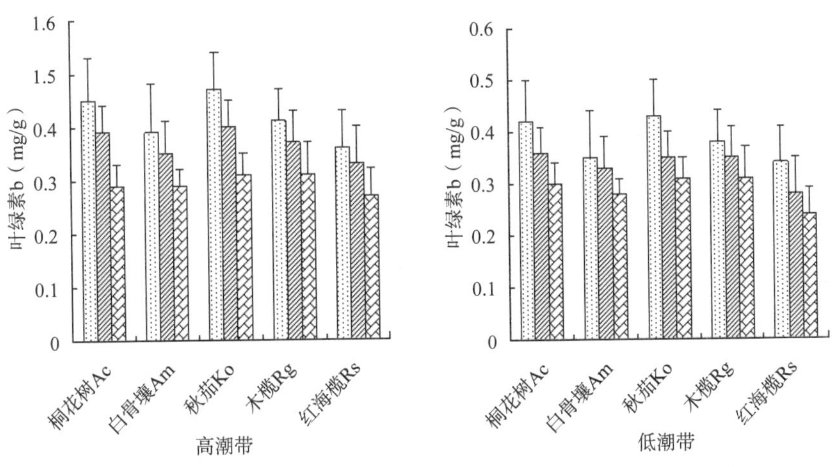

图 12-6 光照水平和滩涂高程对 5 种红树幼苗叶绿素 b 的影响

九、无瓣海桑林下光照水平和滩涂高程对 5 种红树幼苗叶绿素 a/b 的影响

由表 12-4 可知，滩涂高程对桐花树、白骨壤和秋茄幼苗叶片叶绿素 a/b 含量影响达到显著水平（0.01<P<0.05）。由图 12-7 可知，高潮带和低潮带桐花树和白骨壤幼苗叶片叶绿素 a/b 随着无瓣海桑冠层郁闭度的增加呈升高趋势，秋茄、木榄和红海榄呈先升高后降低趋势。光照水平对桐花树、秋茄和红海榄幼苗叶片叶绿素 a/b 含量影响达到显著水平（0.01<P<0.05）。在冠层郁闭度 0.9 和 0.6 林下低潮带桐花树、白骨壤和秋茄幼苗叶片叶绿素 a/b 显著高于高潮带幼苗，郁闭度 0.3 林下桐花树、秋茄和红海榄幼苗叶片叶绿素 a/b 显著高于高潮带幼苗。光照水平 + 滩涂高程对桐花树和秋茄幼苗叶片叶绿素 a/b 含量影响达到显著水平（0.01<P<0.05）。

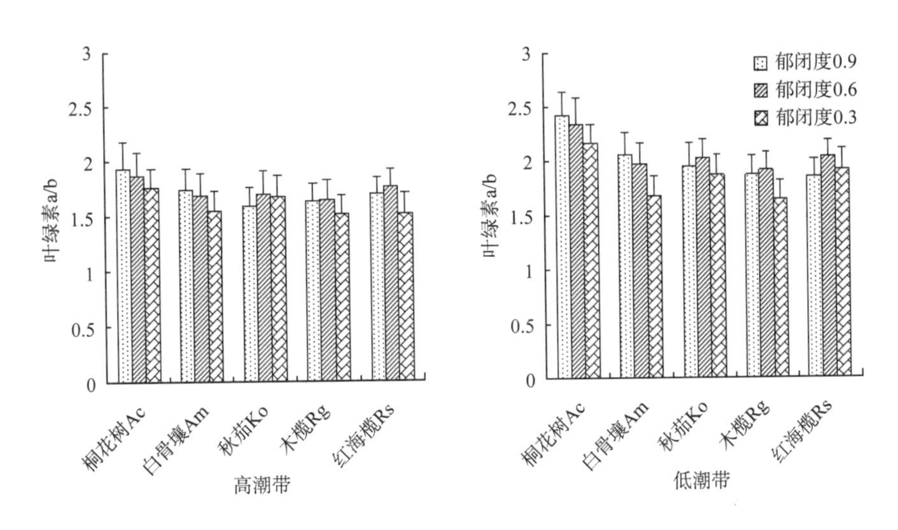

图 12-7 光照水平和滩涂高程对 5 种红树幼苗叶绿素 a/b 的影响

十、无瓣海桑林下光照水平和滩涂高程对 5 种红树幼苗丙二醛（MDA）含量的影响

由表 12-5 可知，滩涂高程对桐花树和木榄幼苗叶片丙二醛（malondialdehyde，MDA）含量的影响达到非常显著水平（$P<0.01$），对白骨壤、秋茄和红海榄幼苗叶片 MDA 含量的影响达到显著水平（$0.01<P<0.05$）。由图 12-8 可知，高潮带 5 种红树幼苗叶片丙二醛（MDA）含量均低于低潮带，在郁闭度 0.9 的无瓣海桑林下桐花树、白骨壤和木榄叶片 MDA 含量均差异显著，郁闭度 0.6 的无瓣海桑林下秋茄、木榄和红海榄幼苗叶片 MDA 含量差异显著，郁闭度 0.3 的无瓣海桑林下桐花树和木榄幼苗叶片叶 MDA 含量差异显著。

由表 12-5 可知，光照水平对桐花树、白骨壤和木榄幼苗叶片 MDA 含量的影响达到非常显著水平（$P<0.01$），对红海榄幼苗叶片 MDA 含量的影响达到显著水平（$0.01<P<0.05$）。由图 12-8 可知，5 种红树幼苗叶 MDA 含量随着无瓣海桑林冠层郁闭度的增加呈降低趋势。高潮带和低潮带的 5 种红树幼苗在冠层郁闭度 0.3 林下叶片 MDA 含量显著高于郁闭度 0.9 林下幼苗，高潮带桐花树、白骨壤、木榄和红海榄幼苗 MDA 含量在冠层郁闭度 0.3 和 0.6 林下差异显著，桐花树、白骨壤和木榄幼苗 MDA 含量在冠层郁闭度 0.6 和 0.9 林下差异显著；低潮带桐花树白骨壤和木榄幼苗 MDA 含量在冠层郁闭度 0.3 和 0.6 林下差异显著，桐花树、木榄和红海榄幼苗 MDA 含量在冠层郁闭度 0.6 和 0.9 林下差异显著。

光照水平 + 滩涂高程对桐花树和木榄幼苗叶片叶绿素 MDA 含量影响达到非常显著水平（$P<0.01$）。对白骨壤、秋茄和红海榄幼苗叶片 MDA 含量影响达到显著水平（$0.01<P<0.05$）。低潮带冠层郁闭度 0.9 林下桐花树、白骨壤、秋茄、木榄和红海榄叶绿素 a 含量分别是高潮带冠层郁闭度 0.3 林下的 1.93 倍、1.67 倍、1.42 倍、1.97 倍、1.50 倍。

表 12-5 光照水平和滩涂高程对 5 种红树植物叶片 MDA 含量、SOD 含量和 POD 含量的双向差异检验 F 值

树种	光照水平			滩涂高程			光照水平 + 滩涂高程		
	MDA 含量	SOD 含量	POD 含量	MDA 含量	SOD 含量	POD 含量	MDA 含量	SOD 含量	POD 含量
桐花树	84.5^{**}	82.5^{*}	76.8^{**}	79.6^{**}	183^{**}	47.6^{*}	81.6^{**}	168^{**}	93.5^{**}
白骨壤	95.4^{**}	147^{**}	8.74^{NS}	47.5^{*}	176^{**}	82.2^{**}	55.1^{NS}	146^{**}	54.2^{*}
秋茄	5.26^{NS}	167^{**}	89.5^{**}	31.3^{*}	92.7^{*}	95.4^{**}	47.8^{*}	63.9^{*}	74.1^{**}
木榄	66.7^{**}	23.6^{NS}	63.3^{**}	86.9^{**}	72.5^{*}	37.5^{*}	85.6^{**}	26.7^{NS}	87.4^{**}
红海榄	31.6^{*}	98.2^{*}	32.6^{*}	32.8^{*}	139^{**}	86.4^{**}	31.2^{*}	127^{*}	48.6^{*}

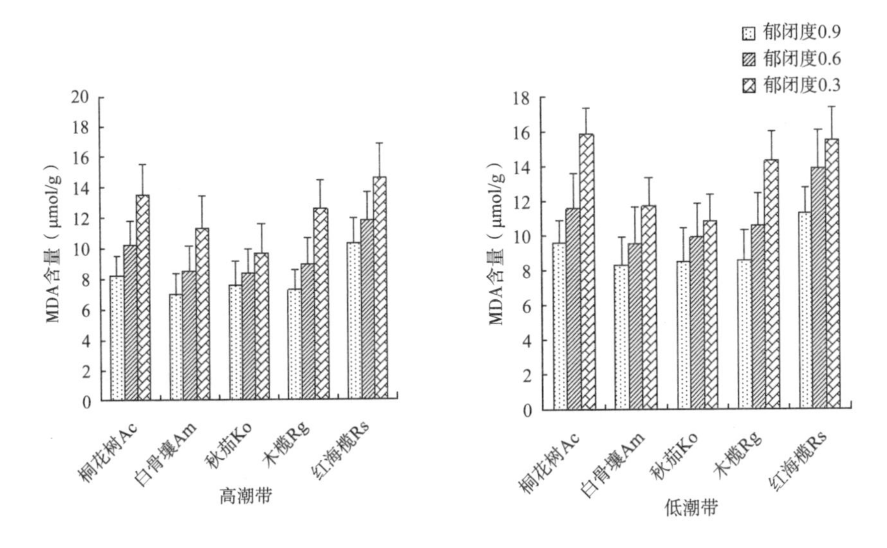

图 12-8　光照水平和滩涂高程对 5 种红树幼苗丙二醛含量的影响

十一、无瓣海桑林下光照水平和滩涂高程对 5 种红树幼苗超氧化物歧化酶（SOD）含量的影响

由表 12-5 可知，滩涂高程对桐花树、白骨壤和红海榄幼苗叶片超氧化物歧化酶（superoxide dismutase，SOD）含量的影响达到非常显著水平（$P<0.01$），对秋茄和木榄幼苗叶片 SOD 的影响达到显著水平（$0.01<P<0.05$）。由图 12-9 可知，高潮带 5 种红树幼苗叶片超氧化物歧化酶（SOD）含量均低于低潮带，在郁闭度 0.9 的无瓣海桑林下桐花树、白骨壤、木榄和红海榄幼苗叶片 SOD 均差异显著，郁闭度 0.6 的无瓣海桑林下桐花树、白骨壤和红海榄幼苗叶片 SOD 差异显著，郁闭度 0.3 的无瓣海桑林下桐花树、秋茄和红海榄幼苗叶片 SOD 差异显著。

由表 12-5 可知，光照水平对白骨壤和秋茄幼苗叶片 SOD 的影响达到非常显著水平（$P<0.01$），对桐花树和红海榄幼苗叶片 SOD 的影响达到显著水平（$0.01<P<0.05$）。由图 12-9 可知，5 种红树幼苗叶片 SOD 随着无瓣海桑林冠层郁闭度的增加呈降低趋势。高潮带和低潮带的桐花树、白骨壤和秋茄幼苗在冠层郁闭度 0.3 林下叶片 SOD 显著高于郁闭度 0.9 林下幼苗，高潮带白骨壤幼苗 SOD 在冠层郁闭度 0.9 和 0.6 林下差异显著，秋茄幼苗 SOD 在冠层郁闭度 0.6 和 0.3 林下差异显著；低潮带白骨壤和红海榄幼苗 SOD 在冠层郁闭度 0.9 和 0.6 林下差异显著，秋茄幼苗 SOD 在冠层郁闭度 0.6 和 0.3 林下差异显著。

光照水平 + 滩涂高程对桐花树和白骨壤幼苗叶片 SOD 的影响达到非常显著水平（$P<0.01$）。对秋茄和红海榄幼苗叶片 SOD 的影响达到显著水平（$0.01<P<0.05$）。低潮带冠层郁闭度 0.9 林下桐花树、白骨壤、秋茄、木榄和红海榄叶绿素 a 含量分别是高潮带冠层郁闭度 0.3 林下的 1.28 倍、1.31 倍、1.35 倍、1.14 倍、1.20 倍。

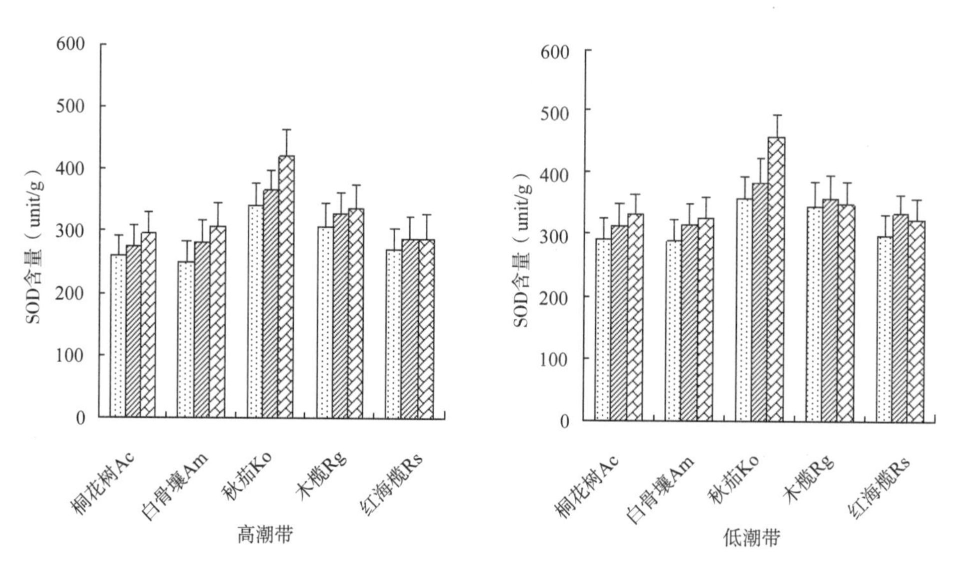

图 12-9 光照水平和滩涂高程对 5 种红树幼苗超氧化物歧化酶含量的影响

十二、无瓣海桑林下光照水平和滩涂高程对 5 种红树幼苗过氧化物酶（POD）含量的影响

由表 12-5 可知，滩涂高程对白骨壤、秋茄和红海榄幼苗叶片过氧化物酶（peroxidase，POD）含量的影响达到非常显著水平（$P<0.01$），对桐花树和木榄幼苗叶片 POD 的影响达到显著水平（$0.01<P<0.05$）。由图 12-10 可知，高潮带 5 种红树幼苗叶片 POD 含量均低于低潮带，在郁闭度 0.9 的无瓣海桑林下红海榄和秋茄叶片叶 POD 均差异显著，郁闭度 0.6 的无瓣海桑林下秋茄和桐花树幼苗叶片叶 POD 差异显著，郁闭度 0.3 的无瓣海桑林下木榄和红海榄幼苗叶片 POD 含量差异显著。

由表 12-5 可知，光照水平对桐花树、秋茄和木榄幼苗叶片 POD 的影响达到非常显著水平（$P<0.01$），对红海榄幼苗叶片 POD 的影响达到显著水平（$0.01<P<0.05$）。由图 10.10 可知，5 种红树幼苗 POD 随着无瓣海桑林冠层郁闭度的增加呈降低趋势。高潮带桐花树、秋茄、木榄和红海榄幼苗以及低潮带的桐花、秋茄和木榄幼苗在冠层郁闭度 0.3 林下叶片 POD 显著高于郁闭度 0.9 林下幼苗。高潮带秋茄和红海榄幼苗 POD 在冠层郁闭度 0.9 和 0.6 林下差异显著，桐花树和木榄幼苗 POD 在冠层郁闭度 0.6 和 0.3 林下差异显著；低潮带秋茄幼苗 POD 在冠层郁闭度 0.9 和 0.6 林下差异显著，桐花树和木榄幼苗 POD 在冠层郁闭度 0.6 和 0.3 林下差异显著。

光照水平 + 滩涂高程对桐花树、秋茄和木榄幼苗叶片 POD 含量影响达到非常显著水平（$P<0.01$）。对白骨壤和红海榄幼苗叶片 POD 的影响达到显著水平（$0.01<P<0.05$）。低潮带冠层郁闭度 0.9 林下桐花树、白骨壤、秋茄、木榄和红海榄叶绿素 a 含量分别是高潮带冠层郁闭度 0.3 林下的 1.46 倍、1.29 倍、1.59 倍、1.64 倍、1.89 倍。

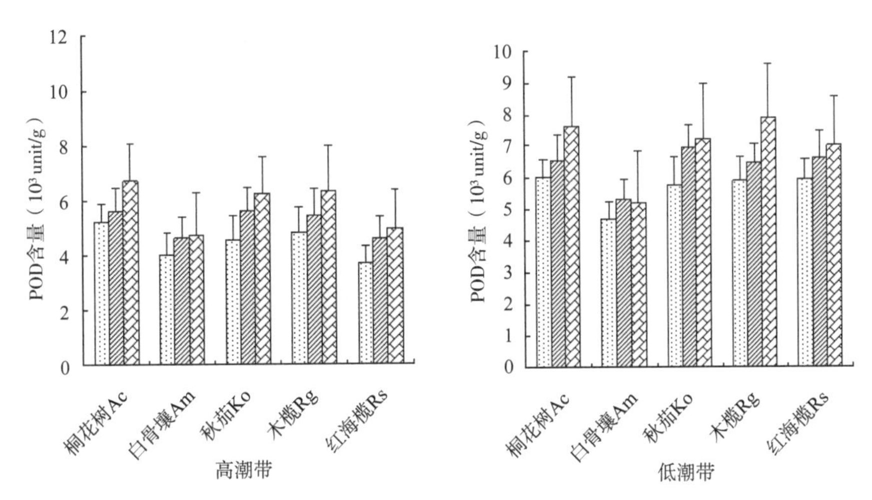

图 12-10 光照-淹水处理对 5 种红树幼苗过氧化物酶含量的影响

综上，光照水平和滩涂高程对桐花树、木榄、秋茄和红海榄幼苗存活数量有显著的交互作用，木榄在每个栖息地中存活率均最高，其次是低潮带的秋茄幼苗。

5 种幼苗茎高在不同的光照水平和滩涂高程下差异显著。光照水平对 5 种红树幼苗叶数增长量均有显著影响，滩涂高程对桐花树幼苗叶数影响显著。不同光照条件下红海榄和木榄幼苗基径增长量差异极显著，桐花树和白骨壤幼苗基径增长量差异显著，在不同滩涂高程上秋茄和桐花树幼苗基径存在显著差异。

随着无瓣海桑林冠层郁闭度增加，5 种红树幼苗相对生长速率均呈降低趋势，低潮带不同郁闭度林下幼苗相对生长速率均高于高潮带。

光照水平 + 滩涂高程对桐花树和秋茄幼苗叶片叶绿素 a 含量的影响达到非常显著水平（$P<0.01$），对桐花树、秋茄和红海榄幼苗叶片叶绿素 b 含量的影响达到非常显著水平（$P<0.01$），对桐花树和秋茄幼苗叶片叶绿素 a/b 含量的影响达到显著水平。

光照水平 + 滩涂高程对桐花树和木榄幼苗叶片叶绿素 MDA 含量的影响达到非常显著水平（$P<0.01$），对桐花树和白骨壤幼苗叶片 SOD 的影响达到非常显著水平（$P<0.01$），对桐花树、秋茄和木榄幼苗叶片 POD 含量的影响达到非常显著水平（$P<0.01$）。

第二节 模拟不同光照和潮水淹浸程度对 5 种红树幼苗生长的影响

为探究影响无瓣海桑林下乡土红树生存与发展的主要因素，本文拟通过选取我国 5 种主要乡土红树林造林树种（木榄、秋茄、桐花树、白骨壤和红海榄）在潮汐模拟实验室内运用潮汐模拟装置研究不同光照水平和淹水时间对 5 种乡土红树植物幼苗早期发育的交互影响，为今后无瓣海桑人工林林下乡土红树改造工程提供理论依据。

一、潮汐模拟实验设置

光照-淹浸模拟试验在中国林业科学研究院热带林业研究所潮汐模拟实验室中进行。试验时间为2017年4月15日至2018年4月10日，总共360天。试验期内温室温度最高气温37.7℃，最低气温6.4℃，日平均气温22.8℃。

自动潮汐模拟槽装置分上槽和下槽（图12-11），上槽为培养槽，下槽为储水槽，长×宽×高规格为1.2m×0.7m×0.45m，最大淹水深度为0.4m。木榄幼苗盆栽盆深0.1m，幼苗地上部分淹水深度为0.3m。共设置12对模拟槽，槽内水由速溶海盐与自来水配制而成，以30W的水泵连接上下槽，用定时器控制涨潮和退潮时间。

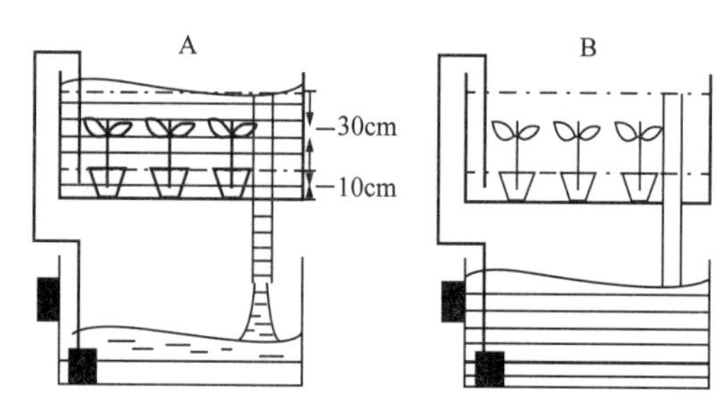

图12-11 潮汐模拟系统

A：潮汐淹浸；B：未淹浸

采用2针、4针和8针遮阳网控制光照强度，对遮阳网进行不同程度拉伸或折叠处理，使投射到模拟槽内光照强度分别达到自然光强的70%、40%、和10%（即遮阴30%、遮阴60%、遮阴90%），模拟郁闭度分别为0.3、0.6和0.9，全光照作为对照组，共4个光照梯度。每个半日潮苗木完全被淹没时间分别为3h、5h、7h和9h，共4个淹水梯度，模拟高潮带、中潮带和低潮带，交互处理共16组，每个模拟槽设置4个重复，每个重复3棵。每隔12h循环水淹1个半日潮，各处理每天淹浸2个半日潮。

培养基质为淇澳岛滩涂土壤，基本理化性质：pH值（5.99±0.52）、盐度（16.31±1.74‰）有机质（49.61±7.42g/kg）、全氮（1.98±0.52g/kg）、全磷（0.65±0.06g/kg）、全钾（11.36±1.57g/kg）。珠海淇澳岛海水盐度年平均18.2‰（黄健荣等，2011），经实地调查每年4~10月海水盐度约为5.3‰~16.8‰，平均盐度为10.46‰，故本试验用海粗盐制备盐度为10‰的人工海水。

二、模拟光照-淹水处理对5种红树幼苗高度的影响

由表12-6可知，淹水时间对木榄和红海榄幼苗茎高影响均达到非常显著（$P<0.01$）水平，对桐花、白骨壤和秋茄影响达到显著（$0.01<P<0.05$）水平。由图12-11可知，5种红树幼苗高度随淹水时间的增加呈先升高后降低趋势。淹水时间14h时，苗高达到最大值。淹水18h处理组5种红树幼苗苗高略低于淹水10h处理组，差异不显著。淹水

6h 处理组苗高最低，与淹水 14h 处理组差异显著。淹水时间介于 10~18h 能够促进幼苗生长，低于 10h 和高于 18h 幼苗生长受到一定抑制作用。

光照水平对木榄和秋茄幼苗茎高影响均达到非常显著（$P<0.01$）水平，对桐花、白骨壤和红海榄影响达到显著（$0.01<P<0.05$）水平（表 12–6）。5 种红树幼苗高度随光照强度的升高呈升高趋势，遮阴 30% 处理组与全光照组差异不显著，遮阴 60% 处理组与全光照组差异显著，遮阴 90% 处理组与遮阴 30% 处理组差异显著，与全光照组差异非常显著（图 12–11）。

光照－淹水交互处理对桐花树、秋茄和木榄幼苗高度影响达到非常显著（$P<0.01$）水平，对白骨壤和红海榄幼苗高度影响达到显著（$0.01<P<0.05$）水平。桐花树、白骨壤、秋茄、木榄和红海榄淹水 14h＋遮阴 30% 处理组幼苗高度是淹水 6h+ 遮阴 90% 处理组的 2.48 倍、1.69 倍、1.53 倍、1.37 倍和 1.29 倍。

表 12–6　光照－淹水处理 5 种红树林物种形态参数的双向差异检验 F 值

树种	光照水平			淹水时间			光照水平＋淹水时间		
	茎高	叶数	基径	茎高	叶数	基径	茎高	叶数	基径
桐花树	62.2*	103**	4.38NS	43.6*	93.0**	103*	90.8**	118**	0.35NS
白骨壤	56.4*	12.2NS	3.92*	32.2*	123**	12.2*	54.7*	44.6*	2.42*
秋茄	25.7*	64.21*	19.8**	91.3**	5.24NS	64.21NS	105**	32.9*	1.45NS
木榄	96.9**	57.3*	3.13**	96.2**	52.5*	57.3NS	133**	51.9*	0.26*
红海榄	127**	18.1NS	13.0**	32.9*	12.3NS	18.1NS	23.4*	7.01NS	0.86*

三、模拟光照－淹水处理对 5 种红树幼苗叶数的影响

由表 12–6 可知，淹水时间对桐花树和白骨壤幼苗叶数的影响均达到非常显著（$P<0.01$）水平，对木榄影响达到显著（$0.01<P<0.05$）水平。由图 12–12 可知，随着淹水时间的增加，桐花树幼苗叶数随着淹水时间的增加呈升高趋势，秋茄和木榄呈先升高后降低趋势，白骨壤呈先升高后降低再升高趋势，红海榄无显著变化。桐花树幼苗淹水 14h 和 18h 处理组差异不显著，与淹水 6h 处理组差异显著。秋茄幼苗叶数在淹水 14h 处理组达到最高，与淹水 6h 和 10h 差异不显著，显著高于淹水 18h 处理组。木榄幼苗叶数在淹水 14h 处理组达到最高，但 4 个淹水梯度差异均不显著。白骨壤有苗叶数在淹水 18h 处理组达到最大，其次为淹水 10h 处理组，显著高于淹水 6h 处理组。

由表 12–6 可知，光照水平对桐花树幼苗叶数影响均达到非常显著（$P<0.01$）水平，对秋茄和木榄影响达到显著（$0.01<P<0.05$）水平。由图 12–12 可知，5 种幼苗随着遮阴程度的增加幼苗叶数呈降低趋势。遮阴 90% 处理组的秋茄和木榄有苗叶数显著低于 60% 处理组，60% 处理组幼苗叶数与 30% 处理组差异不显著，60% 处理组和 30% 处理组与全光照组差异均不显著。桐花树幼苗叶数在遮阴 90% 处理组、60% 处理组和 30%

处理组之间存在显著差异，遮阴 30% 处理组与全光照处理组差异不显著。白骨壤有苗叶数在遮阴 90% 处理组、60% 处理组和 30% 处理组之间均无显著差异，与全光照组均差异显著。红海榄有苗叶数在 4 个光照处理中均无显著差异。

光照–淹水交互处理对桐花树幼苗叶数影响达到非常显著（$P<0.01$）水平，对白骨壤、秋茄和木榄幼苗叶数影响达到显著（$0.01<P<0.05$）水平。淹水 18h + 遮阴 30% 处理组的桐花树和白骨壤幼苗叶数分别是淹水 6h + 遮阴 90% 处理组的 3.45 倍和 1.53 倍，淹水 14h + 遮阴 30% 处理组的秋茄和木榄幼苗叶数分别是淹水 18h + 遮阴 90% 处理组的 2.02 倍和 1.92 倍。

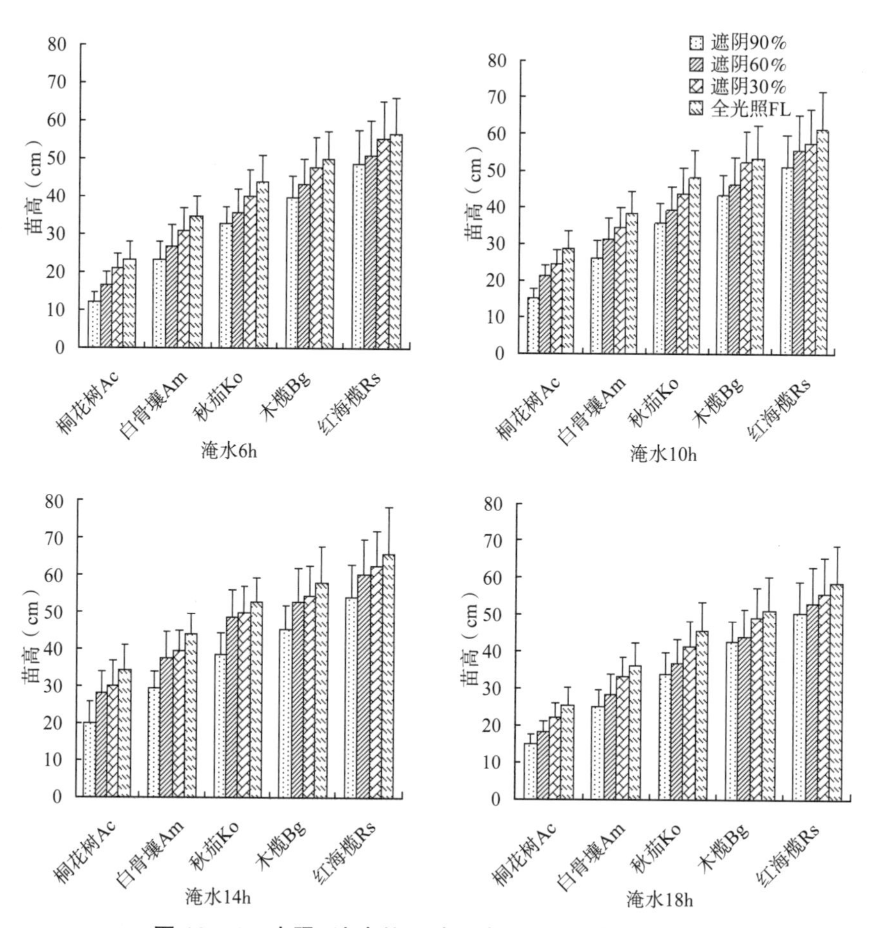

图 12–12 光照–淹水处理对 5 种红树幼苗高度的影响

四、模拟光照–淹水处理对 5 种红树幼苗基径的影响

由表 12–6 可知，淹水时间对桐花树和白骨壤幼苗叶数影响均达到显著（$0.01<P<0.05$）水平。由图 12–13 可知，随着淹水时间的增加，桐花树、秋茄、木榄和红海榄幼苗基径呈先升高后降低趋势，白骨壤呈升高趋势。5 种红树幼苗基径均在淹水

14h 处理组达到最高，最低均为淹水 6h 处理组，4 个淹水处理差异不显著，其中淹水 14h 处理组中红海榄基径显著高于淹水 18h 处理组。白骨壤幼苗基径在淹水 18h 处理组达到最大值，与淹水 6h 处理组差异显著。

由表 12-6 可知，光照水平对秋茄、木榄和红海榄幼苗叶数影响均达到非常显著（$P<0.01$）水平，对白骨壤影响达到显著（$0.01<P<0.05$）水平。由图 12-13 可知，随着遮阴程度的增加，5 种红树幼苗基径增长量呈降低趋势。桐花树幼苗在淹水 6h 处理组中各光照处理差异不显著，淹水 10h 和 14h 处理组中遮阴处理组与全光照处理组均有显著差异，淹水 18h 处理组遮阴 30% 和 60% 处理组与全光照处理组差异不显著。白骨壤淹水 6h 处理组遮阴 30% 和 60% 处理组与全光照组差异显著，在淹水 10h 和 14h 和 18h 差异均不显著。淹水 6h、10h 和 14h 处理组中秋茄和木榄遮阴 30% 和 60% 与全光照组差异均不显著，在淹水 18h 处理组中与全光照组差异显著。红海榄在淹水 10h 处理组中遮阴 30% 与遮阴 60% 和全光照组均存在显著差异，淹水 14h 处理组中遮阴 30%、60% 和全光照组差异不显著。

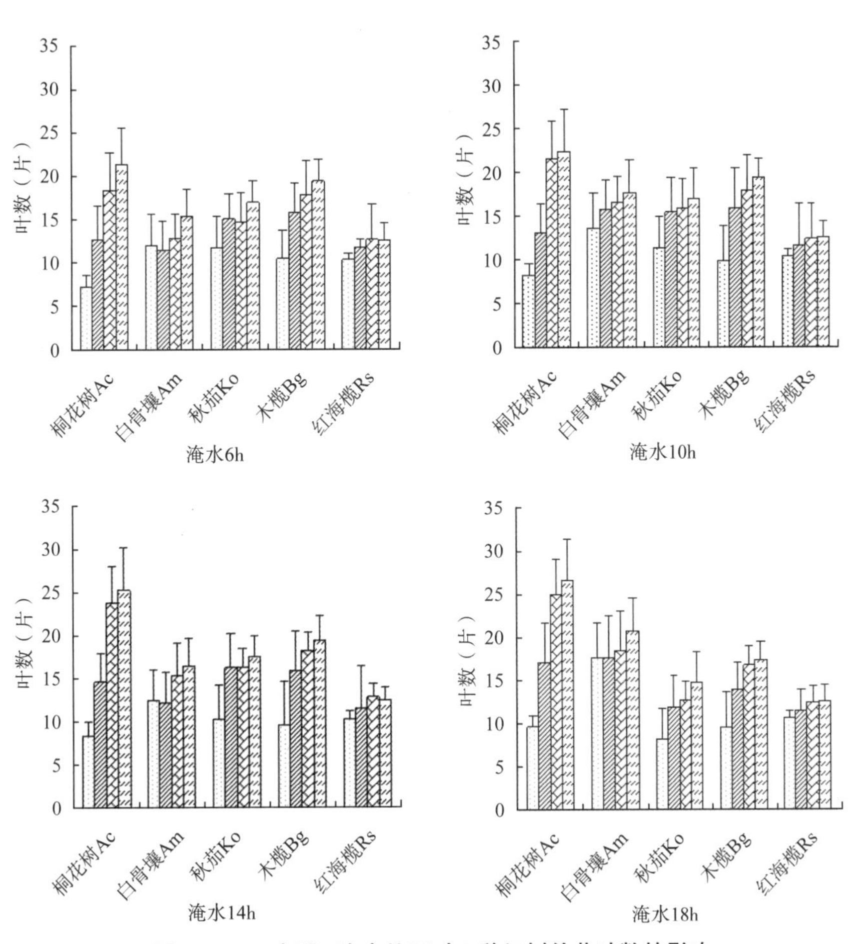

图 12-13 光照 – 淹水处理对 5 种红树幼苗叶数的影响

光照–淹水交互处理对白骨壤、木榄和红海榄幼苗基径影响达到显著（0.01<*P*<0.05）水平。淹水 18h+ 遮阴 30% 处理组的桐花树是淹水 6h+ 遮阴 90% 处理组的 1.53 倍。淹水 14h+ 遮阴 30% 处理组的白骨壤、秋茄和木榄幼苗基径分别是淹水 6h+ 遮阴 90% 处理组的 1.71、1.66 和 1.63 倍。淹水 14h+ 遮阴 30% 处理组的红海榄幼苗基径是淹水 18h+ 遮阴 90% 处理组的 2.11 倍。

五、模拟光照–淹水处理对 5 种红树幼苗根生物量的影响

由表 12–7 可知，淹水时间对木榄、秋茄和红海榄幼苗根生物量影响均达到非常显著（*P*<0.01）水平，对桐花树影响达到显著（0.01<*P*<0.05）水平。由图 12–14 可知，5 种红树幼苗根生物量随着淹水时间的增加呈先升高后降低趋势，淹水 14h 达到最高，其次为淹水 18h 处理组，最低为淹水 6h 处理组，淹水 14h 和淹水 6h 处理组的根生物量差异显著，淹水 10h 和淹水 18h 处理组根生物量差异不显著。5 种红树幼苗根生物量排序为：秋茄 > 木榄 > 红海榄 > 桐花树 > 白骨壤。

表 12–7　光照–淹水处理 5 种红树林物种根、茎、叶生物量的双向差异检验 *F* 值

树种	光照水平			淹水时间			光照水平 + 淹水时间		
	根生物量	茎生物量	叶生物量	根生物量	茎生物量	叶生物量	根生物量	茎生物量	叶生物量
桐花树	112*	42.7*	4.38**	63.6*	53.0*	33.3**	41.6*	28.3*	0.35**
白骨壤	39.2*	3.36NS	3.92*	22.2NS	46.3*	2.22*	50.9*	41.5*	2.42*
秋茄	85.2**	126**	19.8**	21.3**	32.4*	4.21**	30.6**	29.2*	1.45**
木榄	276**	48.1*	3.13**	36.5**	45.5*	27.3NS	85.8**	32.9*	0.26*
红海榄	26.7**	8.82NS	13.0*	34.2**	94.8**	2.14NS	126**	57.0*	0.86NS

由表 12–7 可知，光照水平对木榄、秋茄和红海榄幼苗根生物量影响均达到非常显著（*P*<0.01）水平，对桐花树和白骨壤影响达到显著（0.01<*P*<0.05）水平。由图 12–14 可知，随着遮阴程度的增加，5 种红树幼苗根生物量呈降低趋势。淹水 6h 和 18h 处理组的桐花树幼苗根生物量在不同遮阴条件下差异不显著，淹水 10h 和 14h 小时处理组的桐花树幼苗根生物量在遮阴 30% 和 60% 处理组与全光照组差异不显著。白骨壤幼苗根生物量在遮阴 30% 和 60% 条件下与全光照组差异均不显著，遮阴 90% 处理组与全光照组差异显著。秋茄幼苗根生物量在淹水 6h 处理组中遮阴 30% 和 60% 处理组与全光照组差异不显著，与遮阴 90% 处理组差异显著；淹水 10h 条件下遮阴 30% 和 60% 处理组差异不显著，与全光照组差异显著；淹水 14h 处理组差异均不显著，淹水 18h 条件下遮阴 30%、60% 和 90% 处理组差异显著，遮阴 30% 处理组与全光照组差异不显著。遮阴 30% 和 60 处理组的木榄幼苗根生物量与全光照组差异均不显著，与遮阴 90% 处理组差异显著。红海榄幼苗生物量在淹水 6h、10h 和 18h 条件下遮阴 30% 和 60% 差异不显著，与光照组和遮阴 90% 处理组差异显著。淹水 14h 处理组遮阴 30%、60% 处理组和

全光照组差异不显著，与遮阴 90% 处理组差异显著。

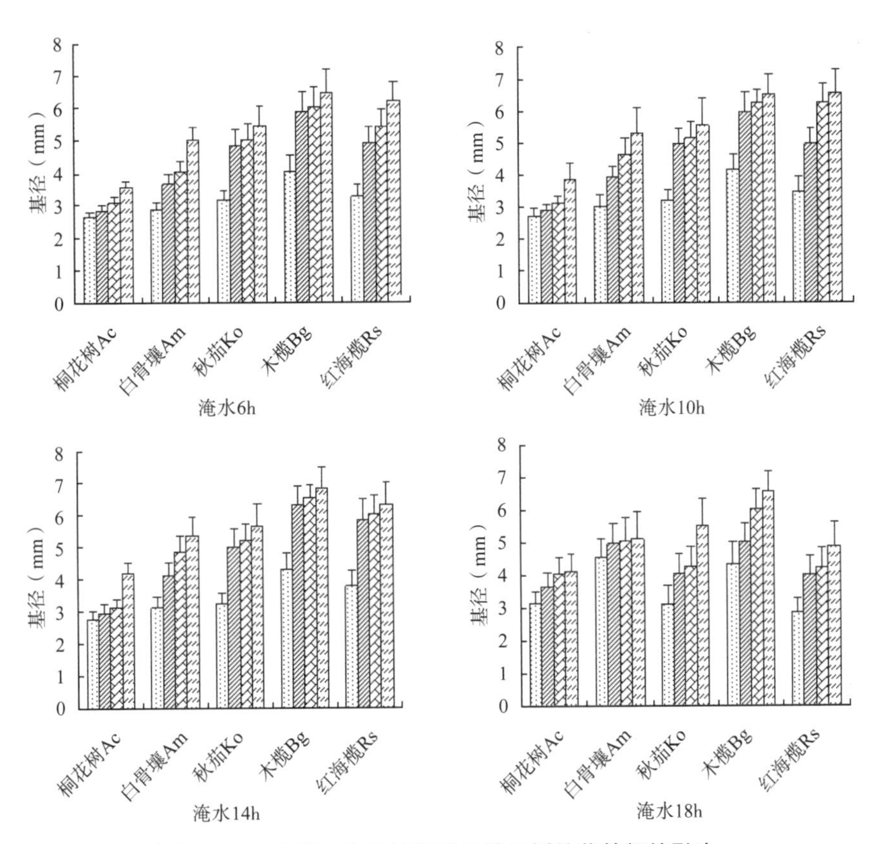

图 12-14 光照-淹水处理对 5 种红树幼苗基径的影响

光照-淹水交互处理对木榄、秋茄和红海榄幼苗根生物量影响达到非常显著（$P<0.01$）水平，对桐花树和白骨壤影响达到显著（$0.01<P<0.05$）水平。淹水 14h+遮阴 30% 处理组的桐花树、白骨壤、秋茄、木榄和红海榄幼苗根生物量分别是淹水 6h+遮阴 90% 处理组的 2.03 倍、2.04 倍、2.50 倍、2.43 倍和 2.57 倍。

六、模拟光照-淹水处理对 5 种红树幼苗茎生物量的影响

由表 12-7 可知，淹水时间对桐花树、白骨壤、秋茄和木榄幼苗茎生物量影响均达到非常显著（$P<0.01$）水平，对红海榄影响达到显著（$0.01<P<0.05$）水平。由图 12-15 可知，随着淹水时间的增大，5 种红树幼苗茎生物量均呈先升高后降低趋势。桐花树、白骨壤、秋茄、木榄和红海榄幼苗茎生物量在淹水 14h 处理组达到最大，最低均为淹水 6h 处理组。茎生物量排序为：红海榄 > 秋茄 > 木榄 > 桐花树 > 白骨壤。淹水 14h 与淹水 6h 处理组的 5 种红树幼苗茎生物量差异显著，淹水 10h 和淹水 18h 处理组差异不显著。

由表 12-7 可知，光照水平对木榄幼苗茎生物量影响达到非常显著（$P<0.01$）水平，对桐花树和秋茄影响达到显著（$0.01<P<0.05$）水平。由图 12-15 可知，随着遮阴程度的增加，5 种红树幼苗城降低趋势。在遮阴 30% 和 60% 处理组中桐花树和白骨壤幼苗

茎生物量与全光照组差异不显著，与遮阴 90% 处理组差异显著。在淹水 6h、10h 和 14h 条件下秋茄幼苗叶生物量遮阴 30% 和 60% 处理组差异不显著，与遮阴 90% 和全光照组差异显著。淹水 6h 和 10h 条件下木榄幼苗叶生物量遮阴 30% 和 60% 处理组差异不显著，与遮阴 90% 和全光照组差异显著。淹水 14h 和 18h 条件下遮阴 30% 和 60% 处理组和全光照组差异不显著，与遮阴 90% 处理组差异显著。遮阴 30% 和 60% 处理组的红海榄幼苗叶生物量和全光照组差异均不显著，与遮阴 90% 处理组差异显著。

光照–淹水交互处理对 5 种红树幼苗茎生物量影响均达到非常显著（$P<0.01$）水平。淹水 14h+ 遮阴 30% 处理组的桐花树、白骨壤、秋茄、木榄和红海榄幼苗茎生物量分别是淹水 18h+ 遮阴 90% 处理组的 2.00 倍、1.92 倍、1.59 倍、1.89 倍和 2.05 倍。

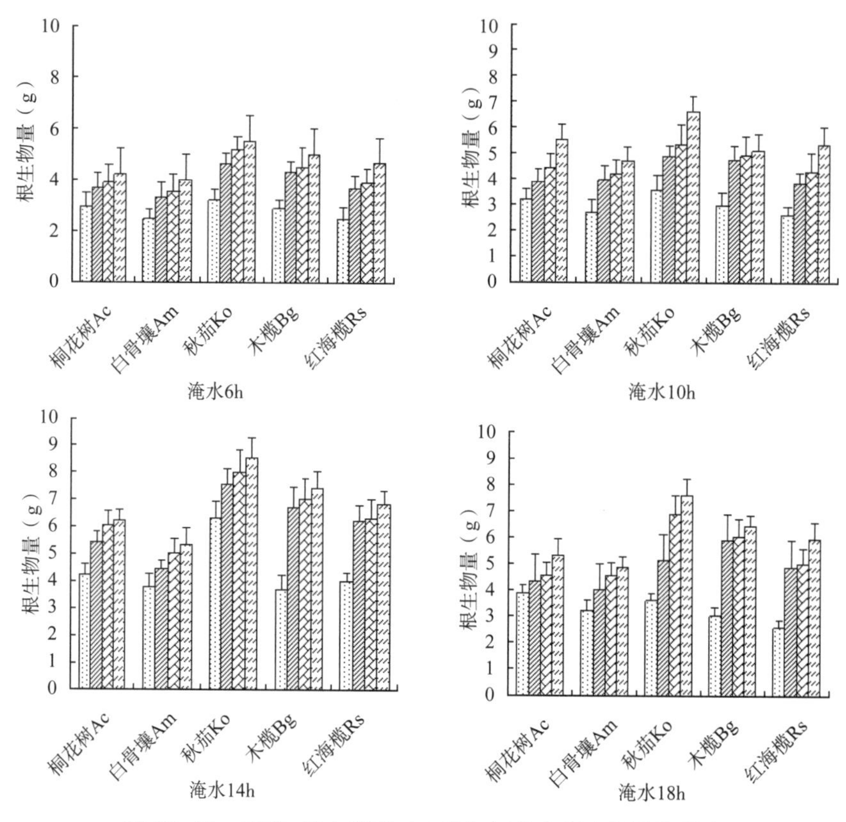

图 12–15 光照–淹水处理对 5 种红树幼苗根生物量的影响

七、模拟光照–淹水处理对 5 种红树幼苗叶生物量的影响

由表 12–7 可知，淹水时间对桐花树和秋茄幼苗叶生物量影响均达到非常显著（$P<0.01$）水平，对白骨壤影响达到显著（$0.01<P<0.05$）水平。由图 12–16 可知，随着淹水时间的增加，5 种红树幼苗叶生物量呈先升高后降低趋势。桐花树、白骨壤和红海榄在淹水 14h 达到最大，秋茄和木榄在淹水 10h 达到最大。5 种红树幼苗叶生物量在淹水 6h 处理组均为最低。淹水 10h、14h 和 18h 处理组桐花树幼苗和秋茄叶生物量差异不

显著，与淹水 6h 处理组差异显著。白骨壤淹水 14h 处理组与淹水 6h 处理组差异显著。淹水 10h 和淹水 18h 处理组差异不显著。木榄和红海榄幼苗叶生物量在各淹水梯度下差异不显著。叶生物量排序为：木榄 > 秋茄 > 桐花树 > 红海榄 > 白骨壤。

由表 12–7 可知，光照水平对桐花树、秋茄和木榄幼苗叶生物量影响达到非常显著（$P<0.01$）水平，对白骨壤和木榄影响达到显著（$0.01<P<0.05$）水平。由图 12–16 可知，随着遮阴程度的增加，5 种红树幼苗叶生物量呈降低趋势。在淹水 10h、14h 和 18h 条件下，桐花树幼苗叶生物量遮阴 30%、60% 处理组和全光照组差异均不显著，与遮阴 90% 处理组差异显著。白骨壤幼苗叶生物量遮阴 30% 和 60% 处理组与全光照处理组差异均不显著，与遮阴 90% 处理组差异显著。秋茄幼苗叶生物量遮阴 30% 处理组高于遮阴 60% 处理组，与遮阴 90% 处理组差异显著。在淹水 14h 和 18h 条件下与全光照组差异显著。淹水 6h 和 18h 条件下木榄幼苗叶生物量在 4 个光照梯度下均有显著差异，淹水 10h 和 14h 条件下遮阴 30% 和遮阴 60% 处理组与全光照组差异不显著，与遮阴 90% 处理组差异显著。红海榄遮阴 30% 处理组与遮阴 60% 处理组和全光照组差异均不显著，与遮阴 90% 处理组差异显著。

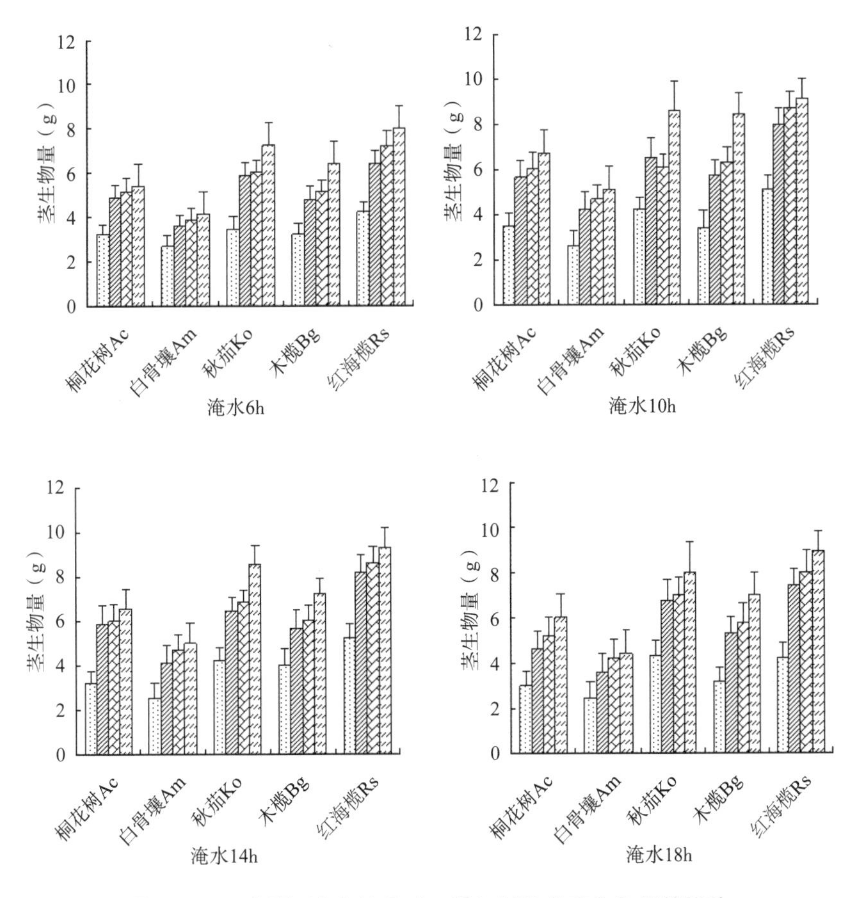

图 12–16 光照–淹水处理对 5 种红树幼苗茎生物量的影响

光照–淹水交互处理对桐花树和秋茄幼苗根生物量影响达到非常显著（P<0.01）水平，对白骨壤和木榄影响达到显著（0.01<P<0.05）水平。淹水 14h+ 遮阴 30% 处理组的桐花树、白骨壤和红海榄幼苗叶生物量分别是淹水 6h+ 遮阴 90% 处理组的 2.97 倍、3.21 倍、1.87 倍。淹水 10h+ 遮阴 30% 处理组的秋茄和木榄幼苗叶生物量分别是淹水 6h+ 遮阴 90% 处理组的 5.23 倍和 3.46 倍。

八、模拟光照–淹水处理对 5 种红树幼苗叶片叶绿素 a 的影响

由表 12–8 可知，淹水时间对白骨壤和木榄幼苗叶片叶绿素 a 影响均达到非常显著（P<0.01）水平，对秋茄影响达到显著（0.01<P<0.05）水平。由图 12–17 可知，随着淹水时间的增加，桐花树、秋茄和木榄幼苗叶片叶绿素 a 呈先增加后降低趋势，白骨壤和红海榄呈增加趋势。桐花树在淹水 10h 处理组达到最高，秋茄和木榄在淹水 14h 处理组达到最高，白骨壤和红海榄在淹水 18h 处理组达到最高，淹水 6h 后处理组均为最低。桐花树、白骨壤在各淹水处理中差异均不显著，秋茄和木榄淹水 14h 和红海榄淹水 18h 幼苗叶片叶绿素 a 与淹水 6h 处理组差异显著。5 种红树幼苗叶绿素 a 含量排序为：桐花树 > 秋茄 > 木榄 > 红海榄 > 白骨壤。

由表 12–8 可知，光照水平对桐花树、秋茄和木榄幼苗叶片叶绿素 a 影响达到非常显著（P<0.01）水平，对红海榄影响达到显著（0.01<P<0.05）水平。由图 12–17 可知，随着遮阴程度的增加，5 种红树幼苗叶绿素 a 含量呈降低趋势 . 桐花树幼苗叶片叶绿素 a 在各光照处理下均有显著差异。白骨壤幼苗叶片叶绿素 a 在各光照处理下均无显著差异。秋茄幼苗叶绿素 a 遮阴 90% 处理组与遮阴 60% 处理组差异不显著，与遮阴 30% 和全光照组差异显著，遮阴 30% 处理组与全光照组差异不显著。木榄幼苗叶绿素 a 遮阴 30% 和 60% 处理组差异不显著，与遮阴 90% 处理组和全光照处理组均有显著差异。红海榄幼苗叶绿素 a 淹水 6h 条件下各光照处理差异不显著，其他淹水条件下遮阴 90%、60% 和 30% 处理之间差异不显著，遮阴 90% 处理组与全光照组差异显著。

表 12–8 光照–淹水处理 5 种红树林物种叶绿素和净光合速率的双向差异检验 F 值

树种	光照水平			淹水时间			光照水平 + 淹水时间		
	叶绿素 a	叶绿素 b	净光合速率	叶绿素 a	叶绿素 b	净光合速率	叶绿素 a	叶绿素 b	净光合速率
桐花树	82.6**	72.7**	64.3**	13.6NS	13.2NS	32.2*	47.6*	52.3*	113**
白骨壤	2.23NS	31.6*	73.9**	72.2**	46.3*	29.7*	40.9*	44.6*	124**
秋茄	99.2**	81.5**	79.3**	41.3*	32.4*	44.3*	90.7**	32.8**	105**
木榄	91.8**	93.1**	63.4**	113**	55.5*	48.3*	83.7**	104**	92.6**
红海榄	36.7*	38.8*	83.2**	4.27NS	8.32NS	36.4*	13.1NS	6.27NS	89.4**

光照–淹水交互处理对秋茄和木榄幼苗叶片叶绿素 a 影响达到非常显著（P<0.01）水平，对桐花树和白骨壤影响达到显著（0.01<P<0.05）水平。淹水 10h+ 遮阴 90% 处理

组的桐花树幼苗叶绿素 a 是淹水 10h+ 遮阴 30% 处理组的 1.51 倍，淹水 18h+ 遮阴 90% 处理组的白骨壤幼苗叶绿素 a 是淹水 10h+ 遮阴 30% 处理组的 1.84 倍，淹水 14h+ 遮阴 90% 处理组的秋茄幼苗叶绿素 a 是淹水 6h+ 遮阴 30% 处理组的 2.10 倍，淹水 14h+ 遮阴 90% 处理组的木榄幼苗叶绿素 a 是淹水 18h+ 遮阴 30% 处理组的 1.63 倍，淹水 18h+ 遮阴 90% 处理组的红海榄幼苗叶绿素 a 是淹水 6h+ 遮阴 30% 处理组的 1.62 倍。

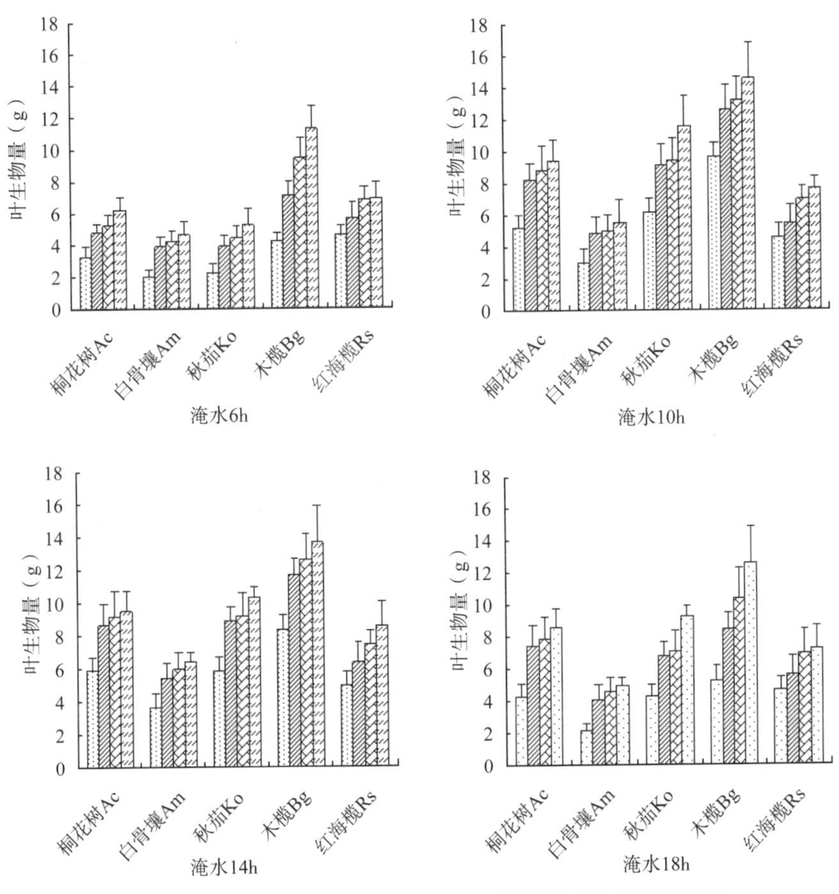

图 12-17　光照 - 淹水处理对 5 种红树幼苗叶生物量的影响

九、模拟光照-淹水处理对 5 种红树幼苗叶片叶绿素 b 的影响

由表 12-8 可知，淹水时间对白骨壤、秋茄和木榄幼苗叶片叶绿素 b 影响均达到显著（$0.01<P<0.05$）水平。由图 12-18 可知，随着淹水时间增加，5 种红树幼苗叶片叶绿素 b 呈先升高后降低趋势。桐花树幼苗叶片叶绿素 b 在各淹水处理组中差异均不显著。白骨壤幼苗叶片叶绿素 b 在淹水 6h 和 10h 处理组中差异不显著，与淹水 14h 和 18h 处理组差异显著，淹水 14h 和 18h 处理组无显著差异。秋茄和木榄幼苗叶片叶绿素 b 在淹水 10h 和 14h 处理组中差异不显著，与淹水 16h 处理组差异显著。红海榄幼苗叶片叶绿素 b 淹水 10h、14h 和 18h 处理组之间差异不显著，与淹水 6h 处理组差异显著。叶绿素

b 含量排序为：桐花树 > 秋茄 > 木榄 > 红海榄 > 白骨壤。

由表 12-8 可知，光照水平对桐花树、秋茄和木榄幼苗叶片叶绿素 b 影响达到非常显著（$P<0.01$）水平，对白骨壤和红海榄影响达到显著（$0.01<P<0.05$）水平。由图 12-18 可知，随着遮阴程度的增加，5 种红树幼苗叶片叶绿素 b 呈升高趋势. 桐花树幼苗叶片叶绿素 b 遮阴 90% 处理组与全光照组差异显著，遮阴 30% 和 60% 处理组无显著差异。白骨壤幼苗叶片叶绿素 b 各光照处理组差异不显著。秋茄淹水 14h 条件下遮阴 30% 处理组与遮阴 60% 和 90% 处理组差异显著，与全光照组差异不显著，其他淹水条件下遮阴 30% 和 60% 差异不显著与遮阴 90% 处理组差异显著。木榄幼苗叶片叶绿素 b 在各淹水条件下遮阴 30% 和 60% 差异不显著与遮阴 90% 处理组差异显著。红海榄幼苗叶片叶绿素 b 在遮阴 30%、60% 和 90% 处理组之间差异不显著。

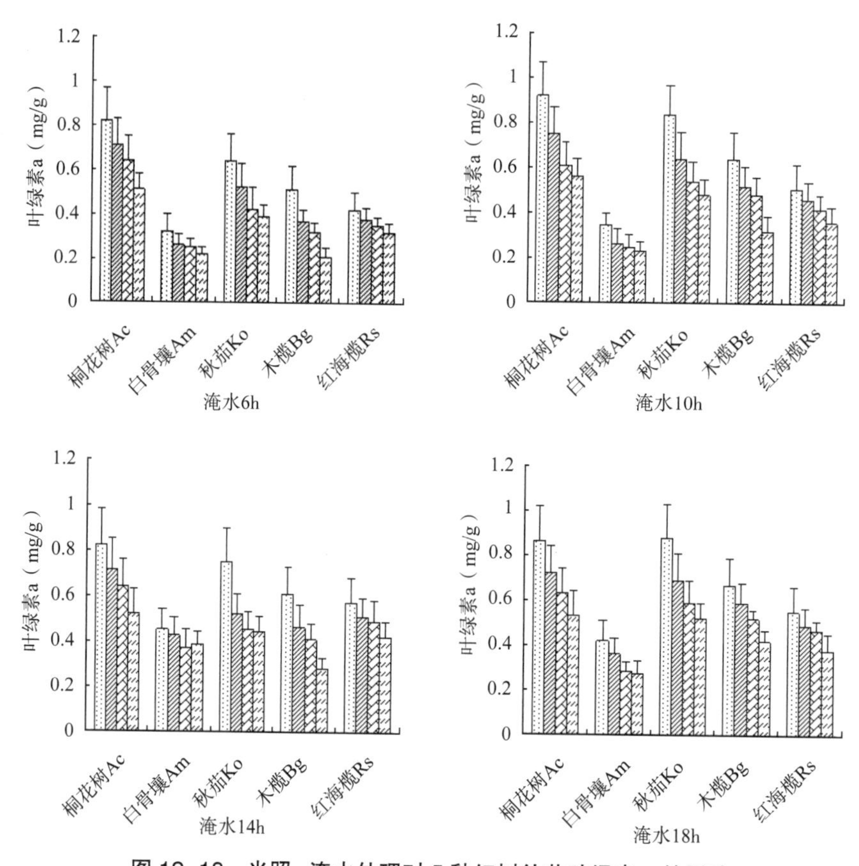

图 12-18 光照-淹水处理对 5 种红树幼苗叶绿素 a 的影响

光照-淹水交互处理对秋茄和木榄幼苗叶片叶绿素 b 影响达到非常显著（$P<0.01$）水平，对桐花树和白骨壤影响达到显著（$0.01<P<0.05$）水平。淹水 10h+ 遮阴 90% 处理组的桐花树幼苗叶绿素 a 是淹水 10h+ 遮阴 30% 处理组的 1.71 倍，淹水 18h+ 遮阴 90% 处理组的白骨壤幼苗叶绿素 a 是淹水 10h+ 遮阴 30% 处理组的 1.87 倍，淹水 10h+ 遮阴 90% 处理组的秋茄幼苗叶绿素 a 是淹水 6h+ 遮阴 30% 处理组的 1.98 倍，淹水 14h+ 遮

阴 90% 处理组的木榄幼苗叶绿素 a 是淹水 6h+ 遮阴 30% 处理组的 2.28 倍，淹水 18h+ 遮阴 90% 处理组的红海榄幼苗叶绿素 a 是淹水 6h+ 遮阴 30% 处理组的 1.77 倍。

十、模拟光照－淹水处理对 5 种红树幼苗叶片叶绿素 a/b 的影响

由图 12-19 可知，随着淹水时间的增加，桐花树、秋茄和木榄幼苗叶片叶绿素 a/b 呈先升高后降低趋势，白骨壤呈升高趋势，红海榄呈先降低后升高趋势。5 种幼苗各淹水处理之间差异均不显著。幼苗叶片叶绿素 a/b 排序为：木榄 > 桐花树 > 红海榄 > 秋茄 > 白骨壤。随着遮阴程度的增加幼苗叶片叶绿素 a/b 呈降低趋势，淹水 6h 处理组遮阴 30%、60% 和 90% 处理组差异均不显著，与全光照组差异显著。5 种幼苗叶片叶绿素 a/b 淹水 10h、14h 和 18h 条件下不同遮阴处理组之间差异不显著。

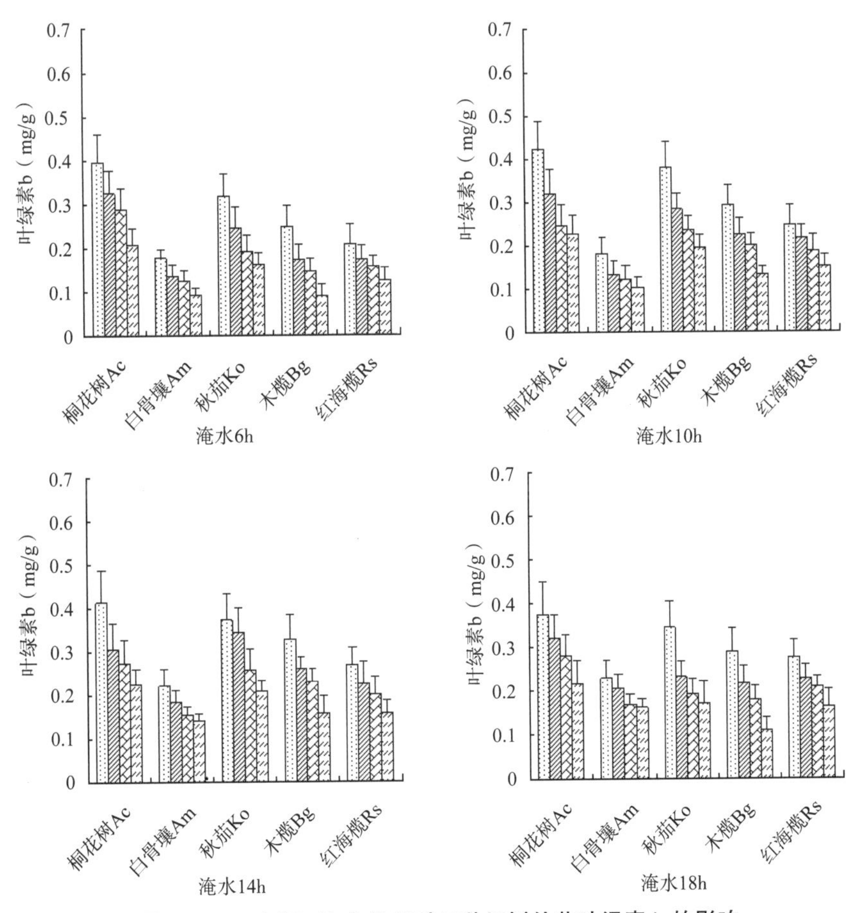

图 12-19　光照－淹水处理对 5 种红树幼苗叶绿素 b 的影响

十一、模拟光照－淹水处理对 5 种红树幼苗叶片净光合速率的影响

由表 12-8 可知，淹水时间对 5 种幼苗叶片净光合速率的影响均达到显著（$0.01<P<0.05$）水平。由图 12-20 可知，5 种红树幼苗叶片净光合速率随着淹水时间的

增加呈先升高后降低趋势。桐花树幼苗叶片净光合速率水淹水 10h 和淹水 14h 处理组无显著差异，但显著高于淹水 6h 处理组。白骨壤和木榄幼苗叶片净光合速率淹水 10h、14h 和 18h 处理组之间无显著差异，但显著高于淹水 6h 处理组。秋茄幼苗叶片净光合速率在淹水 10h 和 14h 处理组之间无显著差异，与淹水 6h 和 18h 处理组差异显著。红海榄幼苗叶片净光合速率在淹水 14h 处理组与淹水 6h 处理组差异显著，淹水 10h 和 18h 处理组之间无显著差异。5 种幼苗叶片净光合速率排序为：木榄 > 红海榄 > 秋茄 > 桐花树 > 白骨壤。

由表 12-8 可知，光照水平对 5 种红树幼苗叶片净光合速率的影响达到非常显著（$P<0.01$）水平。由图 12-20 可知，随着遮阴程度增加，5 种红树幼苗叶片净光合速率呈降低趋势。5 种红树幼苗在淹水 6h 处理组中遮阴 30% 和 60% 处理组之间差异均不显著，与遮阴 90% 和全光照组差异显著。桐花树、白骨壤、秋茄和木榄净光合速率在淹水 10h 和 14h 条件下遮阴 30% 和 60% 处理组之间差异均不显著，与遮阴 90% 和全光照组差异显著。淹水 14h 的红海榄幼苗和淹水 18h 的木榄幼苗遮阴 30% 和 60% 处理组与全光照组差异均不显著。

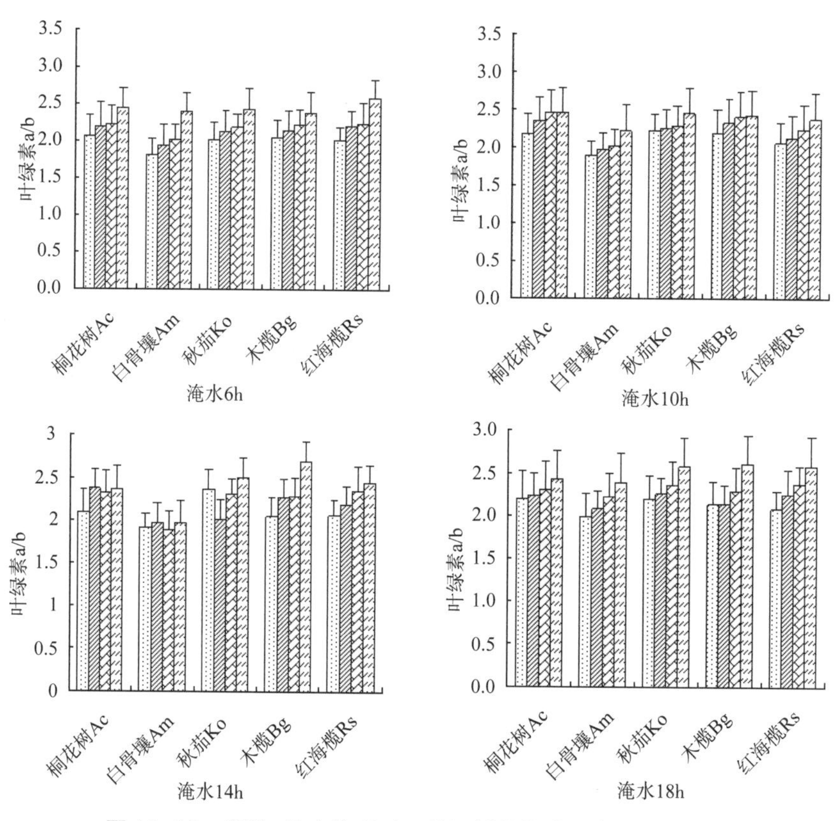

图 12-20 光照-淹水处理对 5 种红树幼苗叶绿素 a/b 的影响

光照-淹水交互处理对 5 种红树幼苗净光合速率的影响达到非常显著（$P<0.01$）水平，淹水 14h + 遮阴 30% 处理组的桐花树、白骨壤、秋茄、木榄和红海榄幼苗净光合速

率分别是淹水 18h + 遮阴 90% 处理组的 4.65 倍、5.06 倍、4.83 倍、4.49 倍和 4.50 倍。

十二、模拟光照-淹水处理对 5 种红树幼苗叶片丙二醛（MDA）的影响

由表 12-9 可知，淹水时间对木榄和红海榄幼苗叶片 MDA 的影响均达到非常显著（$P<0.01$）水平，对桐花树和白骨壤影响达到显著（$0.01<P<0.05$）水平。由图 12-21 可知，5 种红树幼苗叶片 MDA 含量随着淹水时间的增加呈逐渐升高趋势，桐花树叶片 MDA 含量淹水 14h 和 18h 处理组差异不显著，显著高于淹水 6h 处理组。白骨壤和秋茄叶片 MDA 含量在各淹水处理中差异均不显著。木榄叶片 MDA 含量淹水 10h 和 14h 处理组之间差异不显著，淹水 18h 处理组显著高于淹水 6h 处理组，红海榄叶片 MDA 含量淹水 10h、14h 和 18h 处理组之间差异不显著，显著高于淹水 6h 处理组。

表 12-9　光照-淹水处理 5 种红树植物叶片 MDA 含量、SOD 含量和 POD 含量的双向差异检验 F 值

树种	光照水平			淹水时间			光照水平 + 淹水时间		
	MDA 含量	SOD 含量	POD 含量	MDA 含量	SOD 含量	POD 含量	MDA 含量	SOD 含量	POD 含量
桐花树	104*	32.4*	36.8*	53.6*	83.3**	37.2*	41.6*	88.6**	53.5*
白骨壤	9.23NS	17.3NS	6.93NS	42.5*	46.3*	52.2**	50.9*	44.3*	44.2*
秋茄	45.2*	11.7NS	79.6**	11.3NS	52.4*	35.1*	37.6*	33.8*	34.7*
木榄	56.4**	43.6*	43.31*	36.5**	12.5NS	77.5**	75.8**	51.9*	82.6**
红海榄	61.7**	58.2*	12.2NS	34.2**	35.6*	81.4**	91.1**	97.1**	38.6*

由表 12-9 可知，光照水平对木榄和红海榄幼苗叶片 MDA 的影响均达到非常显著（$P<0.01$）水平，对桐花树和秋茄影响达到显著（$0.01<P<0.05$）水平。由图 12-21 可知，5 种红树幼苗叶片 MDA 含量随着遮阴程度的增加呈逐渐降低趋势。5 种红树幼苗叶片 MDA 含量在淹水 6h、10h 和 14h 条件下遮阴 60% 和 90% 处理组之间无显著差异，与遮阴 30% 处理组和全光照组均有显著差异。淹水 18h 条件下，桐花树和秋茄各遮阴处理之间差异均不显著，白骨壤、木榄和红海榄遮阴 30% 处理组和全光照组均显著高于遮阴 60% 和 90% 处理组。

光照 - 淹水交互处理对木榄和红海榄幼苗叶片 MDA 含量的影响达到非常显著（$P<0.01$）水平，对桐花树、白骨壤和秋茄的影响达到显著（$0.01<P<0.05$）水平。淹水 18h+ 遮阴 30% 处理组的桐花树、白骨壤、秋茄、木榄和红海榄幼苗叶片 MDA 含量分别是淹水 6h+ 遮阴 90% 处理组的 2.15 倍、1.65 倍、1.78 倍、2.23 倍和 2.16 倍。

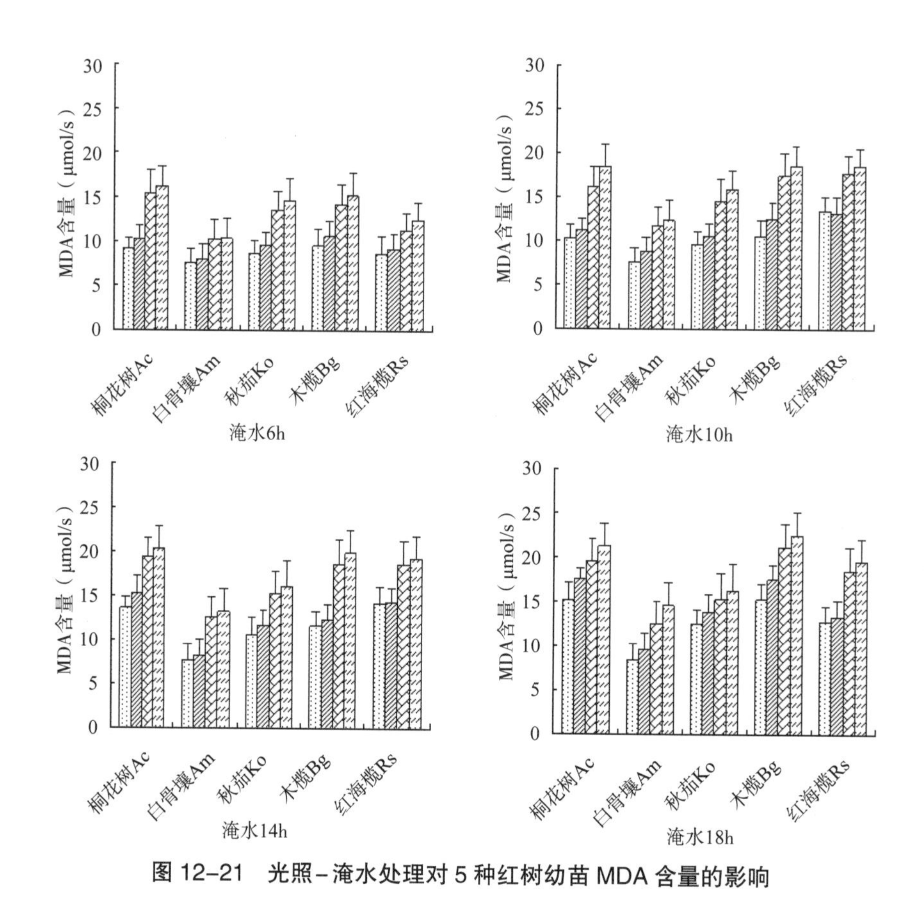

图 12-21 光照-淹水处理对 5 种红树幼苗 MDA 含量的影响

十三、模拟光照-淹水处理对 5 种红树幼苗叶片超氧化物歧化酶（SOD）含量的影响

由表 12-9 可知，淹水时间对桐花树幼苗叶片 SOD 含量的影响达到非常显著（$P<0.01$）水平，对白骨壤、秋茄和红海榄的影响达到显著（$0.01<P<0.05$）水平。由图 12-22 可知，桐花树幼苗叶片 SOD 含量随着淹水时间的增加呈先升高后降低趋势，白骨壤、秋茄、木榄和红海榄呈逐渐升高趋势。白骨壤叶片 SOD 含量淹水 10h 处理组达到最高，淹水 6h 和 14h 处理组差异不显著，与淹水 10h 和 18h 处理组均有显著差异。白骨壤幼苗叶片 SOD 含量淹水 14h 和 18h 差异不显著，与淹水 6h 处理组差异显著。秋茄幼苗叶片 SOD 含量淹水 10h 和 14h 处理组差异不显著，淹水 18h 处理组显著高于淹水 6h 处理组。木榄幼苗叶片 SOD 含量在各淹水处理中差异均不显著。红海榄叶片 SOD 含量在淹水 14h 处理组中达到最大，在淹水 18h 处理组中达到最低值，过长的淹水时间会抑制叶片 SOD 含量的增加。5 种红树幼苗叶片 SOD 含量排序为：秋茄 > 木榄 > 桐花树 > 红海榄 > 白骨壤。

由表 12-9 可知，光照水平对桐花树、木榄和红海榄幼苗叶片 SOD 含量的影响达到显著（$0.01<P<0.05$）水平。由图 12-22 可知，随着遮阴程度的增加，5 种红树幼苗叶片

SOD 含量呈降低趋势，遮阴 30% 和 60% 处理组差异均不显著，全光照组显著高于淹水 6h 处理组。

光照-淹水交互处理对桐花树和红海榄幼苗叶片超氧化物歧化酶（SOD）含量的影响达到非常显著（$P<0.01$）水平，对白骨壤、秋茄和木榄的影响达到显著（$0.01<P<0.05$）水平。淹水 10h+ 遮阴 30% 处理组的桐花树幼苗叶片 SOD 含量是淹水 18h+ 遮阴 90% 处理组的 1.49 倍。淹水 18h+ 遮阴 30% 处理组的白骨壤、秋茄、木榄和红海榄幼苗叶片 SOD 含量分别是淹水 6h+ 遮阴 90% 处理组的 1.25 倍、1.27 倍、1.17 倍和 1.23 倍。

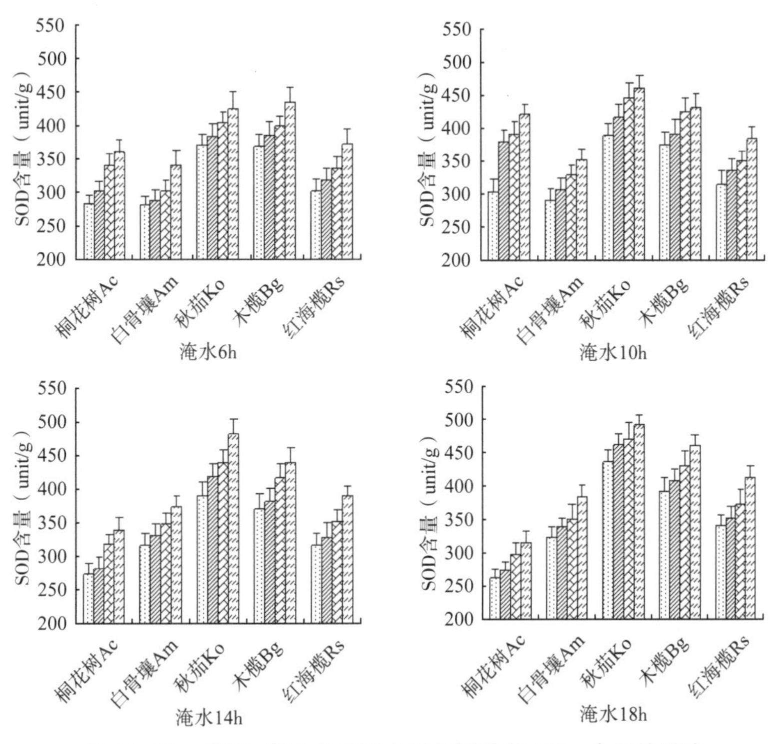

图 12-22　光照-淹水处理对 5 种红树幼苗 SOD 含量的影响

十四、模拟光照 - 淹水处理对 5 种红树幼苗叶片过氧化物酶（POD）含量的影响

由表 12-9 可知，淹水时间对白骨壤、木榄和红海榄幼苗叶片过氧化物酶（POD）含量的影响均达到非常显著（$P<0.01$）水平，对桐花树和秋茄的影响达到显著（$0.01<P<0.05$）水平。由图 12-23 可知，桐花树、秋茄、木榄和红海榄幼苗叶片 POD 含量随着淹水时间的增加呈逐渐升高趋势，白骨壤呈先升高后降低趋势。桐花树叶片 POD 含量在淹水 6h 处理组与淹水 10h 处理组差异不显著，显著低于淹水 18h 处理组。白骨壤叶片 POD 含量在淹水 10h 处理组达到最低，显著低于淹水 18h 处理组，淹水 6h 和 14h 处理组之间差异不显著。秋茄叶片 POD 含量在淹水 6h 处理组显著低于其他淹水处理组。木榄叶片 POD 含量在淹水 6h、10h 和 14h 处理组显著低于淹水 18h 处理组。红海榄叶片 POD 含量在淹水 6h 和 10h 处理组之间差异不显著，显著低于淹水 14h 和 18h 处理组。

由表 12-9 可知，光照水平对秋茄幼苗叶片 POD 含量的影响达到显著（0.01<P<0.05）水平，对桐花树和木榄的影响达到显著（0.01<P<0.05）水平。由图 12-23 可知，随着遮阴程度的降低 5 种红树幼苗叶片 POD 含量呈逐渐升高趋势。桐花树遮阴 60% 和 90% 处理组之间差异不显著，显著低于遮阴 30% 处理组和全光照组。白骨壤叶片 POD 含量在淹水 14h 和 18h 条件下遮阴 30%、60% 处理组和全光照组之间均存在显著差异。秋茄叶片 POD 含量在淹水 10h、14h 和 18h 条件下遮阴 30%、60% 处理组和全光照组之间均存在显著差异。木榄和红海榄叶片 POD 含量在淹水 14h 条件下遮阴 30% 处理组与全光照组差异不显著，显著高于遮阴 60% 和 90% 处理组，淹水 18h 条件下遮阴 30% 和 60% 处理组以及全光照组之间存在显著差异。

光照－淹水交互处理对木榄幼苗叶片 POD 含量的影响达到非常显著（P<0.01）水平，对桐花树、白骨壤、秋茄和红海榄的影响达到显著（0.01<P<0.05）水平。淹水 18h+ 遮阴 30% 处理组的桐花树、秋茄、木榄和红海榄幼苗叶片 POD 含量分别是淹水 6h+ 遮阴 90% 处理组的 2.01 倍、3.38 倍、2.29 倍和 2.80 倍。淹水 18h+ 遮阴 30% 处理组的白骨壤幼苗叶片 POD 含量分别是淹水 10h+ 遮阴 90% 处理组的 2.34 倍。

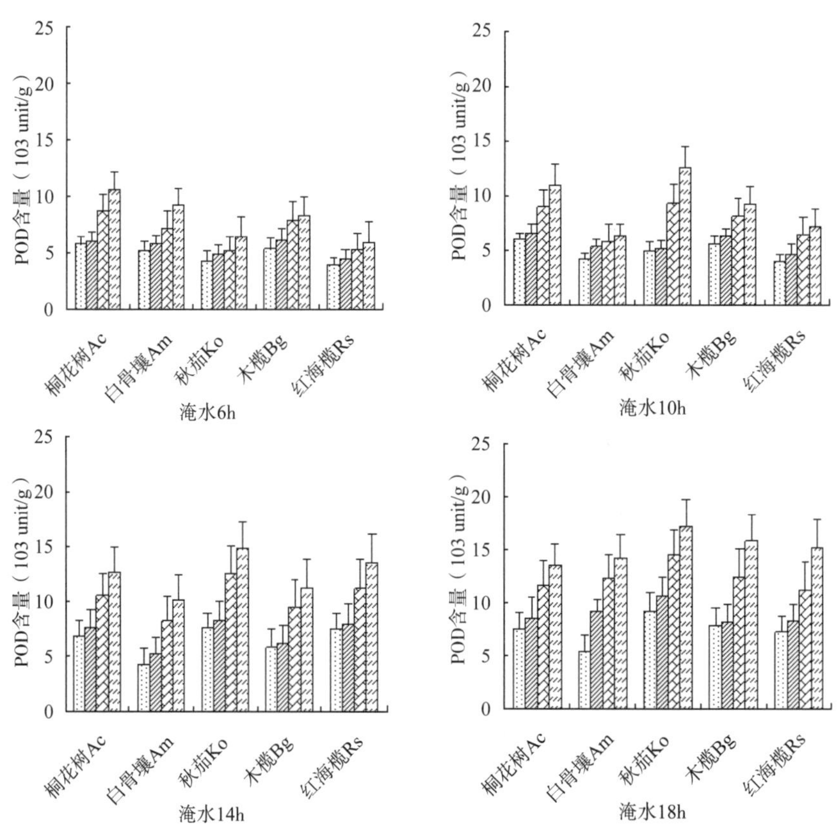

图 12-23　光照－淹水处理对 5 种红树幼苗 POD 含量的影响

综上，光照－淹水交互处理对桐花树、秋茄和木榄幼苗高度影响达到非常显著（P<0.01）水平，对桐花树幼苗叶数影响达到非常显著（P<0.01）水平，对白骨壤、木

榄和红海榄幼苗基径影响达到显著（$0.01<P<0.05$）水平。

光照－淹水交互处理对木榄、秋茄和红海榄幼苗根生物量影响达到非常显著（$P<0.01$）水平，对 5 种红树幼苗茎生物量影响均达到非常显著（$P<0.01$）水平，对桐花树和秋茄幼苗根生物量影响达到非常显著（$P<0.01$）水平。

光照－淹水交互处理对秋茄和木榄幼苗叶片叶绿素 a 影响达到非常显著（$P<0.01$）水平，对秋茄和木榄幼苗叶片叶绿素 b 影响达到非常显著（$P<0.01$）水平，对 5 种红树幼苗净光合速率的影响达到非常显著（$P<0.01$）水平。

光照－淹水交互处理对木榄和红海榄幼苗叶片 MDA 含量的影响达到非常显著（$P<0.01$）水平，对桐花树和红海榄幼苗叶片 SOD 含量的影响达到非常显著（$P<0.01$）水平，对木榄幼苗叶片 POD 含量的影响达到非常显著（$P<0.01$）水平。

第三节　先锋外来红树植物无瓣海桑林改造试验

一、先锋外来红树人工林乡土红树群落恢复技术试验区概况

先锋外来红树人工林乡土红树群落恢复技术试验区位于广东省珠海淇澳－担杆岛省级自然保护区内，2018 年 4 月选择 5hm^2 无瓣海桑人工林进行人工修枝改造，试验区长度 1000m，沿无瓣海桑林区航道东岸向内延伸 50m。沿航道东侧沿岸选取 12 亩无瓣海桑林引种 3 种乡土红树幼苗，其中木榄 6 亩、桐花树 3 亩、秋茄 3 亩。修枝处理后林冠郁闭度分别为 0.6 和 0.3，未处理组为对照组，郁闭度约为 0.9。在 3 种郁闭度条件下分别种植了木榄、秋茄和桐花树 1 年生幼苗，幼苗均高为 0.68 ± 0.07m、0.63 ± 0.06m、0.61 ± 0.06m。

二、试验林 3 种红树植物形态指标和保存率

2018 年 6 月至 2021 年 6 月对试验林进行监测调查，桐花树、木榄和秋茄形态指标和保存率情况见表 12-10。

表 12-10　2021 年 6 月试验区 3 种乡土红树植物形态指标和保存率

树种	郁闭度	高度（cm）	基径（cm）	冠幅（cm）	保存率（%）
木榄	0.3	1.58	2.23	98	90.1
桐花树	0.3	1.42	0.93	81	80.4
秋茄	0.3	1.13	1.31	69	65.3
木榄	0.6	1.36	1.93	78	82.5
桐花树	0.6	1.27	0.95	72	60.2
秋茄	0.6	0.97	1.28	61	45.3
木榄	0.9	1.17	1.88	76	66.7

（续）

树种	郁闭度	高度（cm）	基径（cm）	冠幅（cm）	保存率（%）
桐花树	0.9	1.15	1.12	63	38.2
秋茄	0.9	0.88	1.34	54	30.2

三、试验林 3 种红树植物株高变化

如图 12–24 所示，随着时间的增加，3 个树种幼树株高增长量随着郁闭度的增加呈降低趋势，相同郁闭度条件下幼树株高表现为木榄 > 桐花树 > 秋茄。

四、试验林 3 种红树植物冠幅变化

由图 12–25 可知，随着时间的增加，3 个树种幼树冠幅增长量随着郁闭度的增加呈降低趋势，木榄半年增长量呈先升高后降低趋势，在 2019 年 12 月至 2020 年 6 月增长量达到最高。桐花树冠幅在各郁闭度条件下均在 2020 年度达到最高，秋茄在 2019 年 6~12 月郁闭度 0.3 和 0.6 时增长量达到最高，郁闭度 0.9 林下 2019 年 12 月至 2020 年 6 月达到最高，相同郁闭度条件下幼树株高表现为：木榄 > 桐花树 > 秋茄。

五、试验林 3 种红树植物保存率变化

由图 12–26 可知，3 个树种保存率随着郁闭度的增加均呈降低趋势。郁闭度 0.3 时，木榄保存率高于 90%，其次为桐花树（80.4）和秋茄（65.3%）；郁闭度为 0.6 时，木榄和桐花树均超过 60%，而秋茄仅为 48.6。郁闭度达到 0.9 时，木榄保存率超过 60%，显著高于桐花树和秋茄。由此可见，木榄在各郁闭度条件下均高于桐花树和秋茄，耐阴性更强，秋茄最差。

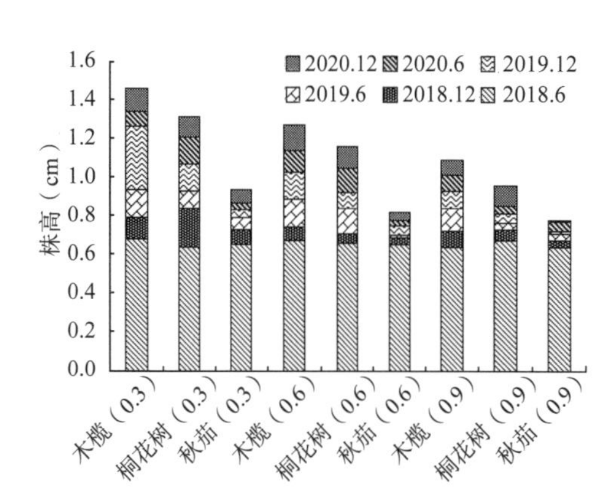

图 12–24 不同郁闭度条件下 3 种红树植物幼树株高变化

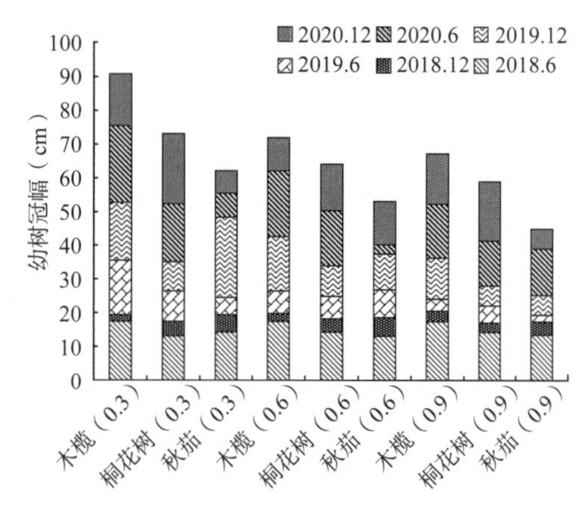

图 12–25 不同郁闭度条件下 3 种红树植物幼树冠幅变化

六、试验林消浪功能

红树植物对海浪波浪能的消减作用是红树林生态功能之一。2020 年 9 月至 10 月，历时 30 天。运用波潮仪 RBR 进行无瓣海桑群落波能的观测（图 12-27）。

由图 12-28 可知，随着无瓣海桑林群落林木基部 25cm 处横断面积的增加，波能呈降低趋势，大潮期水深 25cm 时，S2 相较于 S1 波浪能消减 4.69%，S3 相较 S1 波能消减 6.25%，S4 相较于 S1 波能消减 9.35%；小潮期水深 25cm 时，S2 相较于 S1 波浪能消减 2.18%，S3 相较于 S1 波能消减 3.42%，S4 相较于 S1 波能消减 7.45%。

七、先锋外来红树人工林乡土红树群落恢复技术试验区林分改造现状

先锋外来红树人工林乡土红树群落恢复技术试验区修复前现状图和改造后现状如图 12-29、图 12-30 及图 12-31 所示。

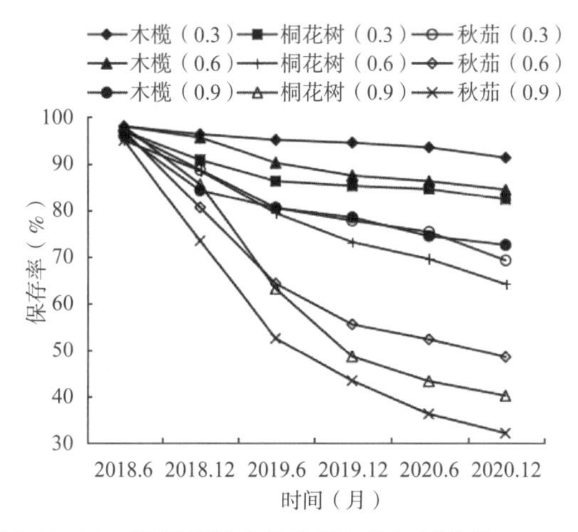

图 12-26 不同郁闭度条件下 3 种红树植物幼树保存率变化

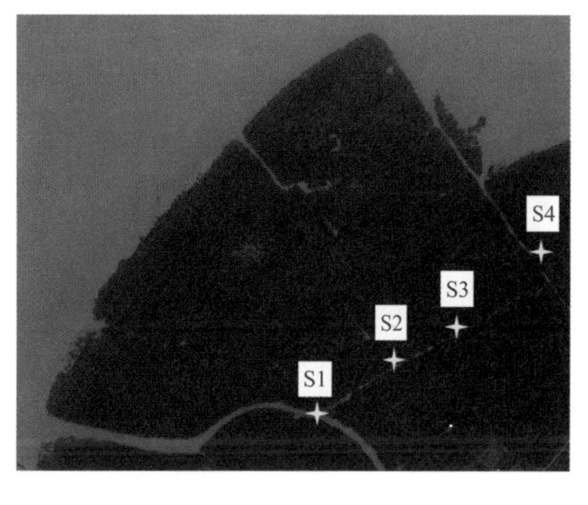

图 12-27 试验林消浪样点

注：S1 为无瓣海桑成熟林林缘（19 龄林）；S2 为无瓣海桑成熟林内（19 龄林）；S3 为试验林区（19 龄无瓣海桑林 +4 龄木榄林）；S4 为无瓣海桑 + 木榄混交林内（19 龄无瓣海桑 +12 龄木榄）。

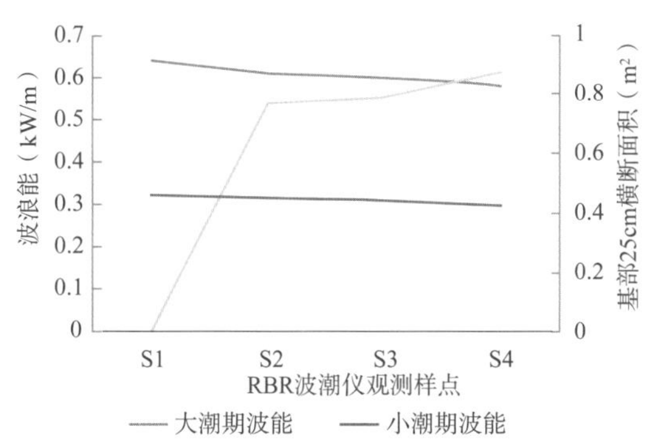

图 12-28 红树林不同林分消减波浪能

图 12-29 无瓣海桑林下改造前情况

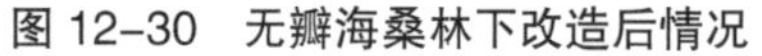
图 12–30 无瓣海桑林下改造后情况

图 12–31 无瓣海桑林下用乡土红树植物木榄改造情况

综上，对先锋外来红树人工林乡土红树群落恢复技术试验区监测研究表明，林下光照强度是制约林下造林幼苗、幼树成活和生长的关键因素，不同树种对外界光环境条件的需求有较大差异，木榄、秋茄和桐花树幼树株高、冠幅受到无瓣海桑冠层郁闭度影响。木榄和桐花树在郁闭度低于 0.6 时株高均能保持较高的增长量，而秋茄生长明显受到抑制。

从存活率角度看，3 种红树植物都能够在无瓣海桑林下种植。但是从生长适应性角度考虑，木榄在 3 种郁闭度条件下均表现出最大优势，均能达到 70% 以上；郁闭度低于 0.6 条件下桐花树保持较高保存率的同时株高、冠幅没有受到显著影响，表现出较好的耐阴性；秋茄在强光条件下能够保持较高成活率，但株高和冠幅增长量都明显受到抑制。

红树林消浪减波是红树林防灾功能评价的重要依据，也是红树林生态功能的重要体现。监测研究表明，无瓣海桑（19 龄）+ 木榄（12 龄）混交林在大潮期和小潮期均能有效消减波浪能，相较于无瓣海桑纯林林缘处消减波浪能 7.45%~9.35%。

因此，筛选出木榄为适合于无瓣海桑人工林下改造的树种。根据不同红树植物耐阴性差异进行群落优化配置和林分改造，将进一步丰富红树林生态系统的生物多样性，更有助于提升红树林生态服务功能。

第十三章 困难滩涂红树林生态修复关键技术[①]

红树林是沿海防护林体系的重要组成部分，素有“海上森林”之称，能够防风消浪，保护海堤，减少和防止沿海地区台风暴潮等自然灾害的发生。研究表明，50m 宽的秋茄人工林可减低 1/10 波高和平均波高 45% 以上（陈玉军等，2011），减弱平均风速和极大风速 90% 以上（陈玉军等，2012），结构和功能完善的红树林本身能够抵抗 12 级的台风（陈玉军等，2000）。红树林的营造，又能节约大量用于修筑和维护海岸堤坝的开支，是一种经济有效的生态防护措施。因此，保护和发展红树林资源是华南沿海地区生态工程建设所面临的迫切任务。

自 20 世纪 50 年代以来，中国红树林受围垦和城市建设等因素的影响，近 50% 的红树林已经消失。2000 年以后，中国政府高度重视红树林湿地的保护和恢复工作，在普通的滩涂立地上基本上已实现或正在进行红树林的恢复。由于种种人为的或生物学的原因，现存的尚未实现红树林恢复的潮间带滩涂大部分为深水裸滩（位于平均海平面以下）、高盐度海滩（盐度高达 30‰）、石沙质海滩、强风浪海滩、养殖塘和互花米草分布区等困难立地。这些区域红树林的恢复技术是制约红树林发展的难关。

《红树林保护修复专项行动计划（2020—2025 年）》提出在全国范围内实施红树林生态修复，在适宜恢复区域营造红树林，在退化区域实施抚育和提质改造，扩大红树林面积，提升红树林生态系统质量和功能。到 2025 年，营造和修复红树林面积 18800hm^2，其中，营造红树林 9050hm^2，修复现有红树林 9750hm^2。要实现我国红树林资源恢复和发展的长远目标，完成红树林保护修复行动计划的任务，必须也只能在这些极端的困难立地上开展红树林修复。

由于普通的红树林宜林地位于平均海平面以上、盐度较低的潮间带裸露滩涂，而现存的极端滩涂立地与普通的红树林宜林地条件相差甚远。在实施红树林恢复工程初期，华南沿海各地区在这些极端裸滩上进行了许多造林尝试，但基本未达到预期成效。原因是传统的普通宜林地条件下的造林技术和规范不适于极端立地条件下的造林。因此，开展困难立地红树林修复技术研究，以指导红树林修复科学、合理、有序地进行，从而拓展我国红树林资源的恢复和发展的领域，完成我国红树林修复目标。

① 作者：陈玉军、廖宝文、李玫、管伟、郑松发、宋湘豫。

在国内外红树林修复研究方面，基本解决了主要红树林树种的育苗、造林和管护理论和技术。对红树植物对潮间带环境的适应性、人工林下乡土树种恢复技术研究较多。国内对红树植物北移引种开展了系统深入研究，并初步开展了海水淹浸时间过长的情况下红树植物种植的尝试，在困难生境红树林修复技术研究方面，目前较少有研究报道。

第一节 深水海滩造林

一、滩面高度对红树植物生长的影响

红树植物所处滩面高程的不同会导致淹水时间的差异性，直接影响红树植物的保存率和生长量。开展红树林修复，需要根据不同的潮滩高度（或海水淹浸深度）选择不同的造林树种。红树林一般适宜于自然生长在平均海平面以上的滩面高程，分为红树林高潮滩、中潮滩和低潮滩，适宜高潮滩树种有草海桐（*Scaevola taccada*）、海杧果（*Cerbera manghas*）、银叶树、黄槿（*Talipariti tiliaceum*）、桐棉（*Thespesia populnea*）、水黄皮（*Pongamia pinnata*）、玉蕊、水椰、木果楝（*Xylocarpus granatum*）、海漆（*Excoecaria agallocha*）、海莲、尖瓣海莲（*Bruguiera sexangula* var. *rhynchopetala*）、木榄、红海榄、秋茄、榄李（*Lumnitzera racemosa*）等；适宜中潮滩树种有海桑、无瓣海桑、拉关木、红海榄、秋茄、桐花树、白骨壤、木榄、海莲、尖瓣海莲、榄李、海漆、水椰、木果楝等；适宜低潮滩树种有海桑、无瓣海桑、拉关木、桐花树、白骨壤等（陈玉军等，2005）。

研究表明，滩面高度对红海榄、秋茄、拉关木和无瓣海桑四种红树植物的生长量及保存率影响较大。滩面高度在平均海平面附近时四种红树植物的生长量和保存率达到最大值，随着滩面高度的增加或降低，生长量和保存率呈下降的趋势（陈玉军等，2014）。

（一）沙地条件下滩面高度的影响

沙质条件下滩面高度对红海榄、秋茄、拉关木和无瓣海桑四种红树植物 2 年生时的生长量及保存率影响较大。滩面高度在 0（即平均海平面）附近时，4 种红树植物的生长量和保存率达到最大值，随着滩面高度的增加或降低，生长量和保存率呈下降的趋势，其中，滩面高度在 0.7m 时，生长量和保存率基本降到最小值（仅秋茄的保存率有增加）。红海榄在滩面高度为 0 时树高和地径值最大，分别为 1.44m 和 1.1cm，保存率在 90% 以上，而在滩面高度为 0.7m 的情况下树高生长量、地径生长量和保存率仅为滩面高度为 0 时的 40.9%、34.7% 和 76.5%。秋茄在滩面高度为 0.7m 时的树高和地径生长量仅为滩面高度为 0 时的 61.1% 和 65.2%，但保存率增加约 1 倍。拉关木在滩面高度为 0.7m 时的树高、地径和冠幅生长量仅为滩面高度为 0 时的 48.9%、51.2% 和 46.5%，保存率变化不大。无瓣海桑在滩面高度为 0.7m 时的树高和地径生长量仅为滩面高度为 0 时的 39.8% 和 43.5%，保存率更低，仅为滩面高度为 0 时的 26.8%（表 13-1）。

表 13-1 沙地条件下滩面高度对红树植物生长的影响

滩面高度（m）	红海榄			秋茄		
	地径（cm）	树高（m）	保存率（%）	地径（cm）	树高（m）	保存率（%）
0.7	0.50 ± 0.09a	0.45 ± 0.10a	73.2	0.44 ± 0.12a	0.30 ± 0.04a	80.4
0.4	0.48 ± 0.09a	0.49 ± 0.08b	89.6	0.47 ± 0.10a	0.39 ± 0.07b	62.5
0.2	1.07 ± 0.20b	0.89 ± 0.09c	93.8	0.63 ± 0.13b	0.43 ± 0.09c	66.7
0	1.44 ± 0.29c	1.10 ± 0.15d	95.7	0.72 ± 0.12c	0.46 ± 0.10bc	41.7
–0.2	1.19 ± 0.22d	1.03 ± 0.09e	31.9	0.68 ± 0.09bc	0.44 ± 0.10c	38.0

滩面高度（m）	拉关木				无瓣海桑		
	地径（cm）	树高（m）	冠幅（m）	保存率（%）	地径（cm）	树高（m）	保存率（%）
0.7	3.00 ± 0.72a	1.09 ± 0.29a	0.74 ± 0.25a	89.7	0.88 ± 0.33a	0.57 ± 0.17a	21.7
0.4	5.47 ± 1.82b	1.61 ± 0.31bb	1.24 ± 0.37bb	88.2	1.74 ± 0.71b	0.86 ± 0.23b	52.6
0.2	5.83 ± 1.27bc	1.85 ± 0.26c	1.47 ± 0.31c	85.7	2.05 ± 0.69bc	1.13 ± 0.30c	76.9
0	6.13 ± 1.03c	2.13 ± 0.20d	1.59 ± 0.21c	92.3	2.21 ± 0.82c	1.31 ± 0.31d	80.9
–0.2	5.94 ± 1.18bc	2.07 ± 0.22d	1.52 ± 0.20c	81.2	2.09 ± 0.78bc	1.27 ± 0.28d	71.4

注：表中的红海榄在滩面高度为 –0.2~0.4m 时为胚轴苗的形式种植；生长量及保存率均为 2 年生时的情况，同列数据后凡具有一个小写字母相同者，表示差异不显著（LSD 法，$P>0.05$）。

（二）泥质土壤条件下滩面高度的影响

在泥质土壤条件下，滩面高度对红海榄、秋茄、拉关木和无瓣海桑四种红树植物 2 年生时的生长量及保存率的影响与在沙质生境中相似，滩面高度在 0 附近时生长量和保存率最大。红海榄在滩面高度为 0 时树高、地径和保存率最大，分别为 1.40m、1.07cm 和 98.4%，当滩面高度高于或低于此高度时，红海榄的生长量和保存率均减低，但当滩面高度高于 0 时的减低幅度要比低于 0 时大得多，其中，在滩面高度为 0.7m 时的树高生长量、地径生长量及保存率仅为滩面高度为 0 时的 34.6%、40.0% 和 80.2%。秋茄在滩面高度为 0.7m 时的树高和地径生长量仅为滩面高度为 0 时的 75.7% 和 72.7%，保存率变化不大，在 70% 以上。从滩面高度为 0 上升到滩面高度为 0.7m，拉关木和无瓣海桑的树高、地径和冠幅生长量均降低 50% 左右，拉关木的保存率由 50.8% 降至 17.4%，无瓣海桑的保存率由 39.0% 降至 15.7%。由此可见，红海榄和秋茄在各种滩面水平上都具有较强的生长适应性，保存率均较高。在较高的滩面水平上，拉关木和无瓣海桑的生长适应性较差，保存率很低（表 13-2）。

表 13-2 泥质土壤条件下滩面高度对红树植物生长的影响

滩面高度（m）	红海榄			秋茄		
	地径（cm）	树高（m）	保存率（%）	地径（cm）	树高（m）	保存率（%）
0.7	0.56 ± 0.09a	0.37 ± 0.06a	78.9	0.53 ± 0.06a	0.32 ± 0.04a	73.5
–0.2	1.16 ± 0.23c	1.13 ± 0.08d	77.9	0.68 ± 0.13c	0.43 ± 0.07c	85.7
–0.4	1.24 ± 0.23d	1.11 ± 0.09d	46.9	0.61 ± 0.09b	0.40 ± 0.06b	54.5

（续）

滩面高度（m）	红海榄			秋茄		
	地径（cm）	树高（m）	保存率（%）	地径（cm）	树高（m）	保存率（%）
0.4	0.60 ± 0.10a	0.40 ± 0.07a	81.8	0.57 ± 0.07ab	0.34 ± 0.05a	92.8
0.2	0.65 ± 0.09a	0.52 ± 0.08b	71.4	0.59 ± 0.10b	0.38 ± 0.04b	84.9
0	1.40 ± 0.33b	1.07 ± 0.13c	98.4	0.70 ± 0.12c	0.44 ± 0.07c	93.8
−0.2	1.16 ± 0.23c	1.13 ± 0.08d	77.9	0.68 ± 0.13c	0.43 ± 0.07c	85.7
−0.4	1.24 ± 0.23d	1.11 ± 0.09d	46.9	0.61 ± 0.09b	0.40 ± 0.06b	54.5

滩面高度（m）	拉关木				无瓣海桑			
	地径（cm）	树高（m）	冠幅（m）	保存率（%）	地径（cm）	树高（m）	冠幅（m）	保存率（%）
0.7	1.29 ± 0.23a	0.61 ± 0.11a	0.15 ± 0.04a	17.4	0.83 ± 0.33a	0.64 ± 0.18a	0.12 ± 0.03a	15.7
0.4	2.13 ± 0.78b	0.86 ± 0.22b	0.28 ± 0.14b	39.5	1.58 ± 0.52b	1.08 ± 0.21b	0.21 ± 0.08bc	34.6
0.2	2.20 ± 0.32bc	0.98 ± 0.12bc	0.21 ± 0.05ab	18.9	1.63 ± 0.51bc	1.14 ± 0.24bc	0.17 ± 0.11ab	16.4
0	2.53 ± 0.65c	1.16 ± 0.17c	0.32 ± 0.13b	50.8	1.83 ± 0.57c	1.28 ± 0.25cd	0.23 ± 0.14c	39.0
−0.2	2.26 ± 0.46bc	1.14 ± 0.13c	0.22 ± 0.06ab	33.3	1.77 ± 0.54bc	1.30 ± 0.29d	0.19 ± 0.07b	26.5
−0.4	2.33 ± 0.55bc	1.11 ± 0.14c	0.27 ± 0.10b	25.6	1.60 ± 0.52b	1.21 ± 0.26c	0.15 ± 0.06a	19.1

注：表中的红海榄为胚轴苗的形式种植；生长量及保存率均为 2 年生时的情况，同列数据后凡具有一个小写字母相同者，表示差异不显著（LSD 法，$P>0.05$）。

二、修复技术措施

（一）滩面高程改造

在深水裸滩区域，当滩面高程过低时，需要采取带状、块状或整体处理的方式来抬升滩面水平，使其高程达到平均海面线以上，满足种植红树林的要求（陈玉军等，2014）。以下以带状整地为例描述滩面改造技术措施（图 13–1）。

图 13–1 带状整地抬升块状整地抬升

1. 整地

在深水海滩上沿平行于海岸线方向整地起垄，垄宽度为 10~15m，垄带的高度位于海平面高度的 0~0.2m，临海最外沿的一条垄带高于其他垄带 0.1~0.3m；相邻两条垄带之间的距离与垄带同宽或小于垄带宽度。每条垄带每隔 50~100m 的位置设置垂直于垄带的水道，水道宽为 10~20m，便于滩面改造区域潮汐水流畅通。

2. 种植

起垄完成后，选择速生树种和慢生树种混合、以营养袋苗种植的方式，株行距为 0.5~2m。速生树种种植于临海的一半垄带上，慢生树种种植于近岸的另一半垄带上。借助于外缘速生树种的快速定居生长对整个修复区域发挥防护作用（图 13-2）。

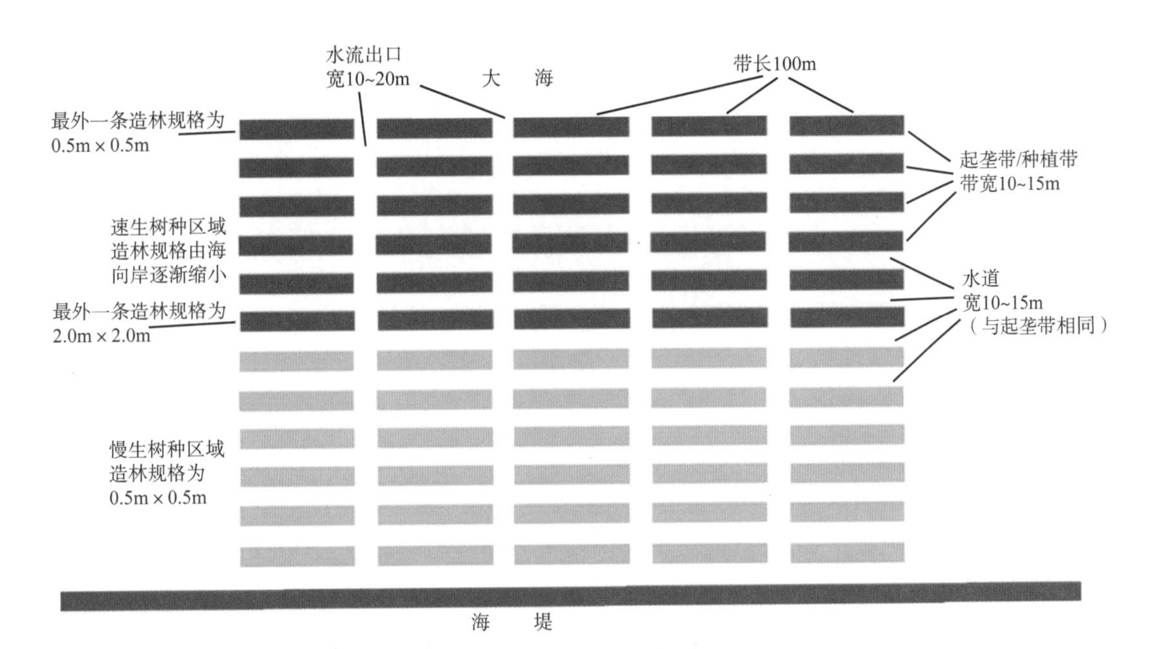

图 13-2 深水海滩起垄整地修复红树林示意图

通过设立 PVC 管筒来提升红树林苗木生长的滩面高程，也可有效提高红树林苗木在深水海滩的保存率，促进其在深水海滩成功定居生长（图 13-3）。无瓣海桑、拉关木、秋茄、红海榄等树种中，红海榄的效果最为显著。管筒越粗，红树苗幼生长和定居情况效果越好，管径为 20cm 以上的管筒即可适于红树植物定居生长。

图 13-3 利用 PVC 管局部整地抬升

野外试验表明，经过管筒抬升后，拉关木的成活率和保存率均高于滩面未经处理的对照组，差异达到极显著水平（表 13-3）。管筒上种植的拉关木苗木都保持着较高的成活率，均在 88%~100% 之间。管筒中苗木经过 12 个月的生长后，保存率保持在 54%~96% 之间。对照组的拉关木苗的成活率均比较低，并且随着滩面高程的降低显著降低，在滩面高程为 -60cm 时成活率为 0，1 年后这些苗木全部死亡。

表 13-3 拉关木各处理组成活率及 1 年后保存率

管筒规格	成活率（%）			保存率（%）		
	T_1	T_2	T_3	T_1	T_2	T_3
Φ10	100A	100A	92A	75A	92A	75A
Φ15	93A	100A	100A	83A	75A	71A
Φ20	96A	96A	88A	96A	75A	54A
Φ30	100A	96A	100A	83A	83A	67A
CK	43B	7B	0B	0B	0B	0B

注：同一列大写字母不同表示差异极显著（$P < 0.01$，LSD 检验）；T_1、T_2、T_3 分别表示滩面高程为 -20cm、-40cm、-60cm 3 个高程水平。

（二）增大苗木规格

在未经整地抬升处理的深水海滩，当滩面高度高于平均海平面以下 0.3m 的区域范围内，采用大规格苗木种植，可有效促进在深水海滩红树林种植的成功性（图 13-4）。在深水裸滩，可利用 1.5~2m 高的速生树种苗木开展红树林修复。种植时须对苗木枝条进行修剪处理，仅保留主干及少量枝叶，同时保持营养袋较少松动受损。

图 13-4 深水海滩大苗种植提高成活率

通过无瓣海桑和拉关木不同规格苗木的种植试验发现，2 个树种的大苗（树高约 1.5m）在滩面高程为 -40cm 以上时，能够保持正常生长，半年的保存率还能保持在 70% 以上，有较强的耐水淹能力。

对于速生树种无瓣海桑，在 1.0m、1.5m 和 2.0m 3 种大规格苗木中，苗木越大，在深水海滩中的成活和保存率越高。3 种规格苗木在 –20cm 和 –40cm 均有较高的成活率，4 年的保存率达 70% 以上。1.5m 和 2.0m 的苗木，在从 –20cm 至 –60cm 的整个水深范围内均有很高的成活和保存率，其中 2.0m 的苗木在整个水深的保存率接近 100%。

通过以上造林技术，可以将红树林造林范围从位于平均海平面以上的普通宜林地海滩拓展至平均海平面以下 60cm 的区域，极大地拓宽了红树林修复领域。

第二节　高风浪海滩造林

在强风浪海滩的临海外缘，常规红树植物种类极难定居生长，需要采用速生树种并适当密植的方式（图 13–5）。一般在临海外缘 20~30m 的范围内种植速生树种，种植株行距为 0.5~1m。速生树种能够快速定居生长，形成高大密集的防护体系，缓解风浪的冲击，作为整体修复区域的天然屏障。

在高风浪海滩，受风浪的影响，红树林幼苗幼树极难定居和正常生长，通过设立防护桩、防护篱、支撑杆和石块围圈等防护设施，选择种植拉关木、红海榄和白骨壤等抗击风浪能力较强的红树植物种类，可有效提升红树林定居和生长的成功性（图 13–6~图 13–10）。

在不同的风浪防护设施中，防护桩的防护效果最好，红树林苗木的生长基本未受风浪的干扰；其次，采用石块围圈和混凝土围圈的防护措施，红树林苗木的成活较好，保存率在 70% 以上；防护篱和支撑杆措施对红树林苗木的防护效果也较好。

试验研究表明，在高风浪地区，红树植物拉关木对风浪的抗性最强；其次是红海榄，在风浪区长得较快，对风浪有较强的抗性；白骨壤对风浪的抗性一般，因为其生长较慢，又受滕壶危害；秋茄、木榄和无瓣海桑幼苗在风浪区生长很慢，对风浪的抗性较差。

利用这些技术措施，可以解决高风浪开阔海滩红树林的造林问题，为特殊立地条件下沿海防护林的营造提供技术支撑。

图 13–5　强风浪海滩临海外缘速生树种密植效果

图 13–6　防护桩

图 13-7 石块围圈

图 13-8 混凝土围圈

图 13-9 防护篱

图 13-10 支撑杆

第三节 石沙质海滩造林

增加石沙质海滩上泥质土的含量，提高困难立地的肥力条件，能够促进红树林苗木的成活和生长。在沙质海滩上，通过利用泥质土回填种植穴，然后利用营养袋苗种植，可以有效提高苗木的成活率及生长量（图 13-11）；在石砾质海滩上，通过重新整合，形成块状和带状的种植区，并在其中回填泥质土壤，也可有效提高苗木的成活率和生长量（图 13-12）。

图 13-11 沙质海滩回填营养基质种植红树林

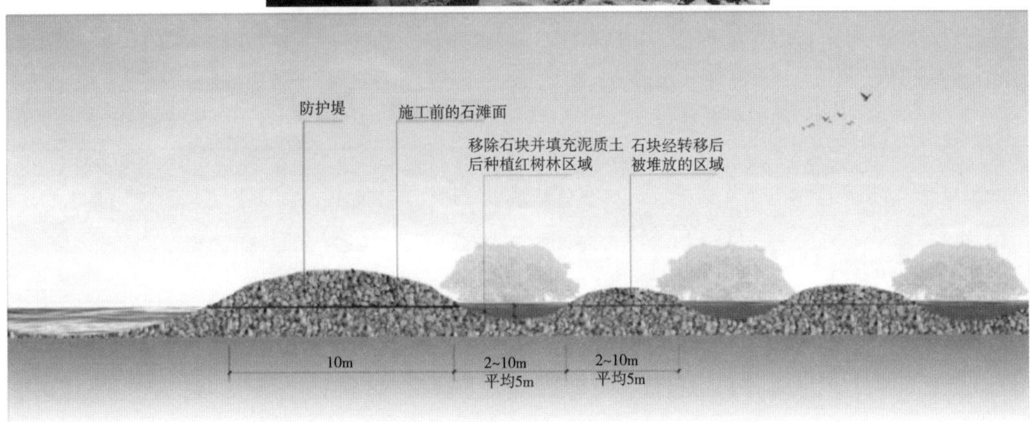

图 13-12　石砾质海滩重新规整块石种植红树林

A：石砾海滩现状；B：石砾海滩整地示意

第四节　养殖塘区域造林

一、人工控水状态

通过人工方式将基围鱼塘内的滩面高程保持在控水面以上，能够保证红树植物正常成活与生长，有效促进养殖塘内红树林修复（郑松发等，2004）。人工控水条件下红树林成功修复，可以为华南沿海大面积的基围鱼塘红树林的生态恢复提供理论依据。

（一）不同控水滩面高程对生长效果的影响

在涨潮时将海水排入鱼塘，达到要求的水平，保持控水面不变，2 天后在退潮时再将鱼塘内的海水排出，第 3 天再重复前述过程排入海水。这样，试验地平均每 3 天进行 1 次控水循环。将控水滩面高程（潮滩面高出人工控水面的高度）设置为 0、0.3~0.4m、0.6~0.7m 三个水平。

在滩面高程处于控水面 0~0.6m 的条件下，无瓣海桑均能够成活和生长。方差分析显示，在控水面以上不同滩面高度上，无瓣海桑的生长量和成活率有显著的差异（种植规格为 1m×1m，20 个月生）。随着控水面以上滩面高度的增加，无瓣海桑的生长量与成活率有降低的趋势（表 13-4）。这可能是由于随着控水面以上滩面的增高，无瓣海桑根部的水分供应会逐渐减少，缺水的胁迫增强，致使生长和成活较差。

（二）不同种植密度对生长的影响

在养殖塘内种植密度对无瓣海桑的生长有显著的影响。在控水面以上滩面高程为 0.6~0.7m 的情况下，不同种植密度的无瓣海桑在树高、地径、胸径及成活率方面存在明显差异（20 个月生）。当种植密度为 1m×2m 时，无瓣海桑个体有充足的生存空间，生长量及成活率都较高；种植规格为 1m×1m 时，无瓣海桑单株的生存空间太小，不能充分满足个体对光照及水分的需求，成活率只有 54.3%，生长较慢（表 13-4）。

表 13-4 控水滩面高程、种植密度对红树植物无瓣海桑生长及成活的影响

测定指标	基围内的滩面高程（m）			差异显著性检验 F	种植规格		差异显著性检验 F
	0	0.3~0.4	0.6~0.7		1m×1m	1m×2m	
树高（m）	3.81	2.72	1.99	306.2755**	2.3	1.99	22.2744**
地径（cm）	8.01	4.88	3.79	170.7032**	5.1	3.79	31.9467**
胸径（cm）	4.57	2.54	1.27	221.9849**	2.5	1.27	69.3201**
成活率（%）	100	79.25	54.3	50.0075**	82	54.3	26.7519**

注：* 表示差异性显著，** 表示差异性极显著。

（三）基围内外生长的差异

在一定的条件下，基围内、外种植 20 个月的无瓣海桑的生长和成活情况基本接近，差异较小（基围内控水滩面高程为 0，种植规格为 1m×1m）（表 13-5）。在基围内控水的情况下，保证了最高控水面基本上低于无瓣海桑所处的滩面水平，同时海水的定期排放使无瓣海桑的根部不致积水，能够进行正常的呼吸作用，满足了红树植物进行正常代谢作用的基本条件。其他生长条件如土壤、海水盐度等在基围内、外基本相同，因此两种条件下红树植物的生长状况差异较小。

表 13-5 基围内外无瓣海桑（20 个月）生长的差异

测定指标	生境条件		差异显著性检验 F
	基围内	海滩	
树高（m）	3.81	3.83	0.0998
地径（cm）	8.01	7.96	0.0366
胸径（cm）	4.57	4.93	3.6406
成活率（%）	100	95	7.8947*

注：* 表示差异性显著。

二、自然潮汐状态

对养殖塘进行开闸纳潮，塘体高程改造，恢复养殖塘的自然潮汐状态，可重建适宜红树林生长的生境条件，有效促进红树林种植和修复。

首先在养殖塘区域外缘的堤围上，每隔一定距离开通水流通道，并拆除养殖塘区域内部的围闸和围堤，将原有分隔的条块状鱼塘水域连通为畅通、开放的水体，使养殖塘区域接近自然状态下的潮汐水文状态。然后采取机械措施，在养殖塘中形成具有连续高程梯度变化的块状和岛屿状滩面，使其保持在平均海平面以上，达到红树林生长所需的水深条件，进一步在整地形成的滩面上种植红树林。形成红树林种植滩面是通过平整养殖塘围堤以及局部抬升养殖塘内的深水区来实现的。同时，在造林区域内构建水道潮沟，使种植红树林的滩面和水道水域相间分布（陈玉军等，2015）。

第五节　互花米草分布区

在互花米草分布区，可采取相应技术措施开展红树林修复，同时利用红树植物对互花米草进行有效控制。首先对互花米草进行预处理，以人工或机械的方式捆绑、割除或翻压，临时性清除互花米草或减弱其生长势。在经预处理的互花米草分布区域，直接引入红树植物种群。利用红树植物的生长优势，抑制互花米草生长。在互花米草分布地边缘泥滩，直接引入红树植物种群形成隔离带，防止互花米草以无性繁殖方式向周围蔓延（陈玉军等，2009）。

采用多种红树植物搭配来控制互花米草，以速生树种为主（树高生长速度高于1.0m/ 年），以慢生树种为辅（树高生长速度低于 1.0m/ 年）。根据互花米草的生长状态和红树植物的生长特性来确定种植规格，速生树种的株行距为 1.0~2.0m，当实施互花米草蔓延控制时，林带宽度须在 20m 以上；慢生树种的种植株行距为 0.3~0.5m，不适用于互花米草蔓延控制。

通过野外试验，系统研究在互花米草分布区红树林种植措施和种植效果，包括互花米草蔓延控制和互花米草再生控制的试验研究。

一、红树植物对互花米草蔓延的控制作用

在互花米草边缘裸滩的种植试验表明，红树植物无瓣海桑和海桑对互花米草向周围裸滩的扩散入侵具有抑制作用（表 13–6）。红树植物种群密度越大，对互花米草扩散的抑制作用就越明显。海桑引入试验 3 年后，互花米草的扩散距离随周围海桑种群密度增加而减小，分别为 19.5m、6m、4.1m、2m（密度分别为 3m × 3m、2m × 2m、2m × 1m、1m × 1m）。

表 13-6 互花米草向海桑林分的扩散距离

种植规格	海桑引入 1 年后米草的扩散距离（m）	海桑引入 3 年后米草的扩散距离（m）
1m × 1m	2.9	2.0
2m × 1m	4.4	4.1
2m × 2m	4.9	6.0
3m × 3m	6.5	19.5
对照区	6.7	22.4

二、红树植物对互花米草再生的控制作用

在互花米草分布区域，不同红树植物对互花米草再生的控制效应出现两极分化，秋茄、木榄、红海榄在试验 3 年后对互花米草的生长仍无明显影响，而无瓣海桑和海桑在开展试验 3 年后则对互花米草的再生具有显著的控制作用。无瓣海桑和海桑对互花米草的控制作用表现在互花米草生物量、密度、高度、地径和频度的减少方面，其中对生物量和密度的影响最大。红树植物种群密度越大，对互花米草再生的控制作用越明显。

（一）秋茄、木榄、红海榄试验区

红树植物引入试验 3 年后，秋茄、木榄、红海榄 3 树种对互花米草的生长基本无影响，互花米草的各生长指标与对照区差异不明显（表 13-7）。

表 13-7 红树植物秋茄等对互花米草再生的控制情况

树种	红树植物种植规格	红树植物林下米草生长指标					
		样方面积（m^2）	生物量（g）	数量（株）	高度（m）	地径（cm）	频度（%）
秋茄	0.3m × 0.3m	1	1788.8	220.6	165.8	0.48	100.0
木榄	0.3m × 0.3m	1	1749.0	202.5	158.7	0.48	100.0
红海榄	0.3m × 0.3m	1	1929.9	215.1	167.5	0.46	100.0
对照区	—	1	1987.5	228.6	162.5	0.47	100.0

（二）无瓣海桑试验区

受无瓣海桑种群定居的影响，互花米草生物量分别为对照区（未作处理的米草）的 1.3%、7.6%、30.2% 和 47.7%，个体密度分别为对照区的 1.0%、7.2%、25.9% 和 36.3%（表 13-8）。各种规格的无瓣海桑种群均使互花米草生物量和个体密度控制到对照区的 50% 以下，其中 1m × 1m 和 2m × 1m 2 种规格的无瓣海桑种群使互花米草生物量和密度减至对照区的 10% 以下。除生物量和个体数量的减少外，互花米草个体的高度和地径都比对照区减少，表明互花米草的生长势也相应减弱。互花米草的频度降低，表明在局

部地区互花米草已完全被无瓣海桑所抑制（图 13–13）。

表 13–8　红树植物无瓣海桑对互花米草再生的控制情况

红树植物种植规格	红树林郁闭度（%）	红树植物林下米草生长指标					
		样方面积（m^2）	生物量（g）	数量（株）	高度（m）	地径（cm）	频度（%）
1m×1m	80.0	1	20.5	2.6	0.82	0.43	62.5
2m×1m	73.8	1	121.6	19.1	0.86	0.44	91.7
2m×2m	69.2	1	483.3	68.7	1.15	0.47	100.0
3m×3m	67.5	1	762.5	96.1	1.22	0.56	100.0
对照区	—	1	1600.0	265.0	1.26	0.57	100.0

（三）海桑试验区

在海桑试验区，互花米草生物量分别为对照区的 0.05%、0.1%、1.8% 和 29.6%，密度分别为对照区的 0.7%、1.2%、7.9% 和 49.1%（表 13–9）。在海桑的规格为 2m×2m 时，就能将互花米草生物量和个体数量控制到 10% 以下。可见，红树植物海桑对互花米草再生的控制作用比无瓣海桑更为明显（图 13–14）。

表 13–9　红树植物海桑对互花米草再生的控制情况

红树植物种植规格	红树林郁闭度（%）	红树植物林下米草生长指标					
		样方面积（m^2）	生物量（g）	数量（株）	高度（m）	地径（cm）	频度（%）
1m×1m	94.2	1	<4	3.0	0.28	0.26	66.7
2m×1m	89.2	1	4.1	5.0	0.49	0.29	91.7
2m×2m	81.3	1	83.3	33.3	0.79	0.38	100.0
3m×3m	69.2	1	1350.0	207.3	1.05	0.46	100.0
对照区	—	1	4564.0	422.6	1.31	0.57	100.0

图 13–13　无瓣海桑对互花米草控制效果（3 年后）

图 13-13 无瓣海桑对互花米草控制效果（3 年后）（续）
A：规格为 1m × 1m；B：规格为 2m × 1m；C：规格为 2m × 2m；D：规格为 3m × 3m

图 13-14 海桑对互花米草控制效果（3 年后）
A：规格为 1m × 1m；B 规格为 2m × 1m；C：规格为 2m × 2m；D：规格为 3m × 3m

第十四章 红树林 PGPB 菌肥促生壮苗技术的研发及应用①

第一节 红树林 PGPB 研究

红树林具有很高的生态、社会、经济价值，尤其在固岸护堤、维持生物多样性、净化环境、提取海洋药物、发展生态旅游以及维持海岸带生态平衡等方面意义重大（张乔民等，2001）。然而海岸带的不合理开发，已导致我国红树林的面积急剧减少、种群衰退，红树林造林、恢复、发展和保护已成为一项十分紧迫的任务（王伯荪等，2002）。

以往的试验研究以及造林实践表明，造林成活率过低（<50%）一直是红树林恢复中的瓶颈因子。自 20 世纪 90 年代，墨西哥等国家已开展有关红树林生态系统中植物促生菌（plantgrowth promoting bacteria，PGPB）的分离筛选及促生特性研究，并指出利用 PGPB 的接种可有效促进红树林幼苗和胚轴的生长（Bashan et al.，2002；Rojas et al.，2001），而我国在该研究领域起步于 2004 年，迄今主要开展了固氮菌和溶磷菌两大类主要红树林 PGPB 的研究及应用。

一、红树林固氮菌研究

红树林湿地中的生物固氮作用是常见现象，而其高速率的固氮作用与枯死分解的叶片、出水通气根（气生根）、根际土壤、树皮，以及覆盖于底泥表面和底泥中的蓝细菌垫等各因素密切相关。Sengupta 等（1991）在印度恒河（Theganges）河口的红树林群落中开展了离体根的乙炔还原试验，研究表明 7 种常见的处于较早演替阶段的红树树种离体根的固氮酶活性高达 64~130nmol（g·h）C_2H_4dw。Toledo 等（1995）研究发现，在人工条件下将重氮营养菌、丝状菌和原型微鞘藻（*Microcoleus chthonoplastes*）接种到黑红树（black mangrove）的幼苗上，接种 6 天后根系上即布满了具有黏液鞘的重氮营养菌，已接种的幼苗其固氮作用和植株总氮含量明显高于未接种的。

墨西哥西北生物研究中心 Bashan 博士研究团队已成功地从红树林植物根际中分离出 9 种固氮细菌即坎氏孤菌（*Vibrio campbellii*）、鳗利斯顿化菌（*Listonella anguillarum*）、原型微鞘藻等（Bashan et al.，2002）。Bashan 博士研究团队还筛选并利用

① 作者：李玫、张晓君、廖宝文。

这些固氮细菌与陆生耐盐固氮细菌高盐固氮螺菌（*Azospirillum halopraeferens*）或巴西固氮螺菌（*A. brasilense*）混合而形成更高效的植物促生细菌，并接种于白骨壤的苗木根际，显著增强了其根际固氮细菌和溶磷细菌的固氮、溶磷能力（最高达 10 倍以上），明显提高了半干旱环境下红树林恢复工程的造林成活率（Bashan et al.，2002）。

李玫（2009）从红树林植物根际分离筛选出了固氮菌 20 株，利用乙炔还原法（ARA 法）测定各菌株的固氮酶活性在 50.72~385.6nmolC_2H_4/（h·mL）之间。李玫等（2006）通过盆栽接种试验，研究了红树林 PGPB 对木榄幼苗的接种效应，结果表明供试的 5 种固氮菌（即 Au4，Phy，24S，JA4，cd）中，接种对木榄幼苗的苗高、地径、生物量均有明显的促进效果，且对叶片全氮、全磷量的增加也较明显，其中 Au4 和 Phy 2 个菌种对木榄幼苗的促生效果比其他菌更显著。凌娟等（2010）从红树林根际土壤中分离出一株具有高效固氮活性的固氮菌，初步鉴定为短小芽孢杆菌（*Bacillus pumilus*）。

二、红树林溶磷菌研究

在红树林湿地沉积物中，磷酸盐通常与水中大量的阳离子形成植物难以利用的磷，而红树林溶磷菌则通过溶磷作用为红树植物提供生长所需的磷源。在墨西哥半干旱红树林生态系统中，已分别从黑红树植物、白红树植物（white mangrove）的根系分离筛选鉴定出解淀粉芽孢杆菌（*Bacillus amyloliquefaciens*）、萎缩芽孢杆菌（*Bacillus atrophaeus*）、浸麻芽孢杆菌（*Paenibacillus macerans*）等 12 种溶磷菌（Vazquez et al.，2000），其中黄色杆菌属（*Xanthobacter*），克吕沃尔菌属（*Kluyvera*）和金色单胞菌属（*Chryseomonas*）是首次在红树林植物根际被发现（Vazquez et al.，2000）。

李玫（2009）研究了红树林根际溶磷菌的溶磷能力及促生效应，采用 SRSM1 无机磷培养基，对海南、深圳、湛江红树林区的红树林植物根际溶磷菌进行分离筛选，共获得 33 种分离物。利用液体培养法测定了各菌株的溶磷能力，选出溶磷能力较强的菌株 10 株，有效磷（PO_4–P）在 109.2~203.3mg/L。尚军红等（2005）对相思的根瘤菌和解磷菌进行了培养基优化及解磷能力的研究，这一解磷菌的研究为红树林的相关研究提供了借鉴。龚鞾斌等（2009）对我国乡土红树林植物促生菌进行了溶磷能力的测定和菌剂不同剂型的制作。陆俊琨等（2010）开展了华南红树林溶磷菌 16SrDNA PCR–RFLP 分析及其溶磷能力的研究，结果表明所分离的各代表菌株均具有较强的溶磷能力，培养 48h 后培养液中可溶性磷含量达 21.68~86.89 μg/L，与其他学者研究结果相比，溶磷能力处于中等水平。陆俊琨等（2010）从木榄、秋茄根际分离出 4 株溶磷细菌，并对这 4 株红树林促生菌进行了遗传分析鉴定和促生能力的研究，结果表明 SZ7–1、HNO–11 分别具有高固氮酶活性和强溶磷能力，提出今后发展趋势是将不同种类的溶磷微生物优化组合，筛选出更高效的溶磷菌株，使红树林植物促生菌在生产中得到广泛应用。

红树林溶磷菌和固氮菌混合接种存在协同增效作用。李玫等（2008）研究了固氮菌和溶磷菌的单接种及双接种对红海榄（*Rhizophora stylosa*）幼苗生长的影响，表明固氮菌 Phy、溶磷菌 Vib 单接种或 Phy+Vib 双接种均能改善红海榄的氮、磷素营养，明显促进植株的生长和生物量的增加，而 Phy+Vib 双接种的促生效果最显著。何雪香等（2012）研究了红树林固氮菌和溶磷菌的分离及对秋茄幼苗的促生效果，结果表明固氮菌和解磷菌的单接种对秋茄苗的高生长和生物量增长均有明显促进作用，而固氮菌与解磷菌混合接种比固氮菌单菌株接种的促生效果更显著，两者之间存在协同增效作用。

三、PGPB 在红树林湿地恢复中的应用

随着科学技术的进步，促生菌和抗病菌筛选和鉴定技术不断改善，人们对促生菌和抗病菌的认识逐步加深，促进了菌剂开发和商品化（黄晓东等，2002）。在进行红树林恢复与重建时，可考虑利用植物促生菌接种以促进红树林幼苗的生长。在墨西哥拉巴斯（La Paz）的红树林恢复工程中，已尝试用红树林固氮蓝藻原型微鞘藻和陆生的固氮螺菌（*Azospirillum* sp.）给红树林苗木接种（Black et al.，1999），促进红树林植物的生长、提高造林存活率。袁辉林等（2011）探讨了植物促生菌培养优化的作用机制，目的是提高菌种的有效数量，从而找到最优配方以增强其植物促生能力，更好地发挥其在红树林湿地恢复中的作用。李玫等（2006）提出了利用海生和陆生耐盐性细菌促进红树林的恢复，即通过给红树林苗木接种植物促生菌来促进生长的可能性；研究表明，利用接种植物促生菌来促进植物生长时，混合菌剂比用单一菌剂更有效（龚鞾斌等，2009）。在接种了固氮菌（*Phyllobacterium* sp.）与溶磷菌地衣芽孢杆菌（*Bacillus licheniformis*）的混合菌剂后，固氮菌的固氮能力、溶磷菌的溶磷能力均得到增强，并加速了红树林幼苗的生长（Rojas et al.，2001）。

王荣丽等（2015）在湛江雷州附城红树林苗圃开展了 PGPB 菌剂对 5 种红树小苗的野外接菌效应的试验研究。结果表明，固氮菌（NGWB–y1）和溶磷菌（P7）以 1∶1 混合并按 1∶10 兑水的比例，对苗床进行接菌后明显促进了 5 种红树林苗木的生长，PGPB 对桐花树和秋茄的促生作用明显大于拉关木、红海榄和白骨壤。张晓君（2014）开展了红树林湿地 PGPB 在不同环境中的应用技术研究，为 PGPB 菌剂的推广应用以及不同环境中菌剂对植物生长的影响评价提供了依据。研究表明，不同土壤（基质）环境、不同 PGPB 菌株组合对木榄、秋茄等不同受试植物的促生效果存在差异，其中菌株组合 ZH5、ZH15 在不同基质中对受试植物的生长促进作用更明显，且有利于土壤 pH 值、盐分的降低，可考虑在推广过程中施用；不同剂型（即菌液、菌粉、微胶囊）接种后的促生效果存在差异，且同一菌种的混合剂型优于单一接种剂型，菌液、菌粉、微胶囊依次排序为菌液 > 微胶囊 > 菌粉，最好菌剂为 ZH15 液、ZH15 胶、ZHS 胶。

接种固氮菌、溶磷菌等 PGPB 菌剂可以有效促进红树林苗木生长，增强苗木抗逆性，无疑为提高红树林造林成活率、保存率提供了一种新途径。而在实际大田应用中，可考虑植物促生菌的菌剂与普通肥料的结合施用。今后还应开展红树林 PGPB 的促生防病机制研究，以及高效复合菌剂的研制，为红树林 PGPB 菌剂的进一步推广应用提供依据。PGPB 的接种不仅对红树林苗木有促生效应，而且接种后对土质的改良作用也较明显，有利于降低土壤盐分、增加土壤肥力，初步显示了红树林 PGPB 在我国南方沿海贫瘠沙质滩涂植被恢复上的应用潜力。

第二节　红树林 PGPB（固氮菌）的促生效应

一、固氮菌的分离

自 20 世纪 90 年代以来，国外已有研究表明固氮菌的接种能有效促进红树林苗木和胚轴的生长（Bashan et al.，2002）。在墨西哥拉巴斯的红树林恢复工程中，已尝试用红树林固氮蓝藻 *Microcoleus chthonoplastes* 和陆生的固氮螺菌（*Azospirillum* sp.）给红树苗木接种（Puente et al.，1999），以促进红树植物的生长、提高红树林造林存活率。我国的大多数红树植物种类生长速度缓慢（尤其在苗期），直接把苗木种植于潮间滩涂难以抵御恶劣环境因子的影响，导致红树林造林成活率大多在 50% 以下。利用从我国红树林主要造林树种的根际分离筛选出的固氮菌，以乡土造林树种秋茄和木榄苗木为接种对象进行盆栽接种试验，筛选出促生效果佳的优良固氮菌菌株，有助于华南沿海防护林建设的顺利实施和红树林的恢复及保护。

分别从广东湛江红树林保护区、海南东寨港红树林保护区和珠海淇澳红树林保护区采样，宿主植物包括秋茄、木榄、红海榄、海莲、海桑和无瓣海桑等 6 种。采用选择性培养基进行分离物的培养、纯化（Puenta et al.，1999），结合细胞形态、菌落形态等特征观察，共分离固氮菌 20 株，分别对其材料来源地、宿主植物和菌落特征进行描述（表 14–1）。

表 14–1 中所列出的固氮菌分离株，是那些能使半固体培养基高度浑浊，在无氮源培养基上多次转接仍生长良好的菌落。分离出菌株主要包括 5~6 种形态的菌落：①红色而较干、硬实、可完整挑起的菌落；②乳白而水珠状、湿润、不能完整挑起的菌落；③小、黄色、扁平、湿润、不能完整挑起的菌落；④乳白、浓黏液状、不能完整挑起；⑤乳白、干硬、能完整挑起等。在分离中发现，不同树种的根际固氮菌分布有所差异。如从湛江 4 种红树植物分离出 12 株固氮菌，无瓣海桑占 50%，秋茄占 41.7%，红海榄根际分离到 1 株，但木榄根际未分离到菌株。

表 14-1 红树植物根际固氮菌菌株的菌落特征

菌株	材料来源地	宿主植物	菌落特征*
NGWB2-r14	湛江高桥	无瓣海桑	红色，圆形稍凸，硬实可完整挑起
NGWB4-r14	湛江高桥	无瓣海桑	红色，圆形稍凸，硬实，可完整挑起
NGWB2-y1	湛江高桥	无瓣海桑	假根状，菌落直径 1.2mm，黄白色，扁平，半透明，表面粗糙，边缘不整，黏液，不能完整挑起
NGWB3-w14	湛江高桥	无瓣海桑	乳白圆形，不透明，表面光滑湿润，不能完整挑起
NGWB4-w2	湛江高桥	无瓣海桑	乳白圆形，干硬，能完整挑起
NGWB4-wy1	湛江高桥	无瓣海桑	单菌落直径 2.5mm，黄白色，平坦，不透明，表面粗糙似毛玻璃状，边缘不整，不能完整挑起
NGHHL2-r14	湛江高桥	红海榄	浅红色，单菌落直径 2.0mm，圆形稍凸，不透明，表面光滑，较湿润，硬实可完整挑起
NLQQ2-r14	湛江雷州	秋茄	浅红色圆形菌落，直径 1~2mm，半透明，光滑黏稠湿润，边缘整齐，硬实可完整挑起
NLQQ2-w14	湛江雷州	秋茄	菌落直径 0.2mm，乳白水珠状，湿润，边缘整齐，不能完整挑起
NLQQ2-wy1	湛江雷州	秋茄	黄白色圆形，干硬，能完整挑起
NLQQ3-wy2	湛江雷州	秋茄	乳白圆形，浓黏液状，不能完整挑起
NLQQ3-wy4	湛江雷州	秋茄	单菌落直径 1.5mm，黄白色，圆形透明，表面磨砂状湿润，边缘不整，不能完整挑起
NDHL1-w1	海南东寨港	海莲	乳白圆形，浓黏液状，不能完整挑
NDML2-w2	海南东寨港	木榄	乳白色，浓黏液状，不能完整挑
NDML3-w3	海南东寨港	木榄	乳白，浓黏液状，不能完整挑起
NZQQ7-wy1	珠海淇澳岛	秋茄	黄白色，干硬，能完整挑起
NZHS1-r1	珠海淇澳岛	海桑	红色，表面光滑，湿润
NZHS3-wy3	珠海淇澳岛	海桑	乳白带黄，干硬，能完整挑起
NZHS7-w1	珠海淇澳岛	海桑	乳白，细小，干硬，能完整挑起
NZHS10-wy4	珠海淇澳岛	海桑	乳白，表面光滑，湿润

注：* 表示在选择性培养基上。

二、固氮菌的固氮活性

在一定条件下，乙炔还原活性与固氮酶对氮气的固定活性呈正相关（Palus et al., 1996）。利用 ARA 法测定分离自红树植物根际的固氮菌菌株的固氮酶活性，结果见表 14-2。从红树植物根际分离到有较高固氮酶活性的菌株 20 株，但各分离物的固氮酶活性存在较大差异。固氮酶活性最大的为 NGWB4-wy1［385.6nmolC_2H_4/（h · mL）］，最小的为 NZHS1-r1［50.72nmolC_2H_4/（h · mL）］；其中固氮酶活性高于参照菌株 *A.halo*［201.8nmolC_2H_4/（h · mL）］的有 NGWB4-wy1 和 NGHHL2-r14，均属芽孢杆菌。有研究报道巨大芽孢杆菌（*Bacillus megaterium*）、蜡状莽孢杆菌（*Bacillus cereus*）、短小芽孢杆菌（*Bacillus pumils*）和环状芽孢杆菌（*Bacillus circulans*）等具有固氮酶活性（Priest et al.，1981），本研究结果与之相符。仅从固氮酶活性来看，无瓣海桑和秋茄根际具有开发潜力的优良菌株相对较多，如 NGWB4–wy1（地衣芽孢杆菌）、NGWB3–w14（短小芽孢杆菌）、NLQQ2–r14（圆褐固氮菌）等。

表 14–2 红树植物根际固氮菌株的固氮酶活性 $nmolC_2H_4$/（h · mL）

菌株	固氮酶活性	菌株	固氮酶活性
NGWB2–r14	112.5	NDML3–w3	78.84
NGWB4–r14	103.7	NDHL1–w1	80.63
NGWB4–w2	86.53	NGWB2–y1	160.6
NZHS1–r1	50.72	NLQQ2–w14	166.3
NZHS3–wy3	78.35	NGWB4–r14	105.6
NZHS7–w1	54.86	NLQQ3–wy4	174.5
NZHS10–wy4	66.21	NGWB3–w14	181.7
NDML2–w2	58.16	NGWB4–wy1	385.6
NLQQ2–wy1	119.7	NLQQ2–r14	183.8
NLQQ3–wy2	70.08	NGHHL2–r14	286.3
CK0	—	CK1（*A.halo*）	201.8

与其他生态系统相比，红树林生态系统中固氮微生物的研究较为薄弱。Woitchik 等（1997）研究了热带海岸潟湖中红茄苳（*Rhizophora mucronata*）、角果木落叶分解时固氮菌酶活性的变化，发现红茄苳固氮微生物酶活性在旱季和雨季的最高固氮率（以 N_2 的固定量计）分别为 189nmol N_2/（h · g）dw 和 390nmol N_2/（h · g）dw；角果木中固氮微生物酶活性受湿度影响更显著，在旱雨两季最高固氮率各为 78nmol N_2/（h · g）dw 和 380nmol N_2/（h · g）dw，相差 302nmol N_2/（h · g）dw（Woitchik et al.，1997）。Sengupta 等（1991）在印度 Ganges 河口湾的热带红树群落中进行了离体根乙炔还原实验，7 种常见的处于较早演替阶段的红树植物离体根的固氮酶活性高达 64~130$nmolC_2H_4$/（h · g）dw。Holguin 等（1992）成功地从大红树（*Rhizophora mangle*）和萌芽白骨壤根际分离到 2 株固氮菌，即鳗利斯顿氏菌和坎氏孤菌，测定其固氮酶活性分别为 9.42$nmolC_2H_4$/（h · mL）和 3.75$nmolC_2H_4$/（h · mL）。本研究对红树植物根际分离菌株的固氮酶活性测定值较前人测定的数值大。各项研究中菌株的固氮酶活性差异较大，主要原因是固氮酶活性受到植物种类、土壤类型（有机质含量影响植物根系固氮酶活性）、碳氮比、温度、湿度和氧气分压等多种因素的影响（Holguin et al.，1992）。

三、固氮菌的红树林苗木接种效应

供试植物选取了秋茄，采自海南省东寨港红树林区，挑选成熟的大小均匀、完好无损的新鲜胚轴作试验材料。胚轴先用 0.1% 高锰酸钾溶液浸泡消毒，取出后用无菌水冲洗数次。供试的固氮菌株共 16 株，试验前采用改良的 OAB 培养基对固氮菌进行扩繁（Okon et al.，1977），所有供试菌株均进行振荡培养（150r/min），培养温度为 28~30℃，时间 3~5 天，制成液体菌剂（菌数达 10^6cfu/mL）使用。

固氮菌的接种试验共设 17 组，即 15 个处理组、1 个对照组（CK）和 1 个参照菌组（*A.halo* 即 *Azospirillum halopraeferans* AU4），每组重复 10 次（即 10 盆）；培养基质经高压灭菌，其组成为 50% 红壤 +40% 河沙 +5% 火烧土 +5% 土杂肥。每盆装基质 0.5kg，栽种 1 株胚轴，在胚轴发芽并长出第 1 对真叶时，各处理组同时接种供试的固氮菌菌液，即每株在附近基质中分别用无菌注射器注射菌剂 10mL（对照组则注射 OAB 液体培养基 10mL），然后覆盖上基质。通过为期 6 个月室内盆栽试验，研究了乡土固氮菌液体菌剂对秋茄和木榄幼苗的接种效应。分别在接种盆栽试验结束时，测定每株苗木的高度、地径，烘干（70℃，72h）并称量根、茎、叶各器官的干重；每组随机选 3 株测定叶和根全氮、全磷含量。

（一）对秋茄苗高的影响

接种固氮菌后，各处理组的秋茄苗均高于对照组（10.37cm），增幅为 12.63%~65.19%（表 14-3）。其中 NGWB3-w14 组的增加量（65.19%）最大，其次为 NGHHL2-r14 组（59.98%），NLQQ2-r14 组（51.49%）第三；除 NGWB2-r14 组，其余处理组苗高均高于参照菌组（*A.halo*），增幅为 2.23%~31.47%。*A.halo* 是耐盐的固氮螺菌属菌株，本研究采用它作为参照菌株。以往有研究表明，它具有促进红树植物生长的作用，木榄接种该菌株后苗高可比对照提高 24.1%（李玫等，2006）。经差异显著性检验，除 NGWB2-r14 组外，其他接种处理组的苗高与对照（10.37cm）相比差异均达到显著水平（$P<0.05$），其中 NGWB3-w14、NGHHL2-r14、NLQQ2-r14 等 10 株菌株接种后的苗高还极显著（$P<0.01$）高于对照，表明这些菌株接种后明显促进秋茄苗高的增长。NLQQ2-r14 组的苗高显著高于 *A.halo* 组，NGWB3-w14 和 NGHHL2-r14 组极显著高于 *A.halo* 组，表明 NGWB3-w14、NGHHL2-r14 和 NLQQ2-r14 这 3 株在促进苗高增长方面效果最好。

表 14-3 固氮菌单接种对秋茄苗高和地径的影响

菌株	苗木生长指标				比 CK 增加（%）	
	苗高（cm）		地径（cm）		苗高	地径
CK	10.37	aA	0.321	aA	—	—
A.halo	13.03	bcABC	0.353	bcAB	25.65	9.97
NGWB4-r14	13.93	bcdBCDE	0.362	bcB	34.33	12.77
NLQQ2-w14	15.31	cdefCDE	0.370	cB	47.64	15.26
NLQQ2-r14	15.71	defCDE	0.357	bcB	51.49	11.21
NGWB2-y1	15.03	cdefBCDE	0.366	bcB	44.94	14.02
NGWB3-w14	17.13	fE	0.373	cB	65.19	16.20

（续）

菌株	苗木生长指标				比 CK 增加（%）	
	苗高（cm）		地径（cm）		苗高	地径
NGHHL2-r14	16.59	efDE	0.357	bcB	59.98	11.21
NGWB2-r14	11.68	abAB	0.348	bcAB	12.63	8.41
NGWB4-wy1	15.43	cdefCDE	0.364	bcB	48.79	13.40
NLQQ2-wy1	14.48	cdeBCDE	0.364	bcB	39.63	13.40
NLQQ3-wy2	13.49	bcdABCD	0.357	bcB	30.09	11.21
NLQQ3-wy4	14.53	cdeBCDE	0.352	bcAB	40.12	9.66
NDHL1-w1	13.24	bcdABCD	0.341	abAB	27.68	6.23
NDML2-w2	13.43	bcdABCD	0.350	bcAB	29.51	9.03
NDML3-w3	14.03	bcdBCDE	0.359	bcB	35.29	11.84
NZQQ7-wy1	13.32	bcdABCD	0.368	bcB	28.45	14.64

注：经邓肯多重检验，同列英文小写字母不同表示 $P<0.05$ 显著性差异，大写字母不同表示 $P<0.01$ 极显著

（二）对秋茄地径的影响

从幼苗地径看：固氮菌株的接种对秋茄地径增长有一定的促进作用。处理组的地径较对照组（0.321cm）增加 6.10%~16.05%；除 NDHL1-w1 组，NGWB2-r14 组，NDML2-w2 组和 NLQQ3-wy4 组外，其他各处理组的地径数值均大于参照菌组（*A.halo*）的，增幅为 1.13%~5.67%。经差异显著性检验，除 NDHL1-w1 组外，其他各处理组秋茄苗的地径均显著高于对照组的，其中 NGWB3-w14、NLQQ2-w14、NGWB2-y1 等 11 株菌株接种后地径极显著高于对照组，表明这些供试固氮菌株在促进茎径增粗方面效果明显。但各接种处理组的地径与参照菌组比，均无显著差异（表 14-4）。

表 14-4 固氮菌单接种对秋茄生物量的影响

菌株	苗木生物量（g/株）				比 CK 增加（%）	
	根生物量		地上生物量		根生物量	地上生物量
CK	0.8016	aA	0.6249	aA	—	—
A.halo	1.2309	bcdAB	0.9013	bcdABC	53.56	44.23
NGWB4-r14	1.2088	bcdAB	0.9330	bcdBC	50.80	49.30
NLQQ2-w14	1.3423	bcdB	1.0373	cdBC	67.45	65.99
NLQQ2-r14	1.4359	cdB	1.0022	bcdBC	79.13	60.38
NGWB2-y1	1.2957	bcdB	1.0086	bcdBC	61.64	61.40
NGWB3-w14	1.4497	dB	1.0949	dC	80.85	75.21
NGHHL2-r14	1.4026	cdB	1.0569	cdBC	74.98	69.13
NGWB2-r14	0.9954	abAB	0.7805	abAB	24.18	24.90
NGWB4-wy1	1.3945	cdB	1.0579	cdBC	73.96	69.29
NLQQ2-wy1	1.3164	bcdB	1.0116	bcdBC	64.22	61.88

（续）

菌株	苗木生物量（g/ 株）				比 CK 增加（%）	
	根生物量		地上生物量		根生物量	地上生物量
NLQQ3-wy2	1.1732	bcdAB	0.9175	bcdABC	46.36	46.82
NLQQ3-wy4	1.3184	bcdB	0.9747	bcdBC	64.47	55.97
NDHL1-w1	1.0916	abcAB	0.8290	abcABC	36.18	32.66
NDML2-w2	1.2225	bcdAB	0.8884	bcdABC	52.51	42.17
NDML3-w3	1.2390	bcdAB	0.9225	bcdBC	54.57	47.62
NZQQ7-wy1	1.2199	bcdABC	0.9357	bcdBC	52.18	49.74

（三）对秋茄生物量的影响

生物量的高低反映植物群落光合产物积累的大小，是生产力的度量，也是群落功能的体现。本研究中 15 个固氮菌株的接种对秋茄苗的地下生物量和地上生物量增长均有促进效果（表 14–4）。各处理组的地下生物量较对照（0.8016g/ 株）增加 24.18%~80.85%，其中 NGWB3–w14 增加量最大，NLQQ2–r14（79.13%）其次，NGHHL2–r14（74.98%）第三；而 NGWB3–w14、NLQQ2–r14、NGHHL2–r14 等 9 个处理组的地下生物量高于 *A.halo* 组，增幅为 0.66%~17.78%。除 NGWB2–r14 和 NDHL1–w1 外，各接种组地下生物量均显著高于对照；NGWB3–w14、NLQQ2–r14、NGHHL2–r14 等 8 株菌株处理后地下生物量极显著高于对照组，但与 *A.halo* 组比差异均不显著。

不同接菌处理对秋茄幼苗的单株地上生物量亦有影响。接种固氮菌后，各处理的地上生物量较对照（0.6249g/ 株）增加 24.90%~ 75.21%，其中 NGWB3–w14 增加量最大，其次是 NGWB4–wy1（69.29%），NGHHL2–r14（65.99%）第三；除 NGWB2–r14、NDHL1–w1 和 NDML2–w2 外，各处理组的单株地上生物量均大于参照菌组，增幅为 1.80%~21.48%。经差异显著性检验，除 NGWB2–r14 和 NDHL1–w1 外，各接种组地上生物量均显著高于对照组的；其中 NGWB3–w14、NGWB4–wy1、NGHHL2–r14 等 11 株处理组极显著高于对照组的，但与 *A.halo* 组比差异不显著。

综合对苗高、地径、地下生物量和地上生物量 4 个指标的表现，NGWB3–w14、NGWB4–wy1、NLQQ2–w14、NGHHL2–r14、NLQQ2–r14、NGWB2–y1 和 NLQQ3–wy4 等 7 株菌株在盆栽下对秋茄苗促生效果较好。前人有研究发现，红树林湿地中分离出的固氮菌确能在红树植物体内定居并向植物根部提供无机氮，促进红树植物的生长发育（Toledo et al.，1995；Bashan et al.，1998）。在澳大利亚南部的红树林生态系统中，凋落物及地表沉积物的固氮量能提供全年氮需求的 40%（Van der Valk et al.，1984）；在佛罗里达的红树林，生物固氮能满足该生态系统 60% 的氮需求量（Zuberer et al.，1978）。

（四）对秋茄全氮量的影响

氮素是植物营养要素，其对植株的生长发育影响最大。试验结束时，分别测定接种 15 个供试固氮菌株后秋茄苗的叶片和根部全氮量（图 14-1）。各接种处理组的根全氮量较对照（5.840g/kg）增高，增幅为 2.57%~33.99%，其中 NGWB3-w14 增加量最大，NLQQ2-r14（31.52%）其次，NGHHL2-r14（25.96%）第三；而 NGWB3-w14、NLQQ2-r14、NGHHL2-r14 等 9 个接菌处理组根的全氮量高于参照菌 *A.halo* 组的，增幅为 0.70%~15.62%。不同接菌处理对秋茄苗根的全氮量有不同影响。经方差分析和差异显著性检验，除 NGWB2-r14 外，所有处理组的根全氮量均极显著高于对照组。NGWB3-w14、NLQQ3-wy4 和 NGHHL2-r14 等 7 个处理组与参照菌组比差异显著，表明这些菌在促进秋茄苗对氮素的吸收方面有明显效果。

供试固氮菌株接种后均促使秋茄苗叶片的全氮量增高，比对照（13.765g/kg）增加 0.75%~29.59%，其中 NGWB3-w14、NGHHL2-r14 和 NGWB2-y1 叶的全氮增长较大，依次为 29.59%、25.78% 和 22.02%；与参照菌（*A.halo*）组比，有 8 株固氮菌接种后使叶全氮量增加，增幅 0.66%~20.19%。除 NDML3-w3 外，各处理组叶全氮量均极显著高于对照组；而且 NGHHL2-r14、NGWB2-y1、NGWB3-w14、NLQQ2-w14 接种组的叶全氮含量极显著高于参照菌组，表明这些菌在促进秋茄苗全氮量增加方面有明显作用。

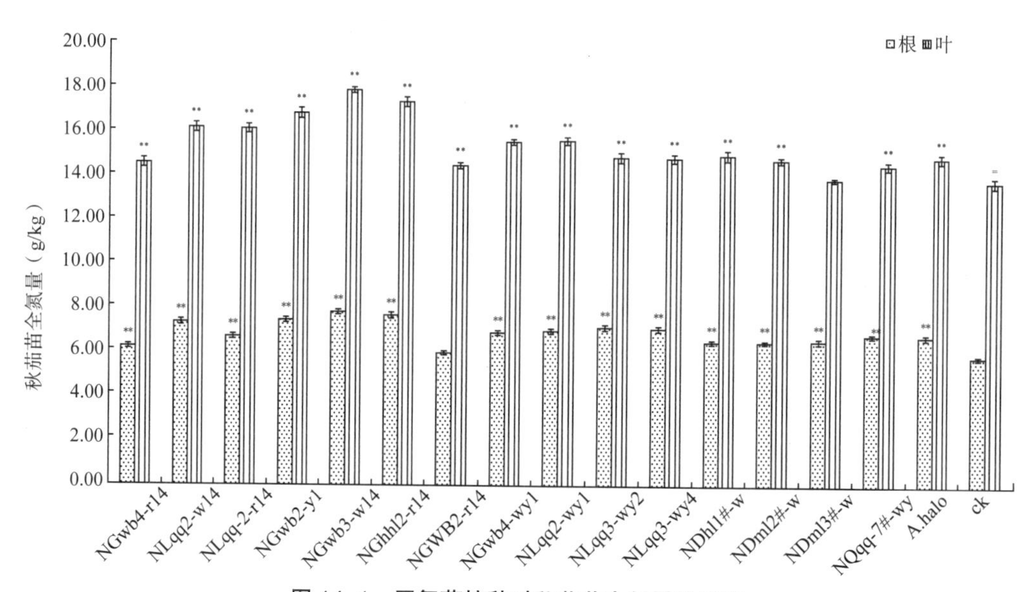

图 14-1 固氮菌接种对秋茄苗全氮量的影响

注：与对照（CK）比，* 表示在 $P<0.05$ 水平上差异显著，** 表示在 $P<0.01$ 水平上差异显著。

（五）对秋茄全磷量的影响

试验结束时，测定接种 15 个供试固氮菌株后秋茄苗根部和叶片全磷量（图 14-2）。固氮菌接种后均促使根部的全磷量增高，比对照（0.939g/kg）增加 0.85%~27.58%，其中 NLQQ2-w14、NGWB2-y1 和 NGHHL2-r14 根全氮增加较多，依次为 27.58%、20.45% 和 19.60%；与参照菌 *A.halo* 组比，NLQQ3-wy4、NGHHL2-r14、NGWB2-y1 和 NLQQ2-w14 接种后根的全磷量有增加，增幅为 2.21%~10.52%。经差异显著性分析，NLQQ3-wy4、NGHHL2-r14、NGWB2-y1 和 NLQQ2-w14 接种后极显著高于对照组，NLQQ2-r14 和 NGWB3-w14 接种后根全磷量显著高于对照组；与参照菌组比，接种 NLQQ3-wy4、NGHHL2-r14、NGWB2-y1 和 NLQQ2-w14 后根全磷量虽然较高，但不存在显著差异。接种固氮菌使秋茄苗根的全磷量增加，可能是因为固氮菌促进幼苗根系的生长，从而促进其对基质中矿物质（如磷素）的吸收。近年研究表明，某些根际的联合固氮菌特别是假单胞杆菌属（*Pseudomonas*）和芽孢杆菌属（*Bacillus*）具有分泌有机酸能力，这些酸可使土壤中不溶性磷素转变为可溶性磷素，一些羟酸还可与钙、铁等形成螯合物，使磷有效的溶解和被植物吸收（Ali et al.，1998）。

15 个供试固氮菌株接种后均促使秋茄苗叶的全磷量增高，比对照（1.355g/kg）增加 1.21%~35.40%；其中 NGWB2-y1、NLQQ3-wy4 和 NLQQ2-w14 接种后叶的全氮增加较多，依次为 35.40%、34.02% 和 25.03%。经差异显著性分析，NGWB2-y1、NLQQ3-wy4、NLQQ2-w14、NGWB4-wy1、NGWB4-r14 和 NGWB3-w14 接种后叶全磷量极显著（*P*<0.01）高于对照组和参照菌 *A.halo* 组，表明这些菌株在促进秋茄苗体内磷素的增加方面作用明显。

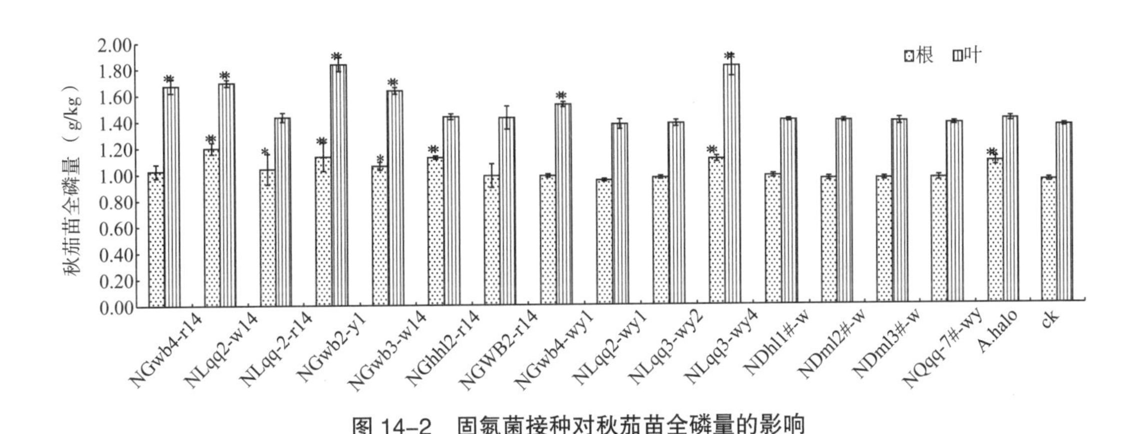

图 14-2　固氮菌接种对秋茄苗全磷量的影响

第三节　红树林 PGPB（溶磷菌）的促生效应

一、溶磷菌的分离

磷是限制植物生长的主要营养元素之一，在土壤中主要以难溶的矿物态存在。土壤中尤其是植物根际存在溶磷菌，它们能将被土壤固定的矿物态磷释放出来，但是其在根际的数量不足以和其他微生物竞争，难以发挥其活性。因此，有必要从自然条件下筛选优良溶磷菌株，制成菌剂后回接到根际土壤以促进植物生长。红树林湿地中由于间隙水中富含阳离子，磷酸盐通常沉降在底泥中，致使大量的磷元素不能被植物利用（Bashan et al., 2002)。溶磷菌作为可溶性磷酸盐的潜在供体，将对红树植物大为有利。本研究从红树植物根际分离得到溶磷菌菌株，并通过盆栽试验研究溶磷菌单接种的促生效果，旨在利用微生物途径调动土壤中磷的有效性，进而促进红树林苗木的生长。

分别从广东湛江红树林保护区、海南东寨港红树林保护区和珠海淇澳红树林保护区等地采样，宿主植物包括木榄、秋茄、无瓣海桑、红海榄、海莲和海桑等 6 种。共分离溶磷菌 35 株，对其材料来源地、宿主植物和菌落特征进行了描述（表 14–5）。表中所列出的溶磷菌分离株，是那些能在选择性固体培养基中产生明显溶磷圈，多次转接仍生长良好且具有溶磷能力的菌株。在分离中发现，不同树种的根际溶磷菌分布有所差异，其中从无瓣海桑根际分离出来的菌株比木榄等其他树种的多。如从湛江 4 种红树植物分离出的 12 株溶磷菌中，无瓣海桑占 58.3%，而木榄、海榄和秋茄分别占 25%、8.33% 和 8.33%。

表 14–5　红树林根际溶磷菌的菌落特征

菌株	材料来源地	宿主植物	菌落特征*
PGML–y1	湛江高桥	木榄	大黄绿色，圆形隆起状
PGWB–y2	湛江高桥	无瓣海桑	小杏黄色，菌落直径 3.5mm，圆形平坦透明，表面光滑湿润，边缘不整
PGML–y3	湛江高桥	木榄	大黄绿色，圆形隆起状
PGWB–y4	湛江高桥	无瓣海桑	大黄绿色，圆形隆起状
PGWB–wp5	湛江高桥	无瓣海桑	紫褐色，菌落直径 3.5mm，不透明，浓黏液状，边缘不整
PGWB–y6	湛江高桥	无瓣海桑	大黄绿色，圆形隆起状
PGHHL–y7	湛江高桥	红海榄	大黄绿色，菌落直径 3.0mm，圆形隆起，不透明，表面磨砂状，干燥
PGWB–y8	湛江高桥	无瓣海桑	黄色圆形，菌落直径 1.6mm 表面磨砂状湿润，边缘不整
PLWB–y9	湛江雷州	无瓣海桑	小杏黄色，圆形隆起状
PLML–y10	湛江雷州	木榄	小杏黄色，圆形隆起状
PLML–wp1	湛江雷州	木榄	紫褐色，菌落不规则，不透明，浓黏液状
PLQQ–y12	湛江雷州	秋茄	大黄绿色，浓黏液状
PDHL–y1	海南东寨港	海莲	大黄绿色，浓黏液状
PDHL–w2	海南东寨港	海莲	乳白色，水湿润状
PDHL–y3	海南东寨港	海莲	大黄绿色，浓黏液状
PDQQ–y4	海南东寨港	秋茄	大黄绿色，浓黏液状
PZQQ–y1	珠海淇澳岛	秋茄	大黄绿色，圆形隆起状
PZQQ–y2	珠海淇澳岛	秋茄	大黄绿色，圆形隆起状
PZQQ–y3	珠海淇澳岛	秋茄	大黄绿色，浓黏液状
PZQQ–y4	珠海淇澳岛	秋茄	大黄绿色，浓黏液状
PZQQ–wp5	珠海淇澳岛	秋茄	紫褐色，水湿润状

（续）

菌株	材料来源地	宿主植物	菌落特征*
PZQQ-w6	珠海淇澳岛	秋茄	乳白色，水湿润状
PZHS-y7	珠海淇澳岛	海桑	大黄绿色，圆形隆起状
PZQQ-y8	珠海淇澳岛	秋茄	大黄绿色，圆形隆起状
PZQQ-y9	珠海淇澳岛	秋茄	大黄绿色，圆形隆起状
PZQQ-y10	珠海淇澳岛	秋茄	小杏黄色，圆形隆起状
PZQQ-w11	珠海淇澳岛	秋茄	乳白色，水湿润状
PZQQ-y12	珠海淇澳岛	秋茄	小杏黄色，圆形隆起状
PZWB-w13	珠海淇澳岛	无瓣海桑	乳白色，水湿润状
PZQQ-y14	珠海淇澳岛	秋茄	小杏黄色，圆形隆起状
PZQQ-y15	珠海淇澳岛	秋茄	小杏黄色，圆形隆起状
PZQQ-w16	珠海淇澳岛	秋茄	乳白色，水湿润状
PZQQ-w17	珠海淇澳岛	秋茄	乳白色，水湿润状
PZHS-w18	珠海淇澳岛	海桑	乳白色，水湿润状
PZQQ-y19	珠海淇澳岛	秋茄	大黄绿色，圆形隆起状

注：* 表示在选择性培养基上。

二、溶磷菌的溶磷能力

根据对溶磷菌株菌落形态的观察，综合生长速度、菌落大小以及溶磷圈大小的状况，确定 PGHHL-y7、PGWB-y2 等 16 株菌株作为液体培养条件下溶磷能力的供试菌株。用钼锑抗比色法测定可溶性磷含量（表 14-6），扣除对照值后可溶性磷含量最高的为 PGHHL-y7（180.2mg/L），其次为 PGWB-y2（158.9mg/L）和 PGWB-wp5（153.2mg/L）。

通过摇瓶实验发现菌株在以磷酸三钙为磷源的改良 $SRSM_1$ 液体培养基上进行培养时，其培养液中可溶性磷含量在第 3 天即可达到较高值，随着时间的延长并不表现出溶磷量的增加，这与在固体培养基上溶磷圈直径与菌落直径比的趋势较一致。另外先前在固体培养基上溶磷圈的大小并不能完全表明相应菌株溶磷能力的强弱。但同时发现大多细菌的培养液酸度降低，这说明了细菌在培养过程中，能够分泌一些酸性物质，通常 pH 值越低其测得的磷增加量越高，培养液 pH 值为 4.89 时能表现较强的溶磷能力。

表 14-6 不同溶磷菌菌株的溶磷能力

菌株	溶磷圈、菌落直径比值①	溶磷量（mg/L）	pH 值
PGML-y1	2.7fG	137.5hF	5.05
PGWB-y2	2.6fG	182.0iG	4.98
PGML-y3	1.4bcBCD	73.03bB	5.13

（续）

菌株	溶磷圈、菌落直径比值①	溶磷量（mg/L）	pH 值
PGWB-y4	1.7cdCD	133.0hF	5.78
PGWB-wp5	1.9eF	176.3iG	5.32
PGWB-y6	1.8eEF	138.6hF	5.65
PGHHL -y7	2.5fG	203.3jH	4.76
PGWB-y8	1.9eF	135.7hF	6.10
PLWB-y9	1.6cdDE	103.8efDE	4.89
PLML-y10	1.3abABC	107.6fDE	5.67
PLML-wp11	1.5bcCD	134.3hF	5.21
PLQQ-y12	1.7deDEF	136.7hF	4.94
PZWB-w13	1.1aA	120.5gEF	4.79
PDHL-y1	1.1aAB	86.67cdBC	5.81
PDHL-w2	1.1aAB	79.33bcBC	5.96
PDHL-y3	1.2abABC	93.67deCD	5.26
CK1③	1.9eF	132.3ghF	4.99
CK0②	—	23.07aA	6.96

注：① D/d 为溶磷圈和菌落直径的比值；② CK0 无菌株的对照；③ CK1 参照菌株 *V. pro*。

微生物具有溶解难溶性磷酸盐的能力，与培养液的酸度有很大的相关性（林启美等，2000）。林启美等（2000）发现培养介质酸度升高是溶解磷矿粉的重要条件，但不是其必要条件。有研究发现溶磷量与培养介质的 pH 值之间缺乏相关性（Narsian et al.，2000），但也有报道二者之间存在显著的相关性（席琳乔等，2007）。Illmer 等（1992）认为产有机酸只是溶磷的一个方面，而伴随着呼吸或同化 NH_4^+ 时 H^+ 的释放是溶磷的另一个重要机制。本研究中发现，菌株的溶磷量与 pH 值之间不存在线性关系。还发现，随着转皿次数增加，多数菌株透明圈直径呈减小趋势。该现象与林启美等（2000）发现在菌株的纯化过程中有近 50% 的溶磷菌失去溶磷能力的结论相似。

以往对红树林中溶磷细菌的研究甚少。Vazquez 等（2000）在添加磷酸钙的培养基上对从萌芽白骨壤和拉关木根部分离出来的细菌进行平板培养，发现在菌落周围会出现溶磷圈，首次证明这些菌株的溶磷能力。溶磷细菌为红树植物提供了可溶性磷，对其生长发育起着一定的促进作用。Promod 等（1987）发现海洋底泥中的磷细菌 *Vibrio* sp. 和 *Pseudomonas* sp. 在对数生长期间，可溶性磷含量为 0.50~0.55mg/L。万璐等（2004）经研究发现，从白骨壤根际分离出的不同种类溶磷细菌的可溶性磷含量在 1.10~160.11mg/L 之间。陆俊锟（2008）对所分离的溶磷菌菌株进行溶磷能力测定，发现菌株 H012 溶磷能力最强，其接种的培养液中可溶性磷含量高达 86.89mg/L，而各菌株培养液的 pH 值均不同程度的下降。本研究中分离得到的溶磷菌溶磷能力较强，其可溶性磷含量为 49.96~180.2mg/L。

三、溶磷菌的红树林苗木接种效应

供试植物选取了秋茄，采自海南省东寨港，挑选成熟的大小均匀、完好无损的胚轴作试验材料。胚轴先用 0.1% 高锰酸钾溶液浸泡消毒，取出后用无菌水冲洗数次。供试的溶磷菌株共 17 株，试验前采用改良的 SRSM1 无机磷培养基对溶磷菌进行扩繁（Vazquez et al.，2000），所有供试菌株均进行液体振荡培养（150r/min），培养温度为 28~30℃，时间 3~5 天，制成液体菌剂（菌数达 10^{6c}fu/mL）使用。

溶磷菌的接种试验共设 18 组，即 16 个处理组、1 个对照组（CK）和 1 个参照菌组（*V. pro* 即 *Vibrio proteolyticus*），每组重复 10 次（即 10 盆）；培养基质经高压灭菌，其组成为 50% 红壤 +40% 河沙 +5% 火烧土 +5% 土杂肥。每盆装基质 0.5kg 栽种 1 株胚轴，在胚轴发芽并长出第 1 对真叶时，各处理组同时接种供试的溶磷菌菌液，即每株在基质中分别用无菌注射器注射菌剂 10mL（对照组则注射液体培养基 10mL），然后覆盖上基质。

（一）对秋茄苗高的影响

经溶磷能力比较初筛出 16 个溶磷菌菌株，接种后对秋茄的苗高增长均有促进效果（表 14-7）。各接种处理苗高比对照（10.37cm）增加 10.22%~45.61%，其中 PGWB-wp5 增加量（45.61%）最大，PGHHL-y7（43.20%）和 PGWB-y8（37.22%）其次。而参照菌组的苗高比对照增加 22.28%。与参照菌株 *V. pro* 比，除 PLWB-y9 和 PDHL-y1 外，其他溶磷菌接种后苗高均增加，增幅 0.95%~19.09%。经差异显著性分析，除 PLWB-y9、PDHL-y1 外，接种各菌株后苗高（与对照组比）差异均达到显著水平，其中 PGWB-wp5、PGHHL-y7、PGWB-y8 等 8 株差异极显著，表明这些菌株促生效果明显。而与参照菌 *V. pro* 比，接种各菌株后苗高差异不显著。

表 14-7　溶磷菌单接种对秋茄苗高和地径的影响

菌株	苗木生长指标				比 CK 增加量（%）	
	苗高（cm）		地径（cm）		苗高	地径
CK	10.37	aA	0.321	aA	/	/
V. pro	12.68	bcdABC	0.336	abAB	22.28	4.67
PGML-y1	13.68	bcdBC	0.358	bcdeB	31.92	11.53
PGWB-y2	13.68	bcdBC	0.352	bcdeAB	31.92	9.66
PGML-y3	13.02	bcdABC	0.360	bcdeB	25.55	12.15
PGWB-y4	13.51	bcdBC	0.338	abcAB	30.28	5.30
PGWB-wp5	15.10	dC	0.368	eB	45.61	14.64

（续）

菌株	苗木生长指标				比 CK 增加量（%）	
	苗高（cm）		地径（cm）		苗高	地径
PGWB-y6	13.83	bcdBC	0.351	bcdeAB	33.37	9.35
PGHHL-y7	14.85	cdC	0.366	deB	43.20	14.02
PGWB-y8	14.23	cdBC	0.355	bcdeB	37.22	10.59
PLWB-y9	11.43	abAB	0.342	abcdAB	10.22	6.54
PLML-y10	13.35	bcdABC	0.346	bcdeAB	28.74	7.79
PLML-wp11	13.38	bcdABC	0.354	bcdeB	29.03	10.28
PLQQ-y12	13.94	cdBC	0.363	cdeB	34.43	13.08
PZWB-w13	12.71	bcdABC	0.354	bcdeB	22.57	10.28
PDHL-y1	12.48	abcABC	0.341	abcdAB	20.35	6.23
PDHL-w2	13.38	bcdABC	0.344	abcdeAB	29.03	7.17
PDHL-y3	12.80	bcdABC	0.346	bcdeAB	23.43	7.79

（二）对秋茄地径的影响

16 个溶磷菌株对秋茄的地径增粗也有不同程度的促进（表 14-7）。接种后地径比对照（0.321cm）增加 5.30%~14.64%；其中增加量最大的为 PGWB-wp5（14.64%），其次为 PGHHL-y7（14.02%），再次为 PLQQ-y12（13.08%）；而参照菌组的地径比对照增加 4.67%。与参照菌 *V. pro* 比，各供试溶磷菌接种后秋茄地径增加 0.6%~9.52%。经显著性检验，PGWB-wp5、PGHHL-y7、PLQQ-y12 等 8 株接种后地径（与对照比）差异极显著，表明其对秋茄苗地径的增粗有明显促进作用。而与参照菌 *V. pro* 比，接种各菌株后地径差异不显著。

（三）对秋茄生物量的影响

16 个溶磷菌株对秋茄的生物量增长均有促进效果（表 14-8）。接种溶磷菌后，秋茄的地下生物量比对照（0.8016g/ 株）增加 29.65%~70.56%，其中 PGHHL-y7（70.56%）、PGWB-wp5（64.18%）、PGWB-y2（63.75%）增幅最高；参照菌组比对照增加 35.54%。与参照菌株比，除 PLWB-y9 外，各菌接种后秋茄地下生物量分别增加 0.06%~25.84%。利用 SPSS 软件进行经显著性检验，PGHHL-y7、PGWB-wp5、PGWB-y2 等 7 株接种后秋茄苗地下生物量极显著高于对照；而与参照菌株比，各接种处理组的秋茄地下生物量差异不显著。

表 14-8 溶磷菌单接种对秋茄苗生物量的影响

菌株	苗木生物量（g/ 株）				比 CK 增加量（%）	
	根生物量		地上生物量		根生物量	地上生物量
CK	0.8016	aA	0.6249	aA	—	—
V. pro	1.0865	abcAB	0.8685	bcAB	35.54	38.98

（续）

菌株	苗木生物量（g/株）				比 CK 增加量（%）	
	根生物量		地上生物量		根生物量	地上生物量
PGML-y1	1.2605	bcB	0.9554	bcB	57.25	52.89
PGWB-y2	1.3126	bcB	0.9595	bcB	63.75	53.54
PGML-y3	1.2265	bcB	0.9451	bcB	53.01	51.24
PGWB-y4	1.1794	bcAB	0.9134	bcAB	47.13	46.17
PGWB-wp5	1.3161	bcB	1.0411	cB	64.18	66.60
PGWB-y6	1.2644	bcB	0.9111	bcAB	57.73	45.80
PGHHL-y7	1.3672	cB	1.0295	cB	70.56	64.75
PGWB-y8	1.2945	bcB	1.0480	cB	61.49	67.71
PLWB-y9	1.0393	abAB	0.798	abAB	29.65	27.70
PLML-y10	1.0871	abcAB	0.9637	bcB	35.62	54.22
PLML-wp1	1.1421	bcAB	0.9114	bcAB	42.48	45.85
PLQQ-y12	1.1966	bcAB	0.9953	bcB	49.28	59.27
PZWB-w13	1.1736	bcAB	0.9046	bcAB	46.41	44.76
PDHL-y1	1.1320	bcAB	0.8681	bcAB	41.22	38.92
PDHL-w2	1.0878	abcAB	0.8550	bcAB	35.70	36.82
PDHL-y3	1.1178	bcAB	0.9031	bcAB	39.45	44.52

从地上生物量看，各接种处理组的地上生物量比对照（0.6249g/株）增加 27.70%~67.71%（表 14-8）；其中 PGWB-y8（67.71%）增加量最大，PGWB-wp5（66.60%）和 PGHHL-y7（64.75%）其次；参照菌组比对照增加 38.98%。与参照菌株比，除 PLWB-y9、PDHL-w2 和 PDHL-y1 外，其他各接种处理组的地上生物量都有增加，增幅为 3.98%~20.67%。经显著性检验，除 PLWB-y9 外各接种处理组的地上生物量与对照处理比差异均达到显著（$P<0.05$），其中 PGWB-y8、PGWB-wp5、PGHHL-y7 等 8 株极显著（$P<0.01$）高于对照组，表明这些溶磷菌株对秋茄苗地上生物量促进效果明显。与参照菌 *V. pro* 比，各接种处理组的秋茄地上生物量差异不显著。

同一供试溶磷菌的接种对秋茄地下生物量增长的促进作用大于对地上生物量的，其原因是溶磷菌产生的植物激素首先促进了根系的生长和对矿物质及水分的吸收，然后才逐渐对地上部分产生影响。综合分析溶磷菌接种对秋茄苗高、地径、地下生物量和地上生物量 4 个指标的影响，判断 PGWB-wp5、PGHHL-y7、PGWB-y8、PLQQ-y12、PGWB-y2、PGML-y1 和 PGWB-y6 等 7 株菌株对秋茄苗的促生效果较好。

（四）对秋茄全氮量的影响

接种溶磷菌 6 个月后，16 株供试菌株均促使秋茄苗根的全氮量增高（图 14-3），比对照组（5.840g/kg）增加 8.28%~40.53%；其中 PLQQ-y12 增加量最高（40.53%），其次为 PGWB-wp5（38.01%）和 PGML-y1（37.68%）；参照菌组比对照增加 28.68%。有 PLQQ-y12、PGWB-wp5 等 5 株溶磷菌接种后秋茄根部的全 N 量高于参照菌 *V. pro* 组的（7.515g/kg），增幅为 2.36%~9.20%。经差异显著性分析，所有溶磷菌株接种后秋茄苗根部的全氮量均极显著（$P<0.01$）高于对照组；其中 PLQQ-y12、PGWB-y2、PGML-y1 和 PGWB-wp5 这 4 个溶磷菌株接种后根全氮量极显著高于参照菌 *V. pro* 组，表明这 4 个溶磷菌株对秋茄根部氮素吸收的促进作用明显。

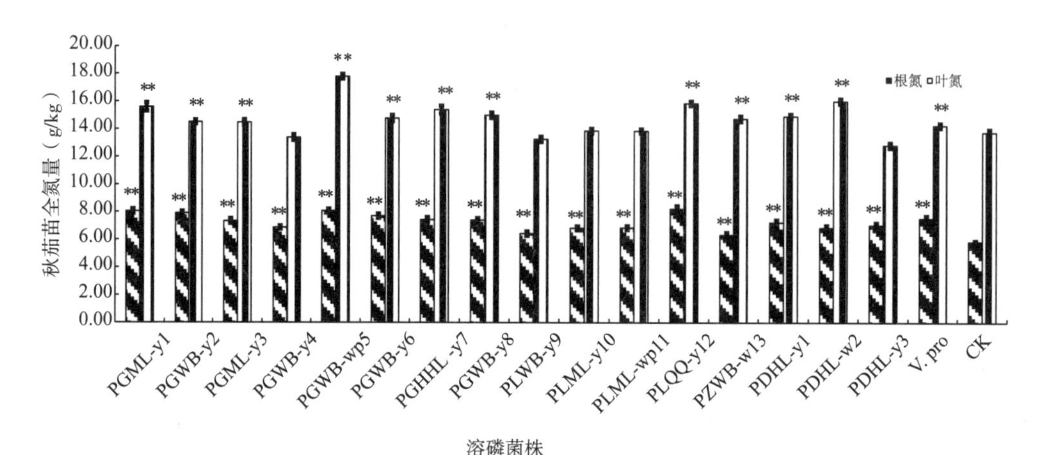

图 14-3　溶磷菌接种对秋茄苗全氮量的影响

从叶的全氮量看，除 PGWB-y4、PLWB-y9 和 PDHL-y3 外，各供试溶磷菌株接种后均促使叶片的全氮量增高（图 14-3），比对照（13.765g/kg）增加 0.63%~29.17%；其中 PGWB-wp5（29.17%）增加量最大，其次为 PDHL-w2（16.29%）；参照菌 *V. pro* 组比对照增加 3.58%。有 11 个菌株接种后叶的全 N 量高于参照菌组，增幅 1.52%~24.71%。经差异显著性分析，PGWB-wp5、PDHL-w2、PLQQ-y12 和 PGML-y1 等 11 株溶磷菌接种后，叶的全氮量极显著高于对照组的；PGWB-wp5、PDHL-w2、PLQQ-y12 等 9 株溶磷菌接种后，叶片的全氮量极显著高于参照菌组的。以上结果表明，大部分供试溶磷菌株接种后都可促进秋茄苗对氮的吸收。

（五）对秋茄全磷量的影响

供试溶磷菌株接种后，除 PDHL-w2（–8.80%）、PLML-y10（–3.94%）和 PDHL-y3（–1.70%）外，各溶磷菌株接种后均使根的全磷量增高（图 14–4），比对照（0.939g/kg）增加 4.40%~39.62%；其中 PGWB-y6（39.62%）增加量最大，其次是 PGWB-y2（31.20%）和 PGML-y1（28.68%）。而参照菌 *V. pro* 组的根全磷量比对照增加 19.28%。与参照菌比，PGWB-y6、PGWB-y2、PGML-y1 和 PGML-y3 接种后根的全磷量增加 1.13%~17.05%。经差异显著性分析，PGML-y1、PGWB-y2、PGWB-y6 等 10 株菌接种后根的全磷量极显著高于对照组；而 PGML-y1、PGWB-y2 和 PGWB-y6 接种后，秋茄根部的全磷量极显著高于参照菌 *V. pro* 组，表明这些菌株明显促进了秋茄苗对磷素的吸收。

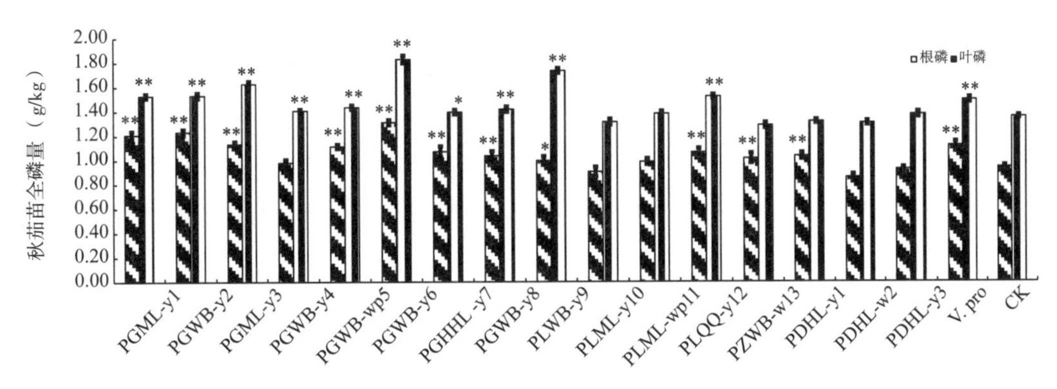

图 14-4 溶磷菌接种对秋茄苗全磷量的影响

供试溶磷菌株接种后，除 PZWB-w13、PDHL-w2、PLML-y10 和 PDHL-y1 外，均促使秋茄叶的全磷量增高（图 14-4），与对照（1.355g/kg）比增幅为 1.50%~34.93%；其中 PGWB-y6（34.93%）增加量最大，其次是 PLWB-y9（27.92%）和 PGWB-y2（12.99%）。参照菌 *V. pro* 组比对照增加 10.23%。与参照菌比，PLQQ-y12、PGML-y1、PGWB-y2、PLWB-y9、PGML-y3 和 PGWB-y6 接种后叶的全磷量增加 1.94%~22.38%。经差异显著性分析，PGML-y3、PLWB-y9、PGWB-y6 等 9 株接种后秋茄叶全磷量均极显著高于对照组；其中 PGML-y3、PLWB-y9 和 PGWB-y6 接种后叶片的全磷量极显著高于参照菌组的。

第四节 红树林 PGPB 微胶囊菌肥的研发

如何培育壮苗是提高红树林造林成活率的关键技术。有许多研究已证实施用菌肥可提高农作物产量。菌剂（菌肥）含有大量的有益微生物，通过这些微生物的生理代谢活动，改善植物的营养条件，进而达到增产目的。具体表现在制造和协助植物营养、活化土壤养分和增强植物抗病能力等方面。国外研究表明，在培育红树林幼苗时接种溶磷菌和固氮菌等 PGPB，可明显促进幼苗的生长及提高抗逆能力。利用接种过 PGPB 的红树林幼苗进行造林，将促使受损和废弃的红树林湿地重新恢复，造林提高成活率 50% 以上，成活率几乎达 100%（Bashan et al.，2002）。

目前，PGPB 的应用剂型主要以水剂、粉剂和颗粒剂为主，但普遍存在货架期短、产品不稳定性、储存和运输不方便等缺点，尤其是稳定性和商品货架期短的问题一直是 PGPB 活菌制剂应用的一大障碍（黄晓东等，2002）。研究发现，PGPB 的微胶囊菌肥具有产品稳定性强、储存和运输方便等优点，可弥补现有水剂、粉剂和颗粒剂等剂型的不足，是未来 PGPB 菌肥的发展方向。

一、PGPB 微胶囊菌肥的专用生产设备

锐孔–凝固浴法是目前较常用的微生物固定化包埋方法之一。它是将化学法和物理机械法相结合的一种微胶囊方法。以可溶性聚合物为壁材，将聚合物配成溶液，以此溶液包裹芯材并呈球状液滴落入凝固浴中，使聚合物沉淀或交联固化成为壁膜而微胶囊化。本微胶囊菌肥的专用生产设备设计并制造的目的是，方便 PGPB 微胶囊菌肥的规模化生产，促进其商品化。参照相关文献（Carrillo et al.，1997），加工制造了专用制备红树植物 PGPB 微胶囊菌肥的小型生产设备（图 14–5）。该设备的一大特点是使用了不锈钢材料，以方便高压灭菌。另外，整个设备（颗粒喷枪）呈 45° 倾斜定位，从而使喷嘴中菌液形成间断液滴而不是垂直输出喷雾。生产出的微胶囊大小为 100~200 μm。

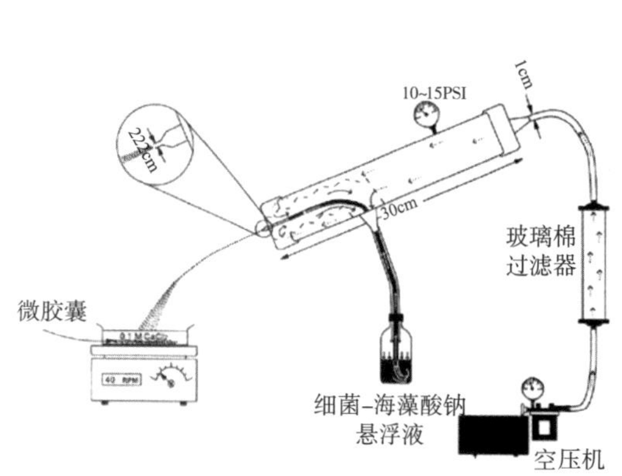

图 14–5 微胶囊制作的专用设备

微胶囊菌肥的专用设备其结构包括空压机、空气过滤器、细菌过滤器、颗粒喷枪、胶液瓶、振荡器和过滤器；空压机的输出端通过空气过滤器、细菌过滤器连接颗粒喷枪的气体输入端，颗粒喷枪设有液体输入端和颗粒喷嘴（孔径最佳为 220 μm），所述液体输入端与胶液瓶瓶口密封连接，颗粒喷嘴对接振荡器的输入口，振荡器通过过滤器输出微粒状湿胶囊。使用时，在胶液瓶装有带有红树林促生固氮菌和溶磷菌的菌胶悬浮液，振荡器上装的固化液，颗粒喷枪喷出的微粒与固化液接触后定型。除空压机外，其余部件均可蒸汽高压消毒，使用时才高压消毒，然后连接起来（图 14–5）。

二、红树植物 PGPB 的筛选和扩繁

利用改良的固氮菌选择性无氮 OAB 半固体培养基，以及改良的溶磷菌选择性液体培养基（$SRSM_1$），从红树林湿地生长的红树林植物小苗根部分别采集、分离纯化固氮菌和溶磷菌株，对待选 PGPB 菌株进行固氮活性、溶磷能力、IAA 分泌能力等测试，继而接种于红树林苗木，根据试验结果评估菌株促生效果，最后筛选出有明显促生效果的固氮菌和溶磷菌菌株。菌种于 –70℃冻存。

将筛选出的固氮菌和溶磷菌菌株接种在肉汤营养培养基上摇床扩大培养 5~7 天（30 ± 2℃，150r/min），获得制备 PGPB 微胶囊制剂用的菌液（10^9~10^{10}cfu/mL）。

三、原菌微胶囊的制备

首先用无菌蒸馏水稀释扩大培养的原菌液获得原菌的水悬浮液（1 × 10^{10}cfu/mL）以作为芯材，按 1∶2 的比例与壁材 2.5% 海藻酸钠溶液进行充分混合，再混入少量的腐植酸（约 250mg/L）；摇床培养 1~2h 后获得菌胶悬浮液，然后把菌胶液装入微胶囊制备装置中的已灭菌菌胶瓶（容积 500mL）里并旋紧螺旋盖，启动空压机并调节喷枪压力在 10~15MPa 之间，让压缩空气分别通过空气过滤器、细菌过滤器、喷枪筒及与喷枪筒连接并插入菌胶液瓶底的管子，把菌胶液压出喷枪上的喷嘴，呈细线状射出微液滴并落入装有无菌固化液的托盆里，托盆放在摇床上以低速旋转振荡，菌胶液落入固化液马上形成球状（或微粒状）胶囊，微胶囊停留在固化液里时长≥ 1h 完全硬化（图 14–6）。

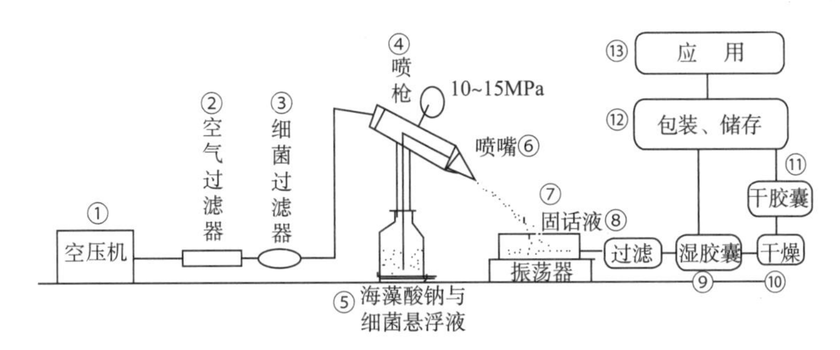

图 14–6 微胶囊菌剂制作的工艺流程

四、PGPB 微胶囊的储存及施用

（一）PGPB 微胶囊的储存

湿胶囊：形成的 PGPB 微胶囊制剂停留在固化液 1h 后，用洁净的尼龙布过滤，并用无菌水冲洗 2~3 次收集在容器里（如棕色三角瓶），内加 0.85% 无菌生理盐水稍淹没胶囊面，4℃储存（不宜超过 3 个月）备用。

干胶囊：将湿胶囊在细孔尼龙布上（置于钢丝网架上的）薄层平铺，37℃下恒温干燥，然后放入密闭容器中，室温下储藏备用。

（二）PGPB 微胶囊菌肥的施用

PGPB 微胶囊菌肥分为湿剂和干品，每克含菌量在 10 亿~100 亿之间。主要应用在红树林植物的幼苗培育阶段，以接种种子或胚轴为佳。

接种前，首先把 PGPB 微胶囊（干品或湿品）溶解在 0.25mol/L 的磷酸钾盐缓冲液（pH 值 6.8 ± 0.1）中 24h，无条件时可用蒸馏水或自来水替代；然后，用海水稀释至浓度约为 10^6~10^7cfu/mL 的菌悬液，然后用来浸泡种子或胚轴 24h 后，种子或胚轴种植到营养袋或营养杯里。另一种使用方法是，把湿胶囊或干胶囊产品直接接入营养袋苗的根部。接种苗至少生长 2~3 个月后方可出圃用于造林。

红树植物 PGPB 微胶囊施用后可提高土壤肥力，促进红树苗木吸收营养物质和增强苗木的抗逆性，提高红树林造林成活率和保存率。微胶囊制备工艺实现了 PGPB 菌剂机械化生产，产品质量更易保证，同时节省劳力和时间。施用后，该菌剂在土壤中可缓慢释放出一定的菌物，1 个月内整个微胶囊囊壁生物降解消失，而胶囊的材料海藻酸钠、菌物和腐殖酸均是生物材料，达到了环保目的。

第五节 PGPB 不同剂型对木榄苗的接种效应

一、PGPB 不同剂型的苗木接种

供试植物为木榄幼苗，选择大小一致、健康的幼苗，平均高度 15.6cm。供试基质主要为本地土+$Ca_3(PO_4)_2$，每袋装土 0.5kg，育苗袋大小为 12cm × 13cm。其基质的主要化学成分见表 14–9。接种试验在中国林业科学研究院热带林业研究所红树林温室内进行。2013 年 7 月开始，试验共设置 4 组，即 3 个处理组合 1 个不接种对照组（CK），接种处理分别选择单一溶磷菌 P7 和组合菌株 ZH5（NGqq–R14+*B. amy*）、ZH15（*A.halos*+*B.lich*）进行试验，然后每 1 个处理分别制成菌液、菌粉、微胶囊，每组重复 19 次（即 19 盆），每袋装基质 0.5kg，栽种 1 株木榄幼苗，各处理同时接种供试的菌液、菌粉、微胶囊，在每株苗木的根部周围分别注射 20mL 的菌液或者接 0.1~0.2g 的菌粉或相同量的微胶囊。试验持续 5 个月，每月定期施加一次盐度为 5‰的人工海水（由自来水添加天然海盐制成 8L/ 桶）。

表 14–9 基质的化学成分

mg/kg

基质	有机质	速效氮	有效磷	速效钾	盐分	pH 值
营养土	9.161 ± 1.19	42.132 ± 0.88	706.096 ± 50.68	55.673 ± 3.11	1.384 ± 0.07	6.00 ± 0.09

二、不同 PGPB 剂型接种对木榄苗生长的影响

（一）对木榄苗茎高增长的影响

不同菌剂接种后对茎高增长有不同程度促进效果，各处理的苗高均高于 CK，增幅 20.59%~36.91%（表 14–10）。同一供试菌株的不同剂型表现出来的接种效果亦存在差异，菌液和菌粉处理的茎高增量大于微胶囊处理，且 P7、ZH5、ZH15 菌液处理的茎高增量较大，分别比 CK 增加 32.73%、30.31%、36.60%；除 P7 菌液外，混合菌株 ZH5、ZH15 不同剂型的接种效果要明显优于单一溶磷菌株 P7 菌剂，与李玫等（2008）、秦芳玲等（2000）、姚如斌等（2012）研究得出的混合接种的苗木生长状况好于单接种结果相一致。经差异显著度检验，与 CK 相比，不同菌剂接种后茎高差异达到极显著水平，

表明这些菌剂对木榄苗的高生长促进效果明显。

表 14-10 不同剂型接种对木榄茎高和茎径的影响

菌剂	苗木生长指标（cm）		比 CK 增加（%）	
	茎高	茎径	苗高	茎径
CK0	22.06aA	0.419aA	—	—
CK1	26.60bcBCD	0.454cBC	20.59%	8.274%
P7 液	29.28efEF	0.457cdC	32.73%	9.109%
P7 粉	26.11bB	0.427abA	18.37%	1.909%
P7 胶	26.46bcBC	0.436bAB	19.96%	4.155%
ZH5 液	29.59fgEF	0.498fE	34.14%	18.854%
ZH5 粉	28.74eE	0.464cdC	30.31%	10.753%
ZH5 胶	27.26cdCD	0.484eDE	23.56%	15.500%
ZH15 液	30.13gF	0.471deCD	36.60%	12.371%
ZH15 粉	29.07efEF	0.469dCD	31.79%	11.893%
ZH15 胶	27.64dCD	0.501fE	25.30%	19.557%

（二）对木榄苗茎径增长的影响

所有接种处理的地径均大于 CK 的，增幅 1.909%~19.557%；其中不同菌剂接种效果表现为，菌液和微胶囊处理的茎径增量大于菌粉处理的，且 ZH5 液、ZH5 胶、ZH15 胶的茎径增量较大，分别为 18.854%、15.500%、19.557%（表 14-10）；混合菌株 ZH5，ZH15 不同菌剂对茎径的促生效果明显优于单一溶磷菌株 P7；不同菌剂对茎径的促生作用不同，经方差分析和多重比较，与 CK 相比，除 P7 菌粉和微胶囊外，其他各处理的茎径极显著高于 CK，且 ZH5 粉、ZH15 粉、ZH5 胶、ZH15 胶对茎径的促进效果较好。

三、不同 PGPB 剂型接种对木榄苗生物量的影响

（一）对木榄苗根干重的影响

从根干重来看，所有剂型接种组的根干重均大于 CK 的，增幅 16.14%~41.37%；其中增加量最大的为 P7 液、P7 粉、ZH5 液和 ZH15 胶，分别为 39.14%、41.37%、39.49%、38.48%（表 14-11）。且除混合菌株 ZH15 外，其余同一菌株表现出来的接种效应均为：菌液和菌粉处理的根干重增量大于微胶囊处理的。经方差分析及多重比较，所有接种处理的根干重均极显著高于 CK，但同一菌株不同剂型之间差异不显著。

（二）对木榄苗叶干重的影响

从叶干重来看，所有接种处理的叶干重均大于 CK 的，增幅为 11.56%~45.52%；其中增幅最大的为 ZH15 液、ZH15 粉和 ZH5 粉，分别为 45.52%、42.76%、34.91%（表 14-11）；除菌株 ZH5 不同剂型外，其余同一菌株不同剂型表现出来的接种效应均为：菌液和菌粉的叶干重增量大于微胶囊处理；单一溶磷菌株 P7 的不同剂型接种后，

叶干重增量均小于混合菌株 ZH5，ZH15 的不同剂型接种后的。经方差分析和多重比较，所有接种处理的叶干重均极显著高于 CK。

（三）对木榄苗茎干重的影响

从茎干重来看，所有接种处理的茎干重大于 CK 的，增幅为 41.77%~101.23%；其中增幅最大的为 ZH5 粉、ZH15 液、ZH15 粉，分别为 70.30%、64.82%、101.23%（表 14-11）；除菌株 P7 的不同剂型外，其余同一菌株不同剂型表现出来的接种效应均为：菌粉和微胶囊的叶干重增量大于菌液的叶干重增量；混合菌株的不同剂型对苗木增粗的促进效果要优于单一溶磷菌株的不同剂型。经方差分析和多重比较，所有接种处理的茎干重均极显著高于 CK。

（四）对木榄苗总干重的影响

从总干重来看，所有接种处理的总干重均大于 CK 的，增幅为 18.76%~48.61%（表 14-11），其中增加量最大的为 ZHS 粉、ZHIS 液、ZH15 粉；除 ZH5 胶外，其余混合菌株的不同剂型对苗木生物量的促生效果要优于单一溶磷菌株的不同剂型；同一菌株的不同剂型表现出来的接种效应为：菌液和菌粉对苗木的总干重增量均大于微胶囊处理的。经方差分析和多重比较，所有接种处理的总干重均极显著高于 CK。

表 14-11 不同剂型接种对木榄苗生物量和叶面积的影响

处理	根干重（g/株）	比 CK 增加（%）	叶干重（g/株）	比 CK 增加（%）	茎干重（g/株）	比 CK 增加（%）	总干重（g/株）	比 CK 增加（%）	叶面积（cm^2）	比 CK 增加（%）
CK0	1.594aA	—	2.172aA	—	0.861aA	—	4.627aA	—	26.45aA	—
CK1	2.050cdC	28.62%	2.904deDE	33.68%	1.441dE	67.46%	6.395dCD	38.22%	31.07bB	17.45%
P7 液	2.218eD	39.14%	2.779cdeCDE	27.93%	1.329cC	54.42%	6.326cdC	36.72%	35.58cdC	34.52%
P7 粉	2.253eD	41.37%	2.718cdCD	25.12%	1.245bB	44.67%	6.216cC	34.35%	34.08cdC	28.85%
P7 胶	1.851bB	16.14%	2.423bB	11.56%	1.220bB	41.77%	5.494aB	18.76%	29.85bB	12.85%
ZH5 液	2.223eD	39.49%	2.754cdCDE	26.78%	1.354cCD	57.33%	6.331cdC	36.84%	47.59gE	79.94%
ZH5 粉	2.154cCD	35.17%	2.931fEF	34.91%	1.466dDE	70.30%	6.551eD	41.58%	35.49cdC	34.20%
ZH5 胶	2.056eC	28.96%	2.846defCDE	31.02%	1.359cCD	57.91%	6.261cdC	35.31%	42.36fD	60.16%
ZH15 液	2.183eCD	36.98%	3.161gG	45.52%	1.418cDE	64.82%	6.763fE	46.17%	39.67eC	49.99%
ZH15 粉	2.043deC	28.16%	3.101gFG	42.76%	1.732eEF	101.23%	6.876fE	48.61%	33.87dC	28.04%
ZH15 胶	2.207eD	38.48%	2.693cC	23.99%	1.360cCD	58.04%	6.261cdC	35.31%	35.92cC	35.80%

四、不同 PGPB 剂型接种对木榄苗氮、磷含量的影响

（一）对木榄苗全氮含量的影响

试验结束时，各接种处理的根部全氮量均高于 CK 的，其中接种单一溶磷菌 P7 液

的根部全氮量最高，比 CK 增加 33.57%；其次为混合菌液 ZH15 和胶囊 ZH15，分别比 CK 增加 22.40% 和 22.21%（图 14-7）；除菌株 ZH5 剂型外，其余同一菌株的不同剂型表现出的接种效应为：菌液和胶囊对植株全氮量的促生效果优于菌粉。经差异显著性分析，除单一溶磷菌 P7 液与 CK 达极显著差异外，ZH15 液和 ZH15 胶和对照组 CK 存在显著性差异，其余的与对照组 CK 的差异不显著。

各接种处理的地上部分全氮量均高于 CK 的，增幅为 10.82%~57.62%；其中接种单一溶磷菌 P7 液的地上部分全氮量最高，比 CK 增加 57.62%，其次为 ZH15 液和 P7 胶，分别比 C 增加 51.36% 和 41.55%。综合来看，促生效应表现为菌液 > 微胶囊 > 菌粉。经差异显著性分析，除 P7 液和 ZH15 液与 CK 存在极显著差异外，ZH15 液和 ZH1 胶与对 CK 存在显著性差异，其余和 CK 差异不显著。

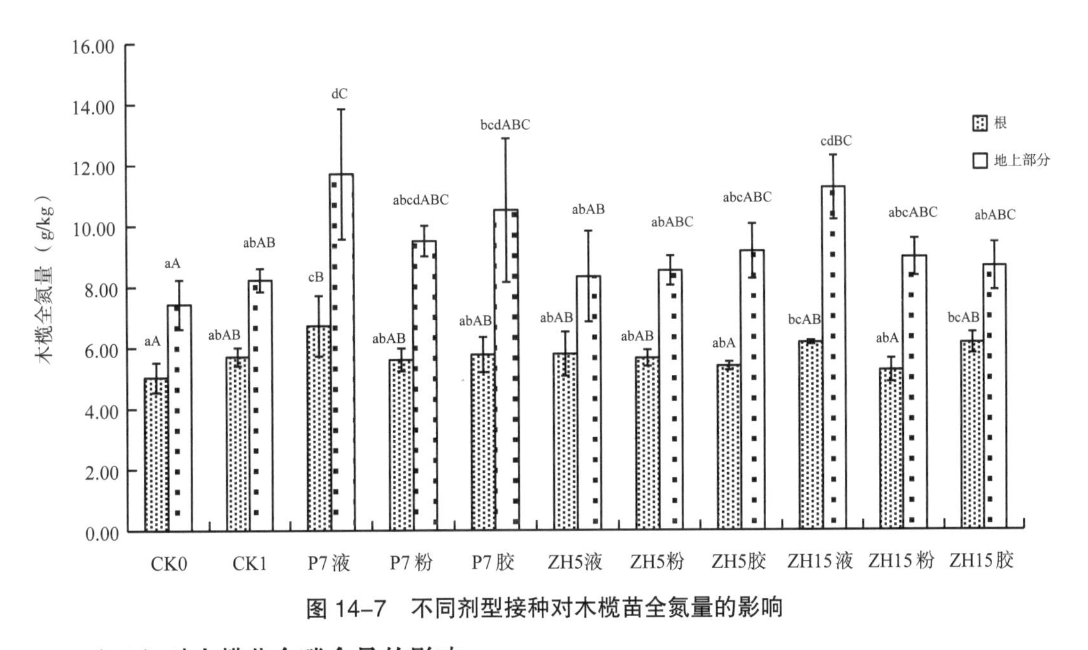

图 14-7　不同剂型接种对木榄苗全氮量的影响

（二）对木榄苗全磷含量的影响

试验结束时，各处理的根部全磷量含量均高于 CK 的，其中混合接种组 ZH5 粉最高，比 CK 的增加 41.98%，其次为 ZH15 液、ZH15 粉和 ZH15 胶，分别比 CK 增加 25.13%，18.22% 和 17.03%（图 14-8）；经差异显著性检验，与 CK 比，仅有 ZH5 粉处理的植株根部全磷量达到极显著差异，ZH15 液达到显著差异。

各接种处理的地上部分全磷量均高于对照组 CK 的，增幅为 14.19%~29.35%，其中增量最高为 P7 液，比 CK 增加 29.35%；其次为 ZH15 液、P7 胶和 ZH5 胶，分别比 CK 增加 26.90%、21.91% 和 21.72%。经差异显著性检验，与 CK 比，地上部分全磷量 ZH15 液、P7 胶达到显著差异，P7 液达到极显著差异。

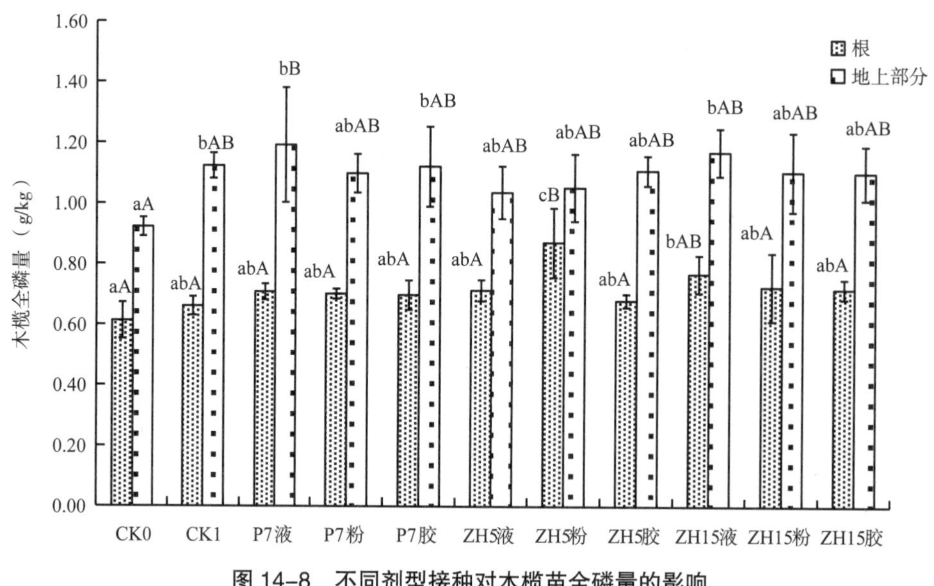

图 14-8 不同剂型接种对木榄苗全磷量的影响

通过盆栽接种试验对比不同 PGPB 剂型对木榄幼苗的促生效应，研究结果表明：不同剂型接种后的促生效果存在差异，且同一菌种的混合剂型优于单一接种剂型，菌液、菌粉、微胶囊依次排序为菌液 > 微胶囊 > 菌粉，表现最好的菌剂为 ZH15 液、ZH15 胶、ZH5 胶。其中 ZH5 液对茎高、茎径的影响增幅最优，分别为 34.14%、18.854%；ZH15 液对茎高、地上全氮量、根部全磷量、地上全磷量的增幅分别为 36.60%、51.36%、25.13%、26.90%；ZH15 胶对茎径、根部全氮量、全磷量的增幅分别为 19.57%、22.21%、17.03%。

不同剂型促生菌剂的施用对木榄苗生长有均有显著的促进作用，但菌液、菌粉、微胶囊这 3 类剂型在施用中各有优缺点。菌液的促生效果好但保质期短、运输不方便，菌粉比菌液的保质期长、但促生效果在 3 类剂型中表现最差，微胶囊具有保质期长、运输方便、缓释功能好等优点，但其制备过程较前两者复杂、生产成本也较高。鉴此，要根据实际情况选用相应的剂型。继续开展植物－菌种－剂型之间的优势组合试验研究，同时进一步改良剂型及其生产工艺，从而实现 PGPB 菌剂的大规模推广应用，加速红树林的恢复重建进程。

第四部分　城市森林生态效益监测与评价

第十五章

绿道、碧道与古驿道监测、评价与发展模式探讨[①]

第一节　绿道概况

一、广东省绿道建设提出的背景

绿道（greenway）是一种线性的绿色生态廊道（Ahern，1995；Little，1990；刘滨谊等，2001），通常沿着河滨、道路绿带等自然和人工廊道建立，内设可供行人和骑车者进入的慢行系统，连接主要的公园、自然保护区、风景名胜区、历史古迹和城乡居住区等，形成一个有利于地区生态安全格局的绿色生态网络，更好地保护和利用自然、历史文化资源，并为居民提供充足的游憩和交往空间。改革开放30多年以来，珠三角地区经济发展迅速，但是在珠三角的发展历程中由于过于追求经济快速增长导致了一些问题的出现（张荟，2016），例如城市快速扩张导致的城市景观破碎化、交通拥堵、环境污染、人居环境恶化等，这些都会制约该地区的可持续发展。为解决好这些问题，实现城市与环境和谐发展，恢复珠三角地区遭到破坏的生态环境，1994—2009年广东省政府相继出台了多部规划指引，如《珠江三角洲经济区城市群规划（1994—2010年）》和《区域绿地规划指引》等，先后采取划定生态保护线、确定生态敏感区、划定区域绿地工作以及全面建设“宜居城乡”等发展战略。2009年，广东省政府又出台了《珠江三角洲绿道网总体规划纲要》，确定了珠三角绿道网的总体布局和选线的具体方案，希望通过建设覆盖珠江三角洲地区绿道网络来保护和恢复当地生态环境。

二、广东省绿道的总体布局和建设现状

广东省绿道网在选线和布局时首先综合考虑了珠三角地区各城市的自然与人文资

① 作者：孙冰、裴男才、叶天一、唐艺家、施招婉、何清。

源、交通状况和城镇布局等要素，其次在尊重地方意愿的基础上，最终确定珠三角绿道的总体布局为6条主线、4条连接线、22条支线、18处城际交界面和4410km^{2}的绿化缓冲区。6条区域绿道主线长约1690km，以线性绿道的形式连接广佛肇、深莞惠、珠中江三大都市区并串联起200多处森林公园、郊野公园、自然保护区、风景名胜区以及历史文化遗迹等发展节点。6条主线的直接服务人口高达2565万人，可以提供大量的就业机会，带动许多行业的发展和全社会的消费，对改善和美化绿道沿线人居环境有十分重要的作用。4条连接线（全长166km）的主要作用是有效衔接区域绿道。22条支线（全长470km）的主要作用则是为了连接主线与重要发展节点。尽管绿道的概念早在1985年就被引入中国，但广东省实践活动是从2009年珠三角绿道网的规划建设开始。2010年2月省住房城乡建设厅组织编制并报请省政府批准实施了《珠江三角洲绿道网总体规划纲要》，省财政拨1000万元专款，撬动地方投入30亿元，完成2372km省立绿道全线贯通和18个城际交界面实现互联互通，珠三角绿道网建设率先完成“一年基本建成”的任务目标；2014年12月底，全省总共建成绿道约10976km，其中珠三角地区绿道8909km，约占全省绿道总里程的81%。省立绿道、城市绿道和社区绿道互联互通，基本实现市内绿道循环，截至2019年3月，全省总共建成18019km绿道。按照省委、省政府“一年基本建成、两年基本到位、三年成熟完善”的部署，目前珠三角绿道正处于逐步完善基础配套设施并建立管护机制的时期。

三、广州市绿道的总体布局及选线

作为广东省会城市的广州，为响应“绿水青山就是金山银山”，从初期将绿道建设与花城、市政道路建设、环境整治等工程相结合，到近年与公园绿地、主题花园、滨水湿地、森林公园、慢行系统等城市绿色基础设施建设结合，既满足了人们步行、骑行、踏青休憩等慢旅游的需求，也是连接周边城市、景区与公园等自然人文景点的一道美丽的风景线。根据珠三角绿道网规划纲要规划，途经广州区域的主线为省1、2、3和4号绿道（粟娟等，2014），主线长约340km，直接服务人口约640万人。其中1号绿道主线长约110km，由佛山黄岐街道进入广州，到南沙大角山滨海公园后向西进入中山；2号绿道主线长约152km，起于广州流溪河国家森林公园，到香雪公园向南进入东莞；3号绿道主线长约40km，由佛山陈村进入广州番禺钟村，到广州莲花山风景名胜区后进入东莞；4号绿道北起广州芙蓉嶂水库，途径新街河及巴江河，全长约为38km。经过10年建设，已建成约3500km绿道，串联其500多个景点，形成20多条精品旅游路线，并贯穿于全市11个区（表15-1）。

表 15–1　广州市各区绿道长度及主要节点

行政区	绿道长度（km）	主要节点
越秀区	50	麓湖公园、海珠广场、二沙岛
海珠区	170	洲头咀公园、孙中山大元帅府、琶洲会展中心
荔湾区	98	花卉博览园、荔湾湖、陈家祠、白鹅潭
天河区	125	省博物馆、珠江公园、海心沙公园
白云区	347	帽峰山、白云湖、流溪河、石井河
黄浦区	555	体育中心、南海神庙、南湾村、长洲岛
花都区	270	芙蓉嶂景区、圆玄道观、洪秀全故居
番禺区	397	莲花山、亚运城、大夫山森林公园
南沙区	284	蕉门公园、黄山鲁森林公园、大角山滨海公园
从化区	440	风云岭森林公园、石门森林公园、流溪河
增城区	533	荔江公园、鹤之洲生态公园、天然沙滩浴场

注：数据引自网络，http ://lyylj.gz.gov.cn/。

四、广州市绿道建设政策支撑

（一）推进生态文明建设

2012 年，党的十八大明确指出“建设生态文明，是关系人民福祉、关乎民族未来的长远大计”，强调把生态文明建设放在突出位置，并融入经济建设、政治建设、文化建设、社会建设各方面和全过程。此外，还提出了“美丽中国”的概念，要让世界更好地了解华夏文明，要展示中国的、各地的、各民族的灿烂文化遗产，引领观众体验和领悟自然和人文景观的丰富内涵。十八届五中全会后，“美丽中国”更被纳入了“十三五”规划。党中央高度重视生态文明建设，将生态文明建设纳入中国特色社会主义事业“五位一体”总体布局和“四个全面”战略布局，将绿色发展纳入新发展理念，提出了一系列生态文明建设新理念新思想新战略，形成了习近平生态文明思想。生态文明建设是“美丽中国”愿景的必然要求，是解决经济发展与资源环境关系问题的重要战略。在党的十九大之后，国家更加看重生态文明建设，将其提升为“中华民族永续发展的千年大计”。不仅推进绿色发展，倡导绿色低碳的生活方式，而且积极推进构建生态廊道和生物多样性保护网络，提升生态系统质量和稳定性。绿道具有维护生态系统稳定、促进生态保护的功能，与生态文明建设的宗旨相协调。建设绿道对缓解我国当下经济发展与环境保护之间的矛盾意义重大，符合“把生态文明建设放在突出地位……努力建设美丽中国，实现中华民族永续发展”这一目标。绿道旅游是实现人口、资源、环境协调发展及开辟低碳发展的新路，是建设资源节约型与环境友好型社会、以持续不断的生态建设大幅改善人居环境的有效载体，更是推进我国生态文明建设的重要途径。

（二）实施乡村振兴战略

乡村振兴是党的十九大报告中提出的战略。十九大报告指出，农业、农村、农民问题是关系国计民生的根本性问题，必须始终把解决好“三农”问题作为全党工作的重中之重，实施乡村振兴战略。乡村是具有自然、社会、经济特征的地域综合体，兼具生产、生活、生态、文化等多重功能，与城镇互促互进、共生共存，共同构成人类活动的主要空间。乡村兴则国家兴，乡村衰则国家衰。实施乡村振兴战略，是解决新时代我国社会主要矛盾、实现“两个一百年”奋斗目标和中华民族伟大复兴中国梦的必然要求，具有重大现实意义和深远历史意义。从民生角度来看，绿道建立区域慢性交通系统以及快速道路与慢行系统衔接系统，实现基础设施及公共服务的城乡共享，形成城乡互动、融合发展、协调有序的格局；从经济发展来看，绿道优化发展模式，促进资源合理配置，带动产业结构升级，实现经济的可持续发展，串联各类自然人文景点，增强整体吸引力，带动绿道沿线经济；从环境上看，绿道建设为居民科普教育、生态康养、户外运动提供了良好的空间条件，改善，农村人居环境质量，统筹建设的过程有助于维护各个区域之间生态系统的连接和融合，保障城乡系统之间人、物、信息流的良性循环，有助于城乡自然生态和文化差异化的发展，保持地方的延续性。

（三）建设幸福广东

2011 年，广东省委十届八次全会上首次提出“加快转型升级、建设幸福广东”的核心任务，本质和内在要求就是在认识上重在全面理解，在实践上贵在持之以恒，把这个美好愿景变成看得见、摸得着的现实幸福生活。幸福是人们对生活的追求和感受，涵盖了物质生活、文化生活、社会生活和政治生活，建设幸福广东的提出，就是要让更多的人民群众分享经济发展的成果。绿道将城市内部住宅区、公园、绿地等开敞空间与城市外部的自然保护区、风景名胜区和森林公园等生态要素串联起来，形成完整的生态保护和生活休闲空间系统，为城乡居民提供了更广阔的户外活动空间，让慢行、跑步等健身方式重新回到城市生活中。绿道网的建设让美好幸福的生活变为现实，让绿道成为了广东的“幸福之道”。

第二节　广州市及下辖 11 区绿道网建设成效

一、广州市绿道的建设历程

广州市绿道系统建设是在总规指导下开展的，通过合理的规划和布局，形成了区域、城市与社区绿道三级相互联系的网络，从而建成了广州市绿道系统。广州市绿道的建设源于增城绿道。2008 年，增城开始探索绿道建设，这是广州绿道的起步。增城目前已建成 366.9km 的绿道，是目前国内绿道线路最长，穿越景区景点最多，与公路分离相对最安全的自行车休闲健身道。广州市绿道以“山、水、城、田、海”的自然格局展开，建设了流溪河、芙蓉嶂、增江、天麓湖、莲花山、滨海等6条绿道，布局主体结构为四纵两横，覆盖全市十一个区。截至2020年年底，广州市累计贯通绿道3560km，绿道总里程居全省首位，是广东省绿道建设的优秀代表。绿道分为生态型、郊野型和都市型3类。生态型绿道在生态核心区，以科普教育为主要目的；郊野型绿道分布于南部和北部区域，方便居民休闲观光；都市型绿道以交通功能为主，促进居民便捷低碳出行，各区因地制宜，打造出各具特色的绿道。

越秀区绿道总长约50km，用历史文化积淀来表现其“千年商都古韵，广府文化之源”的特色；海珠区绿道里程170km，以“以水为脉，绕岛成环；以园为核，串绿成网”为特色，以“滨水历史人文景观”和“湿地生态珠水景观”为主题，集合多个历史人文景点，让游客更好地感受海珠魅力；荔湾区绿道约98km，是贯通佛山与广州的门户通道，沿途连接主要的公园、村落、历史建筑，凸显出“水秀花香”与“西关风情”的特色；天河区绿道强调生态、低碳概念，总长125km；白云区绿道以“山（帽峰山）、河（流溪河）、湖（白云湖）、田（田园风光）、园（民科园创新基地）”为主题建成了347km的绿道，极大地提高了全区人居环境质量；黄浦区绿道里程约555km，充分串联如黄埔军校等文物保护单位，享有独特的旅游资源；花都区绿道长约270km，以花为题，沿线时而绿树成荫，时而小桥流水，美如其名，尽显生态人文花之廊道；番禺区绿道以环带面、以链串珠，打造“绿廊为脉、因岛成环、串景成网”的绿道网结构；南沙区绿道长284km，北接番禺，南接中山，从几百年前的古迹到现代化的工厂沿途皆可浏览；从化区绿道全长440km，将森林公园、人文遗址、乡村旅游等各类景点串联起来，为从化注入了经济活力，成为真正的民心工程；增城区绿道533km，是广东省规划建设最早的绿道，将沿线的村庄、景点串联起来，吸引周边游客，让绿道成为农民的增收致富之道。近年来，结合了城市绿地、慢行系统等城市基础设施建设，绿道网络逐渐优化扩展，连接了周边城市、重要的功能组团以及市内各个自然人文景点，既可以步行、骑行，又可以踏青休憩，形成了各具特色的精品绿道线路。“千里绿道、万民共享”成为了幸福广州的新名片。目前广州市绿道已建设数量3560km。占全省绿道总里程近20%，位居全省首位。

二、广州绿道的组成

绿道主要是由自然因素组成的绿廊系统和为满足绿道游憩功能而配建的人工系统两大部分构成。绿廊系统也就是自然因素组成的绿化缓冲区，主要是由一定宽度的地带性植物群落、水体、土壤等构成，绿廊系统不仅是绿道控制范围的主体也是绿道的生态基底。人工系统是为满足绿道的游憩功能并为游憩的人们提供各类服务设施而建的。人工系统主要包括慢行道系统、风景名胜区、人文景点等绿道景点构成的发展节点、交通节点、服务系统（即驿站）、标识系统、基础设施等主要部分组成（表15-2）。

表 15-2 广州市绿道人工系统构成

人工系统名称	构成
慢行道系统	步行道、自行车道、无障碍道（残疾人专用道）、水道等非机动车道
发展节点	包括自然景点和人文景点，是为绿道使用者提供游憩活动的场所
交通节点	包括绿道入口及停车场、轨道交通接驳点、城市公交接驳点、道路交叉口等
驿站	管理设施、商业服务、游憩设施、安全保障设施等
标识系统	标识牌、信息牌和引导牌
基础设施	照明设施、通信设施等

三、广州绿道的植物组成

（一）广州绿道的植物组成概况

绿道中植物组成多为人工营建，设计以植物适应性、景观效应、社会效益、地域特色等因素而决定。经调查，广州绿道使用的乔木品种共有 81 种，隶属于 38 科 62 属。其中，裸子植物 4 科 5 属 5 种，单子叶植物 1 科 1 属 1 种，双子叶植物 33 科 57 属 77 种，被子植物所占比例高达 89.19%。包含 10 种以上的科有 1 科。包含 5~10 种的科有 2 科。包含 2~4 种的科有 14 科，占到全部科的 36.84%。仅含 1 种的有 21 科，占到全部科的 55.26%。

包含 5 种以上的属仅有榕属（*Ficus*）。包含 2~4 种的属有 9 属，占 14.52%。只有 1 种的属有 52 属，占到全部属的 83.87%。由此可以看出，广州绿道应用树种比较丰富，科属多样性较高，种类较为分散。

（二）广州绿道的观花树种分析

对广州地区绿道的树种观花特性分析表明，观花植物种共有 28 种占到总树种的 34.56%。基于《中国植物志》《广东植物志》并结合观察记录，分析花期。结果表明广州绿道观花树种组成，全年皆有开花植物，其中宫粉紫荆（*Bauhinia variegata*）为全年。树种开花最多的月份为 6 月，达到 15 种，其次为 7 月和 8 月，分别有 14 种和 12 种；树种开花最少的月份为 12 月，仅有 4 种，开花的季节以夏秋两季最盛（表 15-3）。因此，今后应多配置春季观花植物，观果或彩叶植物，构建多样化的群落景观，以达到四季美景不断的效果。

表 15-3 广州绿道观花植物统计表

物种	开花时间（月）											
	1	2	3	4	5	6	7	8	9	10	11	12
宫粉紫荆	·	·	·	·	·	·	·	·	·	·	·	·
凤凰木						·	·					
银叶金合欢	·											·

（续）

物种	开花时间（月）											
	1	2	3	4	5	6	7	8	9	10	11	12
木荷						·	·	·				
白兰				·	·	·	·	·	·			
桂花									·	·		
黄葛			·	·	·	·	·	·	·	·	·	
大腹木棉			·	·								
木棉			·	·								
美丽异木棉				·	·	·				·	·	·
大花紫薇					·	·	·					
南洋紫薇						·	·	·	·			
黄花风铃木			·	·								
羊蹄甲									·	·	·	
火焰木				·	·							
紫檀	·	·	·									
黄槿						·	·	·				
龙眼	·	·	·	·	·	·						
洋蒲桃			·	·								
垂枝红千层				·	·	·	·	·	·			
红鸡蛋花			·	·	·	·	·	·	·			
掌叶黄钟木	·	·	·									·
鸡冠刺桐				·	·	·	·					
木瓜				·								
玉兰		·	·				·	·	·			
决明								·	·	·	·	
栾树						·	·	·				
腊肠树						·	·	·				

（三）广州绿道的乡土树种应用

乡土树种由于更适应当地的生态环境，管护成本较低，且更能反映当地特色。据调查，广州绿道共应用乡土树种 61 种，主要以桑科、棕榈科（Arecaceae）、桃金娘科、大戟科、夹竹桃科（Apocynaceae）、龙舌兰科（Agavaceae）、苏木科（Caesalpiniaceae）、马鞭草科（Verbenaceae）和百合科（Liliaceae）为主，占总树种的75.30%。因此，从应用数量上来看，广州绿道以乡土树种的应用为主。以观花树种为例，在28种观花树种中仅有7种是外来树种，占25%，比例适中。这表明广州绿道建设重视乡土植物的应用（张劲蔼等，2020）。然而，广州绿道的树种配置还存在不足，例如观花树种、观形树种、彩叶树种的应用比例较低；春冬季开花树种较少；观形树种的应用种类单一等。应适量补充春冬季观花树种与其他观型树种，使绿道四季有景可赏，提升绿道景观水平。此外，广州绿道树种配置较为简单，多为单种或几种树种组成绿道，缺少立体绿化，尤其是藤本植物的配置；同时特有树种的配置较少；裸子植物、香花植物应用较少；部分树种存在不合理现象，如都市型绿道缺乏遮阴性树种不适于游客游览等。

综上所述，在未来的绿道建设过程中，树种配置应加强绿道的景观性营造，同时从服务使用者角度出发，配置功能性树种，最终构建四季如画、良好的城市风景游憩林。在绿道设计中也应强调其空间设计与自然条件的和谐，坚持以保持自然为基础。自然环境中的水、大气、植被、土壤和生物多样性等各种因素都应该纳入到绿道评估的范畴之内。在均衡绿道植被结构的合理性，植物群落的稳定性和生态景观的协调性的基础上，得出综合性的生态适宜性的评价，从而提出适宜性更强的绿道发展模式。

第三节 广州市绿道网布局合理性与可达性

绿道大多在城区内部人口密集区域、通过线状或网状串联起区域各自然、人文景观节点或散落空间。通过改造主干道路，沿道路呈线状张开，绿道密集处聚线成网，发挥其通勤功能，促进市民便捷出行。依托地理信息系统（geographic information system，GIS）强大的空间数据管理和空间分析功能对广州市绿道网络空间布局特征和可达性进行数据收集、管理、分析、制图。通过空间聚集程度、与休闲游憩点对比、人行可达性、车行可达性等定量化分析方法对绿道分布特征进行分析研究，揭示广州市绿道网络在生态效应、社会经济、城市交通等方面的重要作用。

一、绿道空间格局分析

地图矢量化是重要的地理数据获取方式之一，所获得的矢量数据可以被显示、编辑、标注、计算、打印。利用广州市2018年16级Google高清卫星地图（tif格式）、广州绿道地图［审图号：粤S（2018）04-008号］进行空间数据矢量化，获取广州市绿道矢量数据（图15-1）。如图可以明显看出，广州市老城区（越秀区、荔湾区、海珠区、白云区、天河区、黄埔区）绿道网络建设较为完善，绿道连通性较强，形成网状分布结构，在其余地区主要呈线状廊道连接各城区。

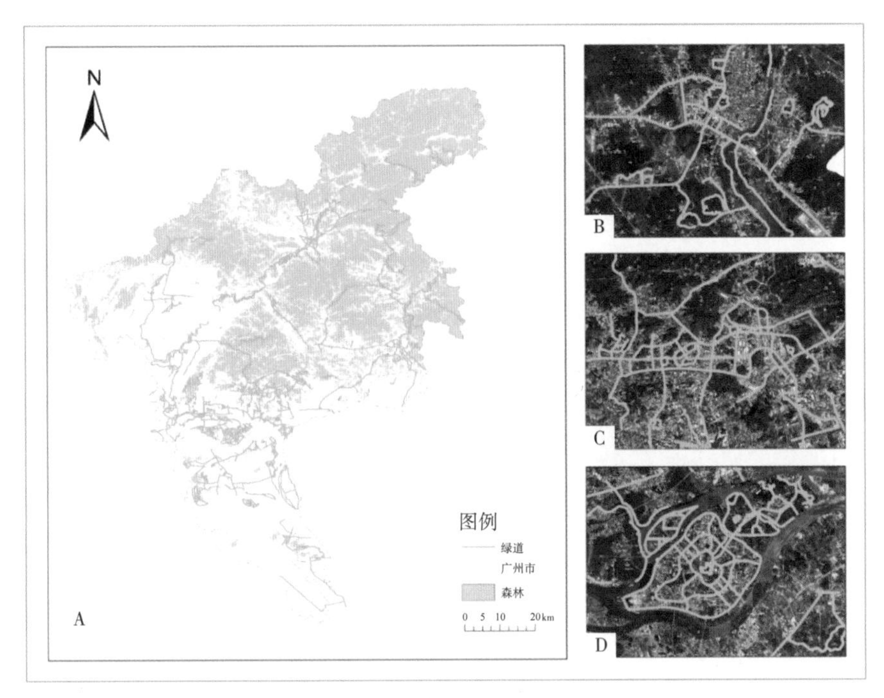

图 15-1 广州市绿岛矢量数据

A：广州市绿道矢量图；B：广州市增城区绿道；C：广州市黄埔区绿道；D：广州市番禺区绿道

为进一步了解广州市绿道网络空间分布特征，结合定量分析方法，采用线密度工具可直观地得到绿道在空间上的集聚程度。从空间格局上看，绿道在广州市中心的老城区中分布最为密集，即越秀区、荔湾区、海珠区、天河区，这些行政区人口稠密、产业集中，绿道多以车流、人流量大的主干道为依托，沿道路系统呈网状展开，主要发挥其通勤功能，促进市民便捷出行。在东、西、南、北外围方向上，绿道分别向增城区、花都区、白云区、南沙区、从化区延伸，在各行政区的中心区集中分布。各行政区之间有所联通，但通常呈单一线状展开，整体格局为"组团—轴带"式。

兴趣点（point of information，POI），是在地理信息研究中有意义的信息点（Gobster et al.，2004）。绿道作为线性的开敞空间，在城市中串联各类人文、自然景点，为市民的开敞空间提供休闲游憩，实现最大的环境公平性。利用百度地图获取广州市广场、公园、旅游景点等游憩景点作为兴趣点，对其进行核密度分析可得，与绿道空间分布特征相似，广州市主城区休闲游憩点分布较为密集，南沙区、从化区与增城区休闲游憩点零星集中，密度明显低于主城区内。表明在主城区（越秀区、荔湾区、海珠区、白云区、天河区、黄埔区）绿道主要承载休闲游憩的功能，而其他区（增城区、从化区、花都区、南沙区等）绿道主要承载生态功能。

对比绿道和游憩点的密度分布情况：从需求来看，居民活动需求量越大的地方，绿道建设密度越大；从空间分布来看，绿道和游憩点在空间上的分布格局相似。主城区人口稠密、土地资源稀缺、公共服务需求大，绿道作为绿色基础设施，发挥了交通、娱乐、锻炼等多种功能，丰富了广州市居民的文化生活和休闲方式，增加了城市绿色空间，提高了居民生活环境质量，有助于提升城市发展中耦合性。

二、广州市绿道可达性研究

（一）广州绿道可达现状

可达性最早由 Hansen（1959）提出，其意义在于表现交通网络中个节点之间相互作用机会的大小，空间中某点所受到的相互作用力大，则可达性好，反之则差。在可达性的研究和计算中都将道路交通作为首要影响因素，因为个体的空间移动都建立在道路交通的基础之上，因此普遍认为可达性是指利用一种特定的交通出行方式从空间中某一地点到达目的地的便利程度。绿道是居民日常使用的活动空间，也是慢行交通系统的基础设施，因此绿道的空间可达性是其规划建设时需要注意的重要原则之一。提高绿道的可达性可以使城市居民更简单、更快速地进入绿道，提高使用者对绿道的依赖程度。因此，分析绿道网络可达性不仅反映出人们到达绿道的难易程度，也可以体现绿道网络布局的合理性，有利于更好地完善城市绿道建设、优化绿道网布局，对提高绿道网使用效率有着重要的指导作用。在城市中，市民对绿道的使用目的主要包括通勤、锻炼、游憩等。市民通勤时主要采用的出行方式是车行，游憩、锻炼时主要采用的出行方式是步行，因此，本研究对绿道的可达性分析分为车行可达性分析与人行可达性分析。通过 Python 技术爬取 open streetmap 数据，从而获取广州市道路矢量数据，数据类型包括高速公路、国道、省道、市区一级道路、市区二级道路、县道、乡道、人行道以及其他道路。将人行速度赋值为 1m/s，以消耗 0~10min，10~20min，20~30min，30~45min，45~60min 沿道路系统到达绿道作为人行可达性指标；车行速度则根据不同道路类型进行赋值（表 15-4），以消耗 0~5min 与 5~10min 到达绿道作为车行可达性指标，分别对绿道的可达性进行网络分析。

表 15-4 各类型道路车行速度

道路类别	高速公路	国道	省道	市区一级道路	市区二级道路	县道	乡道	人行道	其他道路
车行速度（km/h）	80	70	60	40	30	50	25	3.6	5

根据人行可达性结果可以看出，荔湾区、越秀区、天河区、海珠区以及黄埔区南部绿道建设密度高且多呈现网状分布，在空间上可达性较好，多数地区沿道路步行半小时内就能到达距离最近的绿道，便于居民进行户外游玩、锻炼；白云区、番禺区的绿道可达性尚可，虽然仅有在绿道集中分布的地方可达性较好，但步行一小时内即可到达绿道的面积仍大比例占全区总面积；花都区、南沙区、增城区、从化区只有分布在绿道周围的局部地区便于到达绿道，且绿道节点、分支少，未形成网状结构，整体呈线状分布，步行一小时内可到达绿道的区域占全区总面积比例小，可达性相对较差。

根据车行可达性结果，广州各行政区中心仍然是绿道可达性好的范围，在老城区范围内，绿道网络互联互通，不考虑堵车等外界因素的影响之下，车行5分钟内即可到达距离最近的绿道。在外围行政区，由于地形与道路类型等因素，行政区之间联通的绿道少，且少以网状结构展开，所以大部分的区域都不能在短时间内到达。

（二）广州绿道可达性的提高策略

①注重在交通岔路口、交通换乘站周围规划绿道线路，减少进入绿道所需要的时间，保证不同交通类型可在绿道辐射范围内做到有效衔接，增加来自各个方向的使用者进入绿道的几率，提高绿道的使用效率。

②增加绿道的出入口设计，尤其是与居住区、商业区之间相邻的绿道，可以结合实际情况，拆除绿道与它们之间的护栏或阻隔，通过增加接入口数量优化可达性。

③将绿道主动延伸到居民社区之中，增加绿道与居住区之间连通线路的数量，完善城市绿道与周边设施的衔接，让社区内的绿道成为城市绿道的“毛细血管”，城市居民不再需要通过层层道路才能抵达绿道，而是在去往目的地绿道的过程中就已经置身绿道之中。这样的方式，不仅可以提高绿道的可达性，更能体现其作为城市绿色基础设施的公益性。

从绿道可达性看，主城区可达性较高，其他区可达性较差。发达的网状绿道网络有利于转变城市居民出行方式（Coutts，2008），缓解城市污染，同时也是建设舒适、安全、绿色、连续不间断的慢行系统和开敞空间的重要举措，对改善城市交通压力、提升居民城市居民品质、建设宜居性幸福城市具有重要的现实意义。

（三）广州绿道的连通性分析

1. 广州绿道连通性的现状

广州市绿道现分布于全市11个行政区中，以荔湾区、越秀区、天河区等来城区内的绿道建设密度高，空间结构上呈明显网状结构，但区域间联系单一，网络连接度差，从连续性和畅通型两方面对广州市绿道连通性进行分析，主要存在以下几个问题：

（1）流畅性

①由于广州市绿道依托道路系统展开，在许多“T”字形路口以及“十”字形路口都存在有直角转弯，这样的设计在细节处理上有所欠缺，影响绿道内部的畅通性。在绿道内部，还存在步行道和骑行道尺度过窄的情况，无法满足早晚高峰的需求。

②部分绿道缺乏整体性考虑，与周边出入口、配套设施衔接差。由于我国城市建设在先，绿道建设在后，导致绿道在某些位置不得不中断，不可避免地影响了整体地连贯性。

③部分绿道在后期的使用中出现机动车或非机动车占道、阻碍，或是城市建设工程隔绝了正常的绿道的空间，改变了原有的使用模式，影响了绿道连贯性。

（2）空间布局

①行政区与行政区之间的联系不紧密，只有单一或少数绿道相互连接，分支少、节点少，未形成网状结构，区域之间没能形成良好的互动关系，连通性差。这样的规划其连通性指标——点线率、网络闭合度和连接度都较差。

②在城市内，部分绿道没有合理的结合路况，出现了“卡然而止”的情况，影响绿道在空间上的连通性。

③在某些区域中会出现“独立绿道”的情况，它不与其他的绿道相连接，独立的存在于小范围内。

（3）连接方式

许多区域对绿道的规划设计都缺乏对绿道中骑行者的考虑，出现骑行道与机动车道直接相接的情况，缺少交通缓冲，在实际使用中存在许多不便。绿道骑行道戛然而止，既降低绿道的使用感受，同样也降低了绿道在空间中的连续性。

2. 广州绿道连通性的提升策略

对于广州市绿道连通性中出现的问题，针对性地提出相应的改善策略。

（1）流线型设计策略

①改善绿道内如直角设计等细节，考量绿道内部道路尺度，提高绿道使用的舒适度，从而提升绿道的使用效率以及步行系统的畅通程度。

②通过后期的绿道维护，解决步行道、骑行道中的空间挤占问题。可以设立相关指示牌以及定期检查，提醒使用者不得在步行道及骑行道中随意停放自行车或其他物品，也可以针对问题制定相应政策。

③对于城市建设中先行建设的建筑设施，尽可能将其设计为绿道内的一部分，从而不影响绿道整体的连贯性，这样既保留了先前建筑，又丰富了绿道的景观。

（2）规划布局设计策略

城市绿道的布局规划直接影响绿道的连通性，通过布局规划改善绿道连通性可以从连续性和流畅性的提高着手。

①增加行政区之间的绿道通路，且在结构上多以环路设计，提高绿道的点线率、闭合度以及连接度，科学提高绿道的网络结构。网状结构更有利于其生态、社会、经济等功能的发挥。

②在现有的绿道网络系统之上继续规划建设线路，一方面结合实际路况对不合理的绿道规划进行改良；另一方面将独立存在的绿道和绿道网络体系衔接起来，增加绿道的连续性。

（3）连通方式设计策略

①绿道内部连通性应该注重其与道路系统之间的关系，在不同的地区考虑不同的使用需求，提高绿道内各环节的连续性。

②绿道设计要尊重骑行者，从骑行角度考虑绿道内每个环节的连通程度，改善骑行者在绿道连通节点的转换便捷程度，如路口的流畅程度、上下坡是否有骑行道等。

从空间结构上看，广州市绿道主要集聚在人口稠密、经济发达的主城区范围，在北部和东部也有局部集中分布，整体表现为人口越集中、经济越发达，绿道建设密度越高、网状结构越完整，行政区之间绿道连通线路单一且呈线状廊道形式，独特的线状绿道系统为物种迁移提供了廊道，保护生物多样性，同时也可作为城市通风廊道，提升城市空气流通能力、缓解"热岛效应"、改善城市舒适度，对提升城市局部气候环境有着重要作用。

从空间集聚程度看，主城区与其他区绿道功能上有着较大差异。对比绿道网络和游憩景点 POI 的空间格局，主城区游憩景点 POI 分布越集中的地区，绿道建设也越多，密度分布格局大体相似，表明该区域绿道主要承载休闲游憩功能。其他区绿道主要呈线状廊道分布，为生物多样性、城市通风廊道发挥着重要作用，主要承载生态保护功能。针对不同类型绿道，应建立分类指导规划的思想，发挥各自功能，为城市建设和居民生活营造良好的生态环境。

第四节　广州绿道与国内外其他城市绿道的对比分析

一、国外绿道建设现状

美国绿道是在 19 世纪的城市公园运动和 20 世纪的开敞空间规划背景之下发展起来的，奥姆斯特德的"翡翠项链"工程是史上公认的第一条绿道。作为"绿道"理念的发源地，美国于 1990 年实施 Boulder 绿道计划，并随后开始大规模建设连通各类绿地空间的区域"绿道"，内容包括建设城市、绿带、城市绿色通道和恢复下游河道，全美近 50% 的州编制了州级绿道规划，全国逐渐形成了具有游憩、生态、文化功能的绿色网络（赵海春等，2016）。在设计绿道线路时，美国还注重考虑串联主要的交通枢纽和换乘设施，实现绿道与其他交通方式的"无缝衔接"，最终形成良好的衔接转换交通体系。目前，美国已有及正在建设的绿道达 1500 余条，是绿道建设起步最早、研究最完善的国家之一。东海岸绿道是全美第一条将休闲娱乐、户外活动、文化遗产多个功能集合在一起的绿道。它途径 15 个州 23 个城市和 122 个城镇，连接了重要的州府、大学校园、国家公园、历史文化遗迹。建成后可创造超过 150 亿美元的旅游收入，为近 4000 万的居民带来巨大的社会、经济、生态效益，并创造数十万个就业岗位。

欧洲绿道从 20 世纪初开始盛行。大都市、大型交通枢纽等，将自然栖息地割裂为一个个孤岛，城市内生态环境和居住环境明显下降。欧洲各个国家开始将城市和城郊自然区连接起来，为城市居民提供开敞休憩空间，保护生态多样性（Jongman et al., 2004）。英国依托霍华德提出的城市–乡村相结合的花园城市模式，大规模规划建设环城绿带以及绿色通道网络（Carlier et al.，2019）。不仅如此，英国还创造性地将城市中不同类型的绿色通道组成“绿链”，通过人行道和其他步行道连接成为整体，穿越居住区和其他建筑密集的区域，构成“绿链”。国家规定城市发展只能限制于绿链之内，这让绿链不仅成为了英国城区的生态长廊，还成为了控制城市无序扩张的界线。现在伦敦周边建立了将近300多个线性开放空间，有效改善了伦敦市的环境质量。

德国建立绿道的目的明确，即控制城区肆意膨胀，重新规划居点，改善空气质量；绿道建设的特色是利用绿道将老城区和工业区改造成为了环境优美宜人的区域（Kowarik，2019）。鲁尔区是德国百年老工业区，其城市建设和居住环境都较差，德国从1988起着力整治埃姆舍河及其周边环境，创造出工作和居住的新形势，在居住区和能源方面实施生态保护措施，把老工业区及建筑改造成服务业中心和旅游目的地，把燃气管、炼焦炉等鲁尔区的独特标志作为其百年工业发展历程的见证，建设一整条鲁尔区工业遗产旅游路线。将绿道建设和工业区改造相结合，通过7个绿道将脏乱低效的工业区改造成为生态安全、景色优美的宜居城区，同时也提高了周边土地价值。

法国的绿道专用术语是“trameverte”，法国人热爱跑步和骑行，因此绿道在设计时就做了专门的考虑，如滨海绿道往往会增宽至10m，一半供给跑步或散步，另一半则供给骑行。其中最负盛名的是法国中西部地区的近800km的卢瓦尔河自行车绿道，它横跨法国卢瓦尔大区和中央大区2个行政大区、6个行政省、8个大中城市以及1个地区级自然公园，沿途设有14个自行车租赁和维修服务点，150个可接待自行车的餐饮住宿点，是法国重要的集休闲娱乐、户外活动和自然文化遗产旅游于一体的绿道，同时也是欧盟“绿道网”（规划全长6万km）的重要组成部分。法国绿道总数约150条，总长约6155km，平均宽度3m。2004年，法国把“绿道”写入道路交通安全法中，以便进行统一、有效管理。

比利时“绿道”名称“RAVeL”，位于比利时南部Wallonne大区。1995年，出于提倡高效率交通政策（软交通）和环境保护的需求考虑，比利时政府官方决定修建此“绿道”工程；1996年，位于Rochefort火车站和Villers-sur-Lesse火车站之间的第一条“绿道”线路竣工；2003年，RAVeL绿道已建成900km。目前，比利时已经完成了由5条线路组成的上千公里的“绿道”网建设规划。

新加坡是著名的“花园城市”，公园绿地系统由区域公园、新镇公园、邻里公园、公网串联网络4级体系组成。串联公园的网络相当于“绿道”，在城市绿地中发挥着联通的作用。新加坡绿道网络规划是在1991年提出的，该网络将连接自然的开敞空间、主要公园、体育休闲用地、隔离绿道、局部的绿化通道以及其他开敞空间与滨海地区连接，为居民提供散步、慢跑、骑自行车的健身径，为野生动物提供栖息之所，保持生物多样性。在2001年之后，规划概念提出提高绿地空间可达性的目标，要求通过公园串联系统将公园、新镇中心、体育设施和公共邻里连接起来。在2002年《公园、水体规划及个性规划》中，提出了将串联绿化廊道的总长度从2003年的40km增加至2015年120km的目标。新加坡畅通的绿道将城市外围的绿色开敞空间和城市开敞空间连接起来，在高密度的城市建成区内为市民游乐提供了充足的场所，并创造出城市融于花园之中的感觉（张天洁等，2013）。

日本国土面积小、人口密集、自然资源匮乏，农村人口的大量涌入城市，致使日本面临了严峻的环境问题。绿道的建设既不单独占用建设用地指标，又具有投资少、见效快等特点，可以有效缓解日本城市生态矛盾问题。在东京等人口稠密、寸土寸金的都市地区修建尽可能多的绿道，一方面为身心疲惫的城市居民提供健身、游玩、放松的平台，另一方面又将通过绿道串联起沿线的和名山大川、名胜古迹。日本绿道设计精巧，多沿河而建，树木花丛错落有致，为城市中的野生动物提供了良好的栖息地和中转站。日本对国内的主要河道一一编号，加以保护，通过滨河绿道建设，为植物生长和动物繁衍栖息提供了空间，为城市居民提供了体验自然、欣赏自然的机会和一片远离城市喧嚣的净土（刘畅等，2016）。

二、国内绿道建设现状

我国对于绿道的研究起步较晚，最早起源于《世界建筑》在1985年刊登的日本冈山市西川绿道公园的介绍，随后国内张文、俞孔坚等学者介绍了国外绿色通道的起源、发展历史以及规划案例（俞孔坚等，2005；张文等，2000）。在广东省绿道建设取得显著成效之后，许多省份都借鉴广东的成功经验，纷纷开展绿道建设，如浙江省、福建省、江西省就相继编制了省级绿道网布局规划。2014年，国家旅游局发布了旅游行业标准《绿道旅游设施与服务规范（LBT 035—2014）》，该标准规定了绿道旅游的基本要求、组成要素、设置要求、植物景观要求、设施设备要求、导向系统要求、代码要求及服务要求等，让绿道的建设有了统一的规格。2015年10月召开的中国共产党十八届五中全会上，“美丽中国”被纳入“十三五”规划。绿道作为一类生态工程，符合建设生态文明理念，是践行建设“美丽中国”重要手段。之后，绿道概念的深入，更多城市开展了专门的绿道规划。

（一）国内优秀绿道案例

1. 武汉东湖绿道

东湖绿道位于湖北省武汉市东湖生态旅游风景区内，总长101.98km，是国内最长5A级城市核心区环湖绿道。东湖绿道分为听涛道、湖中道、白马道、郊野道、森林道、磨山道和湖山道7段主题景观道，充分依托东湖山、林、泽、园、岛、堤、田、湾八种自然风貌，将东湖变成市民亲近自然的城市“生态绿心”。

东湖绿道中除了壮阔的自然景观之外，慢行道的设计也十分具有特色。在湖中道内有一条约200m的荧光跑道，也称为星空步道，由夜光材料辅成，在夜晚中散步仿佛置身于萤火虫的海洋中。在郊野道中还设计了一条“高铁竞跑”赛道，将绿道元素和高铁相融合也能体现该路段的特色。跑道终点设有显示成绩的液晶屏，游客可在此尽情释放自我，尽享趣味绿道所带来的乐趣。此外，东湖绿道还采用了“海绵城市”理念，采用“渗、滞、蓄、净、用、排”等多种生态措施，改良生态系统，通过植被规划、人工湿地等方式，有针对性地净化东湖水体，促进东湖生态系统的修复。

2. 成都天府绿道

成都天府绿道是目前国内所有城市中最长的绿道，“一轴两山三环七道”的区域级绿道 1920km、在城市各组团内部成网的城区级绿道 5000km 以上、与城区级绿道相衔接，串联社区内幼儿园等设施的社区级绿道 10000km 以上。“一轴两山三环七道”分别是指锦江绿道、龙门山绿道、龙泉山绿道、熊猫绿道、锦城绿道、田园绿道以及串联了 15 个区县的滨河绿道。

成都市绿道系统率先创新了公园城市的价值转化。创新生态资源市场化运营模式，实施‘老公园·新活力’提升行动计划，加快公益性园林转型升级，联合专业机构深化锦城公园、锦江公园生态价值动态转化对城市功能品质提升研究，探索构建近期投入产出平衡、远期生态价值持续放大的长效机制。在相应用地范围内建设特色小镇形态的一级驿站、特色园区形态的二级驿站、林盘院落形态的三级驿站和亭楼小品形态的四级驿站，在沿途为市民提供休闲游览配套服务的同时，也将结合各级驿站发展音乐、文博、设计、动漫等文创产业，发展观光农业、规模农业。做到了将生态区、绿道、公园、小游园、微绿地五级城市绿地系统化，重塑城市空间结构和经济地理，通过绿道系统够打破原来的屏障，打破圈层式的结构，实现经济、物流等各要素的流动。

3. 宁波“三江六岸”滨江绿道

三江是宁波市的母亲河，也是宁波市地域生态体系的重要组成河骨干，承载了宁波城市最具特色的就是他的临江、临水“商、港、水”的文化精髓，传承宁波的历史文脉。“三江六岸”通过营造绿脉将整个三江口绿道连成片，形成城市休闲廊道、文化廊道、生态廊道，融休闲、观景、娱乐和生态于一体的绿道景观，提供大众与自然对话的平台，提升城市品质的休闲性滨水生态绿道，形成一个可以走、可以跑、可以骑的城市慢行系统。同时，以三江口为起点，姚江、奉化江、甬江两岸，全长约 23km，绿地总面积约 200km^2 范围内的景观得到综合提升。总体呈现“一区、三江、多景”的主题鲜明的滨水空间。

4. 上海绿道

2015 年，上海正式启动编制绿道专项规划，全市各区也陆续编制了区级绿道专项规划，以“三环一带、三纵三横”的市级绿道体系以及“中心加密，长藤结瓜”的区级绿道布局规划，分步有序推进。上海作为寸土寸金的一线城市，为将生态之美融入城市中，在黄浦江和苏州河沿岸的公共空间中作规划，形成了独特的“一江一河”格局，以市区两级绿道为骨架穿起各类公园、绿地、林地等绿色空间，最大化利用现有绿化资源，优先在绿量充足、绿视率高的公园绿地中选址，减少对现有植物和景观资源的破坏。

在上海，绿道扮演的角色，不仅是生态节点的往来通道，更能通达历史景点、传统村落、特色街区等各类人文节点，成为人们追求高品质生活的“文脉”，承载文化艺术的设计巧思在苏州河绿道黄浦段比比皆是，目的就是让市民游客在休闲休憩的同时，能够浸润海派文化，“沿着绿道行走，既是‘一江一河’之旅，也是探寻文脉之旅。”

（二）广州绿道的建设特点

广州市充分依托“山、水、城、田、海”的自然格局和丰富的人文历史资源，将省立绿道与森林、田园、水体等生态资源相结合。同时广州市各区县因地制宜，打造各具特色的绿道。例如越秀区绿道强调生态和人文两大理念；海珠区绿道突出其一望无际的果园和珠江生态建设两大亮点；荔湾区绿道借助其别样的自然风光；天河区绿道强调低调的出行方式；白云区绿道借力靠近身边的山水打造充满田园风光的绿道；花都区绿道充分利用整合当地的自然和人文景观资源；番禺区结合区内丰富的古村落文化打造滨水休闲的水乡绿道；南沙区绿道利用滨海优势打造滨海风情的休闲绿道；黄埔区绿道利用其显著企业数量优势和自然风光打造生态绿道、名企绿道以及竞技绿道；从化区山水借助其“山、水、村、城”错落有致的风光来打造山水休闲绿道；增城区绿道则是集市民休闲、绿色生活、观光消费、农民致富多重功能为一体。

（三）广州绿道的管理方式

目前，广州绿道系统的管理主要采取以下两种方式：增城把一段绿道委托给安达旅行社进行管理，增城市政府支付一定的管理费，目前有一些区是采用的与增城相同的方法；另一种是依托绿道所在地的政府和社区进行管理。

尽管绿道分类方式不尽相同，但基本是依据本地区地域特色，地形特点，绿道主要功能来分类的。所以，在进行绿道网络规划时，一定要结合地区的实际发展情况，抓住地域文化特点，体现不同的地方特色，充分利用现有绿色资源，为城市居民提供充分接触大自然的机会，增加人与自然的亲近度。

第五节　广州绿道、碧道、古驿道融合发展分析

一、广州古驿道建设现状

随着珠三角绿道网的建成，广东着手推动绿道向粤东西北部的延伸，并颁布《广东省绿道网建设总体规划（2011—2015 年）》作为部署指引。然而，由生态控制线的划定来推动区域生态安全格局构建的政策在 13 年确立后，省域绿道网推进区域生态网络的构建在政策上失去紧迫性，且粤东西北地区在社会经济发展上与珠三角地区差异巨大，

这使得省绿道网的规划归于平静。广东省开始寻求绿道升级的策略，2015 年南粤古驿道活化利用的提出激活了省域绿道的建设。

南粤古驿道是 1913 年以前广东境内用于传递文书、运输物资、人员往来的通道，包括水路和陆路，官道和民间古道，迄今为止发现的古驿道及附属遗存有 202 处。驿道在历史上是中原联系岭南的重要枢纽，是海上丝绸支路向内陆延伸的重要途径，也是广东历史发展的重要缩影。随着社会经济发展方式的变更，这些承载着各种历史事件的文化遗存大多分布在边远的贫困乡村地带。以古驿道的修复利用为纽带，可以串联沿线历史村落和自然特色资源，与乡村旅游的发展形成组合优势，从而实现历史文化修复、农村人居环境改善和精准扶贫三者的结合。广东省副省长许瑞生以《线性文化遗产的利用和保护》为题，结合欧洲城市发展实践启示，希望能借鉴欧洲文化之旅概念复兴粤古驿道，将古驿道的保护利用与乡村旅游的发展相结合，以古驿道建设绿道，增加新农村建设的文化内涵，增强乡村地区的吸引力。广东省政府在 2016 年《政府工作报告》中也提出了“修复南粤古驿道，提升绿道网管理和利用水平”的工作安排。

2016 年，广东省率先开展 6 条古驿道保护利用工作，力求将南粤古驿道打造成为展现岭南历史文化和地域风貌的“华夏文明传承之路”，推动广东户外体育、乡村旅游的“健康之路”，促进粤东西北城乡经济互动发展、实现精准扶贫的“经济之路”（马向明，2019）。2017 年底，南粤古驿道集聚体育、农业、文化、旅游、生态等不同产业发展的资源要素，成为广东乡村发展的一股强劲动力，重点打造 8 处古驿道示范段。2018 年，建设 11 条重点古驿道线路 1 条重点线路，包括惠州罗浮山古道、汕尾海丰羊蹄岭—惠州惠东高潭古道、梅州大埔三河坝—潮州饶平麒麟岭古道、梅州兴宁—平远古道、广州从化古道、河源粤赣古道、韶关南雄梅关—乌迳古道、清远连州秦汉古道、清远连州丰阳—东陂古道、西京古道、珠海中山岐澳古道，总长 740 多公里。2019 年做好重点线路和示范段的“巩固提升”与新增重点线路保护修复工作内容，补齐粤西地区古驿道网络。2020 年将围绕“高效能利用、高品质体验”目标，择优打造“8+3+3”南粤古驿道精品线路：即择优打造西京古道、梅关古道等 8 条总长 376km 南粤古驿道精品线路；新增修缮珠海东澳岛、凤凰山和阳西 3 条海岛海防主题线路；新建潮州潮安、饶平和肇庆封开 3 条滨水绿道精品线路。

“条条大道汇广州”，广州可以说是南粤古驿道的汇聚之地，广州市也在积极落实南粤古驿道建设。广州市国土规划委下属的广州市岭南建筑研究中心经过研究和梳理，经过考证的历史遗存和重要节点主要有钱岗古道、溉洞古道、夏街古道、莲花塔、南海神庙、黄埔古港、京溪古道、百步梯遗址、大官路等 9 处（孙海刚等，2018）。夏街古道还是目前唯一位于城区且保存良好的古驿道。但是，古驿道沿线的乡村地区地处偏远，经济水平落后，工商业发展呈现滞后性。村落中各项设施条件不完善，传统建筑也缺乏相应的保护措施。更严重的是每个家庭中青壮年外出务工，留下了老人和孩子，造成了“空心村”现象，无法成为农业发展的力量。驿道沿线的乡村内部生态环境优越，气候条件等均非常适宜农业发展，特色农业资源丰富。由于这些村子中的农业发展长期处于分散的经营状态，且规模较小，未能形成品牌效应，同时缺乏政府引导，农业经济效益低下。古驿道沿线地区拥有十分丰富的历史文化资源，但是分布过于零散，未能形成集中的片区，使得形成的效益微弱，彼此间互通的道路也不顺畅，与文化旅游的习惯特征极不相符。为了促进乡村农业旅游业发展，整合特色文化资源，应选择特色建筑为节点，重新打造文化主题，将特色景点与驿道沿线结合在一起，形成周边特色旅游区。强化古驿道沿线旅游产业带，就是利用古驿道各个不同沿线将其历史文化资源、农业生产等串联起来，发展自然观光、生态型的旅游景点，带动农业旅游发展。

二、广州万里碧道建设现状

万里碧道是以水为主线，统筹山水林田湖草各种生态要素，兼顾生态、安全、文化、景观、经济等功能，通过系统思维共建共治，优化生态、生产、生活空间格局，打造“清水绿岸、鱼翔浅底、水草丰美、白鹭成群”的生态廊道。建设万里碧道是广东省委、省政府作出的一项重要决策，是广东河湖治理的 3.0 版。广东有 1.1 万条河流，长 6.6 万 km，河流两侧 5km 范围内的农田占全省农田的 75%，水系周边 2km 范围内活动人群超过 8000 万人。通过万里碧道规划建设，以水为主线，统筹山、水、林、田、湖、草等各种生态要素，在南粤大地打造“清水绿岸、鱼翔浅底、水草丰美、白鹭成群”的生态廊道，进而推动河湖综合治理、沿线休闲游憩设施建设、产业结构转型、宜居城乡建设和区域协调发展，探索出一条经济社会与生态环境协调发展的新路径。建设万里碧道旨在构建“一湾三片、十廊串珠”的广东碧道空间格局，即以粤港澳大湾区为核心，建设湾区岭南宜居魅力水网，在粤北、粤东、粤西建设各具特色的生态片区，建设 10 条特色廊道，彰显广东美丽诗画河湖特色。

根据广东万里碧道建设总体规划，到 2020 年 4 月底，完成“1+10”省级碧道试点 180km 的任务，分别是粤港澳大湾区的 8 段都市型碧道试点，分布在广州、深圳、珠海、佛山、惠州、东莞、江门、肇庆，潮州、梅州、湛江、阳江、云浮、河源、汕尾为城镇型碧道试点，清远、韶关、茂名为碧乡村型碧道试点；到 2022 年，全省建成 5600km 的万里碧道；到 2035 年，全省碧道总长度达 2.56 万 km，人水和谐的生态文明建设成果全面呈现。广州市作为超大城市，水系发达，现有河道 1368 条，总长度约 5500km，水库 368 宗，主要生态调蓄湖 12 个，全市水面率 10.15%，全市建成区绿地率 38%，森林覆盖 42%，建成公园 247 个、森林公园 90 个、湿地公园 19 个、风景名胜区 4 个。广州碧道以“里香水生活”为理念，建设因地制宜，主动衔接省域碧道布局，依托广州北树南网水系格局和北部、中部、南部不同自然禀赋，打造“一条主脉、两条支线、三大片区、多个节点”的广州特色千里碧道格局。“一条主脉”即以珠江为主脉，打造西航道、前、后航道、黄埔航道、虎门水道生态脉络，构建广州碧道主廊道；“两条支线”是主要以流溪河、增江为两大支线，支撑广州生态格局；“三大片区”即北部山水碧道区，以从化、增城的流溪河、增江为主，体现广州山水园林特色。

2019年初，广州市政府将“推动落实省‘万里碧道’工程”写入2019年政府工作报告中，每个区均安排了5km以上的碧道试点任务，计划2019年建成103.98km试点碧道。2020年3月出台了《广州市碧道建设实施方案（2020—2025年）》，明确落实了碧道建设的责任主体、主要任务、资金渠道等，为广州未来五年碧道建设提供了具体遵循，提出了建设1506km碧道的目标。目前，广州已建成蕉门河、东山湖、生物岛、花都湖、车陂涌、海珠湿地、流溪河等省、市级试点碧道近120km。2020年建设碧道300km以上，助力广州发挥湾区核心引擎作用，实现城市建设质量及人居环境福祉提升。

三、广州古驿道、碧道与绿道的融合建设

（一）符合社会发展需求

广州市是广东省省会，在粤港澳大湾区中发挥国家中心城市和综合性门户城市的引领作用。自20世纪80年代的经济改革以来，珠三角地区通过吸引大量小规模、劳动力密集型的产业来实现自下而上的农村工业化进程，使得广州市城市化水平和城市人口数量快速增长，在经济上也跃升为国家重要的增长极。然而，城市的无限蔓延、工业的无序扩张、生态环境的破坏、城乡经济差距的扩大、公共资源的分布不均、产业升级的挑战等都成为广州市发展亟待解决的问题，因此《广州市城市总体规划（2017—2035年）》中强调，发展要落实“四个坚持、三个支撑、两个走在前列”的要求，全面加强与丝绸之路经济带和21世纪海上丝绸之路沿线国家地区的务实合作，发挥粤港澳大湾区核心增长极的作用，建设优质生活圈，发挥广州作为国家重要中心城市和省会城市的优势，建设独特特色、文化鲜明的一流城市。现阶段广州要以战略重点为牵引，以重大项目建设为抓手，加强对城市总体规划目标的实施与推动，从区域协调发展、现代化产业体系、创新驱动、交通枢纽与互联互通、美丽广州、民生保障、文化自信和乡村振兴八大方面行动。

绿道规划可以缓解与快速城市化有关的社会、经济问题，即提高生活质量、促进经济发展。广州市绿道网络的建成增加了城市内的连通性和可达性，市内居民出行可以选择自行车这样更加低碳环保的方式，提高了居民到达大面积开敞绿地的机会，都市绿道与休闲运动相结合，不仅提高了人居环境质量，城市亚健康状况也有所缓解。2016年之后，南粤古驿道的活化利用融入绿道功能升级之中，在新的背景下实现了历史文化修复与“精准扶贫”和农村人居环境改善相结合。历史文化路线在国外早有实践经验，欧洲文化线路委员会已经认定29条欧洲文化线路，文化线路遗产名单包括运输线路、贸

易线路、宗教线路等。美国也以国家公园的体系作“遗产廊道”的文化之旅的规划。省域绿道是大都市外围的区域绿道，古驿道连接线与已有的绿道相连，成为整体，充实了绿道的文化内涵，基于线性文化遗产模式将文化承传与农村人居环境改善和扶贫工作的相结合，则把各类政策资金汇集起来，合力推动乡村发展。南粤古驿道价值的挖掘有利于岭南文化的传承，有利于广州建立文化自信。万里碧道建设主要是通过改善滨水空间从而提高人居环境质量，许多碧道依托绿道和古驿道开展，是最大化整合现有资源，在广州市现有 735km 滨水绿道、驿道基础上，推进碧道、绿道、古驿道、慢行道互联互通、成网成片，形成“1+1+1>3”的成果。此外，碧道建设与粤港澳大湾区建设、“一带一路”建设、乡村振兴战略相结合，可以提高其经济价值，倒逼沿线产业升级、城市更新、基础设施建设，助推广州高质量发展。

（二）体现生态环境价值

近年来，广东一直走“生态强省”支路，积极推进建立珠三角森林城市群，要在又好又快发展经济的同时，积极推进生态文明建设，做到“既要金山银山，又要绿水青山”。广州城市发展定位是“美丽宜居花城，活力全球城市”，计划分为 2020 年、2035 年以及 2050 年 3 个阶段最终实现全面建成为向世界展示中国特色社会主义制度巨大优越性，富裕文明、安定和谐、令人向往的美丽宜居花城、活力全球城市。要建设人与自然和谐共生的美丽宜居花城，要构建联通山水、贯穿城区、蓝绿相融、功能符合的生态空间网络，串联生态公园和城市公园，构建城乡休闲游憩体系，维护整治全市水网格局。绿道的建设扩大了城市内绿地面积，发挥了城市绿地基本的增氧增湿、吸附微粒、改善水质等生态功能；串联零散的绿地斑块，维持了物质能量的流动以及生物多样性，促进了动物的迁徙；此外还缓解市内“热岛效应”，促进城市内部通风等。碧道注重打造绿色生态水网，对广州市江河源头保护、生态敏感区水环境治理、水土流失等问题突出解决。两者都有利于广州市形成“清水绿岸、鱼翔浅底、水草丰美、白鹭成群”的生态环境，对于广州实现“美丽宜居花城，活力全球城市”定位目标，创建宜居城市，形成“美丽广州”，有着重要的推动作用。

四、“三道”结合的长远规划与建议

（一）合理衔接，整合利用

绿道在城市内扩大了城市绿地的供给，增加了连通性和可达性，成为市民低碳环保出行的新方式；古驿道侧重于文化内涵，利用线性空间打造历史文化游径；碧道则重点打造亲水空间，沿滨水道保护治理广州市水网河道。“三道”在功能上各有所专，但又有相互补充完善。在实际建设中，“三道”要在功能上相辅相成，在形态上与自然特征相结合，在资源上有效整合、集约利用，推进碧道、绿道、古驿道、慢行道互联互通、成网成片。

（二）协同管理，功能分解

现阶段在绿道、古驿道、碧道的管理上，可以进行功能分解，按园林、文化、水文等功能对“三道”进行分工，工作小组各擅其长。园林小组针对绿道、古驿道、碧道周围的景观和植物配置、管理、维护进行工作，文化小组重点挖掘绿道、古驿道、碧道中的历史文化内涵，要基于旅行、文化、人物和故事等主题来体现，水文小组则针对完成河湖治理，水质提升。每一功能进行针对性管理，在任一具体路段研究中又能协同合作，有利于绿道、古驿道、碧道更好的建设。

（三）提质增效，打造主题效应

广州线性开敞空间的建设是从绿道开始，古驿道通过文化线路与文化复兴和乡村振兴的结合，现在万里碧道建设以水为主线打造生态廊道。要让“三道”效用提高，更好的服务大众，可以对其进行产业结合，形成品牌效应。绿道以“绿色骑行”为主题，建立自行车道，分段设立节点，可用不同的徽章、印章等作为完成骑行的奖励，鼓励市民周末户外健身、出游。定期可举办骑行大赛，让绿道游变得有“仪式感”。古驿道以不同主题设立文化路线，如英雄人物主题、历史故事主题等，将古驿道与乡村旅游相结合，促进广州周边城市的旅游业发展。也可以与学生户外教学、春游等相结合，让学生实地实景了解岭南文化，形成独特的“艺道游学”产业，有利于岭南文化的传承发展，树立广东文化自信。碧道着重打造城市亲水空间，重塑南岭水乡文化。三者各有发展而又相辅相成，最终形成相融一体综合性的“顶层设计”。三者从生态、安全、文化、景观、经济等各功能上叠加，让广州市的绿色线性空间变得有体验、有内容、有回忆。

第十六章 水生植物净化和修复城市污染水体的特征综合分析[①]

第一节 水生植物净化和修复概况

一、城市污染水体现状

水是维持整个地球上生命的重要自然资源。人类活动造成的水污染是全世界共同关注的重大问题（Dhir，2013）。城市作为人类活动的中心，大多分布于湖泊、河流、水库、河口和滨海地区等水体周围。这些水体常提供重要生态系统服务，包括提供饮用水和食物、水循环与区域气候调节、作为支持生物多样性的栖息地、美景和娱乐机会等（Keeler et al.，2012；Phaneuf et al.，2008）。然而，大量的工业排放活动和市政污水排放使城市水质受到各种因素损害而恶化，其中最常见的污染是高负荷的氮、磷污染（Driscoll et al.，2003；Robertson et al.，2013）以及广泛存在的重金属污染。城市人口迅速增加造成了氮、磷污染的增加，过量营养负荷导致了水体富营养化。大量藻类生长繁殖，并向着有害的蓝藻发展，使水体透明度降低、氧气含量减少、大量水生动物死亡并导致生物多样性的损失（Bernhardt et al.，2008；Carpenter et al.，1998；Correll，1998；Groffman et al.，2004；Schindler et al.，2016）。城市污水的重金属污染物主要来源于汽车尾气、化工产品及工业活动。随着工业化和城市化的发展，由人类活动造成的重金属污染，严重威胁着水生生物的生存（Engin et al.，2017），并对居民健康和生态环境造成威胁，使世界上大多数水生生态系统都受到了威胁。

二、水体修复技术

为解决城市水体富营养化和重金属污染的问题，常见的物理、化学处理方法由于可行性和局限性等原因，无法达到持续良好的水体净化目的（王源意等，2016）。比如，物理法中综合调水法仅可在短期内缓解水体的富营养化状况，若污染源不能有效控制，其净化效果不能长期保持，且该方法在北方等缺水地区的可行性较差；化学方法在控制藻类生长和去除藻毒素方面具有高效性，但成本较高、选择性普遍不好，研究仍处于实验室阶段（张孝进等，2021）。随着科学研究的不断进步，利用生物修复方法进行水体

---

① 作者：裴男才、武瑞琛、郝泽周、孙冰、罗水兴、何继红、王庆飞。

净化，已经成为一种生态友好和经济效益高的方法，水生植物作为生物资源，在去除各类污染物方面具有巨大的潜力（刘伸伸等，2016）。常见修复方法见表 16-1。近年来国内外学者就植物修复技术在污水处理方面的机制和应用进行了大量研究，对这些案例进行了归纳分析，以期对城市污水治理提供参考。

表 16-1 常见的污染水体修复技术

方法类别	技术名称	适用水体污染类型	适用水体类型	主要机理
物理法	曝气复氧	严重有机污染	有一定水深	促进有机污染物降解
	底泥疏浚	严重底泥污染	小型水体	控制内源污染释放
	综合调水	富营养化	小型水体	直接改换水质
化学法	化学除藻	富营养化	中、小型水体	抑制藻类生长
	絮凝处理技术	磷污染	中、小型水体	将溶解态的磷转成固态磷
	重金属固化	重金属污染	中、小型水体	溶解态金属离子转成不溶化合态
生物法	投菌法	有机污染	中、小型水体	降解污染物
	植物净化技术	有机污染	中、小型水体	提高生态系统稳定性
	生物过滤技术	有机污染	小型水体	促进有机污染物降解
	稳定塘	有机污染 / 富营养化	中、小型水体	促进污染物迁移 / 提高水体生态稳定性
	多自然型河流构建技术	生态破坏 / 水土流失	大、中、小型水体	提高水体生态稳定性

第二节 植物修复技术的机制和原理

利用植物修复环境的基本思想由来已久。早在 1957 年 Oswald 和 Gotaas 发表了应用藻类去除污水中的氮磷营养的报道（Oswald & Gotaas et al.，1957）。我国利用水生植物净化水质的研究始于 20 世纪 70 年代中期（吴玉树等，1991）。目前，植物修复技术是指以植物（如水草、水生花卉等）忍耐和超量积累某种或某些化学物质的理论为基础，利用植物及其共生物体系消除水体中的污染物的环境污染治理技术。尽管植物对不同污染物的吸收机制不同，但植物修复技术既可以处理氮磷过量排放带来的富营养化，也可以处理重金属造成的城市污水污染（Poschenrieder et al.，2003）。常见植物修复机制如下。

一、植物提取

植物提取（phytoextraction）是指利用一些通过针对特定污染物有富集作用的特殊植物根系从沉积物或淤泥中吸收富集污染物，经过物质循环运移至植物地上部，通过收割植物地上部物质，实现土壤中污染物的转移。这一类污染物的类型主要为重金属和类金属（Brooks，1998），而具有富集金属元素超过植物生长所需金属作用的植物被称为

"超富集植物"。一些超富集植物，如凤眼莲、浮萍、狐尾藻、水薄荷已经成为去除污染水中重金属能力的研究对象，还有细叶满江红、羽叶满江红、香蒲、人厌槐叶苹也被用于改造含重金属的污水（Oyuela Leguizamo et al.，2017）。

二、植物稳定化

植物稳定化（phytostabilization）是指植物吸收和累积作用实现沉积物或淤泥中的污染物，改变污染物的活动性，转化为相对无害物质，将污染物固定于根、茎、叶中。植物稳定化适用于氮磷污染和重金属污染，但这种方式并不具备永久去除污染物质的能力，当植物死亡后，会有部分污染物随着植物的分解而重回到环境中，因此需要长期的维护管理。

三、植物过滤

植物过滤（rhizofiltration）是指利用植物根系的吸持作用，通过吸附或沉淀去除水体污染物，将污染物吸附或沉淀在植物根部。植物过滤可从污水中去除重金属及有机污染物（Dushenkov et al.，1995），较适用于大面积的污染水体。

四、植物挥发

植物挥发（phytovolatilization）指水体或沉积物中的污染物被植物吸收后可通过植物表面组织挥发到空气中。植物挥发可实现对重金属污染治理的目的，该技术可将高毒性的汞转化为低毒性的汞挥发至大气（Meagher，2000）。但挥发到大气中的重金属可能会因过高的浓度或再沉降等，对环境造成二次污染，具有一定的风险性。

五、植物降解

植物降解（rhizodegradation）则是通过植物体内的新陈代谢作用降解吸收的污染物，或者通过植物分泌的酶类分解水体沉积物或淤泥中的污染物。该技术对有机污染物处理效果较好（Burken et al.，1997；Thompson et al.，1998）。当植物死亡时，大部分污染物已经被降解为无毒性物质或无机物，可以有效地避免二次污染。

第三节 植物修复技术评价

一、影响植物修复的因素

（一）植物物种

不同水生植物污染物富集能力不同，水生植物往往在植物自身稳定性、对有毒元素的耐受性以及不同器官中元素浓度方面存在种类特异性。一般对于重金属元素，根系浓度最高，茎叶浓度较低（Bonanno et al.，2018）；例如，香蒲等根系发达的水生植物，其根系部位富集重金属浓度相比茎与叶片部位要大（Ye et al.，2001）。不同生活型水生植物对重金属的富集效果也存在差异，一般认为沉水植物的重金属富集能力大于漂浮植物和浮叶植物（Chandra et al.，2004）。水生植物生长状况对污水的净化率也有很大的影响（周炜等，2006），生长越旺盛、生物量越高，根系越发达的植株，其净化潜力越强。

（二）植物配置方式

利用不同植物的生长特性进行适当配合种植有可能提高水体的总体净化效率。多种植物配置更能有效地净化水体、减少病虫害以及维持生态系统稳定；例如，水芹和微齿眼子菜可作为构成双层次群落结构的优选植物种类，用于修复太湖地区富营养化水体黄蕾等（黄蕾等，2005）；在低浓度镉污染下，水芹、灯芯草、凤眼莲的组合对重金属废水的净化效果最好，镉去除率较高（陈银萍等，2021）。

（三）水体污染程度

在污染程度不同的水体中，植物修复的能力也有差异，要考虑水生植物对营养胁迫的适应能力。氮、磷污染物降解速率常数随着该污染物初始浓度的降低而增加，但氮、磷两者降解速率不同；当磷初始浓度低至某一水平时，磷成为植物生长的限制因子，植物对磷的去除速率明显加快（Körner et al.，1998）。

（四）温度

水生植物对污染物的吸收受温度的影响（Akratos et al.，2007）。生长温度适宜时，对污染物的吸收表现也最好（Pedersenet al.，2004）。故而在气温较低的冬季，需要选择适宜的越冬植物，使之对水体中污染物有较高的净化率，如水芹、聚草等（Gopal & Goel，1993）。李文朝（1997）选用耐寒植物伊乐藻和喜温植物菱及凤眼莲，在富营养湖泊五里湖中开展了常绿型人工水生植被组建实验，使小型富营养化水体长期生态修复达到了较好效果。

（五）pH 值

不同植物对水体 pH 值耐受能力有明显的差异，水体偏碱或偏酸的 pH 值都有可能带来某些物种在此消亡，造成物种单一化（严国安等，1994）。pH 值可以作为水生植物生长状况和净化功能发挥程度的一个间接地指标。赵克俭（2010）选用凤眼莲作为试验对象，发现不同 pH 值的重金属污染水体下，水生植物对重金属的吸收能力不同。

（六）光照

光照通过影响水生植物的生长速率来影响其污染物富集能力的（任南等，1996）。大量的研究结果表明，沉水植物只有在光补偿（点）深度以上，才能进行正常的光合作用和呼吸作用（白峰青等，2004）。水体透明度下降也是许多具有较高光补偿点的沉水植物遭受破坏的重要原因之一。湖水透明度的不同主要受悬浮物、水中高等植物生长分布等因素所致（张运林等，2003）。

二、植物修复技术前景

（一）植物修复技术优势与局限

植物修复技术具有一定的优势，例如：成本低、效率高、可持续、避免二次污染、可大范围实施、管理费用低、发展前景大等的优点，同时还具有美学价值和生态效益。然而，由于城市污水受周围环境影响较大，植物修复难以在短时间内达到预期效果（Ernst，1996）；植物死亡后，富集的重金属污染物有可能再次进入环境造成二次污染；在选择配置治理污染水体时具有局限性，还需要进行多次验证以达到效益最大化。

（二）植物修复技术发展方向

超累积植物的筛选与培育：超富集植物主要是指那些对某些重金属具有特别的吸收能力，而本身不受毒害的植物种或基因型，即重金属超富集体（hyperaccumulators）。超富集植物对不同金属元素富集的最低浓度不同，最常采用 Baker 和 Brooks 的参考值（Baker et al.，1989）。可从长期处于高污染的环境中寻找耐受性强、生物量大且具有超富集能力的植物，如凤眼蓝属、槐叶苹属、大薸属、满江红属、狐尾藻属、香蒲属、蔗草属、黄花蔺属、米草属、沙草属、芦苇属等属（Rezania et al.，2016）。可通过转基因技术将超富集性状转移到生长速度快、适应环境强的植物中，并将这些植物应用于重金属和有机污染物的处理中（Aken et al.，2010；Macek et al.，2008）。还可通过添加特殊化学物质，可以改善植物的生长效果，从而提高植物对污染物的吸收作用；比如，二乙基氨基己酸乙酯对黑麦草在镉的去除作用方面具有良好的促进效果（He et al.，2015）。

与微生物共生提高修复效率：植物共生细菌和植物共生真菌，都有助于改善植物对生物和非生物胁迫的耐受性。可尝试采用植物与细菌和真菌的共生增加各种环境污染物的植物修复效率。螺旋藻的死藻细胞生物对镍的吸附能力显著高于活藻细胞，死藻细胞比活藻细胞更便于贮存、运输和实际应用（李秋华等，2007），故可筛选此类植物来处理更多特殊状态下的污水。

第四节　用于植物修复技术的水生植物

一、挺水植物

挺水植物是指根、根茎生长在水泥土中，而茎、叶挺立出水面的一类植物。常见污水治理的挺水植物见表 16–2。在氮磷去除效果上，孙譞等（2010）通过室内盆栽试验，发现千屈菜、野慈姑和黄菖蒲对总磷的净化效果尤为突出；菖蒲、野慈姑和芦苇对总氮净化效果较好。何娜等（2013）通过人工配置污水进行实验，结果表明菖蒲对铵态氮的去除效果最好，慈姑对硝态氮的去除率最高，香蒲对总磷的去除率最高。汤显强等（2007）通过室外盆栽试验，研究发现千屈菜的磷去除性能最好，水葱对总氮的去除效果好。郭岩岩等（2018）采用静态模拟试验研究发现，美人蕉和风车草对总磷的去除率较高，芦苇和慈姑对铵态氮去除率较高。杨林等（2011）发现美人蕉和黄菖蒲较强的氮磷降解能力。刘雯等（2009）发现茭白有较强的硝化能力，可促进氮的去除。李龙山等（2013）进行污水净化试验时发现，长苞香蒲、水葱和芦苇可作为人工湿地净化污水的优先选择。高吉喜等（1997）发现，慈姑和茭白在去除氮磷方面表现良好，净化率高。综上所述，千屈菜、野慈姑、黄菖蒲、长苞香蒲、美人蕉、风车草等对总磷的去除率较高，菖蒲、茭白和水葱对氮去除率较高；水葱、芦苇、美人蕉和黄菖蒲的氮磷综合去除效果较好，可作为氮磷去除的优选挺水植物使用。

在重金属的去除效果上，通过监测发现，香蒲和黑三棱是吸收富集铅和锌的较适宜植物种类（Sriyaraj et al.，2001）。宽叶香蒲被发现有去除污水中锌、砷和铅的潜能（Alonso-Castro et al.，2009；Hadad，*et al.*，2010；Ye et al.，2001）。芦苇和藨草可以富集汞和砷元素；而芦苇、藨草、香蒲、宽叶香蒲和黑三棱能净化含锌、镉等重金属废水。

综合考虑净化能力，芦苇、菖蒲和美人蕉等有较好的净化水质的潜力。此外，像水芹、石菖蒲具有一定的药用或食用价值的水生植物也对富营养化水体具有良好的净化作用，对氮、磷具有较好的去除效果（张震等，2019），故而可应用于污染水体的生态修复治理的同时，创造一定的经济效益。

表 16-2 常用于污水治理的挺水植物

物种	科	属	物种	科	属
菖蒲	菖蒲科	菖蒲属	旱伞草	莎草科	莎草属
芦竹	禾本科	芦竹属	豆瓣菜	十字花科	豆瓣菜属
芦苇	禾本科	芦苇属	水仙	石蒜科	水仙属
互花米草	禾本科	米草属	睡莲	睡莲科	睡莲属
狐米草	禾本科	米草属	石菖蒲	天南星科	菖蒲属
变叶芦竹	禾本科	芦竹属	香蒲	香蒲科	香蒲属
茭白	禾本科	菰属	宽叶香蒲	香蒲科	香蒲属
欧洲芦荻	禾本科	芒属	狭叶香蒲	香蒲科	香蒲属
黑三棱	黑三棱科	黑三棱属	长苞香蒲	香蒲科	香蒲属
荷花	莲科	莲属	大聚藻	蚁塔科	狐尾草属
蓼	蓼科	蓼属	梭鱼草	雨久花科	梭鱼草属
美人蕉	美人蕉科	美人蕉属	梭鱼草	雨久花科	梭鱼草属
千屈菜	千屈菜科	千屈菜属	雨久花	雨久花科	雨久花属
鱼腥草	三白草科	蕺菜属	黄菖蒲	鸢尾科	鸢尾属
香菇草	伞形科	天胡荽属	鸢尾	鸢尾科	鸢尾属
水芹	伞形科	水芹属	黄花鸢尾	鸢尾科	鸢尾属
水葱	莎草科	藨草属	野慈姑	泽泻科	慈姑属

（续）

物种	科	属	物种	科	属
风车草	莎草科	莎草属	泽泻	泽泻科	泽泻属
荸荠	莎草科	荸荠属			

二、沉水植物

沉水植物是指植物全部位于水层下面营固着生存的植物。常见用于污水治理的沉水植物见表16–3。在氮磷去除效果上，王丽卿等（2008）认为金鱼藻和马来眼子菜对总氮的去除效果较好，马来眼子菜和穗状狐尾藻对氮磷的去除效率最高。Polomski等（2009）发现粉绿狐尾藻对总磷的去除效果较好。樊恒亮等（2017）发现低浓度下狐尾藻的氮积累量最大，苦草磷积累量最大，中、高浓度下金鱼藻的氮磷积累量均为最大。潘保原等（2015）发现轮叶黑藻对氮磷的去除能力突出，是一种很好的水体净化沉水植物。周金波等（2011）发现大聚藻对氮磷的净化作用都较强，适宜冬季低温条件下的净水工程。Pakdel（2013）发现菹草和南方轮藻具有减轻浮游植物水华的潜力。其中，金鱼藻、大聚藻、轮叶黑藻、马来眼子菜、微齿眼子菜、狐尾藻和穗状狐尾藻去氮除磷效果较为突出，对总氮和总磷的净化增效较高。

在重金属去除效果上，Keskinkan（2004）发现金鱼藻对铜、锌、铅有较强的吸附能力，在修复重金属复合污染水体中潜力较大。彭克俭等（2010）通过室内试验研究表明，龙须眼子菜对镉、铅的富集能力较强。陈国梁等（2009）的实验结果表明，菹草对铜、镉、锌重金属元素的富集能力较强，黄丝草对铅的富集能力强。张饮江等（2012）发现伊乐藻去除水中的镉的作用显著，金鱼藻、伊乐藻和苦草都可修复镉的金属污染；也有研究表明菹草适宜于秋冬空闲期间汞、砷，镉污染的修复（Shi et al.，2018）。

综合来看，金鱼藻、菹草、黑藻等可作为生态净水工程的优选水生植物。此外，刺苦草具有较高的经济价值，菹草还可作为草食性鱼类的良好天然饵料，可应用于水体生态修复工程中。

表16–3　常用于污水治理的沉水植物

物种	科	属	物种	科	属
大茨藻	茨藻科	茨藻属	狐尾藻	小二仙草科	狐尾藻属
金鱼藻	金鱼藻科	金鱼藻属	聚草	小二仙草科	狐尾藻属
黑藻	水鳖科	黑藻属	粉绿狐尾藻	小二仙草科	狐尾藻属
轮叶黑藻	水鳖科	黑藻属	穗状狐尾藻	小二仙草科	狐尾藻属
苦草	水鳖科	苦草属	菹草	眼子菜科	眼子菜属
伊乐藻	水鳖科	水蕴藻属	龙须眼子菜	眼子菜科	眼子菜属
苦草	水鳖科	属苦草属	黄丝草	眼子菜科	眼子菜属

（续）

物种	科	属	物种	科	属
刺苦草	水鳖科	苦草属	竹叶眼子菜	眼子菜科	眼子菜属
海菖蒲	水鳖科	海菖蒲属	篦齿眼子菜	眼子菜科	眼子菜属
水车前	水鳖科	水车前属	大聚藻	蚁塔科	狐尾草属

三、浮叶植物

浮叶植物是指根附着在泥底或者其他基质上，叶片浮于水面的植物。浮叶植物扩展能力较强，易造成泛滥。常见用于污水治理的浮叶植物见表 16–4。在氮磷去除效果上，黄婧等（2008）发现蕹菜具有较强的氮、磷吸收力，是一种可用于富营养化水体水质净化的优良植物。在重金属去除效果上，Kumar 等（2002）发现菱对镉和铅吸附能力较强。陈明利等（2008）发现水蕹可用于锌和镉的重金属污染水体的净化。Choo 等（2006）认为莲适用于铬污染水体的生态修复。Wang 等（2008）发现蕹菜可以修复镉污染的水体。综合来看，蕹菜、莲等在污染水体修复治理应用较广。

表 16–4 常用于污水治理的浮叶植物

物种	科	属	物种	科	属
水罂粟	泽泻科	水金英属	莲	睡莲科	萍蓬草属
菱	千屈菜科	菱属	睡莲	睡莲科	莲属
荇菜	睡菜科	荇菜属	芡实	睡莲科	睡莲属
水鳖	水鳖科	水鳖属	蕹菜	旋花科	芡属
水蕹	水蕹科	水蕹属	眼子菜	眼子菜科	虎掌藤属
萍蓬草	睡莲科				眼子菜属

四、漂浮植物

漂浮植物是指根无附着，生长在水中，植物体漂浮于水面之上的一类水生植物。常见用于污水治理的漂浮植物见表 16–5。在氮磷去除效果上，Polomski 等（2009）发现凤眼莲、大漂应用最为广泛，对各种污染物的去除效率高，对氮磷的净化效果较为突出。在重金属去除效果上：Marín 等（2007）的研究结果显示浮萍对硼有较高的蓄积能力。陈明利等（2008）研究表明，凤眼莲和荇菜可用于处理含锌和镉重金属污染水体。Narain 等（2011）研究表明，凤眼莲对铬、镉、铅、铁的吸附效果较好。侯晓龙等（2007）的研究表明，浮萍和凤眼蓝对镍、锌、镉、铬、铅和锰有吸收作用。在以往的研究实验中（Rezania et al.，2016），凤眼蓝属、槐叶苹属、大薸属、紫萍、浮萍、满江红等已经显示出它们从各种类型的废水中去除金属的潜力。综合来看，漂浮植物中的凤眼莲、大薸和浮萍等在净化水质中发挥着重要作用。

表 16-5　常用于污水治理的漂浮植物

物种	科	属	物种	科	属
浮萍	浮萍科	浮萍属	满江红	满江红	科满江红属
紫萍	浮萍科	紫萍属	水鳖	水鳖科	水鳖属
水禾	禾本科	水禾属	大漂	天南星科	大漂属
人厌槐叶苹	槐叶苹科	槐叶苹属	凤眼莲	雨久花科	凤眼蓝属
槐叶苹	槐叶苹科	槐叶苹属	天蓝凤眼莲	雨久花科	雨久花属
野菱	菱科	菱属			

五、水缘植物

除上述 4 种水生植物种类之外，一些生活在水体附近的植物也在污水治理中也常发挥着重要作用。常见用于污水治理的水缘植物见表 16-6。在氮磷去除效果上，方焰星等（2010）利用水培法研究发现，金钱蒲对污染水体中磷的净化效果好。王浩等（2019）通过温室静态试验，结果表明，鹅掌柴、白掌、吊兰、杨铁叶子和铜钱草对水中总氮均具有较好的去除效果；白掌、吊兰、彩叶草和铜钱草对总磷的去除效果较好；赵妍等（2012）发现泽泻、戟叶蓼、彩叶草、马蔺对生活污水中总氮、总磷综合净化能力较高。Huang 等（2020）认为虉草根系活力和形态特征使其能够在衰老过程中积累氮和磷，适合水质调理过程。司友斌等（2003）的研究表明，香根草对富营养化水体中的氮、磷等具有明显的去除效果。

在重金属去除效果上，Zurayk 等（2001）的研究表明，水薄荷去除镍的能力强，对监测镍、铬、镉 3 种金属最有效，湿生猪屎豆、欧薄荷和有柄水苦荬去除铬的能力强；蒋丽娟等（2012）发现萼距花、旱柳和杨树对重金属的吸收能力达到了显著性水平，对汞、铬、镉和铜由较强的富集力，富集能力最强的是旱柳。陈明利等（2008）研究表明，喜旱莲子草可去除废水中的锌和镉。此外，张倩妮等（2019）认为马蹄莲、鹤望兰、红掌和百子莲在处理生活污水时具有养花的附加值，有助于增加经济收益。

表 16-6　常用于污水治理的水缘植物

物种	科	属	物种	科	属
水薄荷	唇形科	薄荷属	海芋	天南星科	海芋属
湿生猪屎豆	豆科	猪屎豆属	金钱蒲	天南星科	菖蒲属
黑麦草	禾本科	黑麦草属	花烛	天南星科	花烛属
虉草	禾本科	虉草属	白掌	天南星科	苞叶芋属
香根草	禾本科	香根草属	马蹄莲	天南星科	马蹄莲属
薏苡	禾本科	薏苡属	鹅掌柴	五加科	鹅掌柴属

（续）

物种	科	属	物种	科	属
杨铁叶子	蓼科	酸模属	喜旱莲子草	苋科	莲子草属
苦荞麦	蓼科	荞麦属	绣球花	绣球花科	绣球属
细叶萼距花	千屈菜科	萼距花属	有柄水苦荬	玄参科	婆婆纳属
彩叶草	伞形科	天胡荽属	旱柳	杨柳科	柳属
池杉	杉科	落羽杉属	杨树	杨柳科	杨属
水杉	杉科	水杉属	马蔺	鸢尾科	鸢尾属
百子莲	石蒜科	百子莲属			

六、其他植物

在使用水生植物修复技术进行污水处理的实际应用上，生物多样性也是需要重视的一环，因此适当选择适宜水鸟栖息的植物与水体设计结合，如引鸟植物可以与芦苇、凤眼莲、美人蕉等有污水处理作用的植被一同种植（叶静珽等，2019），有利于生物多样性的增加。王兆东等（2016）研究显示，华南区乡土景观植物红鳞蒲桃是良好的引鸟植物，吸引小群白头鹎、红耳鹎、暗绿绣眼鸟取食其浆果。文才臻等（2021）研究表明，铁冬青是华南和华中地区优良的乡土引鸟植物。在生态引鸟的同时，丰富了植物景观群落，增加了生物多样性，营造了支撑复杂食物链的动植物栖息地。

第五节　水生植物对污染物的去除机制

水生植物通过吸收、生物代谢以及根部的微环境基质的吸附、过滤、沉淀在城市污水净化过程中起着关键作用（程娜等，2019）。水生植物对不同污染物的吸收、转运和储存机制是不同的：对重金属和氮磷无机物的去除主要通过植物的根系和叶片主动或被动地摄取机制介导；对含氮、磷的有机污染物的吸收则是通过简单扩散驱动的；污染物被植物吸收后在植物系统内通过多功能酶系统产生的各种生化反应来转化及解毒。

一、对重金属元素的生物去除作用

水生植物对重金属的吸收常通过两种途径：一是植物与金属直接接触产生吸附，通过被动运输作用被水生植物的叶片吸收，导致金属在植物的地上部分积累（Dhir，2010），这是一个不可逆的过程，属于生物累积作用；二是金属在根部被快速吸收，通过的蛋白质转运作用，在根部污染物被迁移到植物的其他部分被区室化（Dhir et al.，2009），这是一个可逆的过程，属于生物吸附作用。

二、对氮磷元素的去除作用

对氮和磷的吸收分为两部分：一部分是对氮、磷无机物的吸收，氮以 NH_4^+ 和 NO_3^- 被水生植物吸收，磷以磷酸盐的形式吸收。例如凤眼莲、槐叶苹、芦苇和藨草有去除氮和磷的能力（Petrucio　et al.，2000）；无机氮作为植物生长过程中不可缺少的物质可被植物直接摄取，转化成生物量，再通过植物的收割从污水中除去（Sun et al.，2005）。另一部分是对含氮、磷元素的有机物的吸收，常见的有机污染物有有机磷农药、氨磺乐灵（除草剂）等。对含氮磷有机物的去除也分为两种途径，一是污染物被植物吸收随后被代谢，非植物性毒素代谢产物后续被积累到植物组织中（Coleman et al.，1997；Dietz et al，2001）；二是释放根系分泌物和刺激微生物活性的酶，导致根区微生物转化增强（Gagnon et al.，2012），在氮的去除过程中，微生物的硝化和反硝化作用仍然是主要的去除机制（屠晓翠等，2006），加速微生物对营养物质的降解作用。

三、对悬浮颗粒物的去除作用

对悬浮物的净化是通过大型水生植物的植物体的吸附、截留和沉降作用实现。大型水生植物植物体可降低风速，有利于悬浮物沉淀，还有利于增强底质稳定性，减少底泥再悬浮；植物体的枝叶与根系在水体中形成的天然过滤网也有利于截留悬浮颗粒物（倪洁丽等，2016）；另外，依附于植物根系的一些细菌在进入内源呼吸期后，发生凝聚产生的菌胶团被漂浮植物发达的根系吸附或截留，将悬浮性有机物和新陈代谢产物沉降下来（朱斌等，2002）。

第六节　植物修复技术在城市污染水体治理的应用案例

一、杭州西湖

西湖位于杭州市市中心，是国际著名的城市风景旅游湖泊。西湖流域在进行治理前，风景区内旅游、工业、居住、交通功能相互叠加，带来的严重水环境问题。为改善西湖水体景观，进行了西湖综合保护工程。其中 2003 年开始实施的杭州西湖湖西综合保护工程（刘颖，2017）则是整个西湖综合保护工程的核心。在植物修复方面，利用菖蒲、芦苇、斑茅等 80 多种水生植物净化水质，确保西湖水环境的安全与美观。针对富营养化比较严重的情况（徐颖等，2018），将苦草用作先锋种，并配合种植狐尾藻和金鱼藻以及菹草等产氧强的植物。在 2011 年开始进行湖区水生植物配置的整体优化，构建具有自然梯度的以菹草、黑藻、苦草、金鱼藻等沉水植物群落为主，漂浮、浮叶和挺水植物相结合的水生植物优化系列群。通过后期管理、维护，恢复西湖水体中的自然生态系统，最终建成具有自我维持良性循环功能的完整、稳态、健康的湖泊生态系统。

二、昆明滇池

滇池是云贵高原上最大的高原淡水湖泊，分为北部的草海和南部的外海，草海是昆明的城市内湖，外海是滇池的主体部分。滇池毗邻昆明市主城区下游，是昆明市工农业生产、城市发展和人口增长集中的地带。由于工农业生产带来的大量未处理的污水便进入到滇池，加重了滇池的水体污染（胥勤勉等，2006）。滇池作为我国水体污染治理的代表性水域之一，自 1993 年滇池流域综合治理后，目前滇池整体水环境质量和湖泊水生态系统逐步向好的方向发展（姚云辉等，2019）。在滇池综合治理中，植物修复技术应用于草海东风坝内和外海南部的沉水植物恢复，外海西部的沉水植物自然保育等（姚云辉等，2019）。考虑到沉水植物生长周期和水环境适应情况，沉水植物以篦齿眼子菜、微齿眼子菜、穗花狐尾藻、轮叶黑藻、马来眼子菜等耐污植物为主（王琦等，2018）。秋冬季以菹草作为先锋恢复物种；春季以轮叶黑藻、篦齿眼子菜、微齿眼子菜、马来眼子菜作为先锋恢复物种。采用岸边消浪的形式，将岸边垂直堤岸适当放坡，改为缓坡设计，配合湖滨带生境构建技术，采用挺水植物、浮叶植物构建绿化护岸，选择芦苇、香蒲、菖蒲、茭草等能够促进滇池水生植物群落正向演替的物种进行种养。

三、武汉东湖

东湖位于湖北省武汉市中心城区东部，在 20 世纪末受到人口增加，工业排放等城市化的影响，东湖富营养化污染已十分严重。在武汉东湖的水污染治理中，Qiu 等（2001）等在不同营养状态的 3 个子湖区进行了大型围封修复试验，验证了营养型浅水湖泊水体中沉水植物的恢复对水质改善有效。可在轻污染湖区引入 K 选择植物（如微齿眼子菜），可增强水生植被的稳定性；污染严重的湖区，在外部污染未被切断，内部营养负荷未减少的情况下，R 选择的沉水植物应作为大型植物恢复的先锋物种。马剑敏等（1997）利用大型围隔试验，通过莲、芦苇、苦草、金鱼藻和穗花狐尾藻等适应性较强的水生植物，使水质的得以改善。王国祥等（1998）通过由漂浮、浮叶、沉水植物为优势种的斑块小群丛构成的镶嵌组合水生植物群落，利用水生植物的净水能力，得到了良好的效果。

上述水体污染都是由人口增加、工业化程度加快等城市化进程带来的，而在进行城市污染水体修复时，首要措施是切断污染源，其次配合工程措施，如将堤岸改造成更绿色自然的形式。之后可以利用沉水植物作为修复先锋植物，发挥沉水植物在污染水体修复初期的净化作用（郭雅倩等，2020）。在后期种养时构建以沉水植物为主，漂浮、浮叶和挺水植物镶嵌配种的水生植物群落，通过恢复水生植物群落的自然演替，恢复自然生态系统，达到维持水体稳定的作用。在城市污水治理的实际应用中，建议将挺水植物、沉水植物、浮叶植物、漂浮植物组合种植，以达到最大的净化效果。

第七节 在珠江三角洲地区的应用建议

一、植物修复技术的意义

近年来，随着珠三角工业化发展，珠江水系水质总体向好，但城市地区附近水质污染严重，像广州长洲断面的水质（柳青等，2018），水中氨氮含量长期居高不下，水体溶解氧水平也较低，这是由于人口多且居住密集、经济发达和土地利用多造成的。珠江口附近水体重金属污染在2008—2017年得到了有效的控制，主要源于十年来数百家污染工厂的搬迁，上述数据表明目前已经初步做到了污染源的切断。而根据《珠江流域综合规划（2012—2030年）》表明，珠江三角洲地区将以生物多样性保护为主，实施水环境综合整治、滨河湿地与河口滩涂湿地保护与修复等措施。在后期的城市水体修复方面，植物修复技术作为一项经济有效并且具有美学价值的修复方法，将在治理珠江三角洲城市地区污水处理方面发挥作用。

采取植物修复技术，对浅滩河岸的防护和加固以生物固坡代替工程固坡。设计缓坡堤岸，构建自然式驳岸（赵兵等），由近岸至远岸，依次种植挺水植物—浮叶植物和漂浮植物—沉水植物（图16-1）。为了更好地处理含有高浓度的氮、磷、有机物和重金属的城市污水，发挥生态效益，增加生物多样性，可采取多层次群落结构。可将水生植物与水缘植物、引鸟植物等配合种植，将乔木、灌木和草本结合种植，河岸富有层次性，满足生态功能性、生态适宜性、生态持续性原则，发挥其在生态和美学方面的价值效益。选择不同观赏特性和净化效果的植物进行合理搭配，构建适宜珠江三角洲城市水体应用的水生植物群落，充分发挥水生植物的生态和美化效应，最终恢复自然水生生态系统。

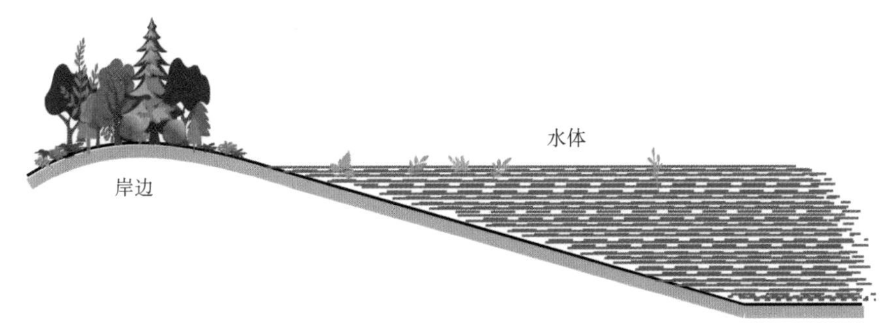

图16-1 自然式驳岸

在珠江三角洲地区进行城市污水修复，优先选择沉水植物做先锋物种进行水体修复，沉水植物对含氮含磷有机物以及重金属的吸收去除有显著作用。可以选择黑藻、金鱼藻、狐尾藻、菹草、菹草、眼子菜作为先锋恢复物种，构建沉水植物群落。选择芦苇、香蒲和美人蕉等对含氮磷和重金属的污水有较强净化作用的挺水植物，促进水生植物群落正向演替；凤眼莲、大漂和浮萍等漂浮植物以及像蕹菜等的浮叶植物也对治理城市污染水体有效。用于植物修复的植物品种可以是乡土植物，比如（李世颖等，2020）珠江三角洲地区的野生乡土水生植物短叶茳芏群落和水蓑衣群。此外，在珠江三角洲地区大范围分布的红树林，对有机污染物富集，如被广泛使用的有机磷系阻燃剂，也发挥着重要作用（陈忠洋等，2020）。值得注意的是，凤眼莲属于外来入侵物种，在工程应用中需要采取控养措施，防止其对原有的生态系统造成危害。

二、植物修复技术的发展方向

水生植物修复技术被认为是在处理重金属和有机物污染方面是有效的，且较经济的方法，具有生态和美学效益，有广阔的前景。城市水体由于人口集中，外源性污染负荷大，本身水生生态系统容量无法解决自净。因此，在城市发展的过程中，人类出于自身利益的考虑，过度干预河道形态以及河流正常的水循环过程，大幅度增加了不透水材质面积，致使天然河道大量丧失，河流水量减少、生物多样性破坏，生态系统逐步退化（吕然，2009）。这将造成近水城市的内涝，可能严重危害城市居民生命财产安全。当然，从目前经济、社会发展总体情况看，想完全采取生态河岸的建设难以实现，但仍可以利用植物修复的方法进行城市污染水体的治理。同时，河床沿流向分段淤积的底泥层也会形成新的可调节水生生态系统。从这个角度说，硬底化的现状并非无法实现水生系统的自净能力和可能性。在实际建设中，通过水生植物修复技术来促进水生生态系统的良性循环和城市水环境的彻底改善是可行的，也是非常有意义的。

许多水生植物已经被证实对重金属氮磷污染的水体有净化作用。但在实际应用上，针对不同的污水类型，要选择合适的、耐受性强、抗污性强、净化效率高的水生植物，还要考虑不同类型的水生植物的配置，以最优化的组合，提高净化效率，以期达到更好的净化效果。此外，乡土植物、具有经济价值的植物以及可以吸引鸟类、昆虫等动物的植物，都可以在水体治理的实际应用中与水生植物搭配使用，尽可能增加城市生物多样性，这对宜居型城市的生态建设和可持续发展有重要意义。

参考文献

白峰青，郑丙辉，田自强，2004. 水生植物在水污染控制中的生态效应 [J]. 环境科学与技术（4）：99-100+110-120.

陈传胜，黄从军，赵厚本，等，2015. 南岭小坑常绿阔叶林土壤脱落酸分解特征 [J]. 生态环境学报，24（5）：767-771.

陈国梁，林清，2009. 不同沉水植物对 Cu，Pb，Cd，Zn 元素吸收积累差异及规律研究 [J]. 环境科技，22（1）：9-12+16.

陈健辉，缪绅裕，黄丽宜，等，2015. 海桑和无瓣海桑叶片结构的比较研究 [J]. 植物科学学报，33（1）：1-8.

陈明利，张艳丽，吴晓芙，等，2008. 人工湿地植物处理含重金属生活废水的实验研究 [J]. 环境科学与技术，31（12）：164-168.

陈仁利，龚粤宁，杨怀，等，2015. 雨雪冰冻灾害后南岭凤蝶多样性恢复研究 [J]. 生态科学，34（2）：82-86.

陈仁利，何克军，龚粤宁，等，2008. 雨雪冰冻灾害对南岭蝴蝶资源的影响 [J]. 生态科学，27（6）：478-482.

陈银萍，丁浚刚，柯昀琪，等，2021. 不同植物配置人工湿地对废水中镉的去除和富集效应 [J]. 水生态学杂志，42（3）：114-120.

陈玉军，廖宝文，等，2014. 高盐度海滩红树林造林试验 [J]. 华南农业大学学报，35（2）：78-85.

陈玉军，廖宝文，黄勃，等，2011. 秋茄（*Kandelia obovata*）和无瓣海桑（*Sonneratia apetala*）红树人工林消波效应量化研究 [J]. 海洋与湖沼，42（6）：764-770.

陈玉军，廖宝文，李玫，等，2012. 无瓣海桑和秋茄人工林的减风效应 [J]. 应用生态学报，23（4）：959-964.

陈玉军，廖宝文，李玫，等，2015. 高盐度沙质养殖塘红树林造林方法 [P]. 发明专利，201510412613.0.

陈玉军，郑德璋，廖宝文，等，2000. 台风对红树林损害及预防的研究 [J]. 林业科学研究，13（5）：524-529.

陈玉军，郑松发，廖宝文，等，2003. 红树植物海桑天然更新的初步研究 [J]. 林业科学研究，（3）：306-311.

陈玉军，郑松发，廖宝文，2005. 红树林造林技术规程，DB44/T284-2005，2005 年 12 月 26 日 .

陈玉军，郑松发，廖宝文，等，2009. 红树植物控制互花米草技术 [J]. 林业实用技术，（12）：35-36.

陈玉军，郑松发，廖宝文，等，2015. 高盐度深水海滩红树林的造林方法 [P]. 发明专利，ZL201410284239.6.

陈长平，王文卿，林鹏，2000. 盐度对无瓣海桑幼苗的生长和某些生理生态特性的影响 [J]. 植物学通报（5）：457-461.

陈忠洋，裴男才，孙冰，等，2020. 有机磷系阻燃剂的环境分布及其在红树林系统中的行为 [J]. 生态毒理学报，15（6）：89-100.

程娜，刘来胜，徐建新，等，2019. 中国水生植物群落构建与优化配置研究进展 [J]. 人民珠江，40

（12）：90–96.

程真，周光益，吴仲民，等，2015. 南岭南坡中段不同群落林下幼树的生物多样性及分布 [J]. 林业科学研究，28（4）：543–550.

范航清，陈利洪，2006. 中国濒危红树植物红榄李的种群数量及其分布 [J]. 广西科学（3）：226–227.

邓成，张守攻，陆元昌，2015. 森林改善空气环境质量功能监测与评价研究 [J]. 生态环境学报，24（1）：84–89.

樊恒亮，谢丽强，宋晓梅，等，2017. 沉水植物对水体营养的响应及氮磷积累特征 [J]. 环境科学与技术，40（03）：42–48.

樊小丽，周光益，赵厚本，等，2016. 岭南黧蒴栲 – 罗浮柿群系粗木质残体的基本特征 [J]. 林业科学研究，29（3）：448–454.

方精云，李意德，朱彪，等，2004. 海南岛尖峰岭山地雨林的群落结构、物种多样性以及在世界雨林中的地位 [J]. 生物多样性（1）：29–43.

方焰星，何池全，梁霞，等，2010. 水生植物对污染水体氮磷的净化效果研究 [J]. 水生态学杂志，31（6）：36–40.

冯建祥，朱小山，宁存鑫，等，2017. 红树林种植 – 养殖耦合湿地生态修复效果评价 [J]. 中国环境科学，37（7）：2662–2673

伏桂仙，曹伟张，陶俊，2021. 12 种水生植物对富营养化水体的净化效果 . 环境科学与技术，44（S2）：308–315.

高吉喜，叶春，杜娟，等，1997. 水生植物对面源污水净化效率研究 [J]. 中国环境科学（3）：56–60.

龚粤宁，陈仁利，王胜坤，等，2014. 冰灾后南岭树木园眼蝶科物种多样性的恢复研究 [J]. 广东林业科技（3）：66–69.

龚粤宁，陈仁利，谢国光，等，2008. 南岭眼蝶科区系及冰冻灾害前后的调查 [J]. 环境昆虫学报，30（4）：381–385.

顾垒，2021.“保护濒危物种”，到底是在保护什么？ [J]. 科学，73（2）：5–9.

郭雅倩，薛建辉，吴永波，等，2020. 沉水植物对富营养化水体的净化作用及修复技术研究进展 [J]. 植物资源与环境学报，29（3）：58–68.

郭岩岩，王兰明，牛新胜，等，2018. 9 种生态浮岛植物对乡村河道污水的净化效果 [J]. 贵州农业科学，46（11）：66–70.

国家林业和草原局，农业农村部，2021. 国家重点保护野生植物名录 [EB/OL]. http：//www. forestry.gov.cn/main/5461/20210908/162515850572900.html

韩天宇，沈燕，王旭，等，2019. 海南吊罗山低地雨林群落特征分析 [J]. 林业与环境科学，35（03）：43–49.

何娜，孙占祥，张玉龙，等，2013. 不同水生植物去除水体氮磷的效果 [J]. 环境工程学报，7（4）：1295–1300.

何雪香，李玫，廖宝文，2012. 红树林固氮菌和解磷菌的分离及对秋茄苗的促生效果 [J]. 华南农业大学学报，33（1）：64–68.

何智媛，2012. 西双版纳热带季节雨林中的板根及其对凋落物分解的影响 [D]. 北京：中国科学院研究生院 .

侯晓龙，马祥庆，2007. 水生植物对垃圾渗滤液中重金属的吸附效果研究 [J]. 农业环境科学学报，（6）：

2262–2266.

胡文强，黄世能，李家湘，等，2014. 南岭国家级自然保护区常绿阔叶林主要树种的种间分离 [J]. 植物科学学报，32（5）：467–474.

黄婧，林惠凤，朱联东，等，2008. 浮床水培蕹菜的生物学特征及水质净化效果 [J]. 环境科学与管理，33（12）：92–94.

黄蕾，翟建平，聂荣，等，2005. 5 种水生植物去污抗逆能力的试验研究 [J]. 环境科学研究，18（3）：33–38.

黄晓东，季尚宁，Bernard G，等，2002. 植物促生菌及其促生机理（续）[J]. 现代化农业（7）：13–15.

蒋丽娟，佟金权，易心钰，2012. 浮床栽种木本植物对人工湿地污水的净化效果 [J]. 中南林业科技大学学报，32（12）：17–20+30.

蒋有绪，郭泉水，马娟，等，2018. 中国森林群落分类及其群落学特征 [J]. 北京：科学出版社 .

李超，梁俊峰，周光益，等，2014. 杨东山十二度水自然保护区土壤真菌群落多样性研究 [J]. 菌物学报，33（1）：152–161.

李根，周光益，王旭，等，2011. 南岭小坑穲蒴栲群落地上部分生物量分配规律 [J]. 生态学报，31（13）：3650–3658.

李根，周光益，吴仲民，等，2012. 南岭小坑木荷群落地上生物量 [J]. 林业科学，48（3）：143–147.

李佳灵，林育成，王旭，等，2013. 海南吊罗山不同海拔高度热带雨林种间联结性对比研究 [J]. 热带作物学报，34（3）：584–590.

李家湘，王旭，黄世能，等，2010. 南岭中段冰灾受损群落和植物区系特征及保护生物学意义 [J]. 林业科学，46（3）：166–172.

李家湘，赵丽娟，王旭，等，2012. 冰雪灾害后堇菜属植物多样性及其垂直分布规律 [J]. 中国农学通报，28（34）：80–84.

李力，刘立强，周光益，等，2014. 南岭常绿阔叶林林冠受损对穿透雨和树干流水化学的影响 [J]. 水土保持学报，28（2）：45–50.

李龙山，倪细炉，李志刚，等，2013. 5 种湿地植物生理生长特性变化及其对污水净化效果的研究 [J]. 农业环境科学学报，32（8）：1625–1632.

李玫，2009. 我国红树林主要造林树种 PGPR 研究及应用 [D]. 北京：中国林业科学研究院 .

李秋华，白慧卿，彭滨，2007. 螺旋藻生物富集镍的影响因素研究 [J]. 广州化学（3）：26–30.

李世颖，袁霖，杨学成，2020. 广州城市公园中水生植物景观群落的特征和营造 [J]. 林业与环境科学，36（2）：112–121.

李文朝，1997. 富营养水体中常绿水生植被组建及净化效果研究 [J]. 中国环境科学（1）：55–59.

李艳朋，2016. 海南尖峰岭热带山地雨林物种和功能多样性空间分布格局与关联 [D]. 北京：中国林业科学研究院 .

李意德，2008. 低温雨雪冰冻灾害后的南岭山脉自然保护区——亟待拯救的生态敏感区域 [J]. 林业科学，6：003.

李意德，陈步峰，周光益，等，2002. 中国海南岛热带森林及其生物多样性保护研究 [M]. 北京：中国林业出版社 .

李意德，李天平，2021. 海南热带雨林的多重价值 [J]. 森林与人类（10）：28–30.

李意德，许涵，骆土寿，等，2012. 中国生态系统定位观测与研究数据集：森林生态系统卷：海南尖峰岭站（生物物种数据集）[M]. 北京：中国农业出版社 .

李元跃，段博文，陈融斌，等，2012. 福建不同地区人工引种无瓣海桑生理生态研究 [J]. 海洋与湖沼，43（1）：73–77.

廖宝文，管伟，章家恩，等，2008. 珠海市淇澳岛红树林群落发展动态研究 [J]. 华南农业大学学报（4）：59–64.

廖宝文，郑松发，陈玉军，等，2004. 外来红树植物无瓣海桑生物学特性与生态环境适应性分析 [J]. 生态学杂志（1）：10–15.

林启美，赵小蓉，孙焱鑫，等，2000. 四种不同生态环境土壤中解磷细菌的数量及种群分布 [J]. 土壤与环境，9（1）：34–37.

刘滨谊，余畅，2001. 美国绿道网络规划的发展与启示 [J]. 中国园林，17（6）：77–81.

刘畅，陈小芳，孙欣欣，等，2016. 日本绿道建设概况及启示 [J]. 世界林业研究，29（3）：91–96.

刘立强，周光益，赵厚本，等，2013. 模拟林冠损伤对黧蒴栲群落林下植被生物多样性的影响 [J]. 林业科学研究，26（3）：305–311.

刘莉娜，2017. 引种无瓣海桑对深圳湾滩涂环境的影响 [D]. 广州：中山大学 .

刘莉娜，胡长云，李凤兰，等，2016. 无瓣海桑群落特征研究 [J]. 沈阳农业大学学报，47（1）：41–48.

刘伸伸，张震，何金铃，等，2016. 水生植物对氮磷及重金属污染水体的净化作用 [J]. 浙江农林大学学报，33（5）：910–919.

刘雯，丘锦荣，卫泽斌，等，2009. 植物及其根系分泌物对污水净化效果的影响 [J]. 环境工程学报，3（6）：971–976.

刘颖，2017. 杭州西湖生态保护和水环境治理的探索与实践 [J]. 浙江园林（2）：8–11.

柳青，马健荣，苏晓磊，等，2018. 珠江水系 2006—2015 年主要水质参数动态变化 [J]. 人民珠江，39（12）：54–58+67.

龙文兴，杨小波，吴庆书，等，2008. 五指山热带雨林黑桫椤种群及其所在群落特征 . 生物多样性（1）：83–90.

陆俊琨，陈俊，康丽华，2010. 四株红树林促生菌的遗传分析鉴定及其促生能力 [J]. 微生物学报，50（10）：1358–1365.

骆土寿，杨昌腾，吴仲民，等，2010. 冰雪灾害对粤北天然次生林的损害及产生的林冠残体量 [J]. 热带亚热带植物学报，18（3）：231–237.

骆土寿，张国平，吴仲民，等，2008. 雨雪冰冻灾害对广东杨东山十二度水保护区常绿与落叶混交林凋落物的影响 [J]. 林业科学，44（11）：177–183.

吕然，2009. 城市河道景观设计研究 [D]. 成都：西南交通大学 .

马剑敏，严国安，任南，等，1997. 东湖围隔（栏）中水生植被恢复及结构优化研究 [J]. 应用生态学报（5）：535–540.

马克平，2017. 森林动态大样地是生物多样性科学综合研究平台 [J]. 生物多样性，25（3）：227–228.

马向明，2019. 广东省绿道实践的回顾与展望 [J]. 城市交通，17（3）：1–7.

马志波，黄清麟，庄崇洋，等，2017. 吊罗山国家森林公园山地雨林板根树与板根的数量特征 [J]. 林业科学，53（6）：135–140.

莫锦华，李意德，许涵，等，2007. 海南尖峰岭国家级自然保护区部分珍稀濒危植物的分布、生态与保护研究 [J]. 热带林业（4）：22–24+16.

倪洁丽，王微洁，谢国建，等，2016. 水生植物在水生态修复中的应用进展 [J]. 环保科技，22（3）：43–47.

潘保原，杨国亭，穆立蔷，等，2015. 3 种沉水植物去除水体中氮磷能力研究 [J]. 植物研究，35（1）：141–145.

彭克俭，刘益贵，沈振国，等，2010. 镉、铅在沉水植物龙须眼子菜叶片中的分布 [J]. 中国环境科学，30（S1）：69–74.

彭巍，李明文，王慧，等，2020. 空气负离子国内外研究进展及其在森林康养方面的积极作用综述 [J]. 温带林业研究，3（3）：30–33.

彭友贵，徐正春，刘敏超，2012. 外来红树植物无瓣海桑引种及其生态影响 [J]. 生态学报，32（7）：2259–2270.

邱治军，吴仲民，王旭，等，2011. 冰雪灾害对粤北九峰阔叶林枯落物量及水文功能的影响 [J]. 林业科学研究，24（5）：591–595.

邱治军，吴仲民，周光益，等，2013. 杨东山十二度水自然保护区阔叶林的土壤水分物理特性 [J]. 中南林业科技大学学报，33（6）：117–121.

邱治军，周光益，吴仲民，等，2011. 粤北杨东山常绿阔叶次生林林冠截留特征 [J]. 林业科学，47（6）：157–161.

任南，严国安，马剑敏，等，1996. 环境因子对东湖几种沉水植物生理的影响研究 . 武汉大学学报（自然科学版）（2）：213–218.

石佳竹，2020. 海南尖峰岭热带山地雨林幼苗动态变化及其影响因素 [D]. 北京：中国林业科学研究院 .

司友斌，包军杰，曹德菊，等，2003. 香根草对富营养化水体净化效果研究 [J]. 应用生态学报（2）：277–279.

宋永昌，阎恩荣，宋坤，2015. 中国常绿阔叶林 8 大动态监测样地植被的综合比较 [J]. 生物多样性，23（02）：139–148.

粟娟，何清，2014. 广州绿道建设研究 [J]. 中国城市林业，12（2）：55–57.

孙海刚，郑宇，2018. 广州古驿道历史资源梳理与保护利用策略 [J]. 规划师，34（S2）：63–69.

孙譞，郁东宁，赵慧，等，2010. 12 种挺水植物对模拟污水的净化作用 [J]. 北京农学院学报，25（2）：62–66.

汤显强，李金中，李学菊，等，2007. 7 种水生植物对富营养化水体中氮磷去除效果的比较研究 [J]. 亚热带资源与环境学报（2）：8–14.

屠晓翠，蔡妙珍，孙建国，2006. 大型水生植物对污染水体的净化作用和机理 [J]. 安徽农业科学（12）：2843–2844+2867.

万璐，康丽华，廖宝文，等，2004. 红树林根际解磷菌分离、培养及解磷能力的研究 [J]. 林业科学研究，17（1）：89–94.

王国祥，濮培民，张圣照，等，1998. 用镶嵌组合植物群落控制湖泊饮用水源区藻类及氮污染 [J]. 植物资源与环境（2）：36–42.

王浩，李菁，郭成圆，等，2019. 用于人工景观水体污染治理的净水植物筛选 [J]. 陕西农业科学，65

（9）：72–76.

王丽卿，李燕，张瑞雷，2008. 6 种沉水植物系统对淀山湖水质净化效果的研究 [J]. 农业环境科学学报（3）：1134–1139.

王琦，高晓奇，肖能文，等，2018. 滇池沉水植物的分布格局及其水环境影响因子识别 [J]. 湖泊科学，30（1）：157–170.

王胜坤，龚粤，顾茂彬，等，2008. 南岭保护区粉蝶区系以及雨雪冰冻灾害对其种群密度的影响 [J]. 林业科学，44（11）：184–187.

王文卿，范航清，等，2021. 中国红树林保护修复发展战略 [M]. 北京：环境科学出版社 .

王旭，顾茂彬，2016. 南岭主要蝴蝶种类及其寄主 [J]. 浙江林业科技，36（4）.

王旭，韩天宇，李荣生，等，2021. 热带低地雨林板根树木分布特征及其对林下植物多样性的影响 [J]. 福建农林大学学报（自然科学版），50（3）：356–363.

王旭，韩天宇，阮璐坪，等，2022. 板根对海南岛吊罗山热带低地雨林土壤理化性质的影响 [J/OL]. 应用与环境生物学报：1–11.

王旭，胡文强，李家湘，等，2011. 广东南岭石坑崆山顶矮林群落结构特征 [J]. 浙江林业科技，31（6）：12–17.

王旭，胡文强，周光益，等，2015. 南岭山地抗冰雪灾害常绿树种选择 [J]. 生态学杂志，34（11）：3271–3277.

王旭，黄世能，李家湘，等，2010. 冰雪灾害后南岭常绿阔叶林受损优势种萌条特性 [J]. 林业科学，46（11）：66–72.

王旭，黄世能，周光益，等，2009. 冰雪灾害对杨东山十二度水自然保护区栲类林建群种的影响 [J]. 林业科学，45（9）：41–47.

王旭，杨怀，郭胜群，等，2012. 海桑 – 无瓣海桑红树林生态系统的防浪效应 [J]. 林业科学，48（8）：39–45.

王源意，卢晗，李薇，2016. 城市景观河流水质污染防治进展研究 [J]. 环境科学与管理，41（6）：86–91.

王兆东，林石狮，曾尚文，等，2016. 优良乡土景观和引鸟植物红鳞蒲桃的特性及繁殖研究 [J]. 现代园艺（21）：23–24.

温韩东，林露湘，杨洁，等，2018. 云南哀牢山中山湿性常绿阔叶林 20hm_2 动态样地的物种组成与群落结构 [J]. 植物生态学报，42（4）：419–429.

文才臻，林石狮，叶自慧，2021. 乡土引鸟植物铁冬青 *Ilex rotunda* 在华南地区的生态景观营造初探 [J]. 广东园林，43（1）：27–30.

文玉叶，2014. 不同纬度无瓣海桑的繁殖和扩散特性研究 [D]. 厦门：厦门大学 .

吴地泉，2016. 漳江口红树林国家级自然保护区无瓣海桑的扩散现状研究 [J]. 防护林科技（7）：33–35.

吴玉树，余国莹，1991. 根生沉水植物菹草（*Potamogeton crispus*）对滇池水体的净化作用 [J]. 环境科学学报（4）：411–416.

吴仲民，李意德，周光益，等，2008. “非正常凋落物”及其生态学意义 [J]. 林业科学，44（11）：28–31.

肖以华，2012. 冰雪灾害导致的凋落物对亚热带森林土壤碳氮及温室气体通量的影响 [D]. 北京：中国

林业科学研究院 .
肖以华，刘世荣，佟富春，等，2013.“非正常”凋落物对冰雪灾后南岭森林土壤有机碳的影响 [J]. 生态环境学报，9：1504–1513.
肖以华，佟富春，罗鑫华，等，2010. 冰雪灾后广东杨东山十二度水保护区森林大型土壤动物功能类群 [J]. 东北林业大学学报，38（7）：93–95.
肖以华，佟富春，杨昌腾，等，2010. 冰雪灾害后的粤北森林大型土壤动物功能类群 [J]. 林业科学，46（7）：99–105.
谢国光，王胜坤，龚粤宁，等，2008. 南岭林区斑蝶科与环蝶科区系及其受雨雪冰冻灾害影响的研究 [J]. 广东林业科技，24（5）：32–35.
谢国光，周光益，龚粤宁，等，2015. 南岭南北坡灰蝶的区系组成与生态分布 [J]. 环境昆虫学报，3：007.
谢亭亭，李根，周光益，等，2013. 南岭小坑小红栲 – 荷木群落的地上生物量 [J]. 应用生态学报，24（9）：2399–2407.
胥勤勉，杨达源，董杰，等，2006. 滇池水环境治理的“调水”“活水”工程 [J]. 长江流域资源与环境（1）：116–119.
徐颖，沈洁，陈利鸿，2018. 西湖水生态修复系统工程——以沉水植物种植为例 [J]. 浙江园林（4）：75–78.
许涵，李意德，林明献，等，2015. 海南尖峰岭热带山地雨林 60ha 动态监测样地群落结构特征 [J]. 生物多样性，23（2）：192–201.
许涵，李意德，骆土寿，等，2014. 海南尖峰岭热带山地雨林 – 群落特征、树种及其分布格局 [M]. 北京：中国林业出版社 .
薛正平，杨星卫，段项锁，等，2002. 土壤养分空间变异及合理取样数研究 [J]. 农业工程学报，18（4）：6–9.
严国安，任南，李益健，1994. 环境因素对凤眼莲生长及净化作用的影响 [J]. 环境科学与技术（1）：2–5+27.
杨林，伍斌，赖发英，等，2011. 7 种典型挺水植物净化生活污水中氮磷的研究 [J]. 江西农业大学学报，33（3）：616–621.
姚云辉，马巍，崔松云，等，2019. 滇池草海水污染治理工程措施及其防治效果评估 [J]. 中国水利水电科学研究院学报，17（3）：161–168.
叶静珽，杨凡，史琰，等，2019. 华东地区湿地公园引鸟植物选择及群落构建模式 [J]. 中国城市林业，17（4）：42–46.
俞孔坚，李伟，李迪华，等，2005. 快速城市化地区遗产廊道适宜性分析方法探讨——以台州市为例 [J]. 地理研究，24（1）：69–76.
禹飞，梁俊峰，史静龙，等，2017. 模拟林冠受损对小坑林场土壤固碳微生物群落结构的影响 [J]. 微生物学通报 .
云南大学生态地植物学教研组，1960. 云南热带亚热带自然保护区植被调查专号 [J]. 云南大学学报（自然科学）（1）：2+4–7+1–55.
张荟，2016. 武汉市绿道社会效益研究 [D]. 武汉：湖北大学 .

张金屯，2011. 数量生态学 [M]. 北京：科学出版社 .
张劲蔼，毕可可，吴超，等，2020. 广州市榕属植物病虫害发生规律研究 [J]. 园林（9）：8–14.
张倩妮，陈永华，杨皓然，等，2019. 29 种水生植物对农村生活污水净化能力研究 [J]. 农业资源与环境学报，36（3）：392–402.
张天洁，李泽，2013. 高密度城市的多目标绿道网络——新加坡公园连接道系统 [J]. 城市规划，37（5）：67–73.
张文，范闻捷，2000. 城市中的绿色通道及其功能 [J]. 国外城市规划（3）：40–43.
张晓君，2014. 红树林促生菌 PGPB 菌剂优化及应用技术研究 [D]. 长沙：中南林业科技大学 .
张孝进，戴正为，戴煜，等，2021. 可同时控藻和除藻毒素的方法研究进展 [J]. 生态环境学报，30（7）：1549–1554.
张宜辉，王文卿，吴秋城，等，2006. 福建漳江口红树林区秋茄幼苗生长动态 [J]. 生态学报，(6)：1648–1656.
张饮江，易冕，王聪，等，2012. 3 种沉水植物对水体重金属镉去除效果的实验研究 [J]. 上海海洋大学学报，21（5）：784–793.
张运林，秦伯强，陈伟民，等，2003. 太湖水体透明度的分析、变化及相关分析 [J]. 海洋湖沼通报（2）：30–36.
张震，刘伸伸，胡宏祥，等，2019. 3 种湿地植物对农田沟渠水体氮、磷的消减作用 [J]. 浙江农林大学学报，36（1）：88–95.
赵兵，徐振，邱冰，等，2003. 园林工程 [M]. 南京：东南大学出版社 .
赵海春，王靛，强维，等，2016. 国内外绿道研究进展评述及展望 [J]. 规划师，32（3）：135–141.
赵克俭，2010. 城市重金属污染水体的植物修复试验研究 [J]. 安徽农业科学，38（14）：7462–7464+7466.
赵霞，沈孝清，黄世能，等，2008. 冰雪灾害对杨东山十二度水自然保护区木本植物机械损伤的初步调查 [J]. 林业科学，44（11）：164–167.
赵妍，王旭和，戚继忠，2012. 十九种植物净化生活污水总氮及总磷能力的比较 [J]. 北方园艺（17）：81–84.
郑松发，陈玉军，陈文沛，等，2004. 华南沿海基围渔塘内无瓣海桑的生长效应 [J]. 生态科学，23（4）：320~322.
郑姚闽，张海英，牛振国，等，2012. 中国国家级湿地自然保护区保护成效初步评估 [J].Chinese Science Bulletin，57（4）：207–230.
周光益，顾茂彬，龚粤宁，等，2016. 南岭国家级自然保护区蝴蝶多样性与区系研究 [J]. 环境昆虫学报，38（5）：971–978.
周金波，金树权，姚永如，等，2011. 冬季低温条件下 6 种水生植物水质氮、磷净化能力比较 [J]. 浙江农业学报，23（2）：369–372.
周炜，谢爱军，年跃刚，等，2006. 人工湿地净化富营养化河水试验研究（1）——植物对氮磷污染物的净化作用 [J]. 净水技术，(3)：35–39.
周璋，李意德，林明献，等，2019. 海南尖峰岭热带山地雨林地区 26 年的热量因子变异特征 [J]. 生态学杂志，28（6）：1006–1012.

周璋，林明献，李意德，等，2015. 海南岛尖峰岭林区 1957—2003 年间光、水和风等气候因子变化特征 [J]. 生态环境学报，24（10）：1611–1617.

Ahern J，1995. Green ways as a planning strategy[J]. Landscape and Urban Planning，33：131–155.

Aken B V，Correa P A，Schnoor J L，2010. Phytoremediation of polychlorinated biphenyls：new trends and promises[J]. Environmental Science & Technology，44（8）：2767–2776.

Akratos C S，Tsihrintzis V A，2007. Effect of temperature，HRT，vegetation and porous media on removal efficiency of pilot-scale horizontal subsurface flow constructed wetlands[J]. Ecological Engineering，29（2）：173–191.

Allen J A，Kraussk W，Hauff R D，2003. Factors limiting the intertidal distribution of themangrove species *Xylocarpus granatum*[J]. Oecologia，135：110–121.

Alongi D，2022. Impacts of climate change on blue carbon stocks and fluxes in mangrove forests[J]. Forests，13：149.

Alonso-Castro A J，Carranza-Álvarezc，Alfaro-De la Torrem C，et al.，2009. Removal and accumulation of cadmium and lead by *Typha latifolia* exposed to single and mixed metal solutions[J]. Archives of Environmental Contamination and Toxicology，57（4）：688–696.

Ashford A E，Allaway WG，1995. There is a continuum of gas space in young plants of *Avicennia marina*[J]. Hydrobiologia，295（1–3）：5–11.

Baker A J，Brooks R，1989. Terrestrial higher plants whic hhyper accumulate metallic elements：A review of their distribution，ecology and phytochemistry[J]. Biorecovery，1（2）：81–126.

Ballhausenm B，Boer W D，2016. The sapro-rhizosphere：carbon flow from saprotrophic fungi into fungus-feeding bacteria[J]. Soil Biol Biochem，102：14–17.

Ball M C，2002. Interactive effects of salinity and irradiance on growth：implications for mangrove forest structure along salinity gradients[J]. Trees，16：126–139.

Bashan Y，Holguin G，2002. Plant growth-promoting bacteria：a potential tool for arid reforestation[J]. Trees，16：159–166.

Bashan Y，Puentem E，Myrold D，et al.，1998. In vitro transfer of fixed nitrogen from diazotrophic filamentous cyanobacteria to black Mangrove seedlings[J]. FEMS Microbiol.Ecol.，26（3）：165–170.

Bdeker I T M，Lindahl B D，Olson k E，et al.，2016. Mycorrhizal and saprotrophic fungal guilds compete for the same organic substrates but affect decomposition differently[J]. Functional Ecology，30.

Beaudet M，Brisson J，Messier C，et al.，2007. Effect of amajor ice stormon understory lightconditions in an old-growth *Acer~Fagus* forest：Pattern of recovery over seven years[J]. Forest Ecol. Manag.，242：553–557.

Bennett A C，mcDowell N G，Allenc D，et al.，2015. Larger trees suffer most during drought in forests world wide[J]. Nature Plants，1：15139.

Berger U，Adams M，Grimm V，et al.，2006. Modelling secondary succession of neotropical mangroves：causes and consequences of growth reduction in pioneer species[J]. Perspectives in Plant Ecology Evolution & Systematics，7（4）：243–252.

Bernhardt E S，Band L E，Walshc J，et al.，2008. Understanding，managing，and minimizing urban impacts on surface water nitrogen loading[J]. Annals of the New York Academy of Sciences，1134（1）：61–96.

Bickel S, Or D, 2020. Soil bacterial diversitymediated by microscale aqueous-phase processes across biomes[J]. Nat.commun, 11 (1), 116.

Blackm E, Holguing, Glick B R, et al., 1999. Root-surface colonization of mangrove seedlings by *Azospirillum halopraeferens* and *Azospirillum brasilense* in seawater[J]. FEMS microbiol Ecol, 29 : 283-292.

Blasco F, Aizpuru M, Gers C, 2001. Depletion of the mangroves of continental Asia[J]. Wetlands Ecology and Management, 9 (3) : 255-266.

Bonanno G, Vymazal J, Cirellig L, 2018. Translocation, accumulation and bioindication of trace elements in wetland plants[J]. Science of the Total Environment, 631 : 252-261.

Boogaard R S, Goubitz S, Veneklass E J, et al., 1996. Carbon and nitrogen economy of four cultivars differing in relative growth rate and water use efficiency[J]. Plantcell Environ, 19 : 998-1004.

Bosire J O, Dahdouhguebas F, kairo J G, et al., 2006. Success rates of recruited tree species and their contribution to the structural development of reforested mangrove stands[J]. Marine Ecology Progress, 325 (1) : 85-91.

Bowler C, Montagu C, Inze D, 1992. Superoxide dismutase and stress tolerance[J]. Annual Review of Plant Physiology and Plantmolecular Biology, 43 : 83-116.

Brooks R, 1998. Plants that hyperaccumulate heavy metals : their role in phytoremediation, microbiology, archaeology, mineral exploration and phytomining[M]. Wallingford, UK : CAB International.

Brown S L, Schroeder P E, 1999. Spatial patterns of above ground production and mortality of woody biomass for eastern U.S. forests[J]. Ecological Application, 9 : 968-980

Burken J G, Schnoor J L, 1997. Uptake and metabolism of atrazine by poplar trees[J]. Environmental Science & Technology, 31 (5) : 1399-1406.

Carlier J, Moran J, 2019. Hedgerow typology and condition analysis to inform greenway design in rural landscapes[J]. Journal of Environ Mentalmanagement, 247 : 790-803.

Carpenter S R, Caraco N F, Correll D L, et al., 1998. Nonpoint pollution of surface waters with phosphorus and nitrogen[J]. Ecological Applications, 8 (3) : 559-568.

Chandra P, Kulshreshtha K, 2004. Chromium accumulation and toxicity in aquatic vascular plants[J]. The Botanical Review, 70 (3) : 313-327.

ChapmancA, kaufman L, chapman LJJJOTE, 1998. Buttress formation and directional stress experienced duringcritical phases of tree development[J]. Journal of Tropical Ecology, 14 (3) : 341-349.

Chen L Z , Wang W Q, Lin P, 2005. Photosynthetic and physiological responses of K L. Druce seedlings to duration of tidal immersion in artificial seawater[J]. Environmental and Experimental Botany, 54 : 256-266.

Chen Y P, Ye Y, 2014. Early responses of (Forsk.) Vierh. to intertidal elevation and light level[J]. Aquatic Botany, 112 : 33-40.

Choo T, Lee C, Low K, et al., 2006. Accumulation of chromium (VI) fromaqueous solutions using water lilies (*Nymphaea spontanea*) [J]. chemosphere, 62 (6) : 961-967.

Clarke P J, 2004. Effects of experimental canopy gaps on mangrove recruitment : Lack of habitat partitioning may explain stand dominance[J]. Journal of Ecology, 92 (2) : 203-213.

Coleman J, Blake-Kalffm, Davies E, 1997. Detoxification of xenobiotics by plants : chemical modification and vacuolar compartmentation[J]. Trends in Plant Science, 2(4): 144–151.

Condit R, 1995. Research in large, long term tropical forest plots[J], Trends in Ecology & Evolution, 10 (1): 28–22.

Condit R, 1998. Tropical forest census plots : methods and results from Barrocolorado Island, Panama and acomparison with other plots[J]. Springer Science & Businessmedia.

Correll D L, 1998. The role of phosphorus in the eutrophication of receiving waters : a review[J]. Journal of Environmental Quality, 27(2): 261–266.

Coutts C, 2008. Greenway accessibility and physical activity behavior[J]. Environment and Planning B : Planning and Design, 35(3): 552–563.

Cui X, Jiang J, Lu W, et al., 2018. Stronger ecosystem carbon sequestration potential of mangrove wetlands with respect to terrestrial forests in subtropi Calchina[J]. Agricultural and Forest Meteorology, 249 : 71–80.

Dean C, kirkpatrick J B, Doyle R B, et al., 2020. The overlooked soil carbon under large, old trees[J]. Geoderma, 376 : 114541.

Deng F, Zang R, chen B, 2008. Identification of functional groups in an old-growth tropical montane rain forest on Hainan Island, China[J]. Forest Ecology and Management, 255(5–6): 1820–1830.

Deveau A, Bonitog, Uehling J, et al., 2018. Bacterial-fungal interactions : ecology, mechanisms and challenges[J]. FEMSmicrobiol Rev42 : fuy008.

Dhir B, 2010. Use of aquatic plants in removing heavy metals from wastewater[J]. International Journal of Environmental Engineering, 2(1–3): 185–201.

Dhir B, 2013. Phytoremediation : role of aquatic plants in environmental clean-up[M]. Springer.

Dhir B, Sharmila P, Saradhi P P, 2009. Potential of aquaticmacrophytes for removing contaminants from the environment[J]. Critical Reviews in Environmental Science and Technology, 39(9): 754–781.

Dietz A C, Schnoor J L. 2001. Advances in phytoremediation[J]. Environmental Health Perspectives, 109 (suppl1): 163–168.

Dixon R K, Brown S, Houghton R A, et al., 1994. Carbon pools and flux of global forest ecosystems[J]. Science, 263 : 185–190

Donato D C, kauffman J B, murdiyarso D, et al., 2011. Mangroves among the most carbon-rich forests in the tropics[J]. Naturegeoscience, 4 : 293–297.

Driscollc T, Whitall D, Aber J, et al., 2003. Nitrogen pollution in the northeastern United States : sources, effects and management options[J]. BioScience, 53(4): 357–374.

Dushenkov V, Kumar P N, Mottoh, et al., 1995. Rhizofiltration : the use of plants to remove heavy metals from aqueous streams[J]. Environmental Science & Technology, 29(5): 1239–1245.

Eaton W D, McGee K M, Alderfer K, et al., 2020. Increase in abundance and decrease in richness of soil microbes following hurricane Otto in three primary forest types in the northern zone of Costarica[J]. PLoS One.15(7): e0231187.

Edwards D P, Tobias J A, Sheil D, et al., 2014. Maintaining ecosystem function and services in logged tropical forests[J]. Trends in Ecology & Evolution, 29, 511–520.

Ellison A, Farnsworth E, 1997. Simulated sea level change alters anatomy, physiology, growth, and reproduction of red mangrove (*Rhizophoramangle* L.) [J]. Oecologia, 112 (4): 435–446.

Enginm S, Uyanik A, Cay S, 2017. Investigation of tracemetals distribution in water, sediments and wetland plants of kızılırmak Delta, Turkey[J]. International Journal of Sediment Research, 32 (1): 90–97.

Ernst W, 1996. Bioavailability of heavy metals and decontamination of soils by plants[J]. Applied Geochemistry, 11 (1–2): 163–167.

Friedlingstein P, Cox P, Betts R, et al, 2006. Climate–carbon cycle feedback analysis: Results from the C4MIP model intercomparison[J]. Climate, 16: 3337–3353.

Gagnon V, chazarenc F, Koiv M, et al., 2012. Effect of plant species on water quality at the outlet of a sludge treatment wetland[J]. Water Research, 46 (16): 5305–5315.

Gillham D, Dodge A, 1987. Chloroplast superoxide and hydrogen peroxide scavenging systems from pea leaves: seasonal variations[J]. Plant Science, 50 (2): 105–109.

Gobster P H, Westphal L M, 2004. The human dimensions of urban greenways: planning for recreation and related experiences[J]. Landscape and Urban Planning, 68 (2–3): 147–165.

Gopal B, Goel U, 1993. Competition and allelopathy in aquatic plant communities[J]. The Botanical Review, 59 (3): 155–210.

Grime J P, Cornelissen J, Thompson K, et al., 1996. Evidence of acausal connection between anti–herbivore defence and the decomposition rate of leaves[J]. Oikos, 77: 489–494.

Groffman P M, Law N L, Beltk T, et al., 2004. Nitrogen fluxes and retention in urban watershed ecosystems[J]. Ecosystems, 7 (4): 393–403.

Guo G X, Kong W D, Liu J B, et al., 2015. Diversity and distribution of autotrophic microbialcommunity along environmental gradients in grassland soils on the Tibetan Plateau. Appl.microbiol. Biotechnol, 99: 8765–8776.

Guzman M S, Rengasamy K, Binkley M M, et al., 2019. Phototrophic extracellular electron uptake is linked to carbon dioxide fixation in the bacterium Rhodopseudomonas palustris[J]. Nat. Comm. 10, 1355.

Hadadh R, Mufarrege M, Pinciroli M, et al., 2010. Morphological response of *Typha domingensis* to an industrial effluent containing heavy metals in a constructed wetland[J]. Archives of Environmental Contamination and Toxicology, 58 (3): 666–675.

Han L L, Wang Q, Shen J P, et al., 2019. Multiple factors drive the abundance and diversity of diazotrophic community in typical farmland soils of china[J]. FEMSmicrobiol. Ecol, 95 (8): fiz113.

Hannula S E, Kielak A M, Steinauer K, et al., 2019. time after Time: temporal variation in the effects of grass and forb species on soil bacterial and fungal communities[J]. Mbio, 10: e02635–19.

Hansen W G, 1959. How accessibility shapes land use[J]. Journal of the American Institute of Planners, 25 (2): 73–76.

Hansena J, Satom R R, 2012. Perception of climate change. Proceedings of the National Academy of Science of the United States of America, 109 (37): 14726–14727.

He B, Lai T, Fan H, et al., 2007. Comparison of flooding–tolerance in four mangrove species in a diurnal tidal zone in the Beibugulf [J]. Estuarine, coastal and Shelf Science, 74 (1–2): 254–262.

He S, Wu Q, He Z, 2015. Growth–promoting hormone DA–6assists phytoextraction and detoxification of cd by ryegrass[J]. International Journal of Phytoremediation, 17（6）: 597–603.

He Z Y, Tang Y, Deng X B, et al., 2013. Buttress trees in a20–hectare tropical dipterocarp rainforest in Xishuangbanna, SW China[J]. Journal of Plant Ecology, 6（2）: 187–192.

Hooper D U, chapin F S, Ewel J J, et al., 2005.Effects of biodiversity on ecosystemfunctioning : aconsensus of currentknowledge[J]. Ecological Monographs, 75（1）: 3–35.

Hovendenm J, Curran M, Colem A, et al., 1995. Ventilation and respiration in roots of one–year–old seedlings of grey mangrove *Avicennia marina*（Forsk.）Vierh. [J]. Hydrobiologia, 295（1–3）: 23–29.

Huang X, Lei S, Wang G, et al., 2020. A wetland plant, accumulates nitrogen and phosphorus during senescence[J]. Environmental Science and Pollution Research, 27（31）: 38928–38936.

IPCC, 2013. Summary for policymakers. In : climate change 2013 : the physical science basis. contribution of working group I to the fifth assessment report of intergovernmental panel on climate change[R]. Cambridge University Press, Cambridge, United Kingdom and New York, NY, USA.

Jongman Rhg, k ü lvikm, kristiansen I, 2004. European ecological networks and greenways[J]. Landscape and Urban Planning, 68（2–3）: 305–319.

Kamruzzaman M, Osawa A, Mouctar K, et al., 2017. Comparative reproductive phenology of subtropical mangrove communities at manko wetland, Okinawa Island, Japan[J]. Journal of Forest Research, 22（2）: 118–125.

Keeler B L, Polasky S, Braumank A, et al., 2012. Linking water quality and well–being for improved assessment and valuation of ecosystem services[J]. Proceedings of the National Academy of Sciences, 109（45）: 18619–18624.

Keskinkan O, Goksu M, Basibuyuk M, et al., 2004. Heavy metal adsorption properties of a submerged aquatic plant（*Ceratophyllum demersum*）[J]. Bioresource Technology, 92（2）: 197–200.

Kohout P, Charvátová M, Tursová, M, et al., 2018.clearcutting alters decomposition processes and initiatescomplex restructuring of fungal communities in soil and tree roots[J]. The ISME Journal, 12 : 692–703.

Körner S, Vermaat J, 1998. The relative importance of *Lemna gibba* L, bacteria and algae for the nitrogen and phosphorus removal in duckweed–covered domestic wastewater[J]. Water Research, 32（12）: 3651–3661.

Kowarik I, 2019. The “Green Belt Berlin” : Establishing agreenway where the Berlin Wall once stood by integrating ecological, social and cultural approaches[J]. Landscape and Urban Planning, 184 : 12–22.

Krauss K W, Allen J A, 2003. Factors influencing the regeneration of the mangrove *Bruguiera gymnorrhiza*（L.）Lamk. on a tropical Pacific island[J]. Forest Ecology and Management, 176（1–3）: 0–60.

Krueger A P, 1985. The biological effects of air ions[J]. Int J Biometeorol, 29 : 205–206.

Kumarm, Chikara S, Chandm, et al., 2002. Accumulation of lead, cadmium, zinc, and copper in the edible aquatic plants *Trapa bispinosa* Roxb. and *Nelumbo nucifera* Gaertn[J]. Bulletin of Environmental Contamination and Toxicology, 69（5）: 0649–0654.

Kyaschenko J, Clemmensen K E, Hagenbo A, et al., 2017. Shift in fungal communities and associated enzyme activities along an agegradient of managed *Pinus sylvestris* stands[J]. The ISME Journal, 11, 863.

Lajtha K, 2020. Nutrient retention and loss during ecosystem succession : revisiting a classic model[J]. Ecology, 101 : e02896.

Laurance W F, Useche D C, Rendeiro J, et al., 2012. Averting biodiversity collapse in tropical forest protected areas[J]. Nature, 489 (7415) : 290–294.

Leff J W, Wieder W R, Taylor P G, et al., 2012. Experimental litter fall manipulation drives large and rapid changes in soil carbon cycling in a wet tropical forest[J]. Glob. Change Biol. 18, 2969–2979.

Leverington F, Costak L, Pavese H, et al., 2010. A global analysis of protected area management effectiveness[J]. Environmental Management, 46 (5) : 685–698.

Li Z H, Zhao, G, et al., 2021. Rootgrowth was enhanced inchina fir (*Cunninghamia lanceolata*) after mechanical disturbance by ice storm[J]. Forests, 12 (12) : 1800.

Little C, 1990. Greenways for American[M]. Baltimore : Johnshopkins University Press.

López–Hoffman L, Anten N P R, martínez–Ramosm, et al., 2007. Salinity and light interactively affect neotropical mangrove seedlings at the leaf and whole plant levels[J]. Oecologia (Berlin), 150 (4) : 545–556.

Lovelock C E, Cahoon D R, Friess D A, et al., 2015. The vulnerability of Indo–Pacific mangrove forests to sea–level rise[J]. Nature, 526 : 559–563.

Lu W, Xiao J, Liu F, et al., 2017. Contrasting ecosystem CO fluxes of inland and coastal wetlands : ameta–analysis of eddy covariance data[J]. Global Change Biology, 23 : 1180–1198.

Lynn T M, Ge T D, Y H Z, et al., 2017. Soil carbon–fixation rates and associated bacterial diversity and abundance in three natural ecosystems[J]. Microb. Ecol. 73 : 645–657.

Macek T, Kotrba P, Svatos A, et al., 2008. Novel roles forgenetically modified plants in environmental protection[J]. Trends in Biotechnology, 26 (3) : 146–152.

Mack A, 2003. Effects of tree buttresses on nutrient availability andmacroinvertebrate species richness[J].cIEE Fall.monteverde, costa rica : 21–27.

Marian F, Brown L, Sandmann D, et al., 2019. Mycorrhizal fungi and altitude as determinants of litter decomposition and soil animal communities in tropical montane rainforests[J]. Plant Soil, 438 (1) : 1–18.

Marí ncMD–C, Orong, 2007. Boron removal by the duckweed Lemnagibba : a potentialmethod for the remediation of boron–polluted waters[J]. Water Research, 41 (20) : 4579–4584.

Martiny J B H, Eisen J A, Penn K, et al., 2011. Drivers of bacterial β –diversity depend on spatial scale[J]. Proceedings of the National Academy of Sciences of the United States of America, 108, 7850–7854.

Meagher R B, 2000. Phytoremediation of toxic elemental and organic pollutants[J]. Current Opinion in Plant Biology, 3 (2) : 153–162.

Mi X C, Sun Z H, Song Y F, et al., 2020. Rare tree species have narrow environmental but not functional niches[J]. Functional Ecology, 35 (2) : 511–520.

Minchinton T E, 2001. Canopy and substratum heterogeneity influence recruitment of the mangrove *Avicennia marina*[J]. Journal of Ecology, 89 (5) : 888–902.

Mori T, Lu X, Aoyagi R, et al., 2018. Reconsidering the phosphorus limitation of soil microbial activity in tropical forests[J]. Func Ecol, 32 (5) : 1145–1154.

Mumby P J，Edwards A J，Ariasgonzález J E，et al.，2004. Mangroves enhance the biomass of coral reef fish communities in the caribbean[J]. Nature，427：533–536.

Narain S，Ojha C，Mishra S，et al.，2011. Cadmium and chromium removal by aquatic plant[J]. International Journal of Environmental Sciences，1（6）：1297–1304.

Nellemann C，Corcoran E，Duartec M，et al，. 2009. Bluecarbon，a rapid response assessment. United Nations environment programme[Z]，GRID–Arendal，www.grida.no

Newbery D M，Schwan S，Chuyong G B，et al.，2009. Buttress form of the central African rain forest treemicroberlinia bisulcata，and its possible role in nutrient acquisition[J]. Trees，23（2）：219–234.

Nsholm T，Hgberg P，Franklin O，et al.，2013. Are ectomycorrhizal fungi alleviating or aggravating nitrogen limitation of treegrowth in boreal forests?[J]. New Phytologist，198：214–221.

Oswald W，Gotaas H，Golueke C，et al.，1957. Algae in waste treatment [with discussion][J]. Sewage and Industrial Wastes，29（4）：437–457.

Oyuela L. A，Fernandezgomez W D，Sarmientom CG，2017. Native herbaceous plant species with potential use in phytoremediation of heavymetals，spotlight on wetlands[J]. Chemosphere，168：1230–1247.

Pacala S W，Hurtt G C，Baker D，et al.，2001. Consistent land and atmosphere based US carbon sink estimates[J]. Science，292：2316–2320

Pakdel F M，Sim L，Beardall J，et al.，2013. Allelopathic inhibition of microalgae by the freshwater stonewort，*Chara australis*，and a submerged angiosperm，*Potamogeton crispus*[J]. Aquatic Botany，110：24–30.

Palus J A，Borneman J，Ludden P W，et al，. A diazotrophie bacterial endophyte isolated from stems of *Zea mays* L. and *Zea luxurtans* Iltis and Doebley[J]. Plant Soil. 1996，186：135–142.

Pan Y D，Birdsey R A，Fang J Y，et al.，2011. A large and persistent carbon sink in the world's forests[J]. Science，333：988–993.

Pandeyc B，Singh L，Singh S K，2011. Buttresses induced habitat heterogeneity increases nitrogen availability in tropical rainforests[J]. Forest ecology and management，262（9）：1679–1685.

Pedersen A，Kraemer G，Yarish C，2004. The effects of temperature and nutrientconcentrations on nitrate and phosphate uptake in different species of *Porphyra* from Long Island Sound（USA）[J]. Journal of Experimental Marine Biology and Ecology，312（2）：235–252.

Peng Y，Diao J，Zheng M，et al.，2016. Early growth adaptability of four mangrove species under the canopy of an introduced mangrove plantation：Implications for restoration[J]. Forest Ecology and Management，373：179–188.

Perry K I，Herms D A，2017. Responses of ground–dwelling invertebrates to gap formation and accumulation of woody debris from invasive species，wind，and salvage logging[J]. Forests，8（5）：174.

Petrucio M，Esteves F，2000. Uptake rates of nitrogen and phosphorus in the water by *Eichhorniacrassipes* and *Salvinia auriculata*[J]. Revista Brasileira de Biologia，60：229–236.

Phaneuf D J，Smith V K，Palmquist R B，et al.，2008. Integrating property value and local recreation models to value ecosy stemservices in urban watersheds[J]. Land Economics，84（3）：361–381.

PINO O，RAGIONE F L，2013. There's something in the air：empirical evidence for the effects of negative air ions (NAI) on psychophysiological state and performance[J]. Research in Psychology and Behavioral Sciences, 1 (4): 48–53.

Polomski R F, Taylorm D, Bielenberg D G, et al., 2009. Nitrogen and phosphorus remediation by three floating aquaticmacrophytes in greenhouse–based laboratory–scale subsurface constructed wetlands[J]. Water, Air, and Soil Pollution, 197 (1–4): 223–232.

Porter D M, 1971. Buttressing in a tropical xerophyte[J]. Biotropica : 142–144.

Poschenriederc icoll J B, 2003. Phytoremediation : principles and perspectives[J]. Contributions to Science, 2 (3): 333–344.

Qin J, Li M, Zhang H, et al., 2021. Nitrogen deposition reduces the diversity and abundance of cbbL gene–containing CO–fixing micro organisms in the soil of the *Stipa baicalensis* steppe[J]. Front.microbiol.12, 570908.

Qiu D, Wu Z, Liu B, et al., 2001. The restoration of aquatic macrophytes for improving water quality in a hypertrophic shallow lake in Hubei province, China[J]. Ecological Engineering, 18 (2): 147–156.

Ratter J A, Richards P W, Argent G, et al., 1973. Observations on the vegetation of northeastern matogrosso : I. The woody vegetation types of the Xavantina–Cachimbo Expedition area[J]. Philosophical Transactions of the Royal Society of London. B, Biological Sciences, 266 (880): 449–492.

Renh, Jian S, Lu H, et al., 2008. Restoration ofmangrove plantations andcolonisation by native species in Leizhou bay, South China[J]. Ecological Research, 23 (2): 401–407.

Rezania S, Taib S M, Dinm F M, et al., 2016. Comprehensive review on phytotechnology : heavy metals removal by diverse aquatic plants species from wastewater[J]. Journal of hazardous materials, 318 : 587–599.

Robertson D M, Saad D A. 2013. SPARROW models used to understand nutrient sources in the Mississippi/Atchafalaya River Basin[J]. Journal of Environmental Quality, 42 (5): 1422–1440.

Rojas A, holguing S, Glick B R, et al., 2001. Synergism between *Phyllobacterium* sp. (N_2–fixer) and *Bacillus licheniformis* (P–solubilizer), both from a Semiarid Rhizosphere[J].FEMSmicrobiol Ecol, 35 : 181–187.

Sayer E J, Powers J S, Tanner E V J, et al., 2007. Increased litter fall in tropical forests boosts the transfer of Soil CO to the atmosphere[J]. Plos One2 (12): e1299.

Schindler D W, Carpenter S R, Chapra S C, et al., 2016. Reducing phosphorus tocurb lake eutrophication is a success[J]. Environmental Science & Technology, 50 (17): 8923–8929.

Schnitzer S A, Bongers F, 2002. The ecology of lianas and their role in forests[J]. Trends in Ecology & Evolution, 17 (5): 223–230.

Shi Q, Sun B, Hu X, et al., 2018. Restoration effect on the heavy metals in the fresh water aqua culture pond sediments with hydrophytes[J]. Journal of Safety and Environment, 18 (5): 1956–1962.

Siefert A, Ravenscroft C, Althoff D, et al., 2012. Scale dependence of vegetation–environment relationships : ameta–analysis of multivariate data[J]. Journal of Vegetation Science, 2012, 23 (5): 942–951.

Silver W L, Hall S J, González G, 2014. Differential effects of canopy trimming and litter deposition on litterfall and nutrient dynamics in a wet subtropical forest[J]. For. Ecol. Manage. 332, 47–55.

Smith A P, Marín-Spiotta E, Balser T, 2015. Successional and seasonal variations in soil and littermicrobial community structure and function during tropical post agricultural forest regeneration : amultiyear study[J]. Global Change Biol. 21 (9) : 3532-3547.

Smith III T J, 1987a. Effects of light and intertidal position on seedling survival and growth in tropical tidal forests[J]. Journal of Experimental Marine Biology & Ecology, 110 (2) : 133-146.

Smith III T J, 1987b. Effects of seed predators and light level on the distribution of(Forsk.) Vierh. in tropical, tidal forests[J]. Estuarine, Coastal and Shelf Science, 25 (1) : 43-51.

Socolar J B, Gilroy J J, Kunin W E., et al., 2016. How should beta-diversity inform biodiversi-ty conservation[J]. Trends in Ecology & Evolution, 31, 67-80.

SriyarajK, Shutes R, 2001. An assessment of the impact of motorway runoff on a pond, wetland and stream[J]. Environment International, 26 (5-6) : 433-439.

Stegen J C, Lin X J, Fredrickson J K, et al., 2013. Quantifying community assembly processes and identifying features that impose them[J]. The ISME Journal, 7 : 2069-2079.

Stewart R R C, Bewley J D, 1980. Lipid peroxidation associated with accelerated aging of soybean axes[J]. Plant Physiology, 65 (2) : 245-248.

Sun G, Zhao Y, Allen S, 2005. Enhanced removal of organic matter and ammoniacal-nitrogen in acolumn experiment of tidal flow constructed wetland system[J]. Journal of Biotechnology, 115 (2) : 189-197.

Tamai S, Iampa P, 1988. Establishment and growth of mangrove seedling in mangrove forests of southern Thailand[J]. Ecological Research, 3 (3) : 227-238.

Tang Y, Yang X, caom, et al., 2011. Buttress trees elevate soil heterogeneity and regulate seedling diversity in a tropical rainforest[J]. Plant and Soil, 338 (1-2) : 301-309.

Terashima I, Hikosaka K, 1995. Comparative ecophysiology of leaf and canopy photosynthesis[J]. Plants Cell Environment, 18 (10) : 1111-1128.

Thompson P L Ramer L A, Schnoor L, 1998. Uptake and transformation of TNT by hybrid poplar trees[J]. Environmental Science & Technology, 32 (7) : 975-980.

Toju H, Guimaraes P R, Olesen J M, et al., 2014. Assembly of complex plant-fungus networks[J]. Natcommun, 5 : 5273.

Valiela I, Bowen J L, York J K, 2001. Mangrove forests : One of the world' s threatened major tropical environments[J].BioScience, 51 (10) : 807-815

Valladares F, Niinemets ü lo, 2008. Shade tolerance, akey plant feature of complex nature and consequences[J]. Annual Review of Ecology Evolution and Systematics, 39 (1) : 237-257.

Vazquez P, Holguin G, Puentem E, et al., 2000. Phosphatesolubilzing microorganisms associated with the rhizosphere of mangroves in a semiarid coastal lagoon[J].Biology and Fertility of Soils, 30 : 460-468.

VLIZ IMIS, 2008. The World' s mangroves 1980-2005[J]. Fao Forestry Paper (4) : 703-704.

Wang N N, Wang M J, Li S L, et al., 2014. Effects of variation in precipitation on the distribution of soil bacterial diversity in the primitive korean pine and broadleaved forests[J]. World J.microbiol. Biotechnol.30 (11), 2975-2984.

Wang S, Wang J, Zhang L, et al., 2019. A nationalkey R&D program : technologies and guidelines for monitoring ecological quality of terrestrial ecosystems in China[J]. Journal of Resources and Ecology, 10 (2): 105–111.

Wang W, Zhang Q, Sun X, et al., 2020. Effects of mixed–species litter on bacterial and fungal lignocellulose degradation functions during litter decomposition[J]. Soil Biol. Biochem, 141 : 107690.

Wang X H, Liu M B, et al., 2016. Greater impacts from an extremecold spell on tropical than temperate butterflies in southern China[J]. Ecosphere, 7 (5): e01315.

Wang X S Huang J, et al., 2016. Sprouting response of an evergreen broad–leaved forest to a 2008 winter stormin N anlingmountains, southern China[J]. Ecosphere 7 (9): e01395.

WAN GH, wang B, niu X, et al., 2020. Study on the change of negative air ionconcentration and its influencing factors at different spatio–temporal scales[J]. Global Ecology and Conservation, 23 : e01008.

Wangk–S, Huang L C, Leeh S, et al., 2008. Phytoextraction of cadmium by *Ipomoea aquatica* (water spinach) in hydroponic solution : effects of cadmium speciation[J]. Chemosphere, 72 (4): 666–672.

Warner A J, Jamroenprucksa M, Puangchit L, 2017. Buttressing impact on diameter estimation in plantation teak (Tectonagrandis Lf) sample trees in northern Thailand[J]. Agriculture and Natural Resources, 51 (6): 520–525.

Woitchik A F, Ohowa B, kazungu J M, et al., 1997. Nitrogen enrichment during decomposition of mangrove leaf litter in an east africancoastal lagoon (Kenya): relative importance of biological nitrogen fixation[J]. Biogeochemistry, 39 (1): 15–35.

Wood T E, Lawrence D, Clark D A, et al., 2009. Rain forest nutrient cycling and productivity in response to large–scale littermanipulation[J]. Ecology, 90 (1): 109–121.

WuCC, Lee G, 2004. Oxidation of volatile organic compounds by negative air ions[J]. Atmospheric Environment, 38 (37): 6287–6295.

Xiao J, Liu S, Stoy P C, 2016. Preface : impacts of extremeclimate events and disturbances on carbon dynamics[J]. Biogeosciences, 13 (12): 3665–3675.

Xu H, Detto M, Fang S Q, et al., 2020 Soil nitrogenconcentrationmediates the relationship between leguminous trees and neighbor diversity in tropical forests[J]. communications Biology, 3 (1), 1–8.

Xu J, Zhaoh, Yin P, et al., 2019. Landscape ecological quality assessment and its dynamicchange incoalmining area : acase study of Peixian[J]. Environmental Earth Sciences, 78 (24): 708.

Xu W, ci X, Song C, et al., 2016. Soil phosphorus heterogeneity promotes tree species diversity and phylogenetic clustering in a tropical seasonal rainforest[J]. Ecology and Evolution, 2016, 6 (24): 8719–8726.

Xu H, Detto M, Li Y P, et al., 2019. Do N–fixing legumes promote neighbouring diversity in the tropics[J]. Journal of Ecology, 107 (1): 229–239.

Ye Y, Tam F Y, Luc Y, et al., 2005. Effects of salinity ongérmination, seedling growth and physiology of three salt–secreting mangrove species[J]. Aquatic Botany, 83 (3): 193–205.

Ye Y, Tam N F Y, Wong Y S, et al., 2004. Does sea level rise influence propagule establishment, earlygrowth and physiology of *kandelia candel* and *Bruguiera gymnorrhiza*?[J]. Journal of Experi Mentalmarine Biology and Ecology, 306 (2): 197–215.

Ye Y, Tam N F Y, Wong Y S, et al., 2003. Growth and physiological responses of two mangrove species (*Bruguiera gymnorrhiza* and *kandelia candel*) to water logging[J]. Environmental and Experimental Botany, 2003, 49 (3) : 209–221.

Ye Z, Cheung K, Wong M H, 2001. Copper uptake in *Typha latifolia* as affected by iron and manganese plaque on the root surface[J]. Canadian Journal of Botany, 79 (3) : 314–320.

Ye Z, Whiting S, Lin Z Q, et al., 2001. Removal and distribution of iron, manganese, cobalt, and nickel within a Pennsylvania constructed wetland treating coal combustion byproduct leachate[J]. Journal of Environmental Quality, 30 (4) : 1464–1473.

Yousuf B, Keshri J, Mishra A, et al., 2012. Application of targeted metagenomics to explore abundance and diversity of CO–fixing bacterial community using cbbL gene from the rhizosphere of Arachishypogaea[J]. Gene, 506 : 18–24.

Yu G, H Zhao, J Chen, et al., 2020. Soil microbial community dynamicsmediate the priming effectscaused by in situ decomposition of fresh plant residues[J]. Science of the Total Environment 737 : 139708.

Yuan H Z, Ge T D, Wu X H, et al., 2012. Long term field fertilization alters the diversity of autotrophic bacteria based on the ribulose–1, 5–biphosphate carboxylase/oxygenase (RubisCO) large subunit genes in paddy soil[J]. Appl.microbiol. Biot. 95 : 1061–1071.

Zhang X, Liu P, Yang Y, et al., 2007. Phytoremediation of urban wastewater by model wetlands with ornamental hydrophytes[J]. Journal of Environmental Sciences (8) : 902–909.

Zhao H, Z Wu, Z Qiu, et al., 2018. Effects of stump characteristics and soil fertility on stump resprouting of schima superba[J]. Cerne, 24 : 249–258.

Zurayk R, Sukkariyah B, Baalbaki R, 2001. Common hydrophytes as bioindicators of nickel, chromium and cadmium pollution[J]. Water, Air, and Soil Pollution, 127 (1) : 373–388.

图书在版编目（CIP）数据

热带亚热带森林生态系统监测与研究 / 许涵主编.
-- 北京：中国林业出版社，2022.8

ISBN 978-7-5219-1806-9

Ⅰ.①热…　Ⅱ.①许…　Ⅲ.①热带林-森林生态系统-监测-研究②亚热带林-森林生态系统-监测-研究
Ⅳ.①S718.54

中国版本图书馆CIP数据核字（2022）第140119号

责任编辑　李敏　王美琪
出版发行　中国林业出版社（北京市西城区刘海胡同 7 号　10009）
电话（010）83143575　83143548
印　　刷　北京中科印刷有限公司
版　　次　2022 年 8 月第 1 版
印　　次　2022 年 8 月第 1 次印刷
开　　本　787×1092mm　1/16
印　　张　19.25
字　　数　420千字
定　　价　199.00元